电工技术基础题解

主 编 吴根忠

副主编 王辛刚 徐 红 韩永华

科 学 出 版 社

北 京

内 容 简 介

本书共 7 章，分为直流电路、单相正弦交流电路、三相交流电路、变压器、电动机、电气自动控制、供配电技术与安全用电，每章都包含内容提要、典型例题分析和习题解答三大部分，题型包括判断题、选择题、填空题、简答题、分析题和计算题，所有的题目都有详细的解答。全书编写条理清晰，例题分析中详细介绍解题思路，能启发逻辑思维，便于学生阅读和自学，有助于学生分析能力和解题能力的提高，能有效提高学习效果和学习成绩，对总结和复习具有一定的参考和辅导作用。

本书可供非电类专业本科学生和广大自学者学习参考，也可作为电工学教师的教学参考书。

图书在版编目(CIP)数据

电工技术基础题解 / 吴根忠主编. —北京：科学出版社，2018.12

ISBN 978-7-03-059268-2

Ⅰ. ①电… Ⅱ. ①吴… Ⅲ. ①电工技术-高等学校-题解 Ⅳ. ①TM-44

中国版本图书馆 CIP 数据核字(2018)第 249393 号

责任编辑：余 江 张丽花 高慧元 / 责任校对：王萌萌
责任印制：张 伟 / 封面设计：迷底书装

科学出版社 出版
北京东黄城根北街 16 号
邮政编码：100717
http://www.sciencep.com

北京虎彩文化传播有限公司 印刷

科学出版社发行 各地新华书店经销

*

2018 年 12 月第 一 版 开本：787×1092 1/16
2018 年 12 月第一次印刷 印张：13 1/8
字数：331 000

定价：49.00 元

（如有印装质量问题，我社负责调换）

前　言

“电工技术基础”是高等学校工科非电类专业学生获得电工技术以及电气控制基本理论和技能的重要课程，编者经过多年的教学实践，了解到学生在学习过程中希望有一本理论结合实际的学习辅导、解题的参考书。为此，编者结合多年从事电工技术基础的教学经验，根据课程大纲的要求和学生在学习中的反馈信息编写了本书。

电工技术基础主要包含直流电路、单相正弦交流电路、三相交流电路、变压器、电动机、电气自动控制、供配电技术与安全用电等内容。本书每章分为内容提要、典型例题分析和习题解答三大部分，帮助学生巩固电工技术基础各章的内容知识要点，通过习题解答学生可掌握解题技巧。本书题型全面、习题难易程度兼顾，在习题解答中力求讲清分析思路与解题的方法，培养学生理论结合实际的解题能力，为后续的学习打下基础。

本书由浙江工业大学吴根忠主编，浙江工业大学的王辛刚、徐红和浙江理工大学的韩永华参与了本书的编写。在本书编写过程中还得到了余世明、庄婵飞、陆飞、庄华亮、仇翔、曹全军、李剑清等老师的指导与帮助，也得到了科学出版社的大力支持，在此表示衷心感谢。

由于编者水平有限，书中难免存在疏漏之处，恳请读者批评指正。

编　者

2018年7月

目　　录

第1章　直流电路

1.1　内容提要

1. 电路的基本概念

电路是由电源、导线和负载等元件或电气设备按一定方式连接起来的电流通路。

电路的作用主要是实现电能的传递和转换，或者实现信号的传送和处理。

在电路分析中常用的名词有节点、支路、回路和网孔等。

2. 参考方向

电压、电流的参考方向是在分析和计算电路过程中人为假定的方向，它可能与实际方向一致，也可能与实际方向相反，由计算结果的正负所决定。

3. 理想电路元件和电路模型

理想电路元件分为无源元件(电阻、电感和电容)、有源元件(理想电压源和理想电流源)和受控元件(电压控制的电压源、电压控制的电流源、电流控制的电压源和电流控制的电流源)。

理想电路元件的伏安特性如表1-1所示。

表1-1　理想电路元件的伏安特性

理想元件	图形符号	伏安特性
电阻	i, R, $+$ u $-$	$u = iR$
电感	i, L, $+$ u $-$	$u = L\dfrac{di}{dt}$
电容	i, C, $+$ u $-$	$i = C\dfrac{du}{dt}$
电压源	u_s, $+$ $-$, i	电压源两端的电压已知
电流源	i_s, $+$ u $-$	电流源的电流已知

电路模型是从实际电路中提取出来，由理想电路元件构成的电路。

以直流电路为例，在计算外电路的电压和电流时，与电压源并联的部分电路(也可以是一个电阻)可移除(断开)，如图1-1(a)可简化为图1-1(b)；简化后不会影响外电路中的电压和电流，两个电路中只有电压源中的电流是不一样的。

在计算外电路的电压和电流时，与电流源串联的部分电路（也可以是一个电阻）可移除（短接），如图 1-2（a）可简化为图 1-2（b）。简化后不会影响外电路中的电压和电流，两个电路中只有电流源两端的电压是不一样的。

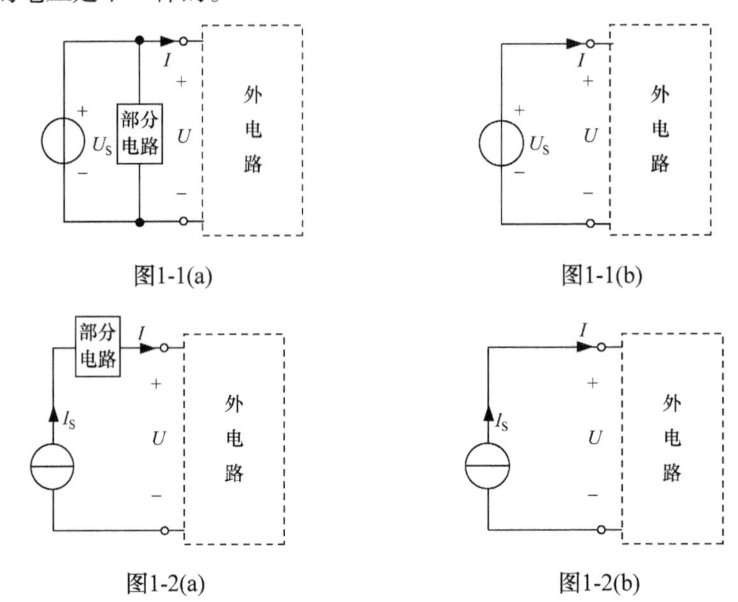

图1-1(a)　　图1-1(b)

图1-2(a)　　图1-2(b)

4. 实际电源

一个实际的电压源可以等效为一个理想电压源 U_S 和电阻 R_1 串联的模型，称为电压源模型；一个实际的电流源可以等效为一个理想电流源 I_S 和电阻 R_2 并联的模型，称为电流源模型。电压源模型和电流源模型可以相互转换，如图 1-3 所示。图中的参数关系为电压源模型等效为电流源模型时：$I_S=U_S/R_1$，$R_2=R_1$。或者，电流源模型等效为电压源模型时：$U_S=I_SR_2$，$R_1=R_2$。

5. 功率

在一个多电源的电路中，其中的一个电源（电压源或电流源）或者一个有源二端网络可能发出功率或吸收功率。当电压和电流的参考方向关联时，按公式 $P=UI$ 计算所得的是吸收的功率（如果计算结果为负值，表明实际是发出功率的）；当电压和电流的参考方向非关联时，按公式 $P=UI$ 计算所得的是发出的功率（如果计算结果为负值，表明实际是吸收功率的）。

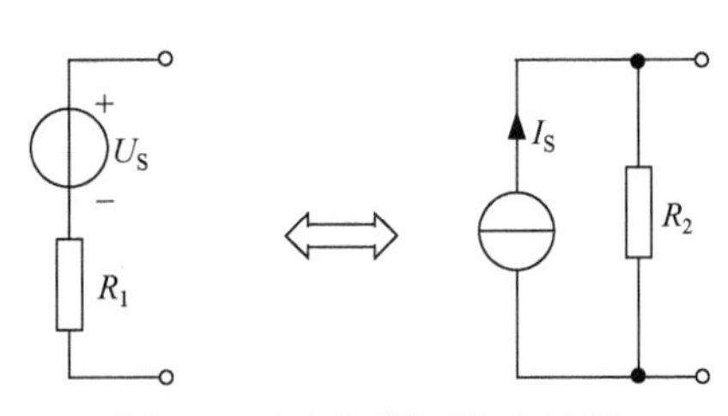

图 1-3　电压源模型与电流源模型的等效变换

6. 基尔霍夫定律

基尔霍夫定律是分析和计算电路最基本的定律，分为基尔霍夫电流定律和基尔霍夫电压定律。

基尔霍夫电流定律（KCL）：在集总电路中，在任一时刻，对任何一个节点，流入该节点的电流的代数和等于零，即 $\sum i=0$。

基尔霍夫电压定律（KVL）：在集总电路中，在任一时刻，对任何一个回路，沿回路同一循行方向，各部分电压的代数和等于零，即 $\sum u=0$。

7. 支路电流法

支路电流法是以支路电流为求解对象，应用 KCL 和 KVL 列出所需方程组进行求解的一种电路分析方法。

对于一个具有 n 个节点，b 条支路的电路而言，可以列出 $n-1$ 个独立的 KCL 方程，$b-(n-1)$ 个独立的 KVL 方程。对于平面电路，通常可选网孔作为独立回路来列写 KVL 方程，或者根据“每选择一个回路至少包含一条新的支路”这样一个原则来选择独立回路。

如果电路中含有电流源，由于该支路电流已知，在选择回路时避开含有电流源的支路，可以减少列写 KVL 方程的个数。

8. 回路电流法

回路电流法是以回路电流为求解对象，对独立回路应用 KVL 列出所需方程组进行求解的一种电路分析方法。

如果电路中含有电流源，在选择回路时只让一个回路经过含有电流源的支路，那么该回路电流就是该电流源的电流，从而可以减少列写 KVL 方程的个数。

对于一个具有 n 个节点，b 条支路的电路，独立回路数是 $l=b-(n-1)$，回路电流方程的一般形式为

$$\begin{cases} R_{11}I_{l1}+R_{12}I_{l2}+\cdots+R_{1l}I_{ll}=U_{\mathrm{S}11} \\ R_{21}I_{l1}+R_{22}I_{l2}+\cdots+R_{2l}I_{ll}=U_{\mathrm{S}22} \\ \qquad\vdots \\ R_{l1}I_{l1}+R_{l2}I_{l2}+\cdots+R_{ll}I_{ll}=U_{\mathrm{S}ll} \end{cases}$$

其中，$R_{11}, R_{22}, \cdots, R_{ll}$ 称为自电阻，自电阻始终为正值；$R_{12}, R_{21}, \cdots, R_{jk}\,(j\neq k)$ 称为互电阻，当两回路电流在公共支路上的方向一致时，互电阻取正值，反之取负值；$U_{\mathrm{S}11}, U_{\mathrm{S}22}, \cdots, U_{\mathrm{S}ll}$ 为各个回路的电压源之和，当电压源所产生的电流方向与回路电流方向一致时，取正值，反之取负值。

回路电流方程实际上就是每个回路的 KVL 方程，利用自阻、互阻和电压源的代数和等概念可以根据电路结构和参数直接写出回路电流方程。

9. 节点电压法

节点电压法是以节点电压为求解对象，对独立节点应用 KCL 列出所需方程组进行求解的一种电路分析方法。

节点电压方程的一般形式为

$$\begin{cases} G_{11}U_{n1}+G_{12}U_{n2}+\cdots+G_{1(n-1)}U_{n(n-1)}=I_{\mathrm{S}11} \\ G_{21}U_{n1}+G_{22}U_{n2}+\cdots+G_{2(n-1)}U_{n(n-1)}=I_{\mathrm{S}22} \\ \qquad\vdots \\ G_{(n-1)1}U_{n1}+G_{(n-1)2}U_{n2}+\cdots+G_{(n-1)(n-1)}U_{n(n-1)}=I_{\mathrm{S}(n-1)(n-1)} \end{cases}$$

其中，$G_{11}, G_{22}, \cdots, G_{(n-1)(n-1)}$ 称为自电导，自电导始终为正值；$G_{12}, G_{21}, \cdots, G_{jk}\,(j\neq k)$ 称为互电导，互电导始终为负值；$I_{\mathrm{S}11}, I_{\mathrm{S}22}, \cdots, I_{\mathrm{S}(n-1)(n-1)}$ 为流入各个节点的电流源的代数和。

节点电压方程实际上就是每个节点的 KCL 方程，利用自导、互导和流入节点的电流源的代数和等概念可以根据电路结构和参数直接写出节点电压方程。

10. 叠加定理

在含有多个独立电源的线性电路中，各处的电压或电流等于各个独立电源单独作用时在该处产生的电压或电流的代数和。

叠加定理只适用线性电路，非线性电路中的电压和电流不能叠加。在线性电路中，也只有电压或电流能进行叠加，功率是不能叠加的。

在应用叠加定理时，当某一个电源单独作用时，不作用的电压源置零，该电压源所在的位置应该短路；不作用的电流源置零，该电流源所在的位置应该开路。

在叠加时要注意总图和分图中电压、电流的参考方向是否一致，当分图中的参考方向与总图不一致时，在叠加时应取负号。

11. 等效电源定理(戴维南定理和诺顿定理)

戴维南定理：任何一个含有独立电源的二端网络，对外电路来说，可以用一个理想电压源 U_S 和电阻 R_0 串联的模型等效替代，理想电压源 U_S 的大小为该有源二端网络的开路电压，电阻 R_0 为该有源二端网络除源后的等效电阻。等效替代后，外电路中各处的电压电流保持不变。

诺顿定理：任何一个含有独立电源的二端网络，对外电路来说，可以用一个理想电流源 I_S 和电阻 R_0 并联的模型等效替代，理想电流源 I_S 的大小为该有源二端网络的短路电流，电阻 R_0 为该有源二端网络除源后的等效电阻。

根据戴维南定理得到的等效电路称为戴维南等效电路，根据诺顿定理得到的等效电路称为诺顿等效电路，这两个等效电路可以相互转换。

一个有源二端网络(其等效电压源的电压为 U_S，等效电阻为 R_0)对负载电阻 R_L 供电，当负载电阻 R_L 与该有源二端网络的等效电阻 R_0 相等时，负载电阻上获得最大功率，最大功率 $P_{max}=\dfrac{U_S^2}{4R_0}$。$R_L=R_0$ 称为最大功率匹配条件。

12. 过渡过程产生的原因

电路中含有动态元件(电容、电感，也称为储能元件)，在电路发生换路(电路结构或元件参数发生变化)时，储能元件上的能量变化需要一定的时间，电路从一种稳定状态变到另一种稳定状态的过程称为过渡过程。

13. 换路定律

当没有纯电压源和电容构成的回路，或者没有纯电流源和电感支路构成的节点时，在电路发生换路瞬间，电容上的电压不能突变，电感上的电流不能突变，即 $u_C(0_+)=u_C(0_-)$，$i_L(0_+)=i_L(0_-)$。换路定律是动态电路中求解初始值最重要的依据。

14. 零输入响应、零状态响应和全响应

换路后电路中没有激励源，仅由动态元件的初始储能所产生的响应称为零输入响应。零输入响应的一般表达式为

$$f(t)=f(0_+)\mathrm{e}^{-\frac{t}{\tau}},\qquad t>0$$

换路后电路中动态元件的初始储能为零，仅由激励源所产生的响应称为零状态响应。零状态响应的一般表达式为

$$f(t)=f(\infty)(1-\mathrm{e}^{-\frac{t}{\tau}}),\qquad t>0$$

换路后电路中动态元件的初始储能不为零，同时又有激励源，此时所产生的响应称为全响应。全响应可以理解为零输入响应和零状态响应的叠加。全响应的一般表达式为

$$f(t)=f(0_+)\mathrm{e}^{-\frac{t}{\tau}}+f(\infty)(1-\mathrm{e}^{-\frac{t}{\tau}}),\qquad t>0$$

15. 一阶电路的三要素法

一阶电路的三要素是指初始值、稳态值和时间常数。

初始值。在计算初始值时，一般都必须先根据换路定律把 $u_C(0_+)$ 或(和) $i_L(0_+)$ 求解出来，再根据换路后的电路结构和 KCL、KVL 来求解其他的初始值。同时要注意，除了电容电压和电感电流外，其他所有量在换路前后都是要发生变化的。

稳态值。稳态值可按求解稳态电路的方法，对换路后的电路进行求解而得。在求解稳态值时，电容相当于开路，电感相当于短路。

时间常数。时间常数反映了过渡过程时间的长短，时间常数越大，过渡过程时间也就越长，工程上一般认为经过 3τ～5τ，过渡过程结束。对 RC 电路来说，$\tau=RC$，对 RL 电路来说，$\tau=L/R$。时间常数计算式中的 R 分别是从电容或电感两端得到的等效电阻，而不是从电源端得到的等效电阻，这一点需要特别注意。

利用初始值 $f(0_+)$、稳态值 $f(\infty)$ 和时间常数 τ 直接得到一阶电路动态响应的方法称为三要素法。三要素公式为

$$f(t)=f(\infty)+[f(0_+)-f(\infty)]\mathrm{e}^{-\frac{t}{\tau}},\qquad t>0$$

利用三要素公式同样可以求解零状态响应和零输入响应。

1.2　典型例题分析

例 1-1　把图 1-4(a)所示的电路改为图 1-4(b)所示的电路，电流 I_1 将(　　)。

(a)增大　　(b)不变　　(c)减小　　(d)不能确定

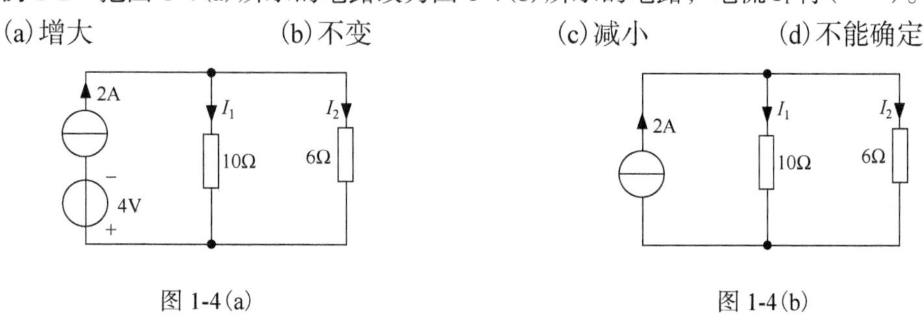

图 1-4(a)　　　　图 1-4(b)

解　该题主要考虑 4V 电压源是否会对电流 I_1 和 I_2 产生影响。在分析时，把电压源和电流源所在支路之外的电路称为外电路，由于该电压源与电流源是串联的，对外电路来说，无论电压源是否存在，端口的电流恒定不变，所以图 1-4(a)和图 1-4(b)是等效的，从而可以确定电流 I_1 不变。

或者也可以这样分析。右侧两个电阻是并联的关系，对两个电路图应用分流公式，同样

可以得到电流 I_1 不变这个结论。

所以正确答案应该是 b。

例 1-2 把图 1-5(a)所示的电路改为图 1-5(b)所示的电路，电流 I_1 将(　　)。

(a)增大　　(b)不变　　(c)减小　　(d)不能确定

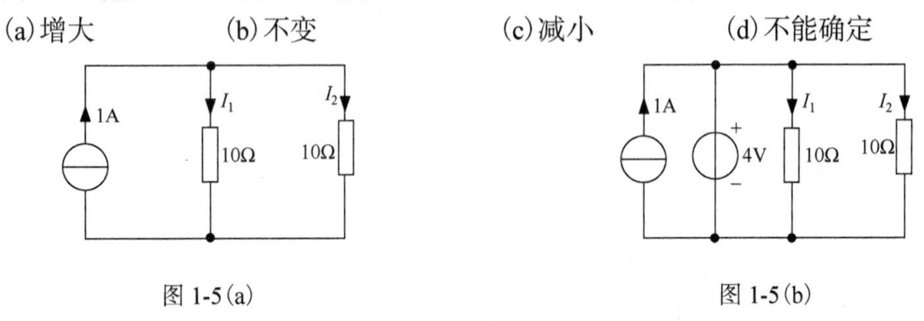

图 1-5(a)　　图 1-5(b)

解 该题是把 4V 电压源与电流源并联，对于并联的两个电阻来说，图 1-5(a)中两个电阻的总电流是恒定的，电流 I_1 可由分流公式计算得到(I_1=0.5A)；而在图 1-5(b)中电阻两端的电压是恒定的，电流可直接用电阻两端的电压除以电阻计算得到(I_1=0.4A)。

所以正确答案应该是 c。

例 1-3 试求图 1-6(a)所示电路中 a 点的电位 V_a。

解 该题可用多种方法进行求解。

方法一：节点电压法

图 1-6(a)可改画成图 1-6(b)所示。

对 a 点列节点电压方程，可得电位 V_a 为

$$V_a = \frac{-\frac{24}{20}+\frac{48}{60}}{\frac{1}{20}+\frac{1}{60}+\frac{1}{30}} = -4(\text{V})$$

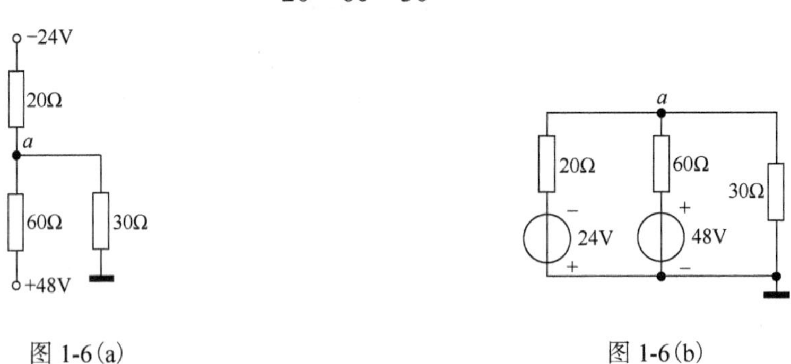

图 1-6(a)　　图 1-6(b)

方法二：用电源等效变换方法计算

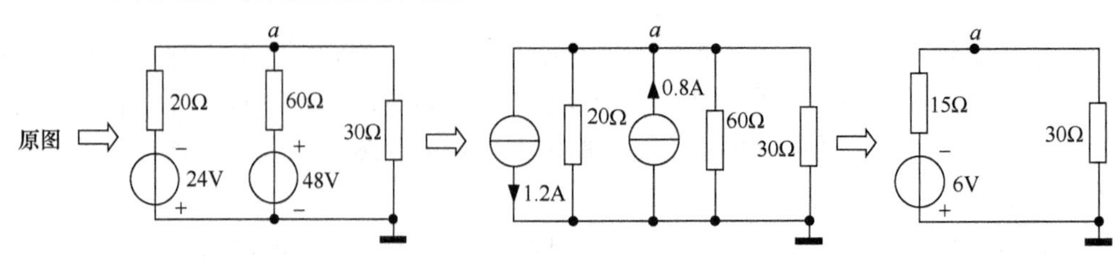

从而可求得

$$V_a = \frac{30}{30+15} \times (-6) = -4(\text{V})$$

方法三：用叠加原理计算

当−24V 电压源单独作用时，得到如图 1-6(c)所示的分图。此时 a 点的电位为

$$V_a' = -24 \times \frac{60//30}{20+60//30} = -12(\text{V})$$

当+48V 电压源单独作用时，得到如图 1-6(d)所示的分图。此时 a 点的电位为

$$V_a'' = 48 \times \frac{20//30}{60+20//30} = 8(\text{V})$$

所以，a 点电位 $\quad V_a = V_a' + V_a'' = -12 + 8 = -4(\text{V})$

该题还可以用支路电流法、戴维南等效电路等方法进行求解。

图 1-6(c) 图 1-6(d)

例 1-4 用支路电流法求图 1-7(a)所示电路中各支路电流。

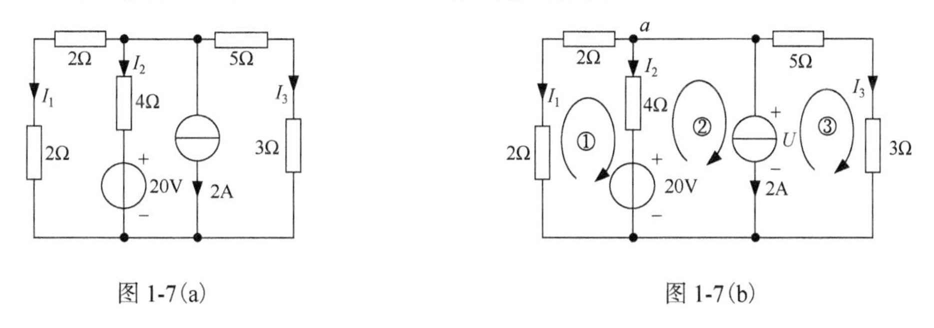

图 1-7(a) 图 1-7(b)

解 应用支路电流法求解电路时，独立回路的选取是关键，也是难点。该题可以选择不同的回路来进行求解。

方法一：选网孔为独立回路

对于一般平面电路来说，通常选取网孔作为独立回路，如图 1-7(b)所示。由于在列写回路的 KVL 方程时有电流源存在，所以需要把电流源两端的电压 U 作为附加变量在图 1-7(b)中标注出来。

对节点 a $\quad I_1+I_2+I_3+2=0$

对回路① $\quad 4I_2+20-4I_1=0$

对回路② $\quad U-20-4I_2=0$

对回路③ $\quad 8I_3-U=0$

求解上述 4 个方程，可得

$$I_1 = 1.2\text{A},\quad I_2 = -3.8\text{A},\quad I_3 = 0.6\text{A}$$

采用这个方法求解，回路选择比较简单，但是在方程中出现了新的变量——电流源两端的电压 U，方程个数较多，共有 4 个方程，求解比较烦琐。同时，电流源两端的电压 U 也是经常容易被忽略的。

方法二：合理选择独立回路

除了选网孔作为独立回路外，还可以通过合理选择回路来减少方程个数，方便求解。

由于电流源所在支路的电流是已知的，所以只要不出现新的变量，回路电流方程的个数就可以相应减少。选取回路的原则是：所选回路不要经过电流源所在的支路。

按照这个原则，选取回路和节点如图 1-7(c)所示。

图 1-7(c)

对节点 a　$I_1 + I_2 + I_3 + 2 = 0$

对回路①　$4I_2 + 20 - 4I_1 = 0$

对回路②　$8I_3 - 4I_1 = 0$

上述三个方程中只有三个变量，求解可得

$$I_1 = 1.2\text{A},\quad I_2 = -3.8\text{A},\quad I_3 = 0.6\text{A}$$

采用这种方法求解，所列的方程数较少，求解较为方便。

例 1-5　图 1-8(a)所示电路中，R_2=R_3=10Ω。当 I_S=0 时，I_1=1A，I_2=2A，I_3=2A。求 I_S=1A 时的 I_1、I_2 和 I_3。

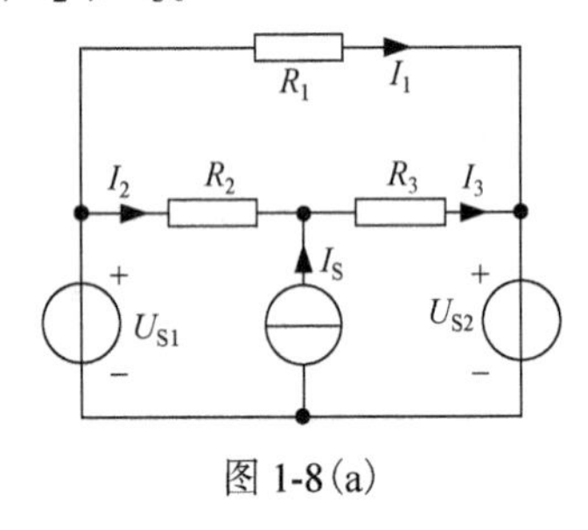

图 1-8(a)

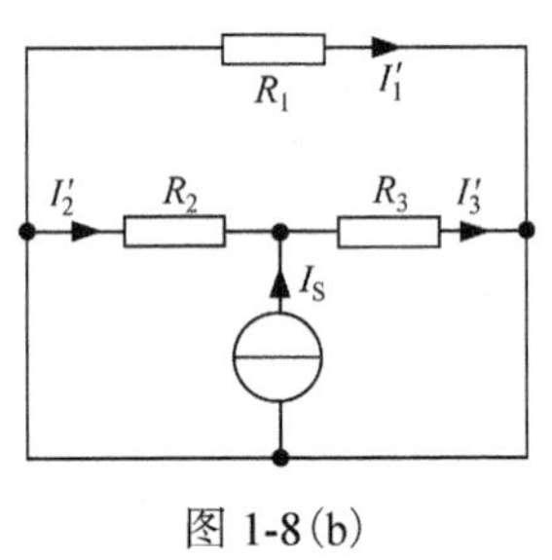

图 1-8(b)

解　从题意可知，当 I_S=0 时的电流值，也就是在两个电压源作用时的电流。根据叠加定理，原电路图中当 I_S=1A 时的电流可以看成两个电压源作用时的分量加上 1A 电流源单独作用时的分量。

电流源 I_S=1A 单独作用时的电路图如图 1-8(b)所示，从图中可以求得

$$I_1' = 0\text{A}$$

$$I_2' = -\frac{R_3}{R_2 + R_3}I_S = -\frac{10}{10+10}\times 1 = -0.5(\text{A})$$

$$I_3' = \frac{R_2}{R_2 + R_3}I_S = \frac{10}{10+10}\times 1 = 0.5(\text{A})$$

所以，原电路图中当 I_S=1A 时的电流为

$$I_1'' = I_1 + I_1' = 1 + 0 = 1(\text{A})$$

$$I_2'' = I_2 + I_2' = 2 - 0.5 = 1.5(\text{A})$$

$$I_3'' = I_3 + I_3' = 2 + 0.5 = 2.5(\text{A})$$

通过该题的求解可以知道，在应用叠加定理时，不一定需要把总图分解成各个独立源单独作用时的分图，而是可以根据需要在某个(或某几个)分图中保留多个独立源。

例 1-6 电路如图 1-9(a)所示，已知 U_S=12V，I_S=5A，R_1=6Ω，R_2=3Ω，R_3=2Ω，R_4=4Ω，R_5=2/3Ω，R_6=2Ω，求电压源 U_S 和电流源 I_S 各输出多少功率？

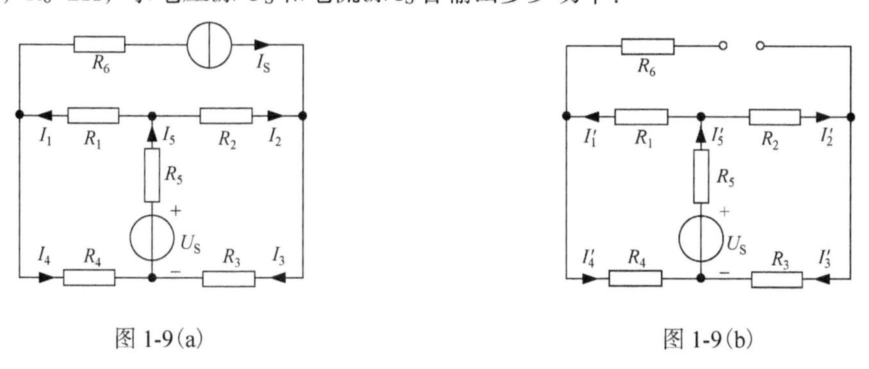

图 1-9(a) 图 1-9(b)

解 要求得电压源 U_S 和电流源 I_S 输出的功率，需要计算电流源两端的电压和流过电压源的电流 I_5。可以用叠加原理、支路电流法、回路电流法和节点电压法等方法进行求解。这里给出用叠加原理和支路电流法求解的方法。

方法一：用叠加原理

U_S 单独作用时，I_S 开路，如图 1-9(b)所示。

$$I_5' = \frac{U_S}{(R_1 + R_4)//(R_2 + R_3) + R_5} = \frac{12}{(6+4)//(3+2) + 2/3} = 3(\text{A})$$

$$I_1' = \frac{R_2 + R_3}{R_1 + R_2 + R_3 + R_4} I_5' = \frac{3+2}{6+3+2+4} \times 3 = 1(\text{A})$$

$$I_2' = I_3' = I_5' - I_1' = 3 - 1 = 2(\text{A})$$

I_S 单独作用时，U_S 短路，如图 1-9(c)所示。因为 R_1R_3=R_2R_4，电桥平衡，所以 $I_5'' = 0\text{A}$。这样

$$I_1'' = -I_2'' = \frac{R_3}{R_2 + R_3} I_S = \frac{2}{3+2} \times 5 = 2(\text{A})$$

$$I_3'' = -I_4'' = I_S + I_2'' = 5 - 2 = 3(\text{A})$$

图 1-9(c)

叠加得

$$I_1 = I_1' + I_1'' = 1 + 2 = 3(\text{A})$$

$$I_2 = I_2' + I_2'' = 2 - 2 = 0(\text{A})$$

$$I_5 = I_5' + I_5'' = 3 + 0 = 3(\text{A})$$

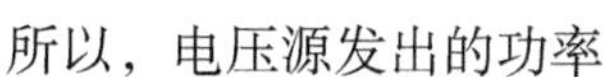

所以，电压源发出的功率

$$P_{US} = U_S I_5 = 12 \times 3 = 36(\text{W})$$

电流源两端电压(参考方向为右正左负)

$$U_I = -I_2R_2 + I_1R_1 + I_SR_6 = -0 \times 3 + 3 \times 6 + 5 \times 2 = 28(\text{V})$$

电流源发出的功率

$$P_{IS} = U_I I_S = 28 \times 5 = 140(\text{W})$$

方法二：用支路电流法

图 1-9(a)中共有 4 个节点，6 条支路，其中 I_S 已知，共需列写 5 个方程。选取节点和回路如图 1-9(d)所示。注意，在选取回路时，不要包含电流源所在的支路。

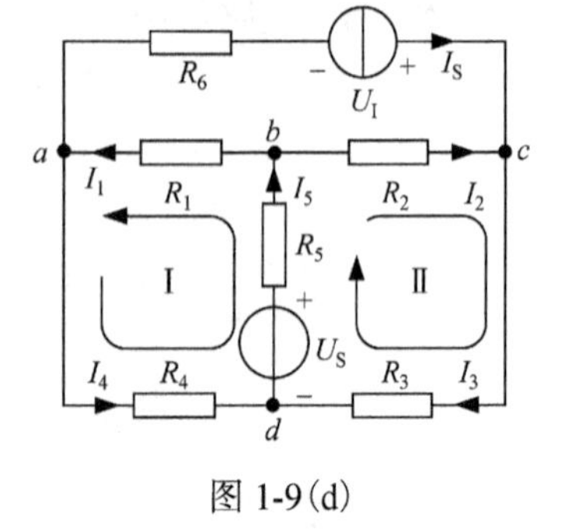

图 1-9(d)

对节点列写 KCL 方程。

节点 a　$I_1=I_S+I_4$

节点 b　$I_5=I_1+I_2$

节点 c　$I_3=I_2+I_S$

对回路列写 KVL 方程。

回路Ⅰ　$I_1R_1+I_4R_4-U_S+I_5R_5=0$

回路Ⅱ　$I_2R_2+I_3R_3-U_S+I_5R_5=0$

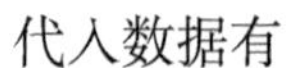

代入数据有

$$\begin{cases} I_1 = 5 + I_4 & (1) \\ I_5 = I_1 + I_2 & (2) \\ I_3 = I_2 + 5 & (3) \\ 6I_1 + 4I_4 - 12 + 2I_5 / 3 = 0 & (4) \\ 3I_2 + 2I_3 - 12 + 2I_5 / 3 = 0 & (5) \end{cases}$$

把式(1)代入式(2)、式(4)得

$$\begin{cases} I_5 = 5 + I_4 + I_2 & (6) \\ I_3 = I_2 + 5 & (7) \\ 18 + 10I_4 + 2I_5 / 3 = 0 & (8) \\ 3I_2 + 2I_3 - 12 + 2I_5 / 3 = 0 & (9) \end{cases}$$

把式(6)、式(7)代入式(8)、式(9)得

$$18+10I_4+2(5+I_4+I_2)/3=0$$

$$3I_2+2(I_2+5)-12+2(5+I_4+I_2)/3=0$$

化简得

$$32+16I_4+I_2=0$$

$$4+17I_2+2I_4=0$$

解得 $I_4=-2\text{A}$，$I_2=0\text{A}$；进而得到 $I_1=3\text{A}$，$I_5=3\text{A}$。

所以，电压源发出的功率

$$P_{US}=U_SI_5=12\times3=36(\text{W})$$

电流源两端的电压

$$U_I=-I_2R_2+I_1R_1+I_SR_6=-0\times3+3\times6+5\times2=28(\text{V})$$

电流源发出的功率

$$P_{IS}=U_II_S=28\times5=140(\text{W})$$

例 1-7　有源二端网络 N 的开路电压 U_0 为 9V，如图 1-10(a)所示；若连接成图 1-10(b)所示电路，电流 I 为 1A；若连接成图 1-10(c)所示电路，求电路中的电流 I。

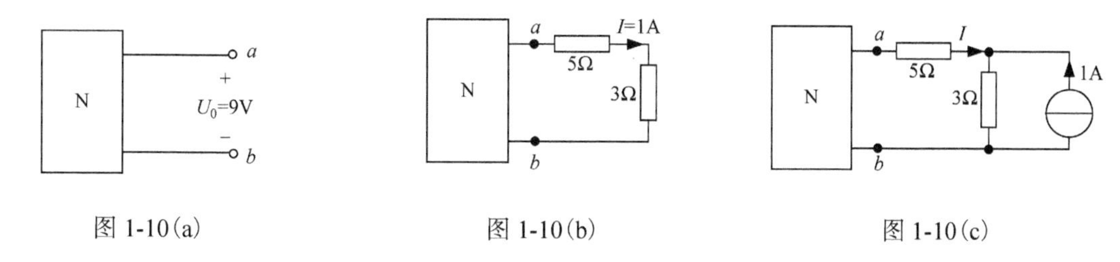

图 1-10(a)　　图 1-10(b)　　图 1-10(c)

解　该题中有源二端网络 N 内部的结构和参数都未知，可以用戴维南等效电路来替代有源二端网络 N，并从图 1-10(a)和图 1-10(b)给出的条件求得戴维南等效电路的电压源 U_S 和等效电阻 R_0。

由图 1-10(a)可知，戴维南等效电路中电压源的电压就是开路电压 U_0，所以

$$U_S=U_0=9V$$

这样，图 1-10(b)就可等效成图 1-10(d)所示，从图 1-10(d)中可求得

$$R_0=1\Omega$$

同样，图 1-10(c)可等效变换成图 1-10(e)所示的电路。利用叠加原理可以求得电流 I 为

$$I=\frac{9}{1+5+3}-\frac{3}{1+5+3}\times 1=\frac{2}{3}(\mathrm{A})$$

图 1-10(d)　　图 1-10(e)

例 1-8　在图 1-11(a)所示电路中，U_{S1}=20V，U_{S2}=10V，I_S=1A，R_1=5Ω，R_2=6Ω，R_3=10Ω，R_4=5Ω，R_S=1Ω，R_5=8Ω，R_6=12Ω。求电流 I。

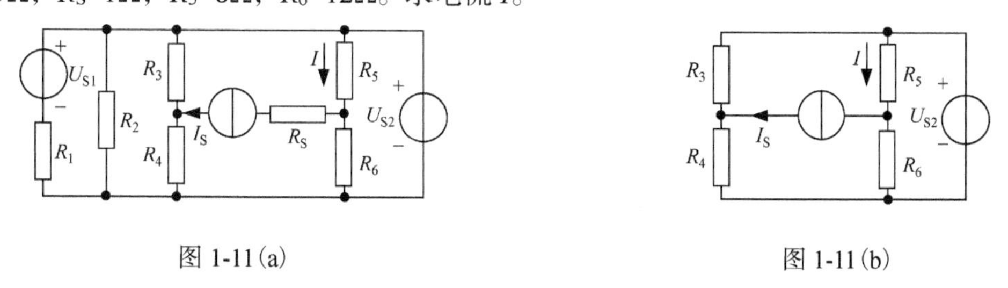

图 1-11(a)　　图 1-11(b)

解　在计算电流 I 时，可先将电路进行简化，把与 I_S 串联的电阻 R_S 去掉，与 U_{S2} 并联的两条支路(U_{S1} R_1 所在的支路和 R_2 支路)去掉，这样处理对电流 I 没有影响。

简化后得到的电路如图 1-11(b)所示。求解该题可以用多种方法，这里介绍两种求解方法。

方法一：用叠加原理

图 1-11(b)中有两个独立源，可以把该图分解为两个分图。

当 U_{S2} 单独作用时，如图 1-11(c)所示，可得

$$I' = \frac{U_{S2}}{R_5 + R_6} = \frac{10}{8+12} = 0.5(\text{A})$$

当 I_S 单独作用时，如图 1-11(d)所示，可得

$$I'' = \frac{R_6}{R_5 + R_6} I_S = \frac{12}{8+12} \times 1 = 0.6(\text{A})$$

叠加得

$$I = I' + I'' = 0.5 + 0.6 = 1.1(\text{A})$$

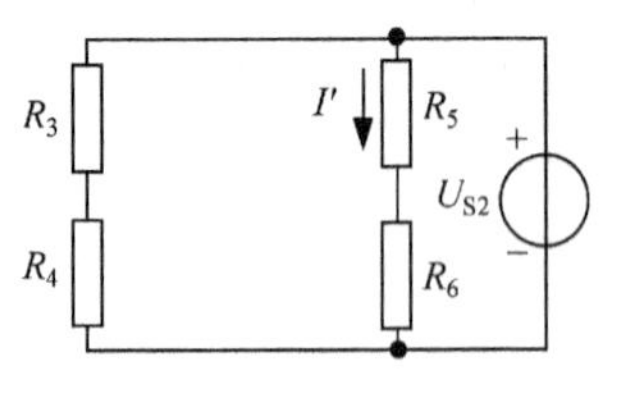

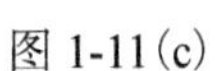
图 1-11(c)

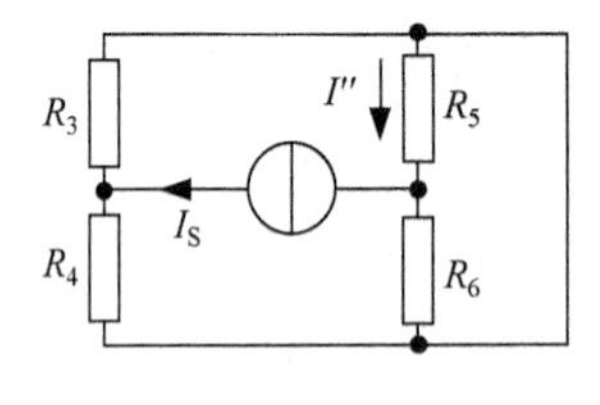

图 1-11(d)

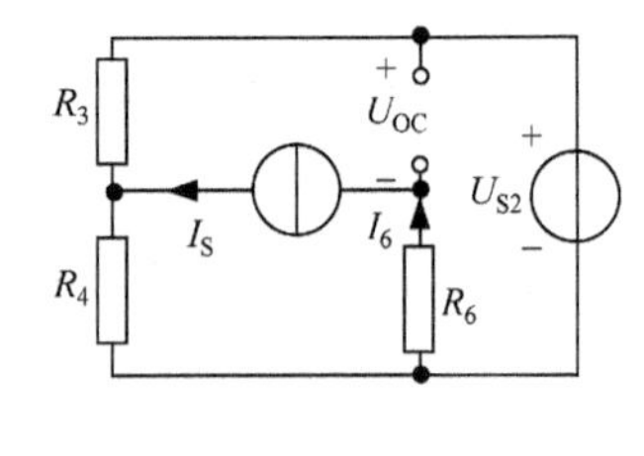

图 1-11(e)

方法二：用戴维南定理

提取 R_5 所在支路，得到有源二端网路如图 1-11(e)所示。

根据图 1-11(e)可以看出，I_6=I_S，所以开路电压为

$$U_{OC} = U_{S2} + I_6 R_6 = 10 + 1 \times 12 = 22(\text{V})$$

开路电压也可利用叠加原理求得。

当电压源单独作用时(电流源所在位置开路)：

$$U'_{OC} = U_{S2} = 10\text{V}$$

当电流源单独作用时(电压源所在位置短路)：

$$U''_{OC} = I_S R_6 = 1 \times 12 = 12(\text{V})$$

叠加得

$$U_{OC} = U'_{OC} + U''_{OC} = 10 + 12 = 22(\text{V})$$

求等效电阻时需要除源，除源后得到图 1-11(f)所示电路，a、b 两端的等效电阻为

$$R_{ab} = R_6 = 12\Omega$$

得到图 1-11(g)所示的戴维南等效电路。从图 1-11(g)中可求得

$$I = \frac{U_{OC}}{R_{ab} + R_5} = \frac{22}{12+8} = 1.1(\text{A})$$

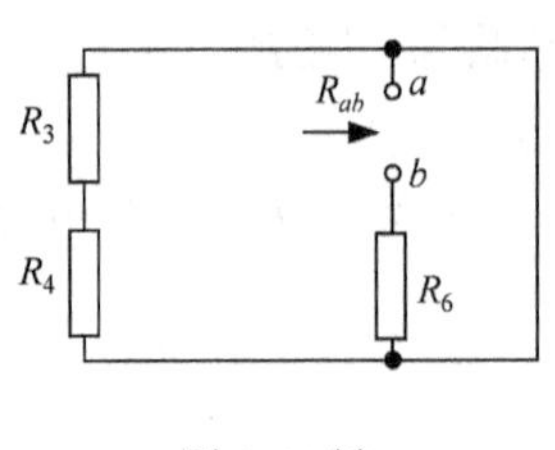

图 1-11(f)

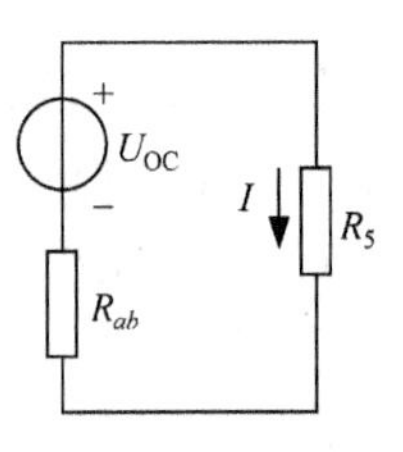

图 1-11(g)

例 1-9 如图 1-12(a)所示电路中，已知 $R_0=R_1=R_2=R_3=2\Omega$，$C=1\text{F}$，$L=1\text{H}$，$U_S=12\text{V}$。开关闭合前电路已处于稳定状态。$t=0$ 时闭合开关 S。试求初始值 $i_L(0_+)$、$i_C(0_+)$、$u_L(0_+)$ 和 $u_C(0_+)$。

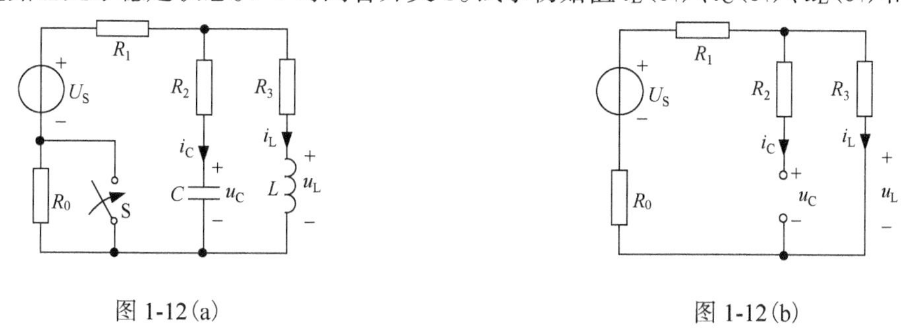

图 1-12(a)　　　　图 1-12(b)

解 在求解初始值时，一般都需要根据换路定律先求出电感上的电流和(或)电容两端的电压，再根据 $t=0_+$时的等效电路求出其他初始值。要特别注意，除了电感上的电流和电容两端的电压，其他的电流或电压在换路前后都是要发生突变的。

该题在开关闭合前电路已处于稳定状态，电容视为开路，电感视为短路，可等效为如图 1-12(b)所示，此时

$$i_C(0_-)=0,\qquad u_L(0_-)=0$$

$$i_L(0_-)=\frac{U_S}{R_0+R_1+R_3}=\frac{12}{6}=2(\text{A})$$

$$u_C(0_-)=i_L(0_-)R_3=2\times2=4(\text{V})$$

根据换路定律可得

$$i_L(0_+)=i_L(0_-)=2\text{A}$$

$$u_C(0_+)=u_C(0_-)=4\text{V}$$

在求 $i_C(0_+)$和 $u_L(0_+)$时，需要画出 $t=0_+$时的等效电路，此时电容用电压源代替，电感用电流源代替，电路如图 1-12(c)所示，选择上面的节点和左侧回路，分别列出 KCL 和 KVL 方程：

$$i(0_+)=i_C(0_+)+i_L(0_+)$$

$$i(0_+)R_1+i_C(0_+)R_2+u_C(0_+)-U_S=0$$

代入数据

$$i(0_+)=i_C(0_+)+2$$

$$2i(0_+)+2i_C(0_+)+4-12=0$$

图 1-12(c)

可得

$$i(0_+)=3\text{A},\qquad i_C(0_+)=1\text{A}$$

对右侧回路列写 KVL 方程，可得

$$u_L(0_+)=-i_L(0_+)R_3-i(0_+)R_1+U_S=-2\times2-3\times2+12=2(\text{V})$$

从计算结果可以看出

$$i_C(0_+)\neq i_C(0_-),\qquad u_L(0_+)\neq u_L(0_-)$$

例 1-10 图 1-13(a)所示电路换路前已处于稳态，当 $t=0$ 时开关 S 闭合，求 $t>0$ 后的 $u_C(t)$ 及 $i_3(t)$。

解 这是一个一阶电路，可求出初始值、稳态值和时间常数后，用三要素法求解。

(1)初始值

换路前，开关打开，电路处于稳态

$$i_3(0_-)=I_S=10\text{mA}$$

$$u_C(0_+)=u_C(0_-)=i_3(0_-)R_3-U_S=10\times5-15=35(\text{V})$$

为求出 i_3 的初始值 $i_3(0_+)$，需画出 $t=0_+$ 时的等效电路，如图 1-13(b)所示，图中电容用电压源替代。

$$i_3(0_+)=\frac{u_C(0_+)+U_S}{R_3}=\frac{35+15}{5}=10(\text{mA})$$

(2)稳态值

开关闭合后，当电路处于稳态时，从图 1-13(a)可求得

$$i_3(\infty)=I_S R_1/(R_1+R_2+R_3)=10\times2/10=2(\text{mA})$$

$$u_C(\infty)=i_3(\infty)R_3-U_S=2\times5-15=-5(\text{V})$$

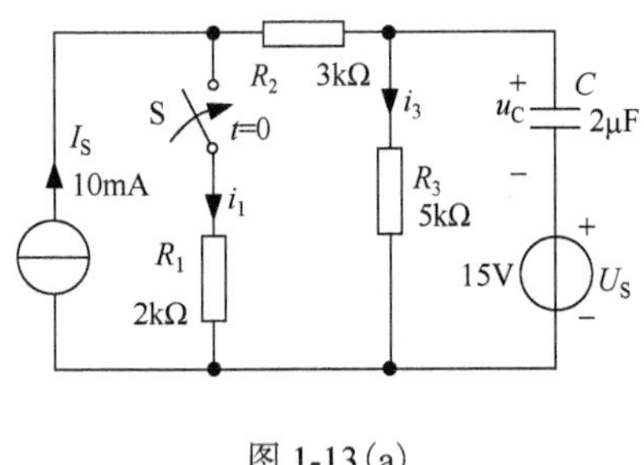

图 1-13(a)

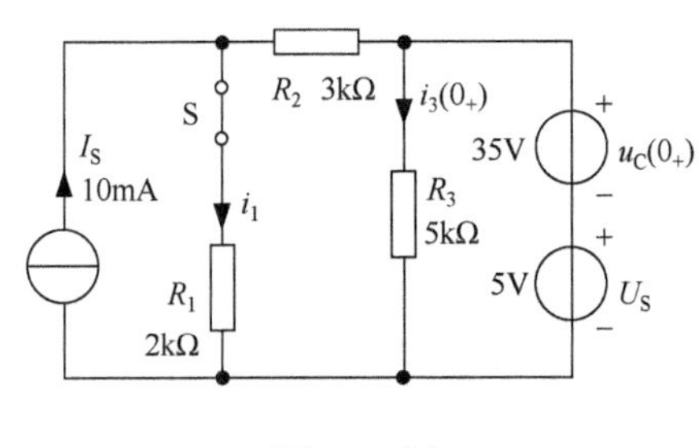

图 1-13(b)

(3)时间常数

除源后，从电容两端看进去的等效电阻

$$R_{eq}=(R_1+R_2)//R_3=(2+3)//5=2.5(\text{k}\Omega)$$

时间常数

$$\tau=R_{eq}C=2.5\text{k}\Omega\times2\mu\text{F}=5\text{ms}$$

分别代入三要素公式，得到

$$u_C(t)=u_C(\infty)+[u_C(0_+)-u_C(\infty)]e^{-t/\tau}=-5+(35+5)e^{-t/(5\times10^{-3})}=-5+40e^{-200t}(\text{V}),\quad t>0$$

$$i_3(t)=i_3(\infty)+[i_3(0_+)-i_3(\infty)]e^{-t/\tau}=2+(10-2)e^{-t/(5\times10^{-3})}=2+8e^{-200t}(\text{mA}),\quad t>0$$

上述求解过程中，$u_C(t)$和 $i_3(t)$都是先求出相应的初始值、稳态值和时间常数后，代入三要素公式进行求解的。从求解过程中可以看出，求解 $i_3(0_+)$需要画出 $t=0_+$时的等效电路，求解过程较为复杂。

这里介绍另一种方法来求解本题。求解思路是：按照上述步骤先求出电容电压的初始值 $u_C(0_+)$、稳态值 $u_C(\infty)$和时间常数τ，得到 $u_C(t)$。在求解 $i_3(t)$时，根据电路结构直接列出相应的 KCL 方程或 KVL 方程进行求解，这样就不需要计算初始值 $i_3(0_+)$，可明显减小解题的难度。

$u_C(t)$的求解方法同上。

在图 1-13(a)中，对右侧回路列写 KVL 方程：

$$i_3(t)R_3=u_C(t)+U_S$$

所以

$$i_3(t)=[u_C(t)+U_S]/R_3=(-5+40e^{-200t}+15)/5=2+8e^{-200t}(mA),\qquad t>0$$

1.3 习题解答

一、判断题

1. 伏安特性是一条直线时，该电阻元件是线性电阻元件。（　）

2. 非线性电阻元件的电压与电流之间的关系也符合欧姆定律。（　）

3. 多个电阻并联时，电阻最大的支路上，消耗的功率也最大。（　）

4. 串联电路中，电阻小的流过的电流小，故消耗功率小，而阻值大的流过的电流大，故消耗的功率大。（　）

5. 根据欧姆定律 $U=IR$,导线的电阻与导线的电流成反比,与加在导线两端的电压成正比。（　）

6. 一只 110V/60W 灯泡与另一只 110V/25W 灯泡串联后，可以接在电压为 220V 的线路上正常工作。（　）

7. 在同一电路中，如果两个电阻上流过的电流相等，那么可以确定这两个电阻是串联的。（　）

8. 为了扩大电流表的量程，可以在表头上并联一个分流电阻。（　）

9. 如果把电流表与负载并联，电流表显示的数值并非是通过负载的电流，电流表很可能会被烧坏。（　）

10. 额定电流为 0.5A，阻值为 440Ω的电阻接在 380V 或 220V 的电源上都能正常使用。（　）

11. 电路中各点的电位值与参考点的选取有关。（　）

12. 当电路中的参考点改变时，电阻上的电压也会随之改变。（　）

13. 电路图中标出的电压、电流方向就是电路中电压、电流的实际方向。（　）

14. 电路中任意两点之间的电压是绝对的，任意一点的电位值是相对的。（　）

15. 任何负载只要工作在额定电压下，其功率就是额定功率，电流也就是额定电流。（　）

16. 当电流的参考方向从标有电压“+”端指向“−”端时，这样的电压与电流的参考方向称为关联参考方向。（　）

17. 某负载为一可变电阻器，由电压源供电，当该负载的电阻值增加时，也可以说是负载增加了。（　）

18. 理想电流源和理想电压源两者之间可以进行等效变换。（　）

19. 理想电流源内部不含电阻，根据欧姆定律，$U=IR=I\times0=0$，所以理想电流源两端的电压等于零。（　）

20. 与理想电压源并联的理想电流源其两端的电压是一定的，所以该电流源在电路中不起作用。（　）

21. 与理想电流源串联的理想电压源上流过的电流是一定的，所以该电压源在电路中不起作用。（　）

22. 等效电路中任一处的电压、电流都与原电路相等。（　）

23. 某电源的电压为 U_S，内阻为 R_0，接负载时的电流为 I，该电源在空载时和接负载时的端电压和输出功率是相同的。（　）

24. 一个具有 3 个电源的电路可以看成 2 个电源共同作用和另一个电源单独作用时的叠加。（　）

25. 利用叠加原理可以说明在单电源的线性电路中，各处的电压和电流随电源呈比例变化。（　）

26. 有源二端网络用戴维南等效电路或诺顿等效电路替代时，对外电路是等效的，对内电路也等效。（　）

27. 实际电压源和实际电流源之间可以等效变换，理想电压源与理想电流源之间在一定条件下也可以等效变换。（　）

28. 一般情况下，对于已放电完毕的电容器来说，在电路接通的瞬间，流过该电容的电流较大。（　）

29. 一般情况下，对于未储能的电感线圈来说，在电路接通瞬间，电流为零。（　）

参考答案：

1. 错	**2.** 错	**3.** 错	**4.** 错	**5.** 错	**6.** 错	**7.** 错	**8.** 对
9. 对	**10.** 错	**11.** 对	**12.** 错	**13.** 错	**14.** 对	**15.** 错	**16.** 对
17. 错	**18.** 错	**19.** 错	**20.** 错	**21.** 错	**22.** 错	**23.** 错	**24.** 对
25. 对	**26.** 错	**27.** 错	**28.** 对	**29.** 对			

二、选择题

1. 在不考虑因发热导致电阻改变的情况下，把两个额定值都为 220V/200W 的电热器串联接在 220V 的电源上，它们消耗的总功率为（　）。

(a) 50W　　(b) 100W　　(c) 200W　　(d) 400W

2. 将 40W/220V 和 100W/220V 的两盏白炽灯串联后接到 220V 的电源上，比较亮的是（　）。

(a) 40W 的白炽灯较亮　　(b) 100W 的白炽灯较亮

(c) 二盏灯同样亮　　(d) 二盏灯都不亮

3. 日常用的白炽灯灯丝断裂后搭上再使用，往往要比原来更亮些，这是因为（　）。

(a) 白炽灯的电阻增大了，所以功率增大了　　(b) 白炽灯的电阻减小了，所以功率减小了

(c) 白炽灯的电阻减小了，所以功率增大了　　(d) 白炽灯的电阻增大了，所以功率减小了

4. 两个线性电阻并联时的功率比为 16 : 25，则串联时两电阻上的功率比是（　）。

(a) 16 : 25　　(b) 25 : 16　　(c) 5 : 4　　(d) 4 : 5

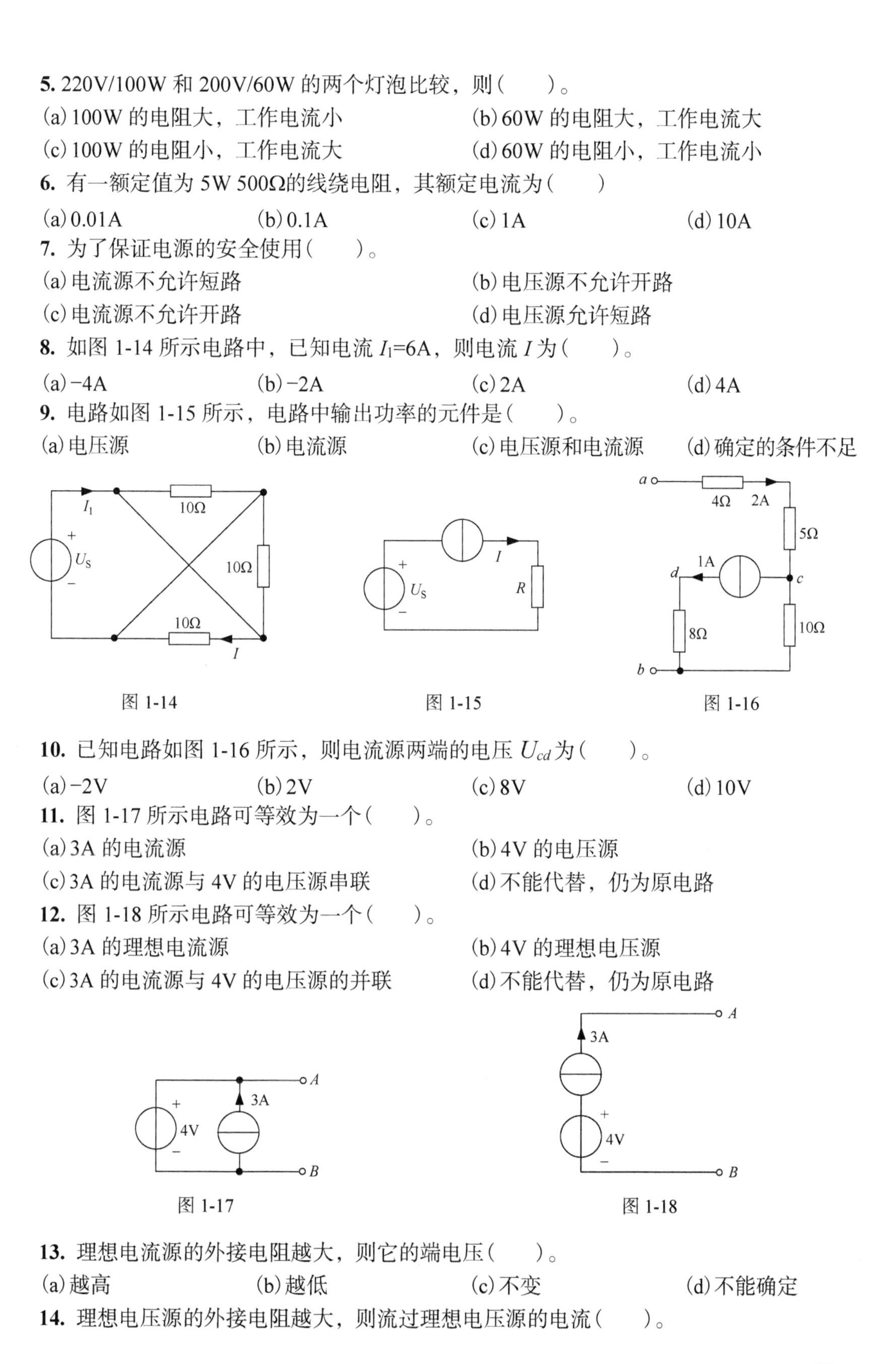

5. 220V/100W 和 200V/60W 的两个灯泡比较，则（　　）。

(a) 100W 的电阻大，工作电流小　　(b) 60W 的电阻大，工作电流大

(c) 100W 的电阻小，工作电流大　　(d) 60W 的电阻小，工作电流小

6. 有一额定值为 5W 500Ω的线绕电阻，其额定电流为（　　）

(a) 0.01A　　(b) 0.1A　　(c) 1A　　(d) 10A

7. 为了保证电源的安全使用（　　）。

(a) 电流源不允许短路　　(b) 电压源不允许开路

(c) 电流源不允许开路　　(d) 电压源允许短路

8. 如图 1-14 所示电路中，已知电流 I_1=6A，则电流 I 为（　　）。

(a) −4A　　(b) −2A　　(c) 2A　　(d) 4A

9. 电路如图 1-15 所示，电路中输出功率的元件是（　　）。

(a) 电压源　　(b) 电流源　　(c) 电压源和电流源　　(d) 确定的条件不足

图 1-14　　图 1-15　　图 1-16

10. 已知电路如图 1-16 所示，则电流源两端的电压 U_{cd} 为（　　）。

(a) −2V　　(b) 2V　　(c) 8V　　(d) 10V

11. 图 1-17 所示电路可等效为一个（　　）。

(a) 3A 的电流源　　(b) 4V 的电压源

(c) 3A 的电流源与 4V 的电压源串联　　(d) 不能代替，仍为原电路

12. 图 1-18 所示电路可等效为一个（　　）。

(a) 3A 的理想电流源　　(b) 4V 的理想电压源

(c) 3A 的电流源与 4V 的电压源的并联　　(d) 不能代替，仍为原电路

图 1-17　　图 1-18

13. 理想电流源的外接电阻越大，则它的端电压（　　）。

(a) 越高　　(b) 越低　　(c) 不变　　(d) 不能确定

14. 理想电压源的外接电阻越大，则流过理想电压源的电流（　　）。

(a)越大　　(b)越小　　(c)不变　　(d)不能确定

15. 如图 1-19 所示电路中，电阻 R_2 增加时，电压 U_1 将(　　)。

(a)变大　　(b)变小　　(c)不变　　(d)不能确定

16. 如图 1-20 所示电路中，减小电阻 R_1，电流 I_2 将(　　)。

(a)变大　　(b)变小　　(c)不变　　(d)不能确定

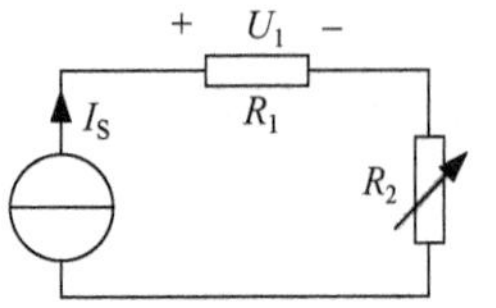

图 1-19

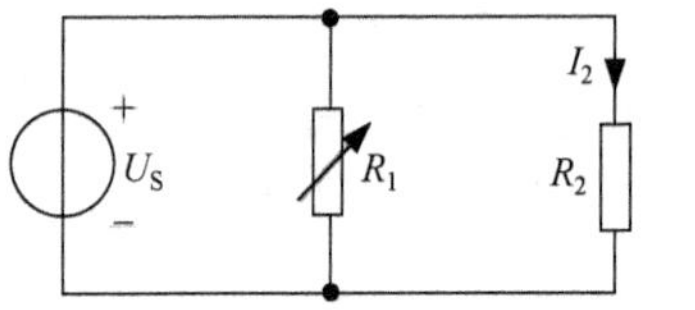

图 1-20

17. 在图 1-21 所示电路中，已知 U_S=10V，I_S=2A。a、b 两点间电压 U_{ab} 为(　　)。

(a) 16V　　(b) 10V　　(c) −10V　　(d) −16V

18. 在图 1-22 所示电路中，电压 U 和电流 I 的关系式为(　　)。

(a) U=15+I　　(b) U=15−I　　(c) U=10+I　　(d) U=10−I

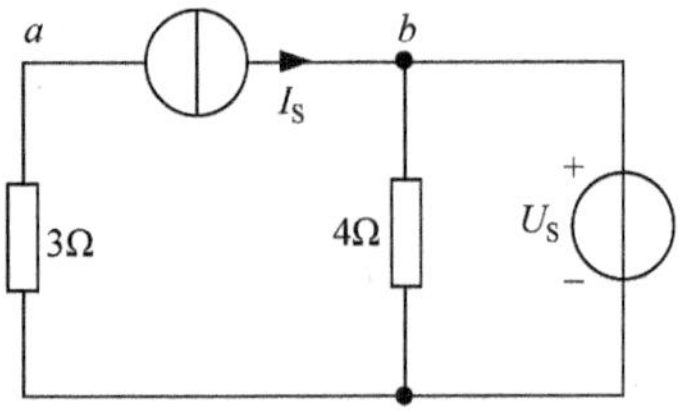

图 1-21

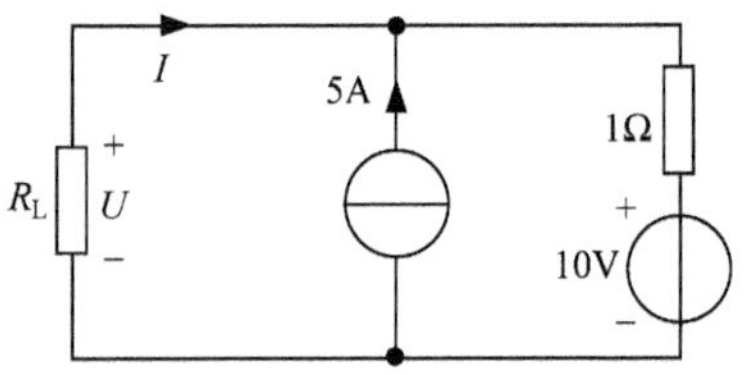

图 1-22

19. 当实际电压源短路时，该电压源内部(　　)。

(a)有电流，有功率损耗　　(b)有电流，无功率损耗

(c)无电流，有功率损耗　　(d)无电流，无功率损耗

20. 用支路电流法求解图 1-23 所示电路中的电流 I，可列出独立的电流方程数和电压方程数分别为(　　)。

(a) 2 和 3　　(b) 3 和 3　　(c) 3 和 2　　(d) 4 和 3

21. 如图 1-24 所示电路中，已知电压源单独作用时，电阻 R 上的电流为 1A，当两电源共同作用时，流过电阻 R 的电流 I 为(　　)。

(a) 2A　　(b) 4A　　(c) 5A　　(d) 7A

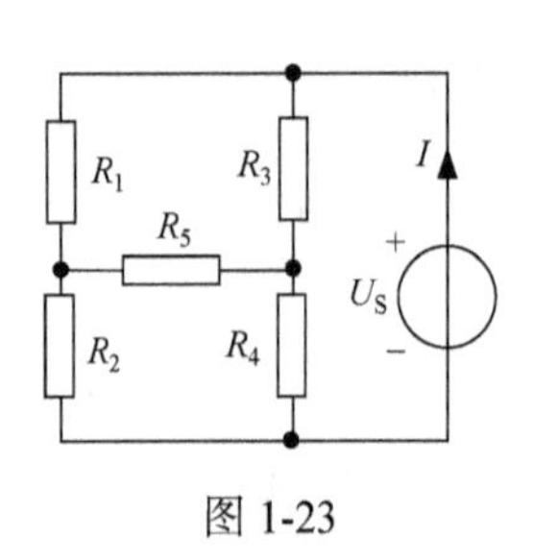

图 1-23

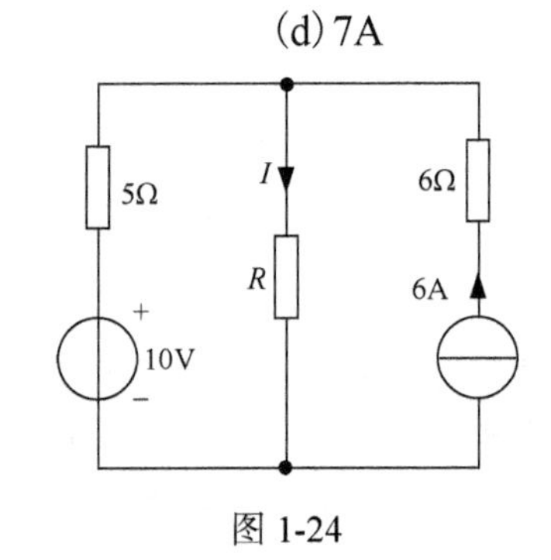

图 1-24

22. 用支路电流法求解电路时，列写的独立方程数等于电路的(　　)。

(a)网孔数　　(b)回路数　　(c)支路数　　(d)节点数

23. 在计算线性电路的功率时，叠加定理(　　)。

(a)同样适用　　(b)不能使用　　(c)有条件地使用　　(d)不能确定

24. 已知一线性有源二端网络的等效戴维南电路的参数为 U_S 和 R_0，当改变负载时，该有源二端网络向负载提供的最大功率为(　　)。

(a) $P_{L\max}=\dfrac{2U_S^2}{R_0}$　　(b) $P_{L\max}=\dfrac{U_S^2}{R_0}$　　(c) $P_{L\max}=\dfrac{U_S^2}{2R_0}$　　(d) $P_{L\max}=\dfrac{U_S^2}{4R_0}$

25. 某有源二端线性网络的开路电压为 12V，短路电流为 2A。当外接电阻为 6Ω时，流过该电阻的电流为(　　)。

(a)0.5A　　(b)1A　　(c)2A　　(d)4A

26. *RLC* 串联电路接入电压源瞬间，三个元件上的电压 u_R，u_L，u_C 不能跃变的是(　　)。

(a) u_L 和 u_C　　(b) u_R 和 u_C　　(c) u_R、u_L 和 u_C　　(d) u_L 和 u_R

27. 图 1-25 所示电路在开关 S 闭合后的时间常数τ为(　　)。

(a)1s　　(b)2s　　(c)3s　　(d)4s

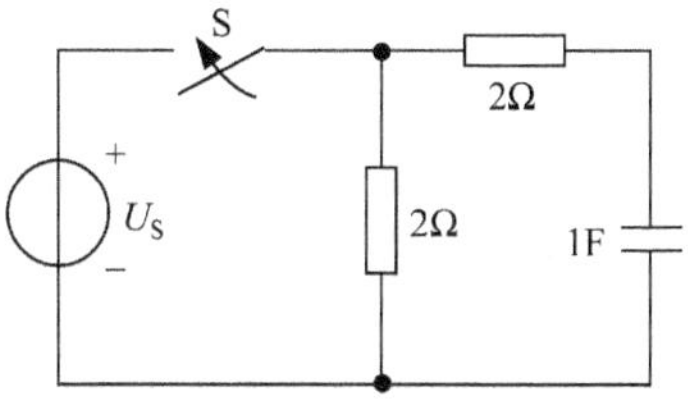

图 1-25

28. 图 1-26 所示电路在换路前已稳定，开关 S 在 t=0 时刻闭合，则 $i(0_+)$为(　　)。

(a)1A　　(b)0.5A　　(c)0A　　(d)−0.5A

29. 图 1-27 所示电路在换路前已稳定，在 t=0 时刻开关 S 闭合，则 $i_1(0_+)$为(　　)。

(a)2A　　(b)1A　　(c)0A　　(d)−1A

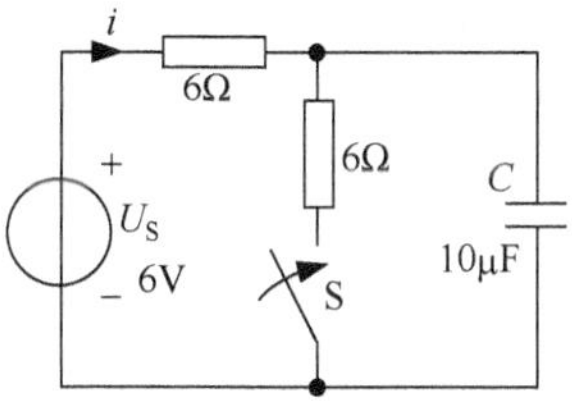

图 1-26

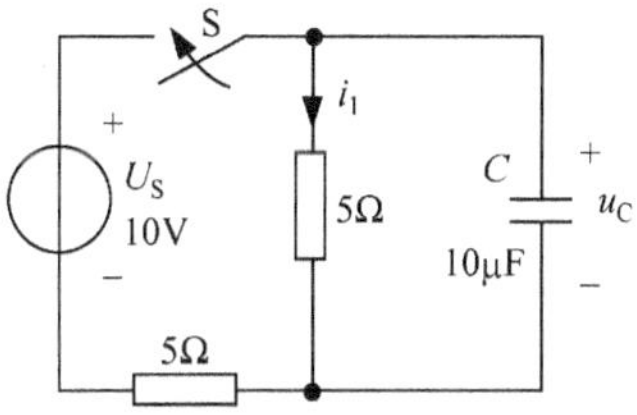

图 1-27

30. 图 1-28 所示电路在换路前已稳定，开关 S 在 t=0 瞬间闭合，则 $i(0_+)$为(　　)。

(a)1A　　(b)0.5A　　(c)0A　　(d)−0.5A

31. 图 1-29 所示电路在换路前已稳定，开关 S 在 t=0 瞬间闭合，若 $u_C(0_-)$=−8V，则 $u_R(0_+)$=(　　)。

(a)20V　　(b)4V　　(c)0V　　(d)−4V

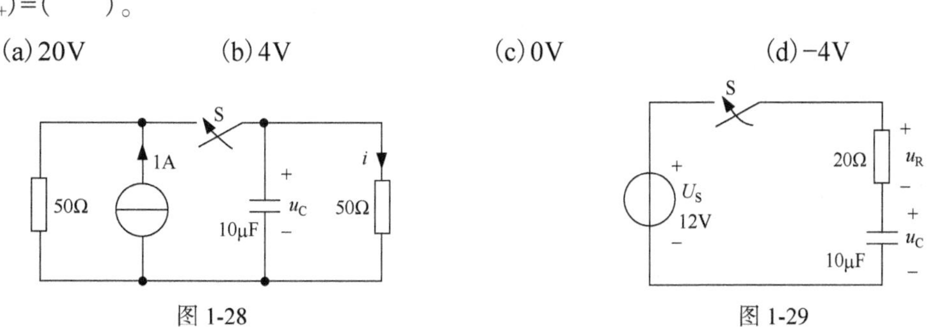

图 1-28

图 1-29

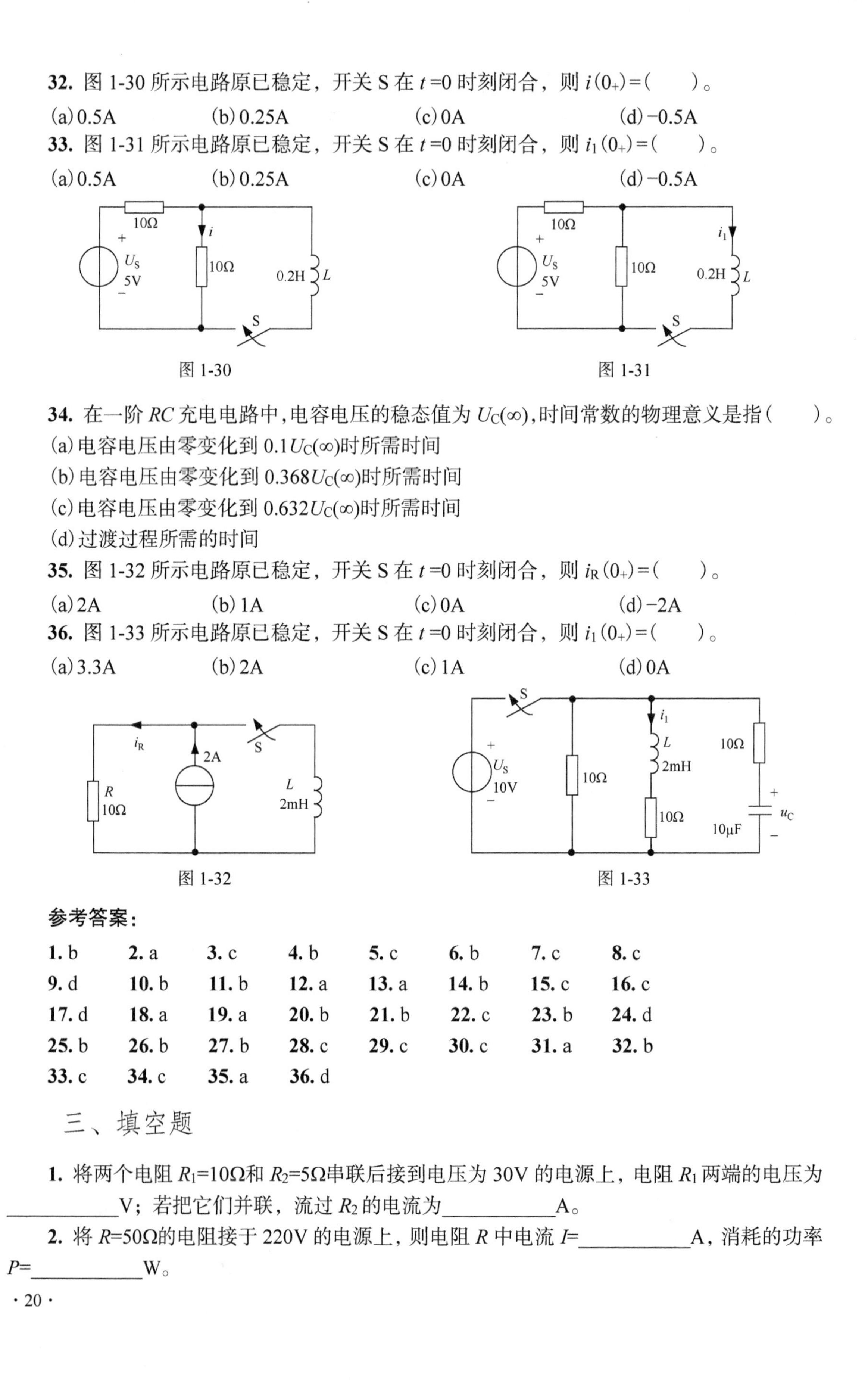

32. 图 1-30 所示电路原已稳定，开关 S 在 $t=0$ 时刻闭合，则 $i(0_+)=($　　$)$。

(a) 0.5A　　(b) 0.25A　　(c) 0A　　(d) −0.5A

33. 图 1-31 所示电路原已稳定，开关 S 在 $t=0$ 时刻闭合，则 $i_1(0_+)=($　　$)$。

(a) 0.5A　　(b) 0.25A　　(c) 0A　　(d) −0.5A

图 1-30

图 1-31

34. 在一阶 *RC* 充电电路中，电容电压的稳态值为 $U_C(\infty)$，时间常数的物理意义是指(　　)。

(a) 电容电压由零变化到 $0.1U_C(\infty)$时所需时间

(b) 电容电压由零变化到 $0.368U_C(\infty)$时所需时间

(c) 电容电压由零变化到 $0.632U_C(\infty)$时所需时间

(d) 过渡过程所需的时间

35. 图 1-32 所示电路原已稳定，开关 S 在 $t=0$ 时刻闭合，则 $i_R(0_+)=($　　$)$。

(a) 2A　　(b) 1A　　(c) 0A　　(d) −2A

36. 图 1-33 所示电路原已稳定，开关 S 在 $t=0$ 时刻闭合，则 $i_1(0_+)=($　　$)$。

(a) 3.3A　　(b) 2A　　(c) 1A　　(d) 0A

图 1-32

图 1-33

参考答案：

1. b	**2.** a	**3.** c	**4.** b	**5.** c	**6.** b	**7.** c	**8.** c
9. d	**10.** b	**11.** b	**12.** a	**13.** a	**14.** b	**15.** c	**16.** c
17. d	**18.** a	**19.** a	**20.** b	**21.** b	**22.** c	**23.** b	**24.** d
25. b	**26.** b	**27.** b	**28.** c	**29.** c	**30.** c	**31.** a	**32.** b
33. c	**34.** c	**35.** a	**36.** d				

三、填空题

1. 将两个电阻 $R_1=10\Omega$和 $R_2=5\Omega$串联后接到电压为 30V 的电源上，电阻 R_1 两端的电压为__________V；若把它们并联，流过 R_2 的电流为__________A。

2. 将 $R=50\Omega$的电阻接于 220V 的电源上，则电阻 R 中电流 $I=$__________A，消耗的功率 $P=$__________W。

3. 图 1-34(a)所示电路中，I=3A，U=5V。则该元件__________(发出/吸收)功率；在图 1-34(b)所示电路中电压源__________(发出/吸收)功率，电流源__________(发出/吸收)功率。

4. 基尔霍夫电压定律可描述为____。

5. 基尔霍夫电流定律可描述为____。

6. 与电压源__________(串联/并联)的部分电路移去(短路)，对外电路是等效的；与电流源__________(串联/并联)的部分电路移去(开路)，对外电路也是等效的。

7. 电路如图 1-35 所示，电流 I=__________A。

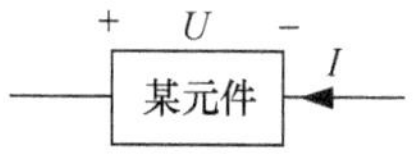

图 1-34(a) 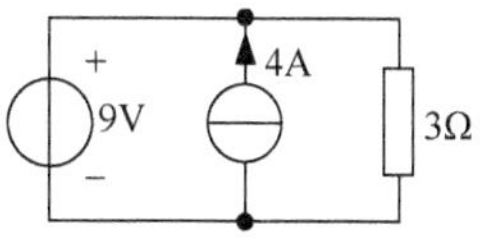　　图 1-34(b) 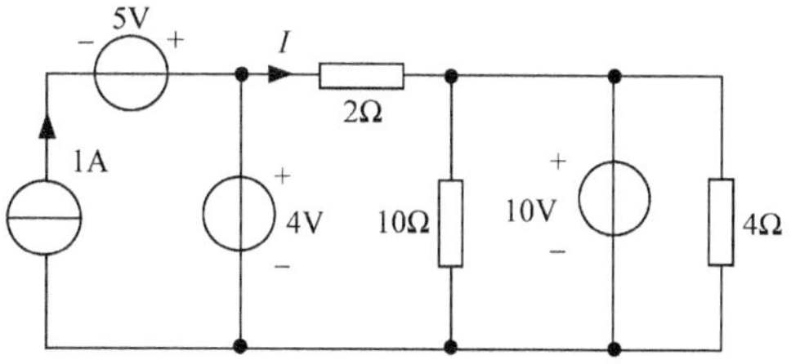　　图 1-35

8. 在图 1-36 所示电路中 U=20V，I=4A。则该二端网络__________(发出/吸收)功率；功率为__________W。

9. 图 1-37 所示电路中，AB 两点短接后，对电路__________(有/无)影响。

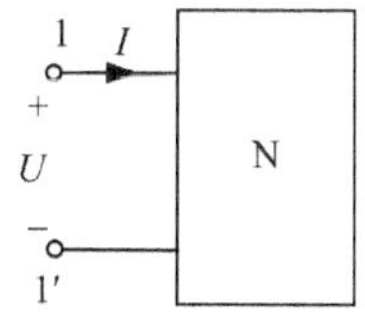

图 1-36 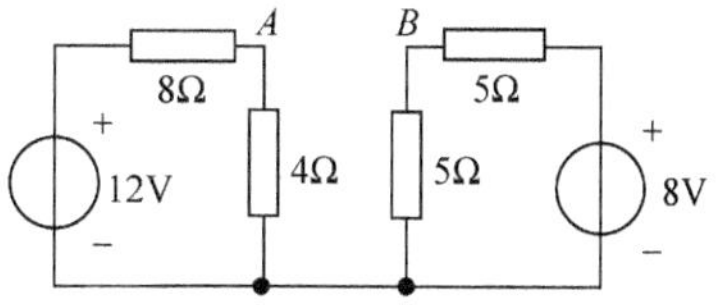　　图 1-37

10. 图 1-38 所示电路中，未知元件的电流 I_3=__________mA，电压 U_3=__________V。

11. 计算图 1-39 所示电路 ab 端的等效电阻 R_{ab}=__________Ω。

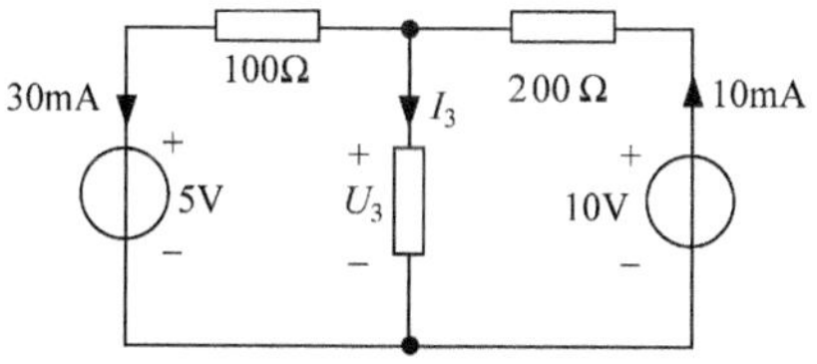

图 1-38 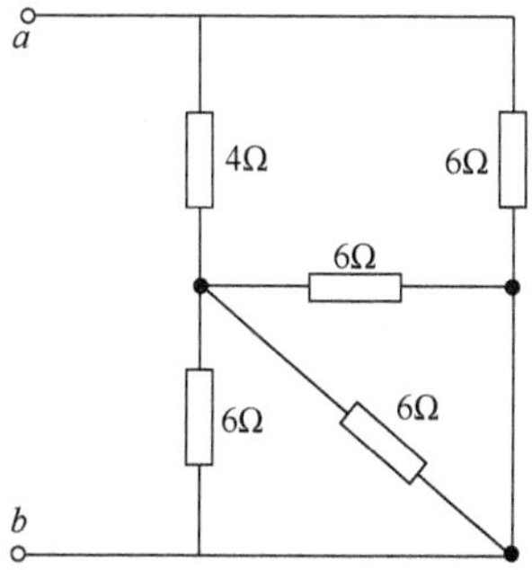　　图 1-39

12. 将如图 1-40 所示的有源二端网络转换为戴维南等效电路，则等效电路中电压源的电压 U_S=__________V，等效内阻 R_0=__________Ω。

13. 电路如图 1-41 所示，将有源二端网络转换为戴维南等效电路，则等效电路中电压源的电压 U_S=__________V，等效内阻 R_0=__________Ω。

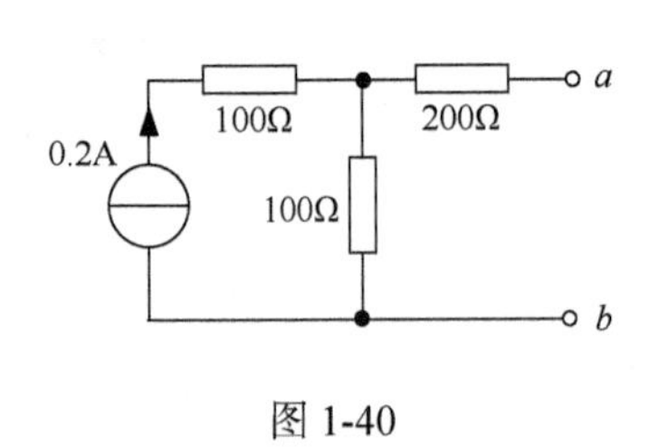

图 1-40

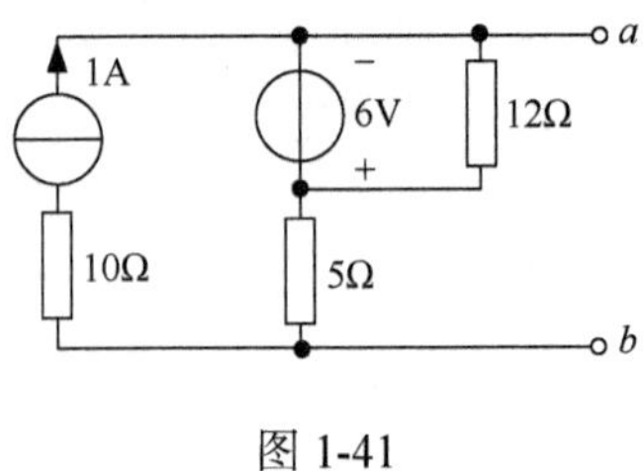

图 1-41

14. 如图 1-42 所示二端网络的戴维南等效电路中，等效电压源的电压为__________V，等效电阻为__________Ω。

15. 在图 1-43 所示电路中，虚线方框内是一个线性无源电路，当电压源 $U_S=6V$ 时，电流 $I=5A$；如果将 U_S 增加到 9V，则电流 I 变为__________A。

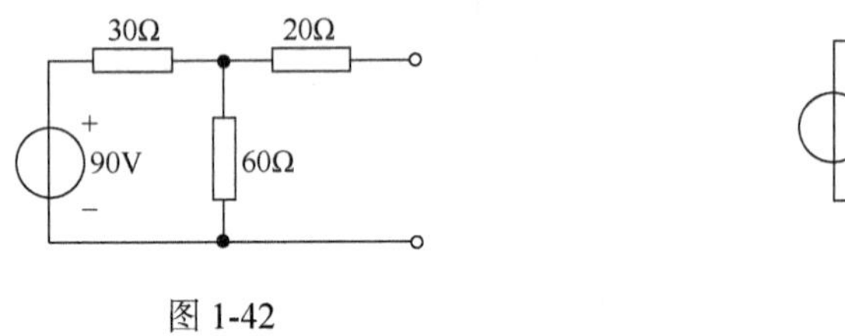

图 1-42

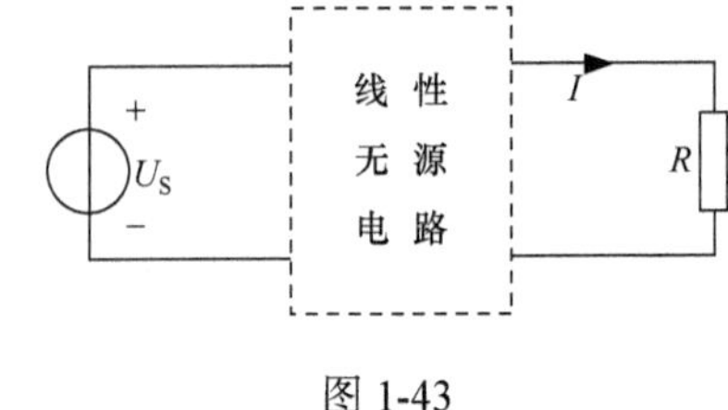

图 1-43

16. 图 1-44 所示电路中，I_1=__________A，I_2=__________A。

17. 图 1-45 所示电路可用来测量电源的电动势和内阻。当开关 S 打开时电压表的读数为 6V；开关 S 闭合时，电流表的读数为 0.5A，电压表的读数为 5V，那么电源电动势 E=__________V，内阻 R_0=__________Ω。

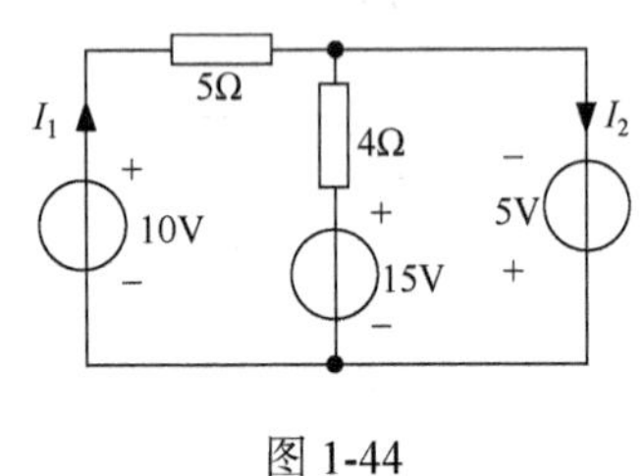

图 1-44

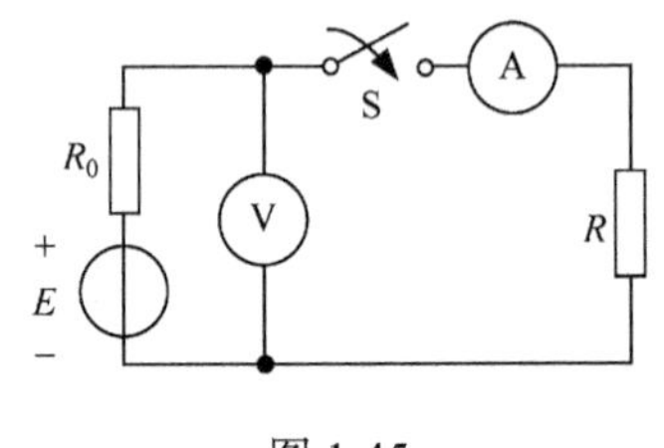

图 1-45

18. 图 1-46 所示电路中，电流 I=__________A。

19. 计算图 1-47 所示电路中的电流 I=__________A。

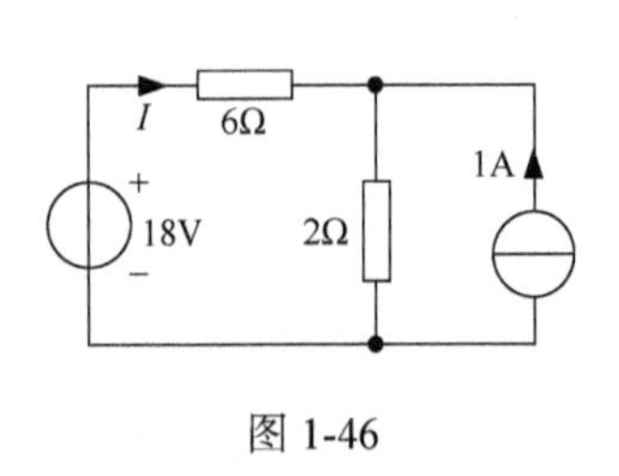

图 1-46

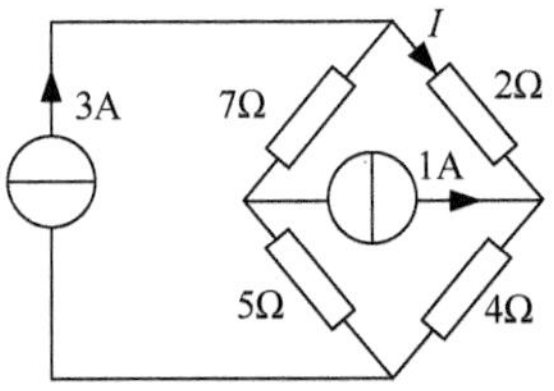

图 1-47

20. 图 1-48 所示电路中，要使电流 $I=0$，则 R=__________Ω。

21. 计算图 1-49 所示电路中的电流 I=__________A。

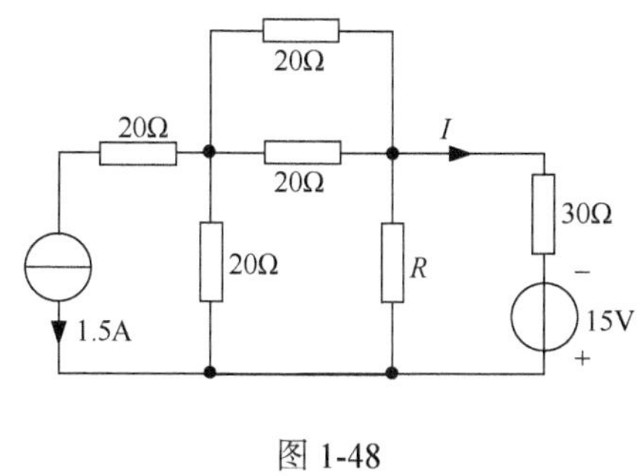

图 1-48

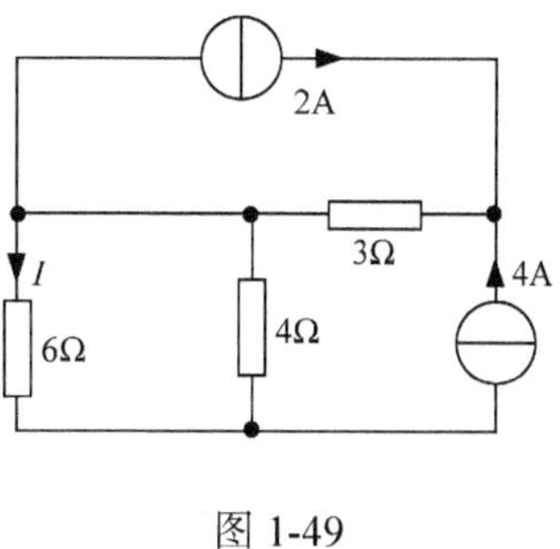

图 1-49

22. 暂态过程的初始条件是指____。

23. 换路定理用数学表达式表示时，可表示为________________________________。

24. 零输入响应是指____的响应。

25. 零状态响应是指____的响应。

26. 图 1-50 所示电路原已稳定，在 $t=0$ 时闭合开关 S，则 $i(0_+)=$__________A。

27. 图 1-51 所示电路原已稳定，$t=0$ 时开关 S 闭合，则 $i_L(0_+)=$__________A，$i_C(0_+)=$__________A。

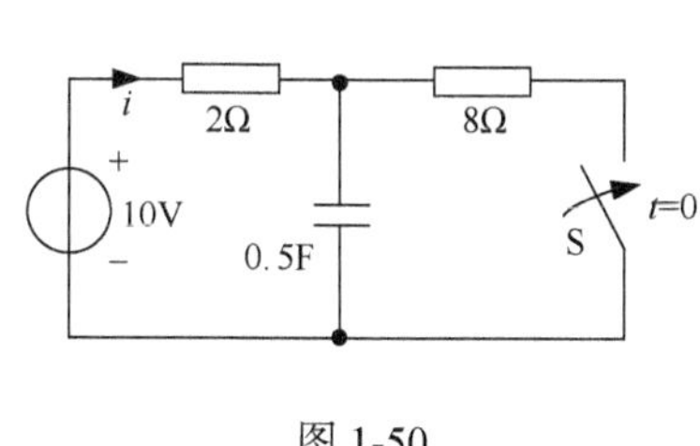

图 1-50

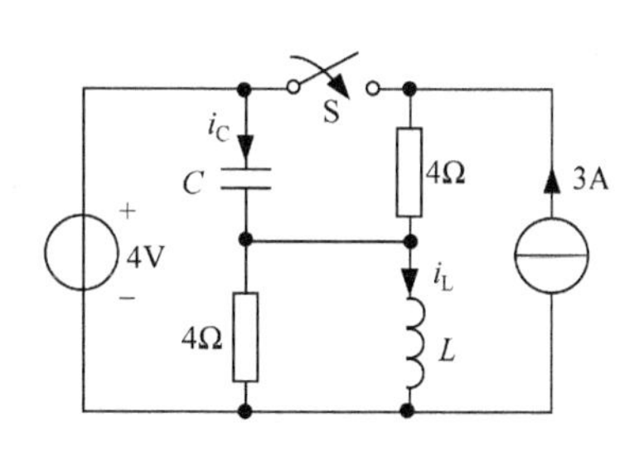

图 1-51

28. 汽车点火系统可等效为一个 12mH 的线圈和一个 4Ω的电阻，如图 1-52 所示。计算线圈上的电流到达最大值所需的时间 $t=$__________ms（假设过渡过程时间为 5τ）。

29. 图 1-53 所示电路中，开关在 a 点时电路已稳定，在 $t=4$s 时开关切换到 b 点，则在 $t=4$s 时 $u_C(4s)=$__________V。

30. 图 1-54 所示电路原已稳定，$t=0$ 时开关 S 闭合，则电感上的电流 $i_{L1}(0_+)=$__________A，$i_{L2}(0_+)=$__________A；电压 $u_{L1}(0_+)=$__________V，$u_{L2}(0_+)=$__________V。

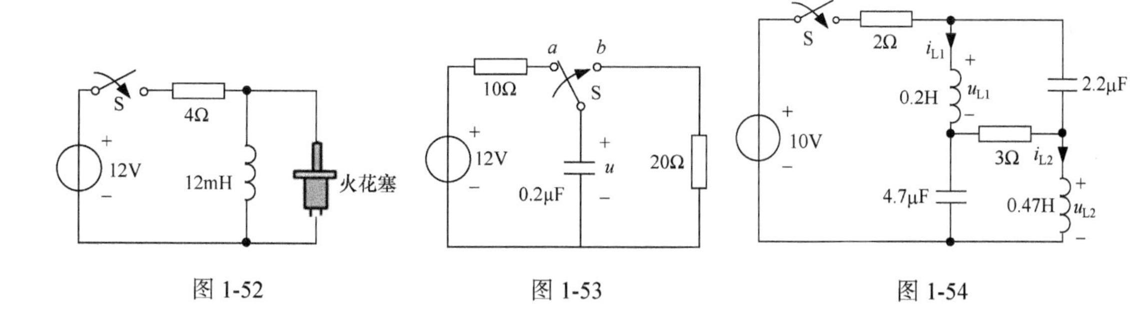

图 1-52　　图 1-53　　图 1-54

参考答案：

1. 20，6

2. 4.4，968

3. 发出，吸收，发出

4. 对任一回路，电压的代数和等于零，即$\sum u=0$

5. 对任一节点，电流的代数和等于零，即$\sum i=0$

6. 并联，串联

7. −3

8. 吸收，80

9. 无

10. −20，8

11. 3

12. 20，300

13. −1，5

14. 60，40

15. 7.5

16. 3，8

17. 6，2

18. 2

19. 1.5

20. 30

21. 1.6

22. 在$t=0_+$时电流或电压的初始值

23. $u_C(0_+)=u_C(0_-)$，$i_L(0_+)=i_L(0_-)$

24. 没有电源激励，只在初始储能作用下

25. 没有初始储能，只在电源作用下

26. 0

27. 3，2

28. 15

29. 12

30. 0，0，6，6

四、简答题

1. 请简述基尔霍夫定律。

答 基尔霍夫电流定律：在集总电路中，任何时刻，对任一节点，所有流出节点的支路电流的代数和恒等于零。

基尔霍夫电压定律：在集总电路中，任何时刻，沿任一回路，所有支路电压的代数和恒等于零。

2. 写出图1-55所示电路中电压U_{AB}的关系式。

解 对部分电路列写KVL方程，可得

$$U_{AB}=U_{S2}-I_2R_2$$

或

$$U_{AB}=U_{S1}-I_1R_1$$

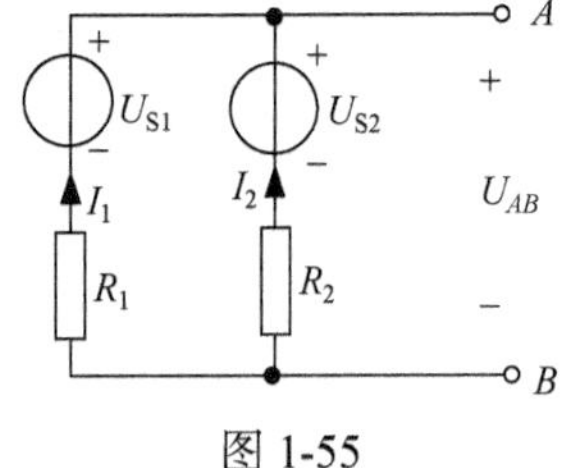

图1-55

3. 今需要一只2W/500Ω的电阻元件，但现有的只有0.5W/250Ω和1W/1kΩ的电阻元件多只，问应怎样组合？

答 可将两个1W/1kΩ的电阻并联使用。这样，不仅总电阻值符合要求，而且各电阻在工作时消耗的功率也不会超过各自的额定功率。也可以把8个0.5W/250Ω的电阻分成两组，分别串联后再并联。

但不能将两个0.5W/250Ω的电阻串联使用，因为此时虽然电阻值符合要求，但电阻上消耗的功率会超过额定功率。

4. 有源二端网络用电压源模型或电流源模型等效代替时，为什么是对外等效？对内是否也等效？

答 根据戴维南定理和诺顿定理，有源二端网络用等效电压源模型或电流源模型代替时，

其端口的电压和电流是一样的，也就是说对外电路是等效的，等效变换不会改变外电路的电压和电流。但对二端网络内部则是不等效的。

5. 分析图 1-56 所示电路中，当电阻 R 变化时，对虚线方框内电路的电压和电流有无影响？电阻 R 变化对什么会有影响？

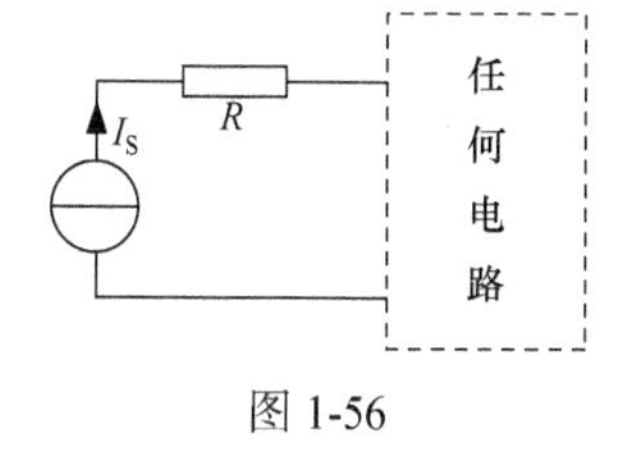

图 1-56

解 因为电阻 R 与电流源串联，电阻 R 上的电流始终等于理想电流源的电流，所以改变电阻 R 不会影响虚线方框部分电路的电压和电流。R 的变化只影响电阻 R 两端的电压和理想电流源两端的电压。

6. 如图 1-57(a)和 1-57(b)所示两电路中，电流 I_5 和 I_6 是否相等？为什么？

解 不相等。因为在图 1-57(a)中 $I_5=I_1-I_3$（或 $I_5=I_4-I_2$），而在图 1-57(b)中 $I_6=I_1+I_2$（或 $I_6=I_3+I_4$），所以一般情况下 $I_5 \neq I_6$。

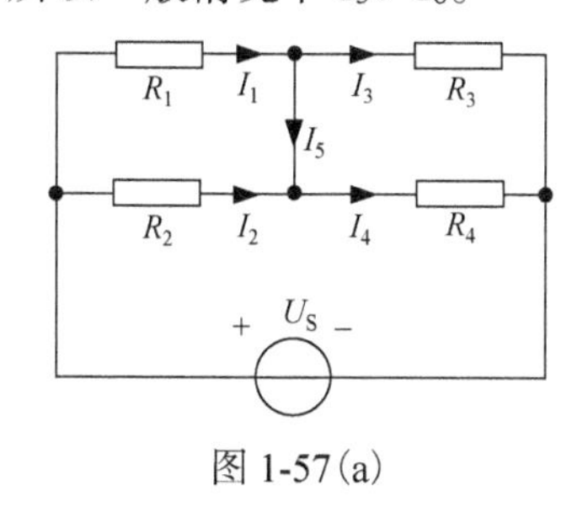

图 1-57(a)

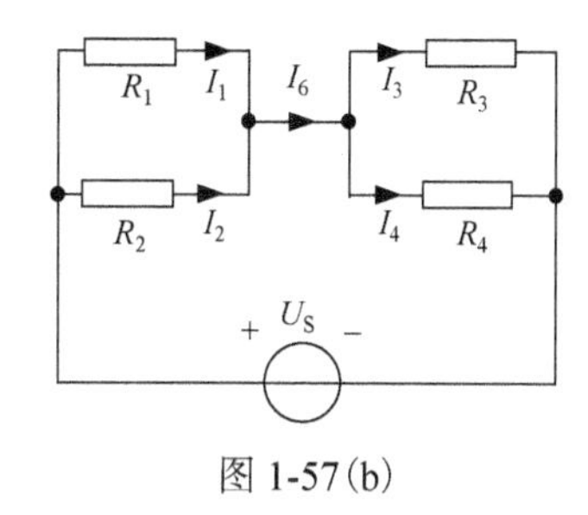

图 1-57(b)

7. 图 1-58(a)中的 N_1 和图 1-58(b)中的 N_2 都是有源二端网络，已知 $U_1=10V$，$I_1=1A$；$U_2=10V$，$I_2=-1A$。问这两个网络是吸收功率还是发出功率？

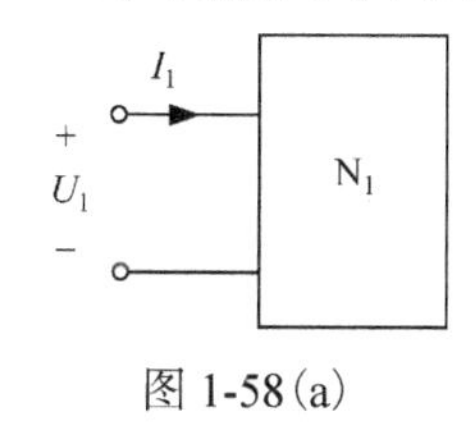

图 1-58(a)

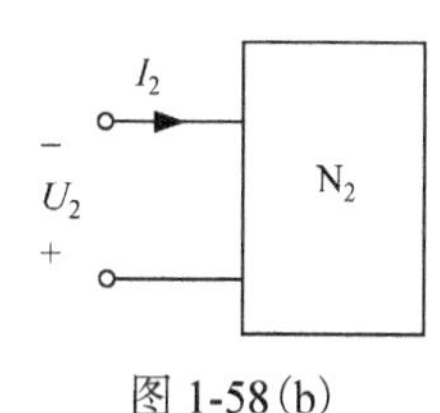

图 1-58(b)

解 图 1-58(a)中 $U_1=10V$，$I_1=1A$，$P_1=U_1I_1=10W$，因为 U_1 与 I_1 的参考方向是关联的，且 $P_1>0$，所以二端网络 N_1 实际是吸收功率；图 1-58(b)中 $U_2=10V$，$I_2=-1A$，$P_2=U_2 I_2=-10W$，因为 U_2 与 I_2 的参考方向是非关联的，且 $P_2<0$，所以二端网络 N_2 实际也是吸收功率。

8. 图 1-59(a)和图 1-59(b)两个电路中，电压源与电流源各发出或吸收多少功率？

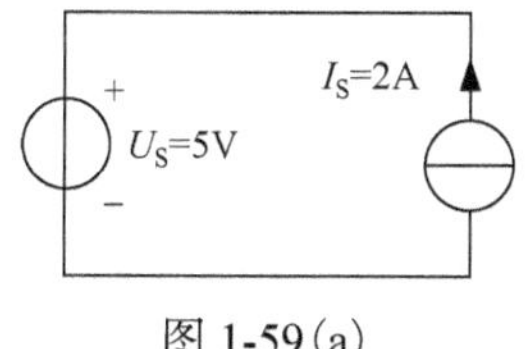

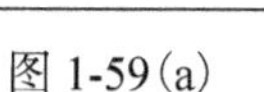
图 1-59(a)

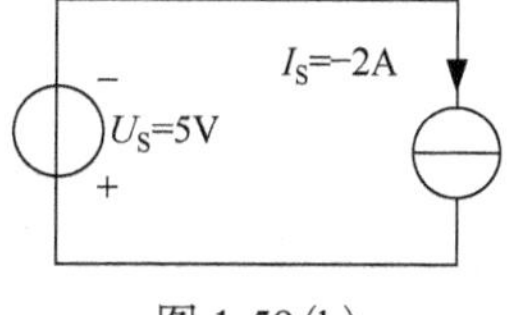

图 1-59(b)

解 图 1-59(a)中：$P=U_SI_S=10W$

对电压源来说，U_S 与 I_S 的参考方向关联，所以电压源吸收 10W 功率；对电流源来说，U_S 与 I_S 的参考方向非关联，所以电流源发出 10W 功率。

图 1-59(b)中：$P=U_SI_S=-10W$

对电压源来说，U_S与I_S的参考方向关联，所以电压源吸收−10W 功率，对电流源来说，U_S与I_S的参考方向非关联，所以电流源发出−10W 功率。

9. 写出如图 1-60(a)和 1-60(b)所示电路中 3 个电流的关系表达式。

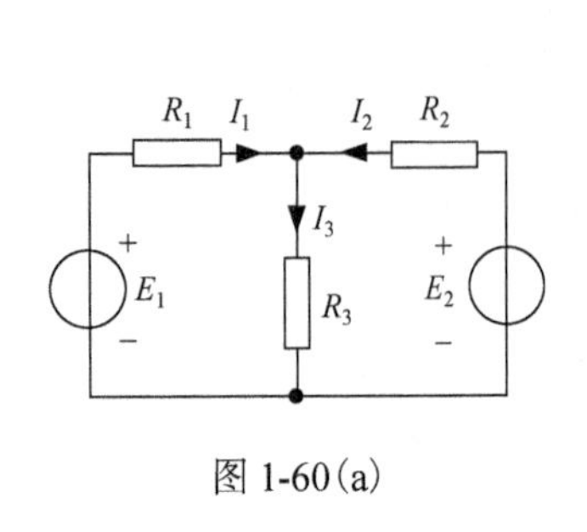

图 1-60(a)

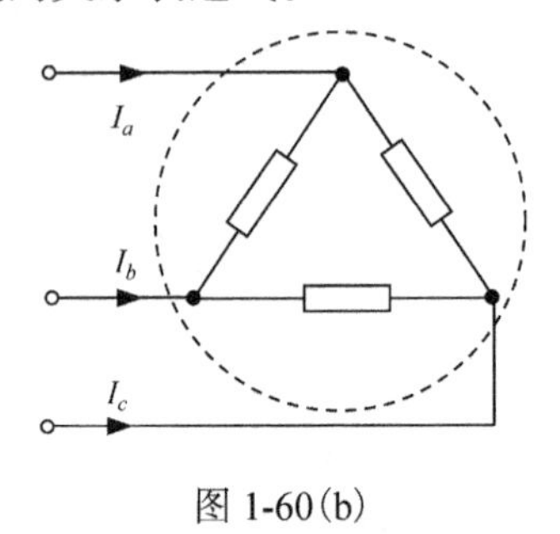

图 1-60(b)

解　在图 1-60(a)中，对上面的节点列写 KCL 方程可得　$I_1+I_2=I_3$

在图 1-60(b)中，对虚线所示广义节点列写 KCL 方程可得　$I_a+I_b+I_c=0$

五、计算题

1. 在图 1-61(a)所示电路中，$R_1=R_2=100\Omega$，$R_3=R_4=200\Omega$，$R_5=300\Omega$，试求开关 S 断开和闭合时 ab 端的等效电阻。

解　该电路图可改画成图 1-63(b)所示的电路，从图中可以看出，电阻 R_1、R_2、R_3、R_4构成一个电桥电路，且满足电桥平衡的条件，所以开关 S 闭合与否对电路没有影响。

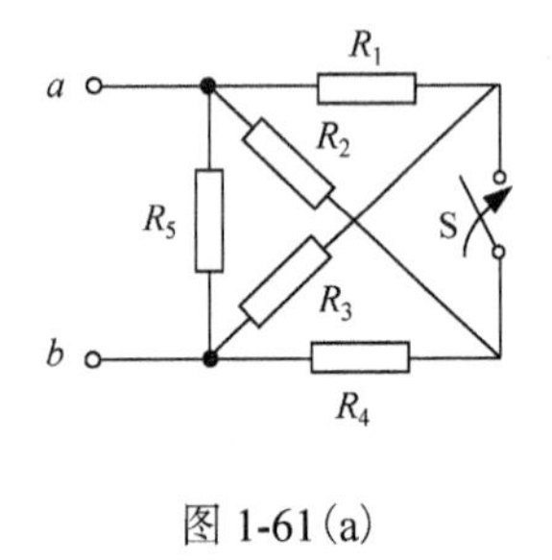

图 1-61(a)

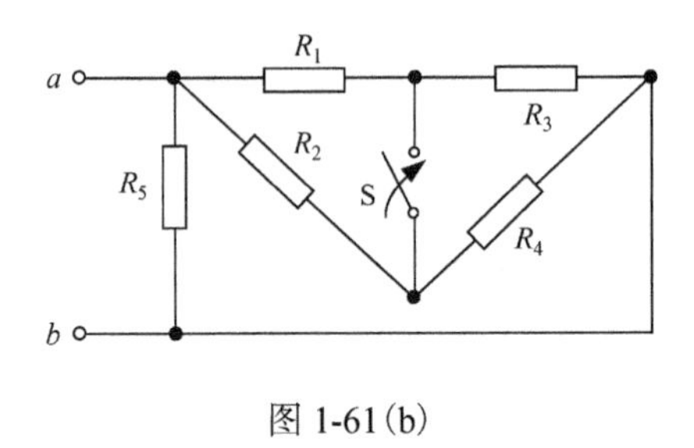

图 1-61(b)

考虑开关 S 断开时，R_1与R_3串联后与R_5并联，R_2与R_4串联后也与R_5并联，故有

$$R_{ab}=R_5//(R_1+R_3)//(R_2+R_4)=\frac{1}{\dfrac{1}{300}+\dfrac{1}{100+200}+\dfrac{1}{100+200}}=100(\Omega)$$

同样，当 S 闭合时，也有 $R_{ab}=100\Omega$。

2. 试求图 1-62 所示电路中 ab 间的等效电阻 R_{ab}。

解　在求等效电阻时，需要将电压源除去(短路)。将电压源短路后，可以看出，右边 60Ω、30Ω、60Ω三个电阻并联，左边 20Ω、60Ω、30Ω三个电阻也是并联关系，而后两者再串联，即得

$$R_{ab}=60//30//60+20//60//30=15+10=25(\Omega)$$

3. 计算图 1-63(a)和图 1-63(b)所示两电路中 a、b 间的等效电阻 R_{ab}。

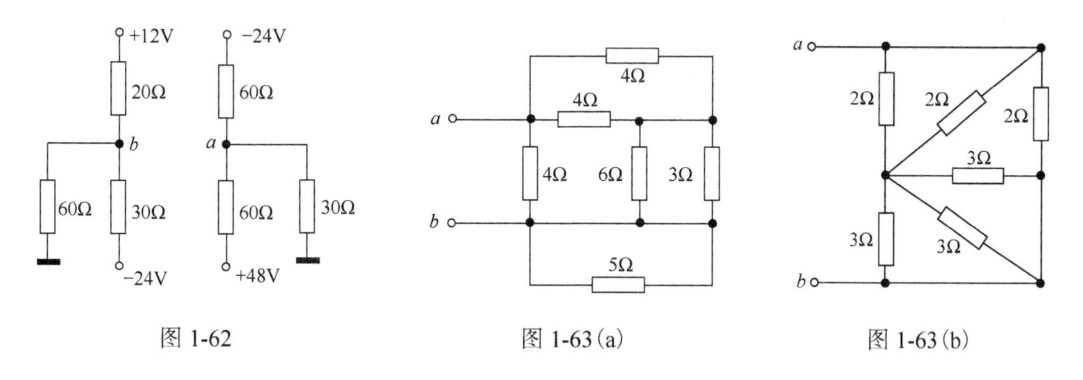

图 1-62　　图 1-63(a)　　图 1-63(b)

解　对于图 1-63(a)，5Ω电阻被短路，可画成图 1-63(c)所示电路，可得 a、b 间的等效电阻为

$$R_{ab}=4//(4//4+6//3)=2(\Omega)$$

对于图 1-63(b)，可画成图 1-63(d)所示电路，可得 a、b 间的等效电阻为

$$R_{ab}=(2//2+3//3//3)//2=1(\Omega)$$

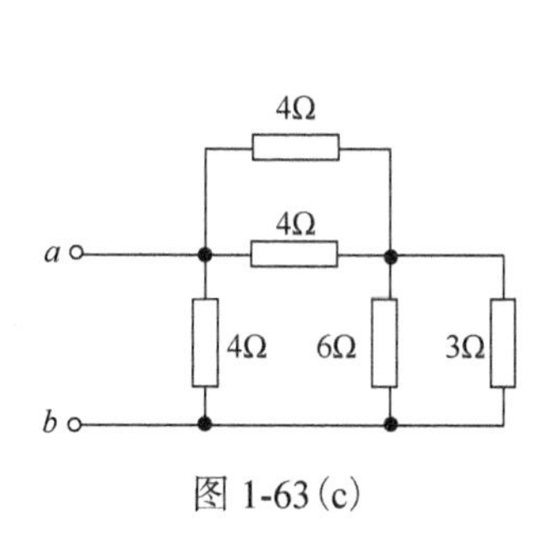

图 1-63(c)

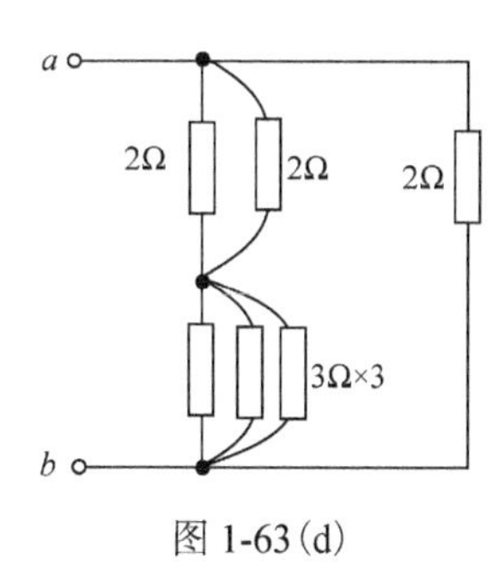

图 1-63(d)

4. 无源二端电阻网络如图 1-64(a)所示，当 U=10V 时，I=2A；并已知该电阻网络由四个 3Ω的电阻构成，试问这四个电阻是如何连接的？

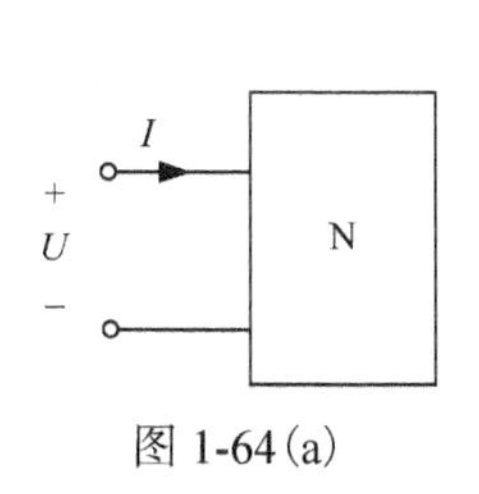

图 1-64(a)

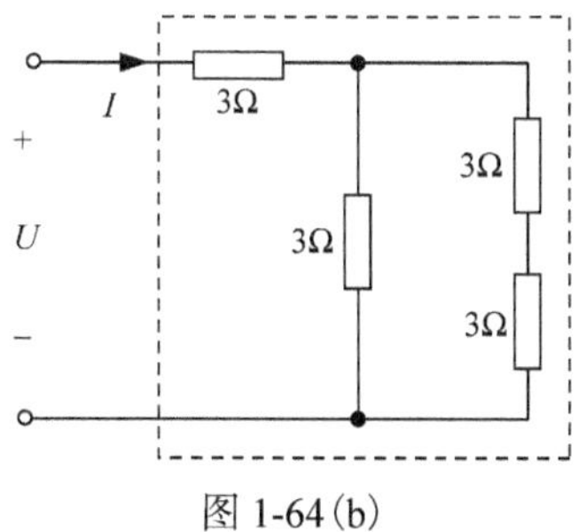

图 1-64(b)

解　按题意，无源二端网络的总电阻为

$$R=\frac{U}{I}=\frac{10}{2}=5(\Omega)$$

题目中已说明电阻网络由四个 3Ω的电阻构成，所以可以考虑是 3Ω+2Ω=3Ω+3Ω//6Ω，从而可得四个 3Ω电阻的连接方法如图 1-64(b)所示。

5. 求图 1-65 所示电路中开关 S 闭合和断开两种情况下 a、b、c 三点的电位。

解　S 闭合时各点电位：

$$V_a = 5\text{V}，\ V_b = -2\text{V}，\ V_c = 0\text{V}$$

S 断开时各点电位：

$$V_a = V_b = 5\text{V},\quad V_c = 5 + 2 = 7(\text{V})$$

6. 求图 1-66 所示电路中开关 S 闭合和断开两种情况下 *a*、*b*、*c* 三点的电位。

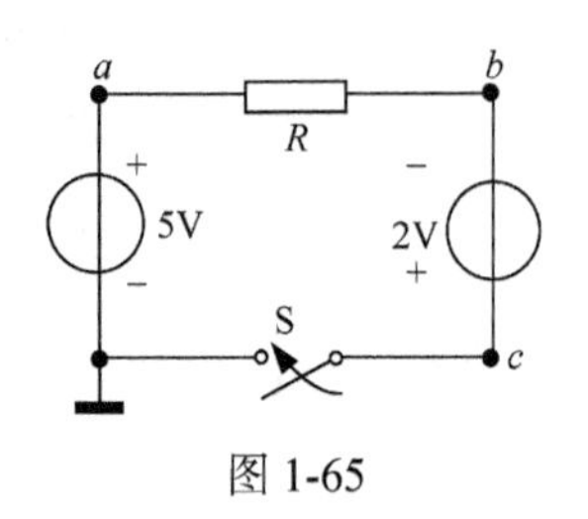

图 1-65

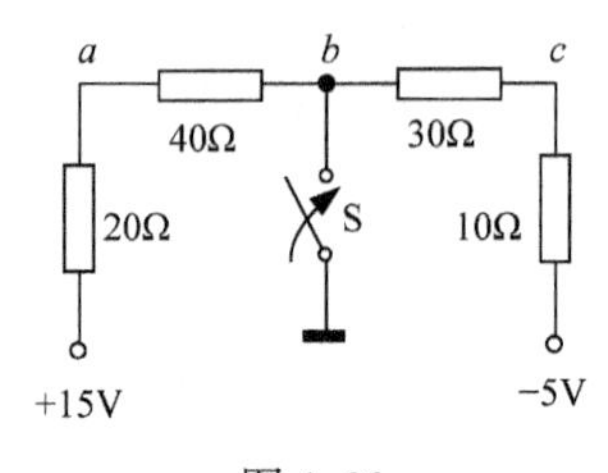

图 1-66

解　S 断开时，电阻上的电流为

$$I_{ab}=I_{bc}=(15+5)/(20+40+30+10)=0.2(\text{A})$$

此时各点的电位为

$$V_a = 15 - 0.2\times 20 = 11(\text{V}),\quad V_b = 15 - 0.2\times 60 = 3(\text{V}),\quad V_c = -5+0.2\times 10 = -3(\text{V})$$

S 闭合时，电阻上的电流为

$$I_{ab}=15/(20+40)=0.25(\text{A}),\quad I_{bc}=5/(30+10)=0.125(\text{A})$$

此时各点的电位为

$$V_a = 15 - 0.25\times 20 = 10(\text{V}),\quad V_b=0\text{V},\quad V_c = 0 - 0.125\times 30 = -3.75(\text{V})$$

7. 电路如图 1-67 所示。已知 $U_{\text{S1}}=6\text{V}$，$U_{\text{S2}}=8\text{V}$，$R_1=4\Omega$，$R_2=2\Omega$，$R_3=6\Omega$，*A* 点开路。求 *A* 点的电位 V_A。

解　*A* 点开路，所以　$I_2 = 0\text{A}$

而电流　$I_1 = \dfrac{U_{\text{S1}}}{R_1 + R_2} = \dfrac{6}{4+2} = 1(\text{A})$

所以　$V_A = I_2R_3 - U_{\text{S2}} + I_1R_2 = 0 - 8 + 1\times 2 = -6(\text{V})$

8. 电路如图 1-68(a) 所示。已知 $R_1=1\Omega$，$R_2=2\Omega$，$R_3=3\Omega$，$R_4=4\Omega$，$U_{\text{S}}=12\text{V}$。求 *A* 点的电位 V_A。

解　在这个电路中，R_1 与 R_3 串联后与 R_2 并联，再与 R_4 串联。

$$R_{123}=R_2//(R_1+R_3)=2//4=1.33(\Omega)$$

标注 U_3，U_4 参考方向如图 1-68(b) 所示。

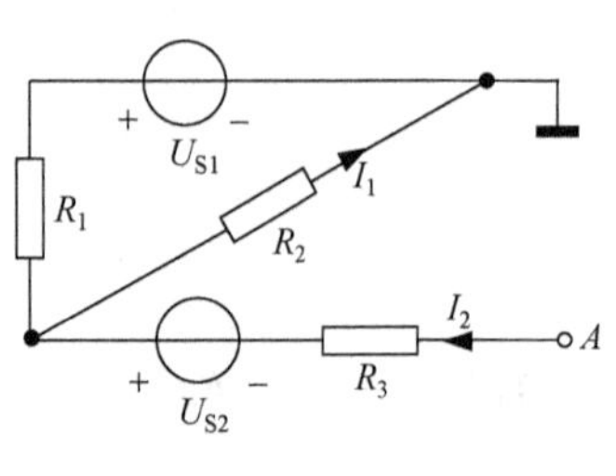

图 1-67

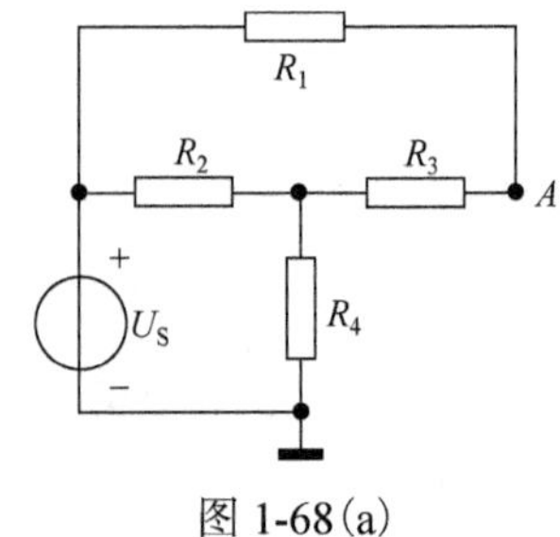

图 1-68(a)

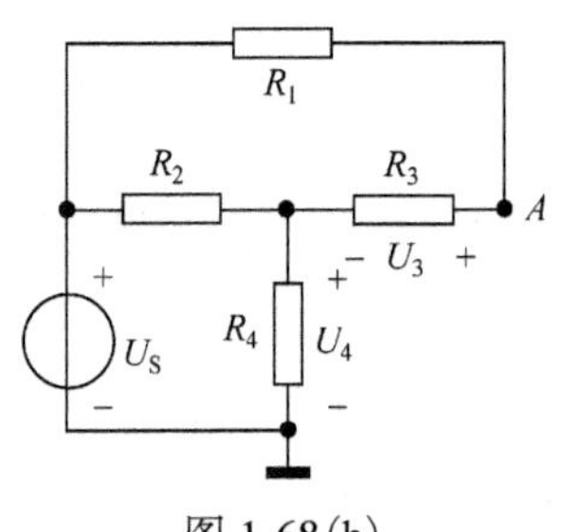

图 1-68(b)

$$U_4=\frac{R_4}{R_{123}+R_4}U_S=\frac{4}{1.33+4}\times 12=9(\text{V})$$

$$U_3=\frac{R_3}{R_1+R_3}(U_S-U_4)=\frac{3\times(12-9)}{1+3}=2.25(\text{V})$$

A 点电位　$V_A=U_4+U_3=9+2.25=11.25(\text{V})$

9. 电路如图 1-69 所示。已知 $R_1=1\Omega$，$R_2=2\Omega$，$R_3=3\Omega$，$R_4=4\Omega$，$U_{S1}=15\text{V}$，$U_{S2}=5\text{V}$，$U_{S3}=14\text{V}$。求电流 I_1、I_2 及 A 点电位 V_A。

解　对左侧回路应用 KVL 可得 $U_{S3}-I_1R_1-U_{S1}=0$，则

$$I_1=\frac{U_{S3}-U_{S1}}{R_1}=\frac{14-15}{1}=-1(\text{A})$$

对中间的回路应用 KVL 可得 $U_{S3}-I_2R_2-U_{S2}=0$，所以

$$I_2=\frac{U_{S3}-U_{S2}}{R_2}=\frac{14-5}{2}=4.5(\text{A})$$

由分压公式得　$U_4=\frac{R_4}{R_3+R_4}U_{S3}=\frac{4}{3+4}\times 14=8(\text{V})$

从而可得　$V_A=U_4-I_2R_2=8-4.5\times 2=-1(\text{V})$

10. 图 1-70 所示是一个晶体三极管静态工作时的等效电路，已知 $U_C=12\text{V}$，$U_B=3\text{V}$，$R_C=1.5\text{k}\Omega$，$R_B=7.5\text{k}\Omega$，$I_C=5.1\text{mA}$，$I_B=0.3\text{mA}$。试求电阻 R_{BC} 和 R_{BE}，并计算 B 点和 C 点的电位 V_B 和 V_C。

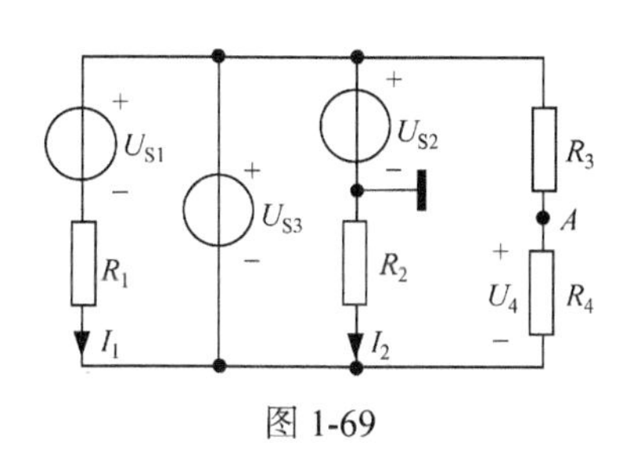

图 1-69

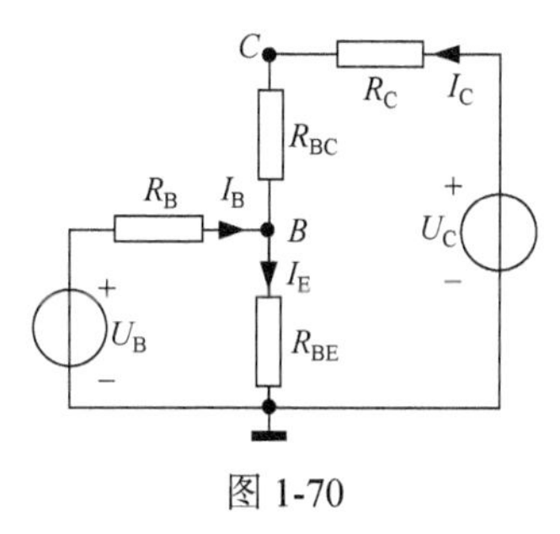

图 1-70

解　对节点 B 应用 KCL 可得　$I_E=I_C+I_B=5.4\text{mA}$

对左侧回路应用 KVL 可得　$U_B=I_BR_B+I_ER_{BE}$

所以　$R_{BE}=(U_B-I_BR_B)/I_E=(3-0.3\times 7.5)/0.0054=138.9(\Omega)$

对右侧回路应用 KVL 可得　$U_C=I_C(R_C+R_{BC})+I_ER_{BE}$

所以　$R_{BC}=(U_C-I_ER_{BE})/I_C-R_C=(12-0.0054\times 138.9)/0.0051-1500=706(\Omega)$

B 点电位　$V_B=I_ER_{BE}=0.0054\times 138.9=0.75(\text{V})$

C 点电位　$V_C=V_B+I_CR_{BC}=0.75+0.0051\times 706=4.35(\text{V})$

11. 试用两个 6V 的直流电压源、两个 1kΩ的电阻和一个 10kΩ的电位器连接成调压范围为−5V～+5V 的调压电路。

解　所连调压电路如图 1-71 所示。回路电流 $I=1\text{mA}$。

当电位器触点在 a 点时，有

$$U=I(R_2+R_3)-6=1\times 10^{-3}\times(10+1)\times 10^3-6=5(\text{V})$$

当电位器触点在 b 点时，有

$$U = IR_3 - 6 = 1\times10^{-3}\times1\times10^{3} - 6 = -5(\text{V})$$

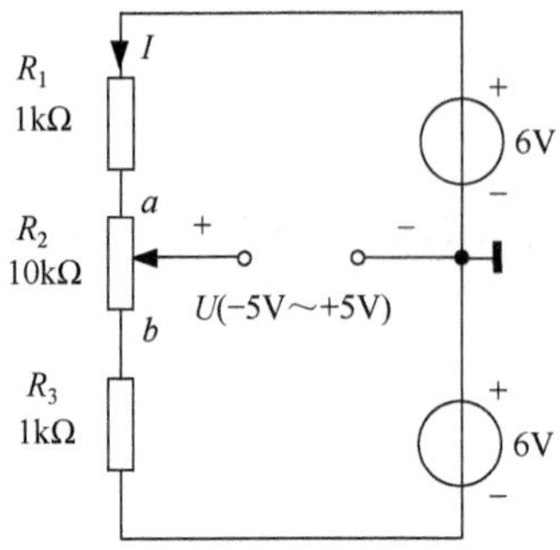

图 1-71

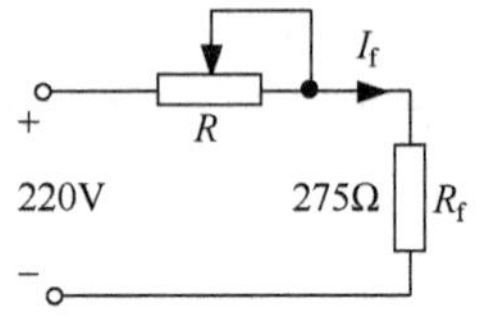

图 1-72

12. 图 1-72 所示的是用可调电阻 R 调节电流 I_f 的电路。已知电阻 R_f=275Ω，其额定电压为 220V，要求电流 I_f 在 0.2～0.8A 的范围内可调，问如何选择该可调电阻?

解　当 R=0 时：　I=220/275=0.8（A）

当 I=0.2A 时：　R+275=220/0.2=1100（Ω）

所以　R=1100−275=825（Ω）

应该选用阻值大于 825Ω，电流不小于 0.8A 的可调电阻。

13. 把额定电压 110V、额定功率分别为 100W 和 60W 的两只灯泡，串联在端电压为 220V 的电源上使用，这种接法会有什么后果？它们实际消耗的功率各是多少？如果是两个 110V、60W 的灯泡，是否可以这样使用？为什么？

解　100W 和 60W 两只灯泡的电阻为

$$R_{100} = \frac{U_{\text{N}}^2}{P_{\text{N}}} = \frac{110^2}{100} = 121(\Omega)$$

$$R_{60} = \frac{U_{\text{N}}^2}{P_{2\text{N}}} = \frac{110^2}{60} = 202(\Omega)$$

在不考虑因温度的变化对灯泡电阻影响时，这两只灯泡串联在端电压为 220V 的电源上使用，每只灯泡两端的电压值为

$$U_{100} = \frac{R_{100}}{R_{100}+R_{60}}U = \frac{121}{121+202}\times220 = 82.4(\text{V})$$

$$U_{60} = \frac{R_{60}}{R_{100}+R_{60}}U = \frac{202}{121+202}\times220 = 137.6(\text{V})$$

因为 $U_{100}<U_{\text{N}}$，所以 100W 灯泡达不到额定电压；$U_{60}>U_{\text{N}}$，60W 灯泡超过额定电压，有可能会被烧坏。

两个灯泡消耗的功率为

$$P_{100} = \frac{U_{100}^2}{R_{100}} = \frac{82.4^2}{121} = 56(\text{W}) < 100(\text{W})$$

$$P_{60} = \frac{U_{60}^2}{R_{60}} = \frac{137.6^2}{202} = 93.7(\text{W}) > 60(\text{W})$$

相同的两个 110V、60W 的灯泡是可以串联在端电压为 220V 的电源上使用的，因为它们的电阻相同，每个灯泡两端的电压也相同，都能达到额定值。但如果有一只灯泡坏了，另一只也不能正常工作。

14. 已知电路如图 1-73(a)所示，求等效电阻 R_{AO}；若外加电压 U_{AO} 为 100V，求 U_{BO}、U_{CO}、U_{DO} 和 U_{EO}。

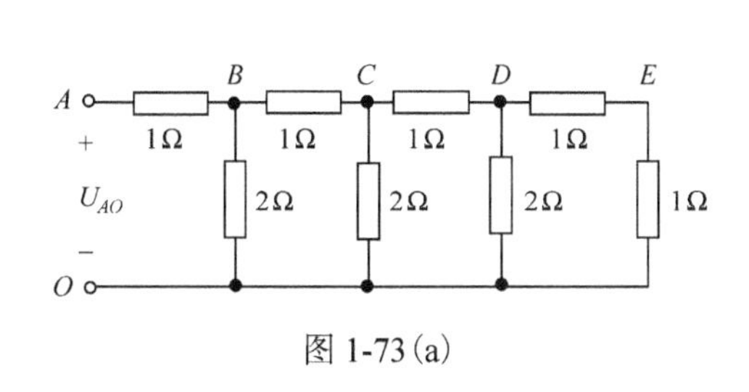

图 1-73(a)

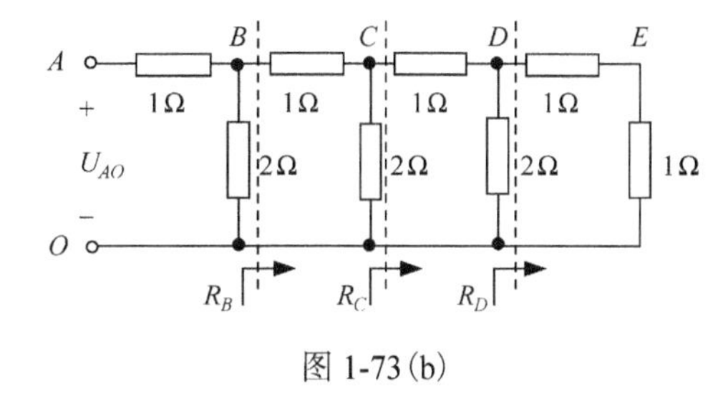

图 1-73(b)

解 分析电路结构可以发现，D 点右侧的等效电阻 R_D=2Ω，C 点右侧的等效电阻 R_C=2Ω，B 点右侧的等效电阻 R_B=2Ω，如图 1-73(b)所示。

所以，AO 端的等效电阻为 $R_{AO}=2\Omega$

各电压分别为 $U_{BO}=50\text{V}$，$U_{CO}=25\text{V}$，$U_{DO}=12.5\text{V}$，$U_{EO}=6.25\text{V}$

15. 求图 1-74 所示电路中的电压 U_{bc}、U_{cb} 以及电流 I。

图 1-74

解 该题在求解过程中要注意电压的参考方向。

$$U_{bc}=-20\text{V}，U_{cb}=20\text{V}，I=\frac{U_{ac}}{10}=\frac{U_{ab}+U_{bc}}{10}=\frac{60-20}{10}=4(\text{A})$$

16. 求图 1-75(a)中的电压 U_{ab} 以及图 1-75(b)中的电压 U_S。

解 在图 1-75(a)中，有

$$U_{ab}=5-15=-10(\text{V})$$

在图 1-75(b)中，有

$$U_S=15-2\times4=7(\text{V})$$

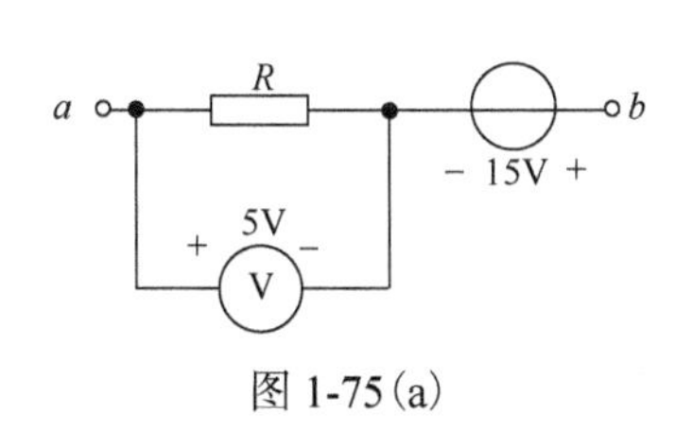

图 1-75(a)

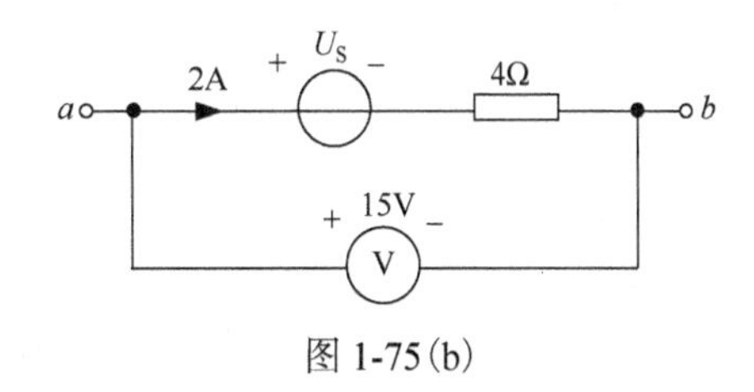

图 1-75(b)

17. 在图 1-76(a)所示电路中，A、B 分别代表两个直流电路，且内部无接地。(1)当开关 S 闭合时，已知 I_1=10A，I_2=5A，求电流 I_3 和 I_4 的大小与方向。(2)当开关 S 打开时，定性说明电流 I_1、I_2、I_3 和 I_4 怎样改变。

解 (1)当开关 S 闭合时，可改画为图 1-76(b)所示的电路，由于 A、B 内部都没有接地点，所以 $I_3=-I_4$

对虚线所示的广义节点应用 KCL，可得 $I_1+I_2+I_4=0$

所以 $I_4=-I_1-I_2=-15\text{A}$，$I_3=-I_4=15\text{A}$

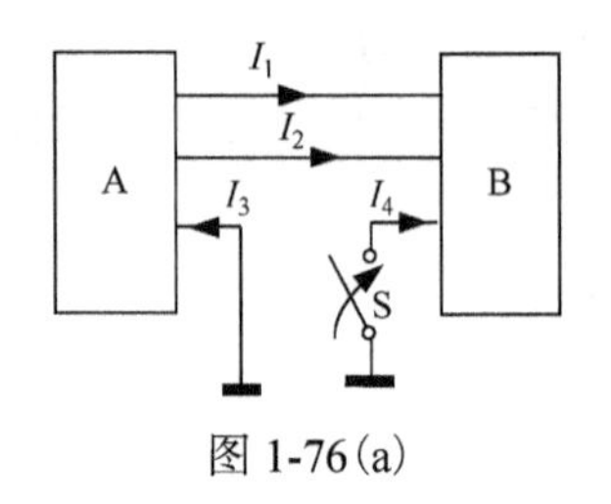

图 1-76(a)

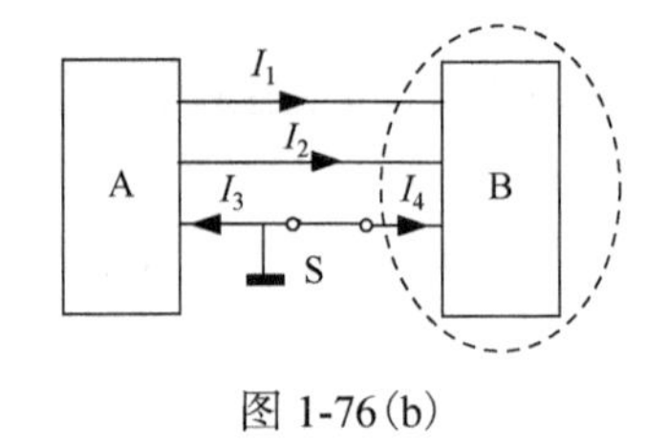

图 1-76(b)

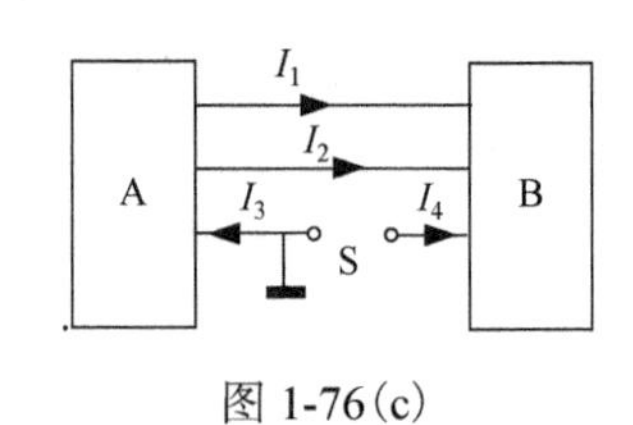

图 1-76(c)

(2) 当开关 S 打开时，可改画为图 1-76(c) 所示的电路，很显然　$I_3=I_4=0$

所以　$I_1=-I_2$

18. 在图 1-77(a) 所示电路中，已知 $U_S=4V$，$I_S=1A$。求开关 S 断开时开关两端的电压 U 和开关 S 闭合时通过开关的电流 I。

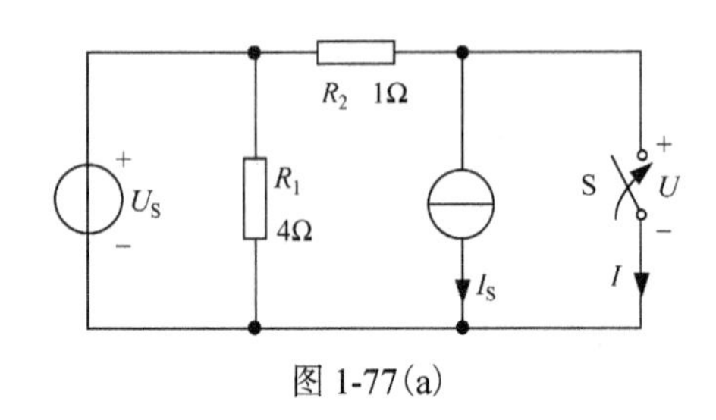

图 1-77(a)

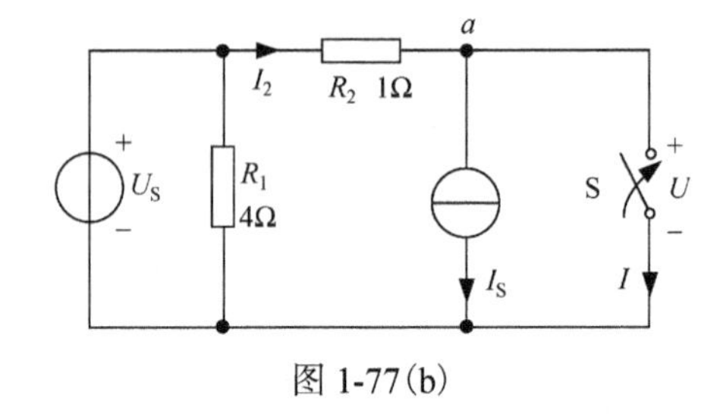

图 1-77(b)

解　设电流 I_2 的参考方向如图 1-77(b) 所示。

开关 S 断开时，有　$I_2=I_S=1A$

从 U_S、R_2 和开关 S 组成的回路，可求得　$U=-R_2 I_2+U_S=-1\times1+4=3(V)$

开关 S 闭合时，R_2 两端电压就等于 U_S，故　$I_2=U_S/R_2=4/1=4(A)$

对节点 a 利用 KCL 可求得　$I=I_2-I_S=4-1=3(A)$

19. 在图 1-78 所示电路中，已知 $U_S=4V$，$I_S=1A$。求开关 S 断开时开关两端的电压 U 和开关 S 闭合时通过开关的电流 I。

图 1-78

解　按图示电压和电流的参考方向。

S 断开时，电路中只有一个回路：

$$U=I_S R_1+U_S=1\times2+4=6(V)$$

S 闭合时，可以对左右两个回路分别计算：

$$I=U_S/R_1+I_S=4/2+1=3(A)$$

20. 在图 1-79(a) 所示电路中，求当开关 S 断开时的电压 U_{AB} 和 U_{CD}。

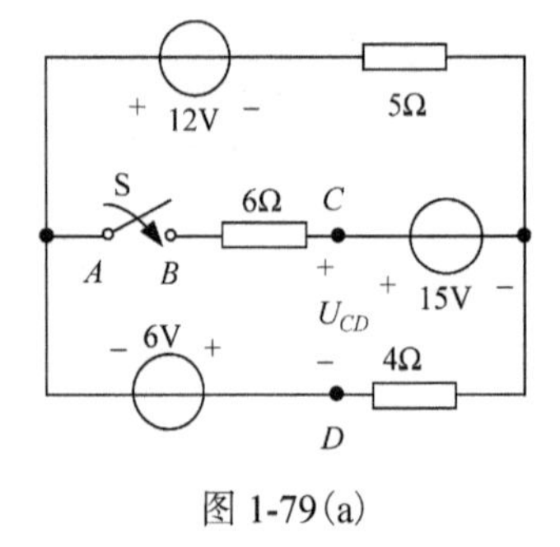

图 1-79(a)

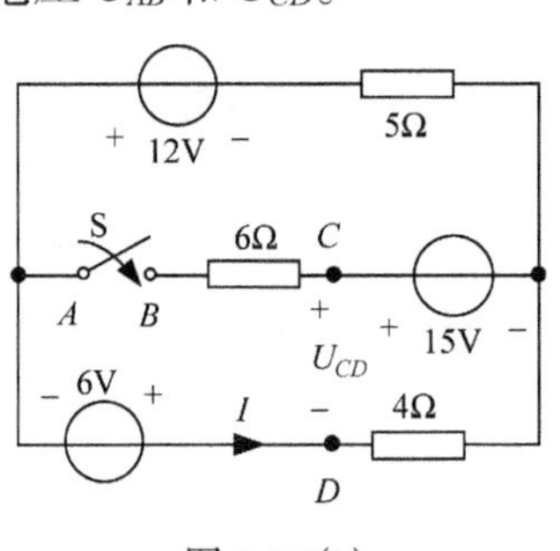

图 1-79(b)

解 标注电流 I 的参考方向如图 1-79(b)所示。

当开关 S 断开时，只有最外围的一个回路，电流 $I=\dfrac{12+6}{5+4}=2(\text{A})$

所以 $U_{AB}=-6+2\times4-15=-13(\text{V})$

$U_{CD}=15-2\times4=7(\text{V})$

21. 在图 1-80 所示的电路中，欲使灯泡上的电压 U_5 与电流 I_5 分别为 12V 和 0.3A，求电压源的电压 U_S 应为多少？

图 1-80

解 已知 $U_5=12\text{V}$，$I_5=0.3\text{A}$，可求得

$$I_4=U_5/20=12/20=0.6(\text{A})$$

$$I_3=I_4+I_5=0.9(\text{A})$$

于是得

$$U_{ab}=10I_3+U_5=10\times0.9+12=21(\text{V})$$

$$I_2=U_{ab}/15=21/15=1.4(\text{A})$$

$$I_1=I_2+I_3=2.3(\text{A})$$

所以，外加电压为

$$U_\text{S}=12I_1+U_{ab}=12\times2.3+21=48.6(\text{V})$$

22. 在图 1-81(a)所示电路中，已知 $U_\text{S}=12\text{V}$，$R_1=6\Omega$，$R_2=14\Omega$，$R_3=16\Omega$，$R_4=10\Omega$，$R_5=20\Omega$，$R_6=12\Omega$。求电压 U。

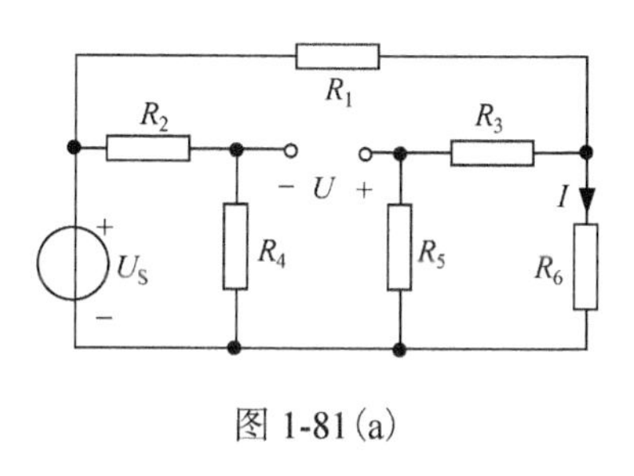

图 1-81(a)

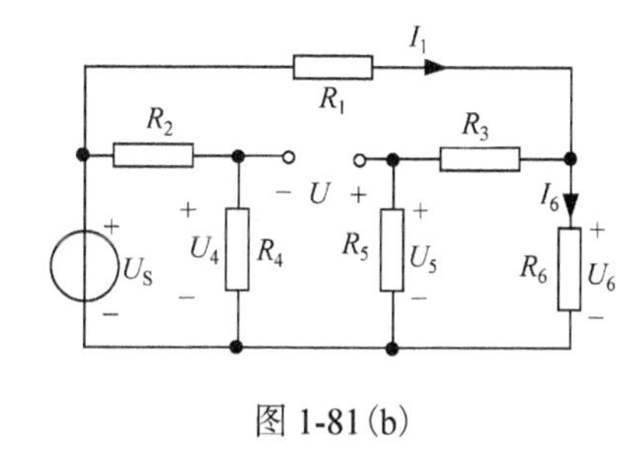

图 1-81(b)

解 标注各电压和电流参考方向如图 1-81(b)所示。

$$U_4=\frac{R_4}{R_2+R_4}U_\text{S}=\frac{10}{14+10}\times12=5(\text{V})$$

$$I_1=\frac{U_\text{S}}{R_1+((R_3+R_5)//R_6)}=\frac{12}{6+(16+20)//12}=\frac{12}{6+9}=0.8(\text{A})$$

$$U_6=I_1((R_3+R_5)//R_6)=0.8\times9=7.2(\text{V})$$

$$U_5=\frac{R_5}{R_3+R_5}U_6=\frac{20}{16+20}\times7.2=4(\text{V})$$

所以 $U=U_5-U_4=-1\text{V}$

23. 在图 1-82(a)所示的电路中，$U_\text{S}=6\text{V}$，$R_1=6\Omega$，$R_2=3\Omega$，$R_3=4\Omega$，$R_4=3\Omega$，$R_5=1\Omega$，试求电流 I_3 和 I_4。

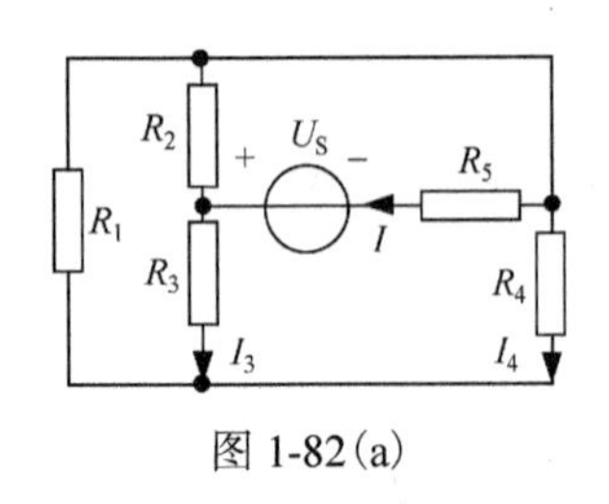

图 1-82(a)

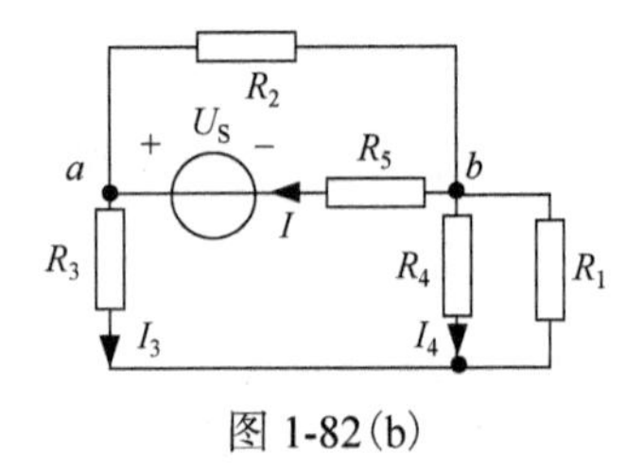

图 1-82(b)

解 该题只有一个电源，可对电路进行适当的简化，方便计算。简化后的电路如图 1-82(b)所示，可得电源电流为

$$I=\frac{U_S}{R_5+(R_3+R_4//R_1)//R_2}=\frac{6}{1+(4+3//6)//3}=2(\text{A})$$

ab 端电压为

$$U_{ab}=U_S-IR_5=6-2\times1=4(\text{V})$$

所以

$$I_3=\frac{U_{ab}}{R_3+R_1//R_4}=\frac{4}{4+6//3}=\frac{2}{3}(\text{A})$$

$$I_4=-\frac{R_1}{R_1+R_4}I_3=-\frac{6}{6+3}\times\frac{2}{3}=-\frac{4}{9}(\text{A})$$

24. 图 1-83 是直流稳压电源的工作电路。理想电压源的电压 U_S=30V，内阻 R_0=0.2Ω；负载电阻 R_L 在 4～10Ω可变；线路电阻 R_l=0.2Ω。(1)试求在负载电阻最大和最小两种情况下的电路电流 I，直流电源的端电压 U_1，负载端电压 U_L 和负载功率 P。(2)当负载增大时，总的负载电阻、线路中电流、负载功率、电源端和负载端的电压是如何变化的？

图 1-83

解 (1)负载电阻最大，即 R_L=10Ω时，电路总电阻为

$$R=R_0+R_l+R_L=0.2+0.2+10=10.4(\Omega)$$

电路中电流　$I=U_S/R=30/10.4=2.88(\text{A})$

电源端电压　$U_1=U_S-IR_0=30-2.88\times0.2=29.4(\text{V})$

负载端电压　$U_L=IR_L=2.88\times10=28.8(\text{V})$

负载功率　　$P=U_LI=28.8\times2.88=82.9(\text{W})$

当负载电阻最小，即 R_L'=4Ω时，电路总电阻为

$$R'=R_0+R_l+R_L'=0.2+0.2+4=4.4(\Omega)$$

电路中电流　$I'=U_S/R'=30/4.4=6.82(\text{A})$

电源端电压　$U_1'=U_S-I'R_0=30-6.82\times0.2=28.6(\text{V})$

负载端电压　$U_2'=I'R'_L=6.82\times4=27.3(\text{V})$

负载功率　　$P'=U_2'I'=27.3\times6.82=186.2(\text{W})$

(2)从上述计算结果可以看出，当负载增大后(即负载电阻减小)，电路总电阻减小，电路中的电流增大，负载功率增大，电源端电压和负载端电压均降低。

25. 有一直流电源，其额定功率 P_N=150W，额定电压 U_N=30V，内阻 R_0=0.5Ω，负载电阻 R_L 可以调节，其电路如图 1-84 所示。求：(1)额定工作状态下的电流及负载电阻；(2)负载开路时，ab 端的电压 U；(3)负载短路时的电源电流。

解 (1)额定工作状态下的电流 $I_N=P_N/U_N=150/30=5$(A)

额定工作状态下的负载电阻 $R_{LN}=U_N/I_N=30/5=6$(Ω)

(2)额定工作状态下电源电压 $U_S=I_N(R_0+R_{LN})=5\times(0.5+6)=32.5$(V)

所以，开路时 ab 端的电压 $U=U_S=32.5$V

(3)电源短路状态下的电流 $I_{SC}=U_S/R_0=32.5/0.5=65$(A)

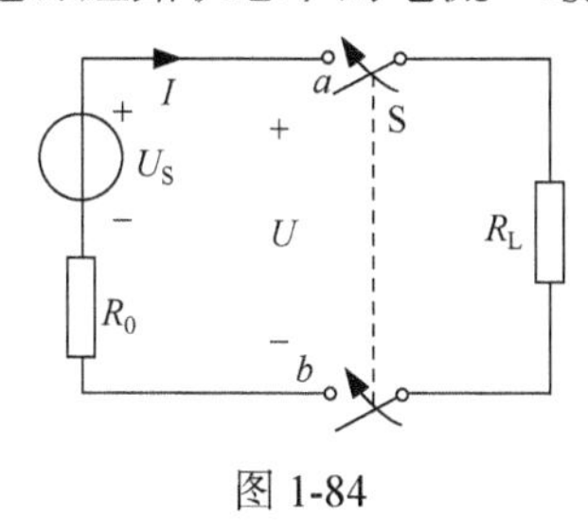

图 1-84

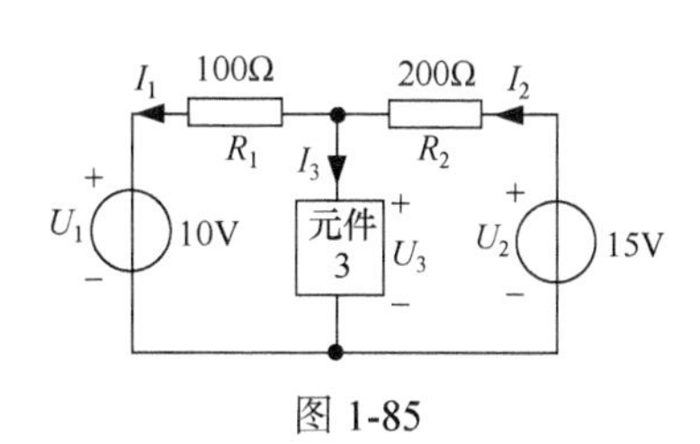

图 1-85

26. 有一台直流稳压电源，其额定输出电压为 30V，额定输出电流为 3A，从空载到额定负载输出电压的变化率为 0.2%(即 $\Delta U=(U_0-U_N)/U_N=0.2\%$)，试求该电源的内阻 R_0。

解 根据 $\Delta U=(U_0-U_N)/U_N=0.2\%$

代入数据 $(U_0-30)/30=0.2\%$

可得 $U_0=U_S=30.06$V

从这里也可以看出，在输出额定电流 3A 时，稳压电源内阻上的压降为 0.06V，得

$$R_0=0.06/3=0.02(\Omega)$$

27. 在图 1-85 所示电路中，已知 I_1=30mA，I_2=10mA。求电路中元件 3 的电流 I_3 和电压 U_3，并说明它是电源还是负载。

解 根据 KCL 列出：$-I_1+I_2-I_3=0$

代入数据 $-30+10-I_3=0$

可求得 I_3=−20mA，I_3 的实际方向与图中的参考方向相反。

根据左侧回路列 KVL 方程可得

$$U_3=I_1R_1+U_1=30\times10^{-3}\times100+10=13(\text{V})$$

对于电路元件 3，U_3 和 I_3 的参考方向相同(为关联参考方向)，且 $P=U_3I_3=13\times(-0.02)=-0.26$W，为负值，故为电源。

28. 在如图 1-86(a)所示回路中，已知 ab 段发出功率 500W，其他三段消耗的功率分别为 50W、400W、50W，电流方向如图 1-86(a)所示。要求：(1)标出各段电路两端电压的实际方向；(2)计算各段电压的数值。

解 (1)根据各段电路发出或消耗功率的情况，可以判断各段电路两端电压的极性如图 1-86(b)所示。

(2)各段电压的数值为

$$U_{ba}=500/2=250(\text{V}),\qquad U_{cd}=50/2=25(\text{V})$$
$$U_{ef}=400/2=200(\text{V}),\qquad U_{gh}=50/2=25(\text{V})$$

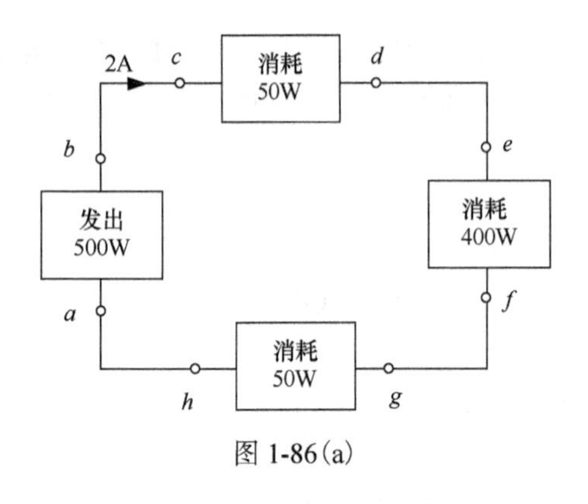

图 1-86(a)

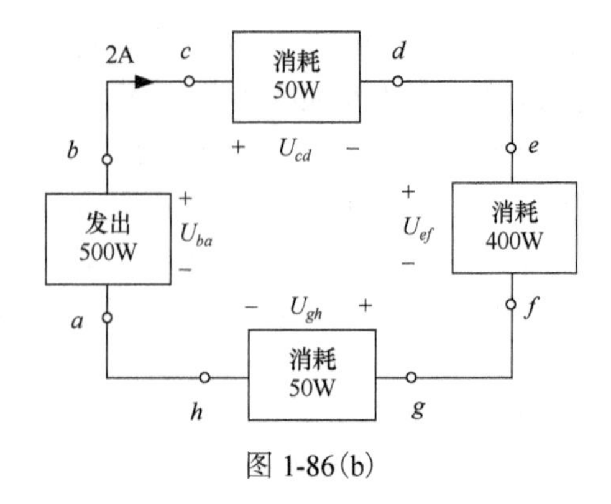

图 1-86(b)

29. 电流和电压的参考方向如图 1-87(a)所示，已知 I_1=−4A，I_2=6A，I_3=10A，U_1=140V，U_2=−90V，U_3=60V，U_4=−80V，U_5=30V。要求：(1)标出各电流的实际方向和各电压的实际极性。(2)判断哪些元件是电源，哪些元件是负载。(3)计算各元件的功率，判断电源发出的功率和负载消耗的功率是否平衡。

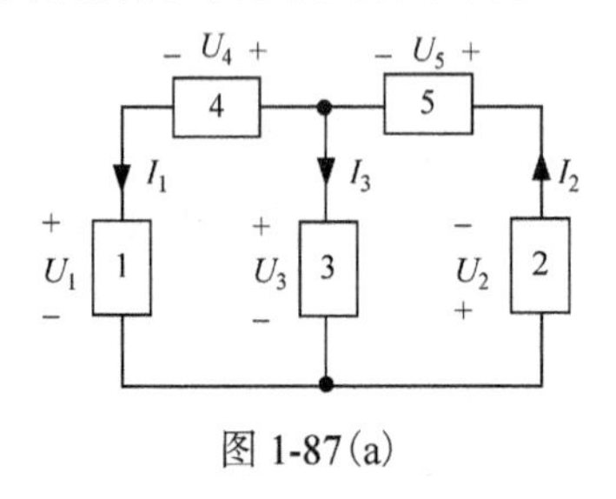

图 1-87(a)

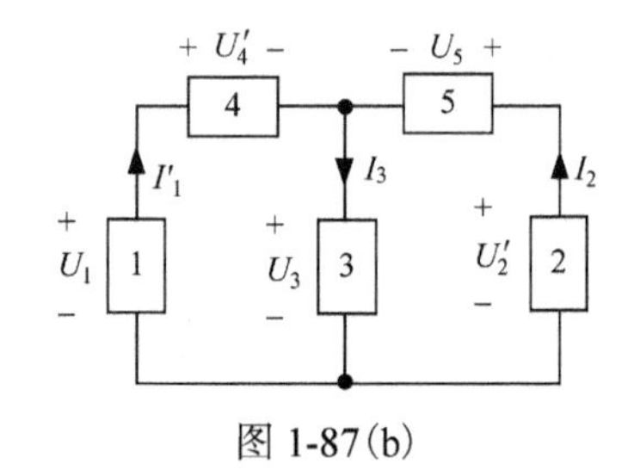

图 1-87(b)

解　(1)因为 I_1、U_2、U_4 的数值为负，所以 I_1 实际方向与参考方向相反，U_2、U_4 的实际方向与参考方向相反，其他的电流和电压的实际方向与参考方向相同，如图 1-87(b)所示。

(2)从图 1-87(b)的实际电压和电流的方向可以判断出，元件 1、2 为电源；元件 3、4、5 为负载。

(3)根据图 1-87(a)中的电压电流参考方向和数据计算：

$$P_1=U_1I_1=140\times(-4)=-560\text{(W)}$$

$$P_2=U_2I_2=(-90)\times6=-540\text{(W)}$$

在图 1-87(a)中 U_1 和 I_1、U_2 和 I_2 为关联参考方向，计算结果为负，所以 P_1、P_2 起电源作用，实际发出功率。

$$P_3=U_3I_3=60\times10=600\text{(W)}$$

$$P_4=U_4I_1=(-80)\times(-4)=320\text{(W)}$$

$$P_5=U_5I_2=30\times6=180\text{(W)}$$

在图 1-87(a)中 U_3 和 I_3、U_4 和 I_4、U_5 和 I_5 为关联参考方向，计算结果为正，所以 P_3、P_4、P_5 起负载作用，实际吸收功率。

P_1+P_2=−1100W，电源发出的功率为 1100W；$P=P_3+P_4+P_5$=1100W，负载消耗的功率为 1100W。电源发出的功率和负载消耗的功率两者平衡。

30. 电路如图 1-88(a)所示，求电流 I_1、I_2 及两个电压源的功率，并说明是发出功率还是吸收功率。

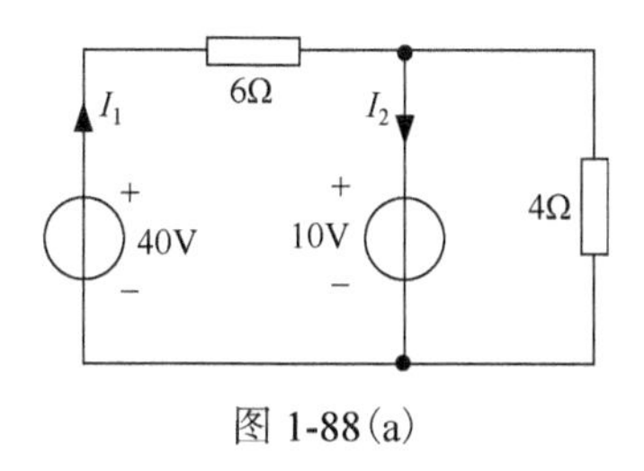

图 1-88(a)

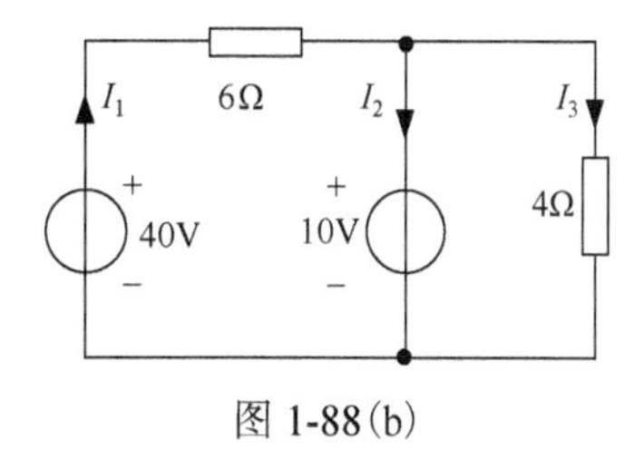

图 1-88(b)

解 设 4Ω 电阻上电流为 I_3，参考方向如图 1-88(b)所示。

4Ω 电阻与 10V 电压源并联，所以该电阻的电压为 10V， $I_3=10/4=2.5$(A)

选取左侧回路，利用 KVL 可得 $6I_1+10-40=0$，所以 $I_1=5$A

利用 KCL 可求得 $I_2=I_1-I_3=2.5$A

左边电压源的功率 $P_1=40\times5=200$(W)，由于电压和电流的参考方向是非关联的，所以是发出功率。

右边电压源的功率 $P_2=2.5\times10=25$(W)，由于电压和电流的参考方向是关联的，所以是吸收功率。

31. 电路如图 1-89(a)所示，求电压 U_1、U_2 及两个电流源的功率，并说明是发出功率还是吸收功率。

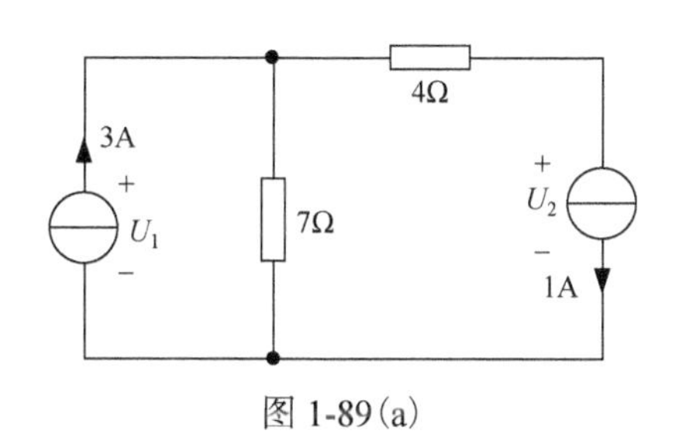

图 1-89(a)

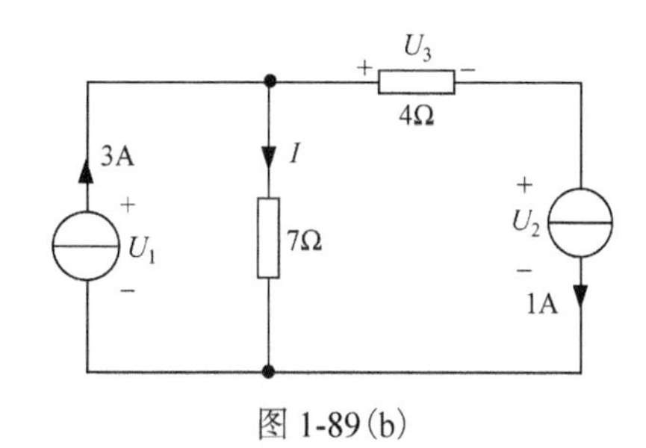

图 1-89(b)

解 设电流 I，电压 U_3 的参考方向如图 1-89(b)所示。

利用 KCL 可得 $I=3-1=2(\text{A})$

从而可求得

$$U_1=2\times7=14(\text{V}),\qquad U_3=1\times4=4(\text{V})$$

$$U_2=U_1-U_3=14-4=10(\text{V})$$

左侧电流源的功率 $P_1=3\times14=42$(W)，由于电压与电流的参考方向非关联，所以是发出功率。

右侧电流源的功率 $P_2=1\times10=10$(W)，由于电压与电流的参考方向关联，所以是吸收功率。

32. 电路如图 1-90(a)所示，当调节电阻 R 时，理想电压源什么时候发出功率，什么时候吸收功率？什么时候既不吸收也不发出功率？理想电流源是吸收功率还是发出功率？

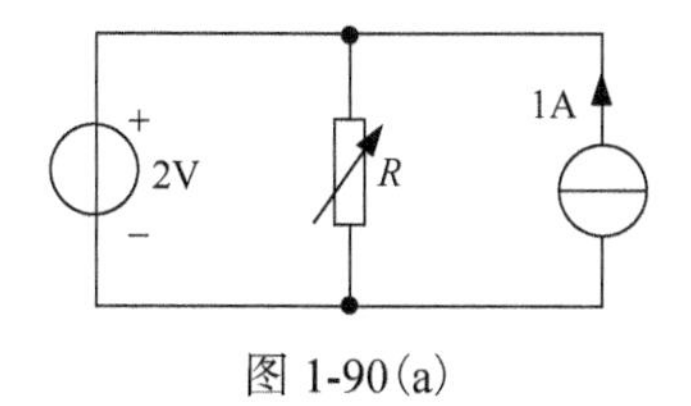

图 1-90(a)

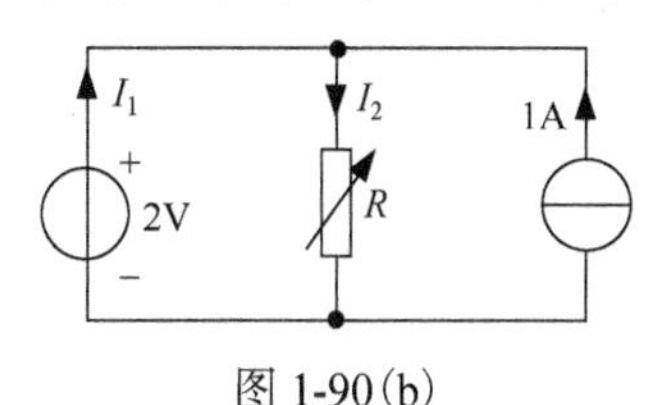

图 1-90(b)

解 各电流参考方向如图 1-90(b)所示，电阻 R 和电流源两端的电压始终为 2V。要判断电压源是发出功率还是吸收功率，主要是要确定电流 I_1 的正负。而 $I_1=I_2-1$，当 $R<2\Omega$时，$I_2>1\text{A}$，$I_1>0\text{A}$，此时理想电压源发出功率；当 $R>2\Omega$时，$I_2<1\text{A}$，$I_1<0\text{A}$，此时理想电压源吸收功率；当 $R=2\Omega$时，$I_2=1\text{A}$，$I_1=0\text{A}$，此时理想电压源既不吸收也不发出功率。

在这三种情况下，理想电流源始终起电源作用，发出的功率都为 2W。

33. 电路如图 1-91(a)所示，当调节电阻 R 时，理想电流源什么时候发出功率，什么时候吸收功率？什么时候既不吸收也不发出功率？理想电压源是吸收功率还是发出功率？

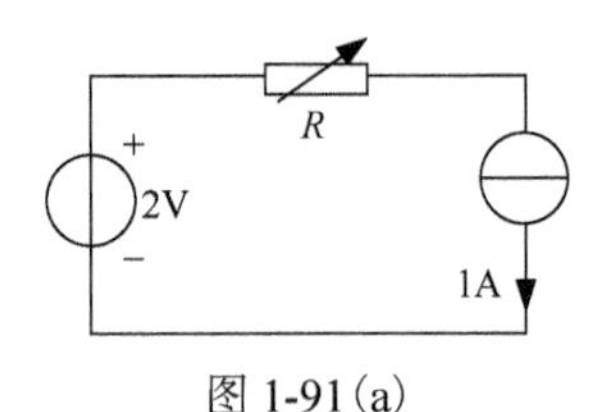

图 1-91(a)

图 1-91(b)

解 各电压参考方向如图 1-91(b)所示，电压源和电阻 R 上的电流始终为 1A，要判断电流源是发出功率还是吸收功率，主要是要确定电压 U_2 的正负。而 $U_2=2-U_1$，当 $R>2\Omega$时，$U_1>2\text{V}$，$U_2<0\text{V}$，此时理想电流源发出功率；当 $R<2\Omega$时，$U_1<2\text{V}$，$U_2>0\text{V}$，此时理想电流源吸收功率。当 $R=2\Omega$时，$U_1=2\text{V}$，$U_2=0\text{V}$，此时理想电流源既不吸收也不发出功率；

在这三种情况下，理想电压源始终起电源作用，发出的功率都为 2W。

34. 电路如图 1-92 所示，已知 $U_{S1}=5\text{V}$，$U_{S2}=12\text{V}$，$R=10\Omega$。求电流 I 和电压 U_{ab}，并说明其实际方向；计算三个元件的功率。

解
$$U_{ab}=U_{S1}-U_{S2}=5-12=-7(\text{V})$$
$$I=U_{ab}/R=-7/10=-0.7(\text{A})$$

I 和 U_{ab} 的计算结果为负值，表明实际方向与参考方向相反。

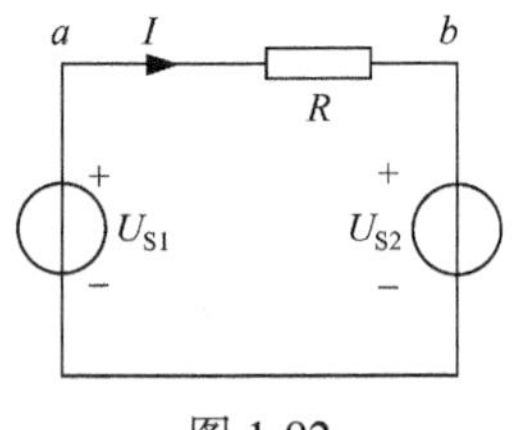

图 1-92

电阻 R 的功率为 $P_R=I^2R=4.9\text{W}$(吸收)

U_{S1} 的功率为 $P_1=U_{S1}I=5\times(-0.7)=-3.5(\text{W})$(发出)，实际为吸收 3.5W。

U_{S2} 的功率为 $P_2=U_{S2}\ I=12\times(-0.7)=-8.4(\text{W})$(吸收)，实际为发出 8.4W。

35. 图 1-93(a)所示电路中，$U_S=30\text{V}$。求电压源和电流源的功率，并说明是发出的还是吸收的。

解 标出电压 U 的参考方向如图 1-93(b)所示，先求两个节点之间的电压

$$U=(I_{S1}+I_{S2})R=(4+1)\times4=20(\text{V})$$

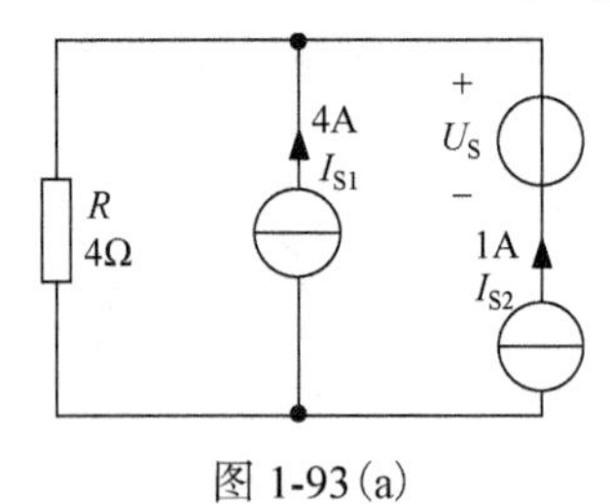

图 1-93(a)

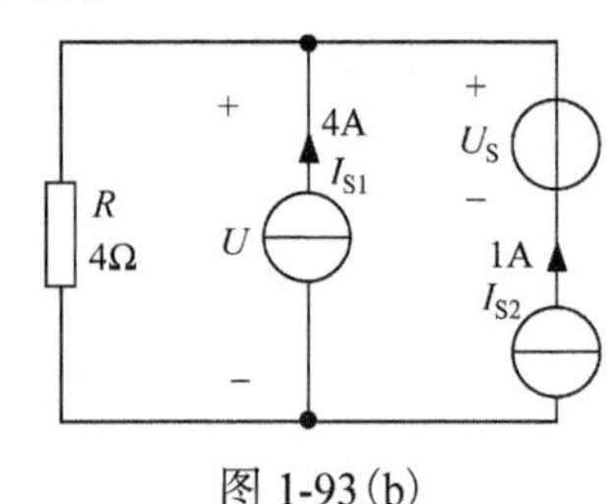

图 1-93(b)

电流源 I_{S1} 的功率　$P_{S1}=U\times I_{S1}=20\times4=80\text{(W)}$

电流源 I_{S2} 的功率　$P_{S2}=(U-U_S)\times I_{S2}=(20-30)\times1=-10\text{(W)}$

电压源 U_S 的功率　$P_S=U_S I_{S2}=30\times1=30\text{(W)}$

根据电压电流的参考方向是否关联，可以判断出电压源 U_S 和电流源 I_{S1} 是起电源作用，发出的功率分别为 30W 和 80W；电流源 I_{S2} 是起负载作用，吸收功率 10W。

36. 图 1-94(a)所示电路中，已知 $U_S=24\text{V}$，$R_1=20\Omega$，$R_2=30\Omega$，$R_3=15\Omega$，$R_4=100\Omega$，$R_5=25\Omega$，$R_6=8\Omega$。求电压源 U_S 输出的功率 P。

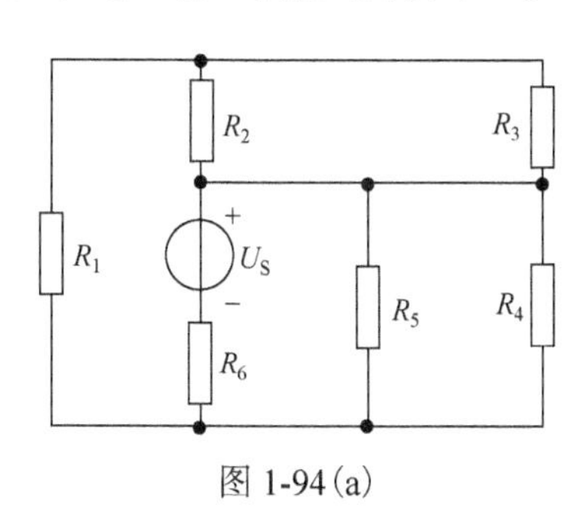

图 1-94(a)

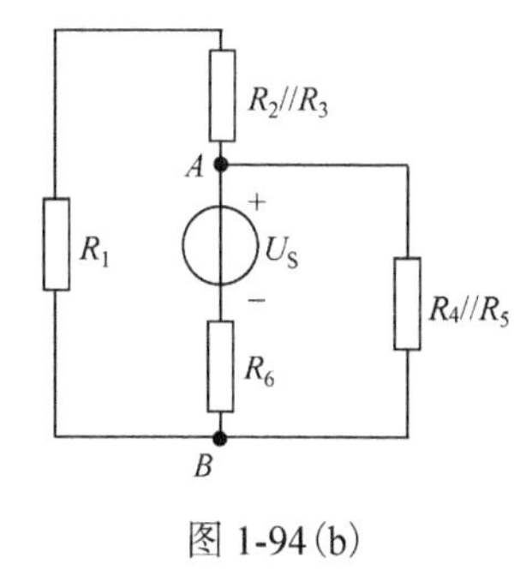

图 1-94(b)

解　对原图适当化简，如图 1-94(b)所示，设除 AB 支路外的无源二端网络的等效电阻为 R_{AB}。

则　$R_{AB}=[(R_2//R_3)+R_1]//(R_4//R_5)=[(30//15)+20]//(100//25)=12(\Omega)$

U_S 输出的功率(为所有电阻上消耗的功率)为　$P=\dfrac{U_S^2}{R_{AB}+R_6}=\dfrac{24^2}{12+8}=28.8\text{(W)}$

37. 电路如图 1-95(a)所示，求各理想电流源的端电压、功率及各电阻上消耗的功率。

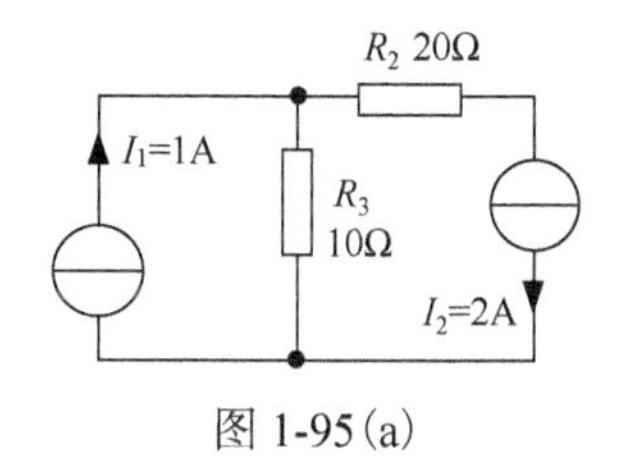

图 1-95(a)

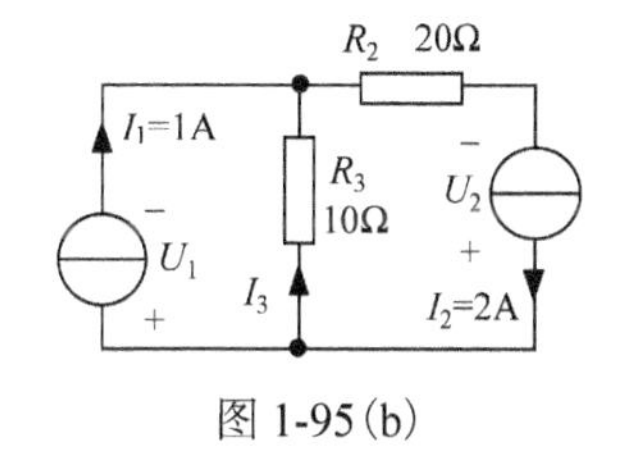

图 1-95(b)

解　计算所需电压与电流的参考方向如图 1-95(b)所示。则流过电阻 R_3 的电流为

$$I_3=I_2-I_1=2-1=1\text{(A)}$$

(1)左侧的理想电流源

$$U_1=I_3R_3=1\times10=10\text{(V)}$$
$$P_1=U_1I_1=10\times1=10\text{(W)}$$

U_1 与 I_1 参考方向关联，故为吸收功率。

(2)右侧理想电流源

$$U_2=I_3R_3+I_2R_2=1\times10+2\times20=50\text{(V)}$$
$$P_2=U_2I_2=50\times2=100\text{(W)}$$

U_2 与 I_2 参考方向非关联，故为发出功率。

(3)电阻 R_3 消耗的功率

$$P_{R3}=I_3^2R_3=1^2\times10=10\text{(W)}$$

(4) 电阻 R_2 消耗的功率

$$P_{R2} = I_2^2 R_2 = 2^2 \times 20 = 80(\text{W})$$

38. 电路如图 1-96(a) 所示。已知 I_S=2A，U_S=15V，R_1=5Ω，R_2=2Ω。求电流 I，电流源两端电压 U_I 以及电压源和电流源发出的功率。

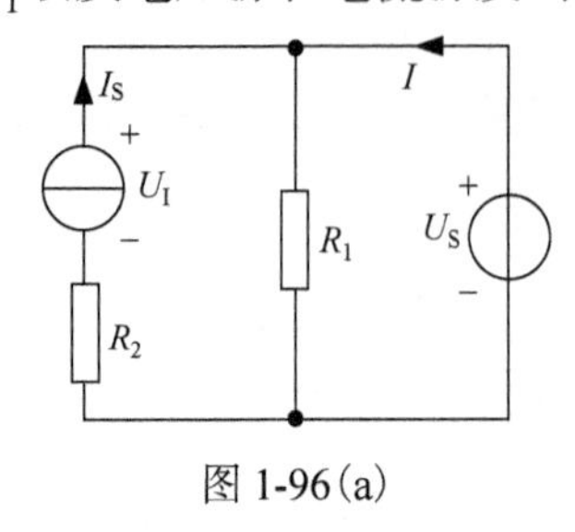

图 1-96(a)

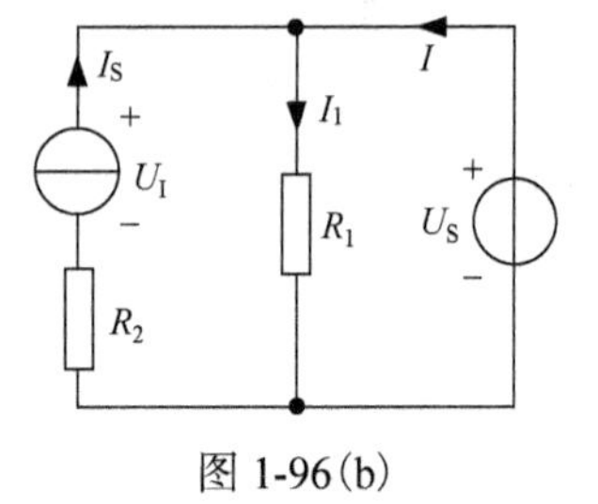

图 1-96(b)

解 设电流 I_1 的参考方向如图 1-96(b) 所示。

$$I_1=U_S/R_1=15/5=3(\text{A})$$

$$I=I_1-I_S=3-2=1(\text{A})$$

$$U_I=U_S+I_SR_2=15+2\times2=19(\text{V})$$

电压源发出的功率 $P_U=U_S I=15\times1=15(\text{W})$

电流源发出的功率 $P_I=U_I I_S=19\times2=38(\text{W})$

39. 图 1-97 所示电路中，已知 I_S=2A，R_1=1Ω，R_2=R_3=3Ω，R_4=R_5=6Ω。试求开关 S 闭合和打开时电压表的读数各为多少？理想电流源发出的功率各为多少？

解 S 闭合时：

$$R_{ab} = R_2//R_4 + R_3//R_5 = 4\Omega$$

$$U = I_S(R_1 + R_{ab}) = 2\times(1+4) = 10(\text{V})$$

电流源发出的功率 $P = UI_S = 10\times2 = 20(\text{W})$

S 打开时：

$$R'_{ab} = (R_2 + R_5)//(R_3 + R_4) = 4.5\Omega$$

$$U' = I_S(R_1 + R'_{ab}) = 2\times(1+4.5) = 11(\text{V})$$

电流源发出的功率 $P' = U'I_S = 11\times2 = 22(\text{W})$

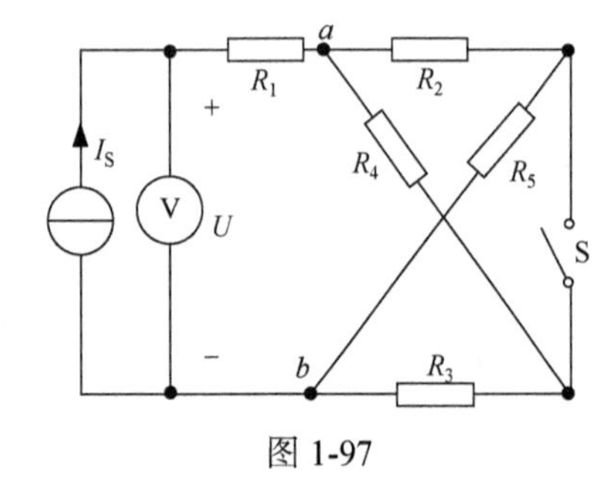

图 1-97

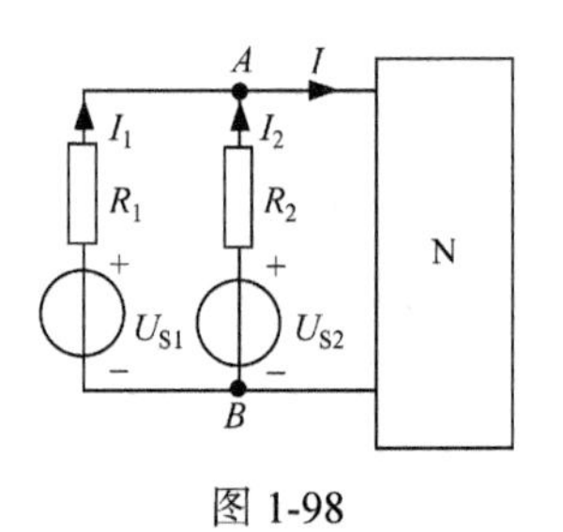

图 1-98

40. 电路如图 1-98 所示，N 为二端网络，已知 U_{S1}=100V，U_{S2}=80V，R_2=2Ω，I_2=2A。若流入二端网络的电流 I=4A，求电阻 R_1 及输入二端网络 N 的功率。

解 (1)已知电流 I 和 I_2，可得

$$I_1 = I - I_2 = 4 - 2 = 2(\text{A})$$

已知 U_{S1}=100V，U_{S2}=80V，R_2=2Ω，可求得 AB 间的电压

$$U_{AB} = U_{S2} - I_2 R_2 = 80 - 2 \times 2 = 76(\text{V})$$

所以电阻 R_1 为

$$R_1 = \frac{U_{S1} - U_{AB}}{I_1} = \frac{100 - 76}{2} = 12(\Omega)$$

(2)输入二端网络 N 的功率为

$$P = U_{AB} I = 76 \times 4 = 304\,(\text{W})$$

41. 用电源等效变换的方法求图 1-99 所示电路中的电流 I_2。

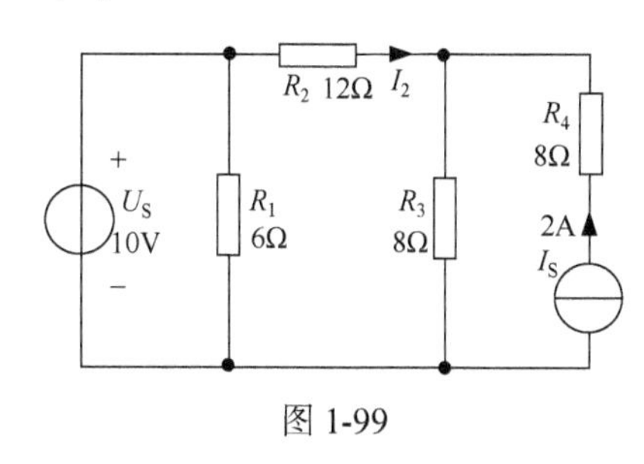

图 1-99

解 因为 R_1 与电压源并联，R_4 与电流源串联，所以在求电流 I_2 时可忽略这两个电阻。R_1 处开路，R_4 处短路。

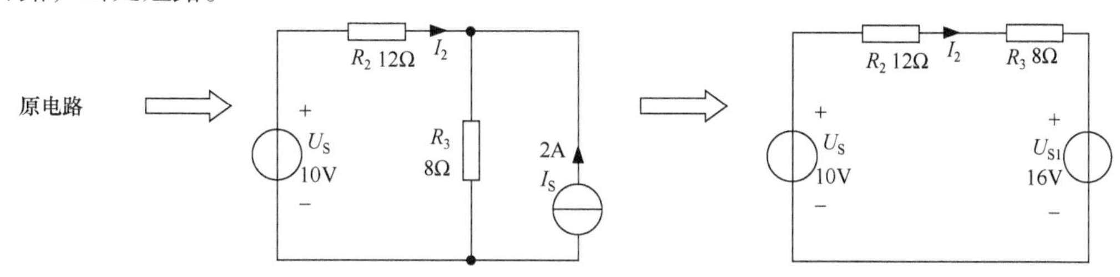

所以 $I_2 = (U_S - U_{S1})/(R_2 + R_3) = (10-16)/(12+8) = -0.3\,(\text{A})$

42. 计算图 1-100(a)所示电路中的电流 I_3。

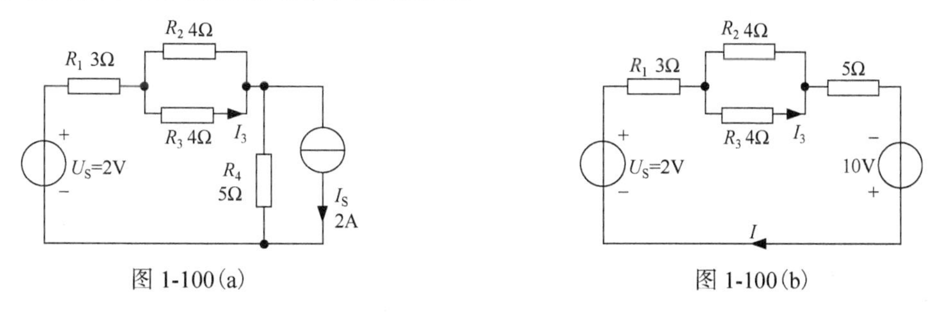

图 1-100(a)　　图 1-100(b)

解 应用电源的等效变换，对右侧的电流源 I_S 与电阻 R_4 进行变换，变换后的电路如图 1-100(b)所示。

由图 1-100(b)可得

$$I = \frac{10 + 2}{3 + 2 + 5} = 1.2(\text{A})$$

所以

$$I_3 = \frac{1.2}{2} = 0.6(\text{A})$$

43. 图 1-101 所示电路中，已知 U_S=12V，I_{S1}=1A，R_1=10Ω，R_2=5Ω，R_3=6Ω，R_4=4Ω。求电流 I_4。假设电流源 I_{S2} 的大小可变，试分析电流源 I_{S2} 发出和吸收功率的条件。

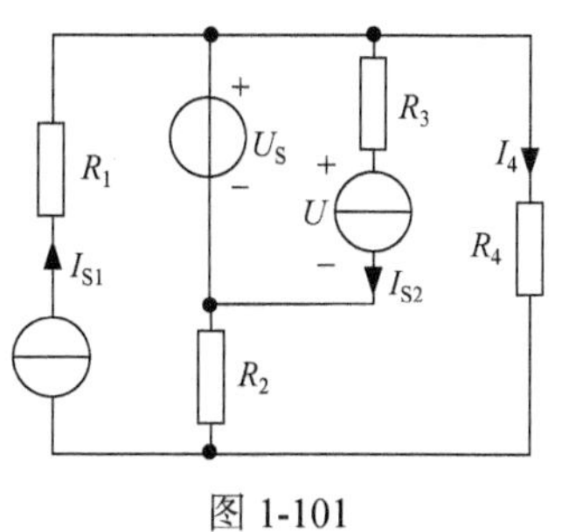

图 1-101

解 在求解电流 I_4 时，与电流源 I_{S1} 串联的电阻 R_1 可忽略(R_1 处短路)；与电压源 U_S 并联的支路(电流源 I_{S2} 与电阻 R_3 的串联支路)也可忽略(该支路开路)。从而电路可简化如下：

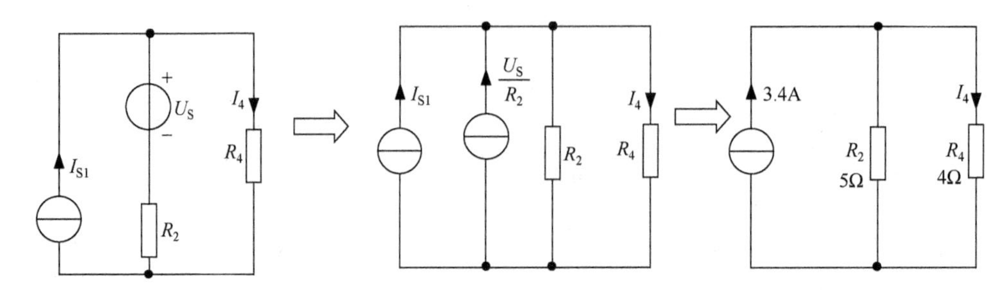

求得电流 $I_4=3.4\times R_2/(R_2+R_4)=3.4\times 5/9=1.89$(A)

在分析 I_{S2} 发出和吸收功率的条件时，应从原图进行分析。电流源 I_{S2} 与电阻 R_3 的串联支路两端的电压为 U_S，电流源两端的电压为 U，当 $U>0$ 时，电流源就是吸收功率的；而当 $U<0$ 时，电流源则发出功率。所以

当 $I_{S2}>2$A 时，即 $I_{S2}R_3>U_S$，$U<0$，I_{S2} 起电源作用，输出功率；

当 $I_{S2}<2$A 时，即 $I_{S2}R_3<U_S$，$U>0$，I_{S2} 起负载作用，吸收功率。

44. 已知如图 1-102(a)所示电路可用图 1-102(b)所示电路等效，其中 $U_{S1}=18$V，$U_{S2}=12$V，$R_1=3\Omega$，$R_2=6\Omega$，试利用电源等效变换的方法计算图 1-102(b)所示电路的参数 I_S 和 R_0。

图 1-102(a)　　　　图 1-102(b)

解 代入数据，电源等效变换如下：

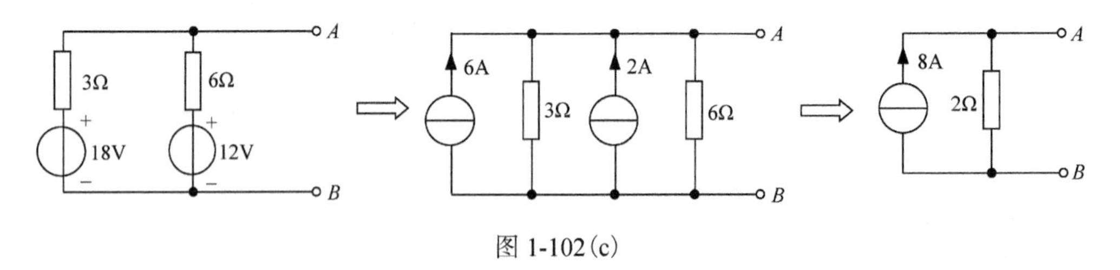

图 1-102(c)

对照图 1-102(b)和图 1-102(c)，可得

$$R_0=2\Omega,\qquad I_S=8\text{A}$$

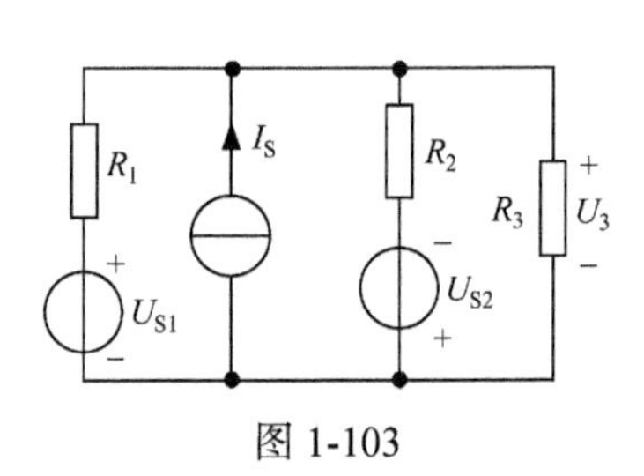

图 1-103

45. 电路如图 1-103 所示，已知 $I_S=2$A；$R_1=6\Omega$，$R_2=3\Omega$，$R_3=8\Omega$；$U_{S1}=12$V；$U_{S2}=9$V。求 U_3。

解 利用电源的等效变换求解，代入数据有

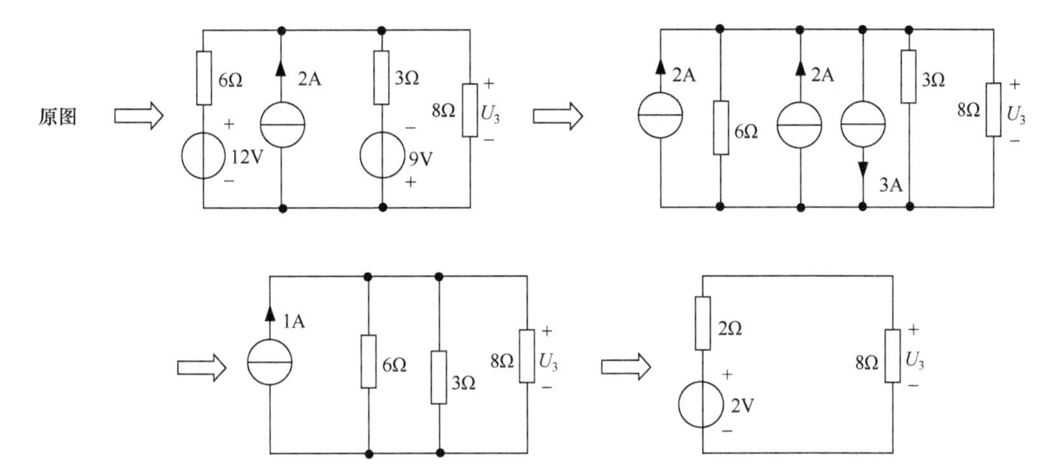

可得　U_3=1.6V

46. 计算图 1-104(a)所示电路中的电压 U_5。

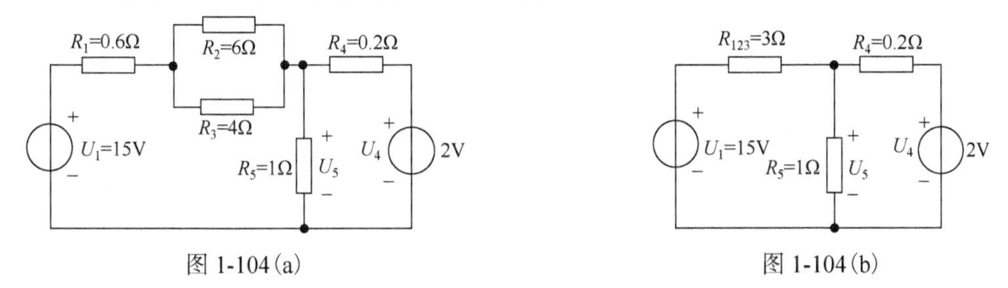

图 1-104(a)　　　　图 1-104(b)

解　电阻 R_1、R_2、R_3 可等效为一个电阻 R_{123}，这样原图就可简化为图 1-104(b)。

$$R_{123}=R_1+R_2//R_3=0.6+6//4=3\,(\Omega)$$

再对电源进行等效变换，得到如图 1-104(c)和图 1-104(d)所示电路。

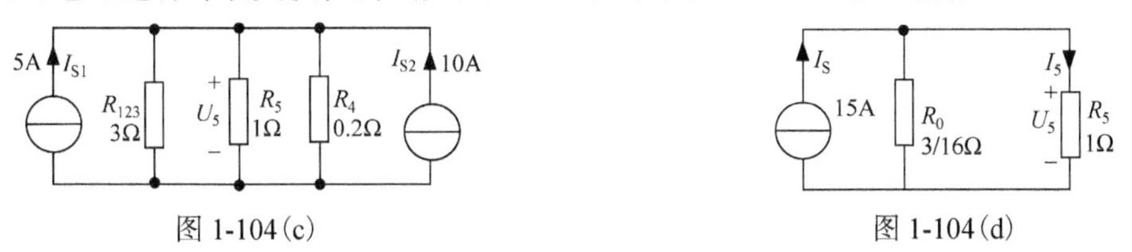

图 1-104(c)　　　　图 1-104(d)

所以　$U_5=I_S(R_0//R_5)=15\times\dfrac{\dfrac{3}{16}\times 1}{\dfrac{3}{16}+1}=2.37(\mathrm{V})$

47. 电路如图 1-105(a)所示，参数 I_S、U_S、R_1、R_2、R_3 和 R_4 已知，请写出用支路电流法求解所需的方程组(只列方程，不用求解)。

解　这个电路共有 5 条支路，由于有一个电流源，该支路电流已知，所以实际上只有 4 个支路电流待求。图中共有 3 个节点，选择节点和回路如图 1-105(b)所示。

列写支路电流方程如下。

对节点 a　$I_1+I_3+I_S=0$

对节点 b　$I_3-I_4-I_1=0$

对回路① $I_3R_3+I_4R_4-U_S-I_2R_2=0$

对回路② $I_1R_1-I_4R_4=0$

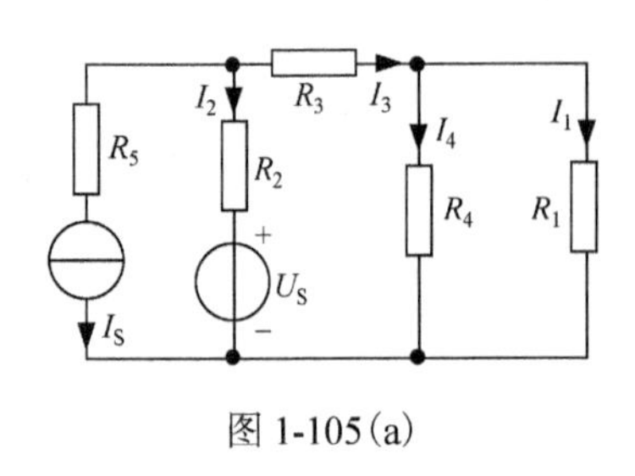

图 1-105(a)

图 1-105(b)

48. 各支路电流的参考方向如图 1-106(a)所示，试列写出支路电流方程(只列方程，不用求解)。

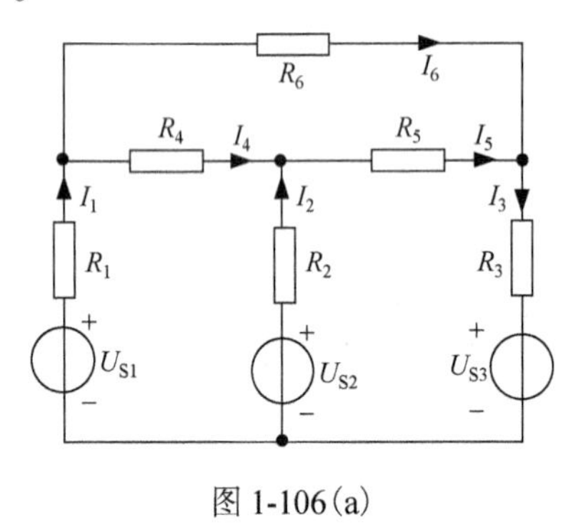

图 1-106(a)

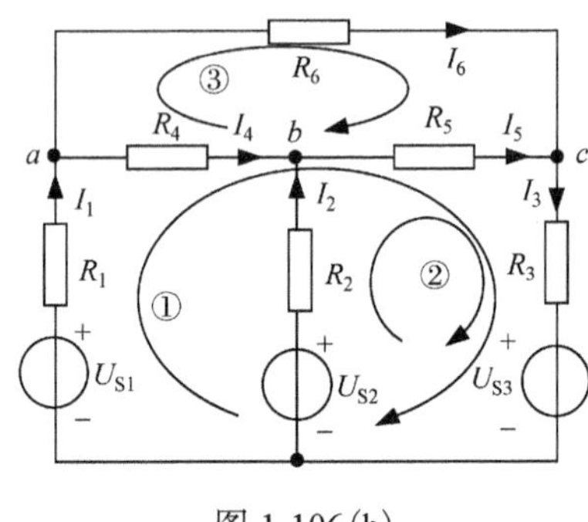

图 1-106(b)

解 选取节点和回路如图 1-106(b)所示。

先列 KCL 方程(共有 4 个节点，可列 3 个独立的 KCL 方程)

节点 a $I_1=I_4+I_6$

节点 b $I_4+I_2=I_5$

节点 c $I_5+I_6=I_3$

再列 KVL 方程

回路① $-U_{S1}+I_1R_1+I_4R_4+I_5R_5+I_3R_3+U_{S3}=0$

回路② $-U_{S2}+I_2R_2+I_5R_5+I_3R_3+U_{S3}=0$

回路③ $I_6R_6-I_5R_5-I_4R_4=0$

49. 图 1-107(a)所示电路中，已知 U_{S1}=12V，U_{S2}=15V，用支路电流法求各支路电流，并说明 U_{S1} 和 U_{S2} 是起电源作用还是起负载作用。

解 选取回路和节点如图 1-107(b)所示。

对于节点 a 列 KCL 方程 $I_1+I_2-I_3=0$

对回路①列 KVL 方程 $I_1R_1+I_3R_3-U_{S1}=0$

对回路②列 KVL 方程 $I_2R_2+I_3R_3-U_{S2}=0$

联立上述 3 个方程，可解得

$$I_1=-0.2\text{A},\qquad I_2=1.6\text{A},\qquad I_3=1.4\text{A}$$

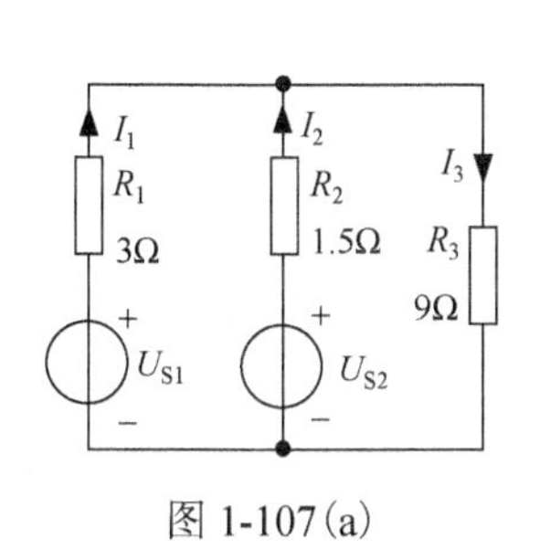

图 1-107(a)

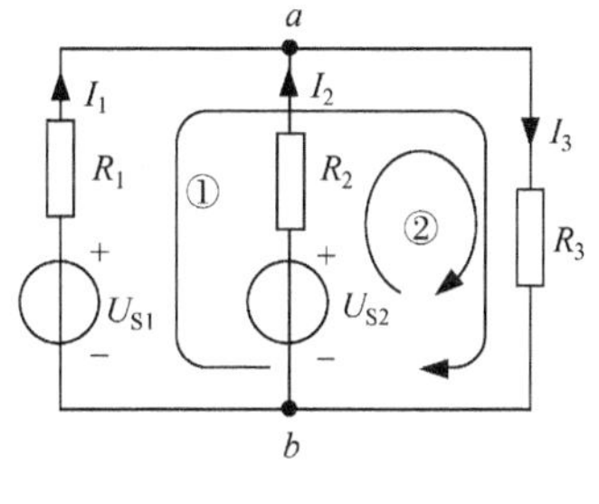

图 1-107(b)

对于电压源 U_{S1}，$P_1=U_{S1}I_1=-2.4W$，由于 U_{S1} 与 I_1 的参考方向是非关联的，且 $P_1<0$，所以它实际吸收功率，起负载作用。

对于电压源 U_{S2}，$P_2=U_{S2}I_2=24W$，由于 U_{S2} 与 I_2 的参考方向是非关联的，且 $P_2>0$，所以它实际发出功率，起电源作用。

50. 用支路电流法求图 1-108(a)所示电路中各支路电流。

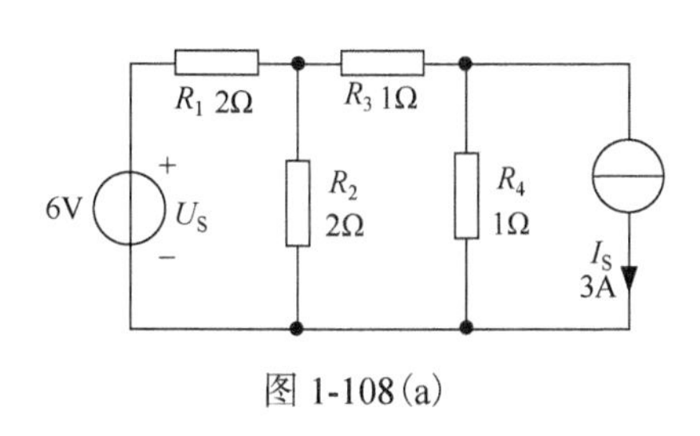

图 1-108(a)

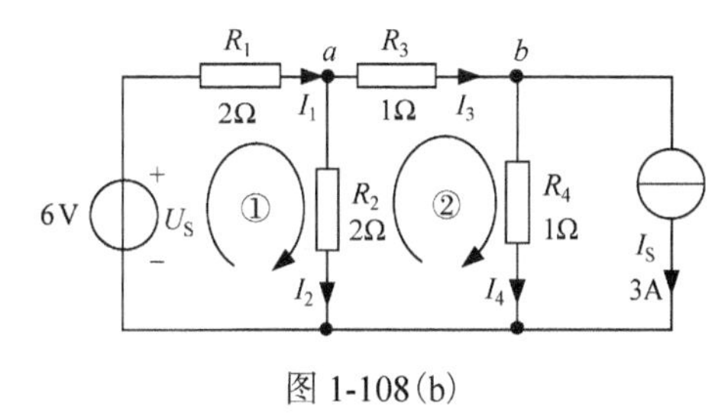

图 1-108(b)

解 各支路电流的参考方向、选取的回路和节点标于图 1-108(b)中。选取回路时避开理想电流源所在支路，可以减少所需列写的方程数。

对节点 a，b 列 KCL 方程

节点 a $I_1-I_2-I_3=0$

节点 b $I_3-I_4-I_S=0$

对回路①、②列 KVL 方程

回路① $I_1R_1+I_2R_2-U_S=0$

回路② $-I_2R_2+I_3R_3+I_4R_4=0$

联立上述 4 个方程，解得

$$I_1=2.5A,\qquad I_2=0.5A,\qquad I_3=2A,\qquad I_4=-1A$$

51. 图 1-109(a)所示是两台发电机并联运行的电路。已知 $U_{S1}=230V$，$R_{01}=0.5\Omega$，$U_{S2}=226V$，$R_{02}=0.3\Omega$，负载的等效电阻为 $R_L=5.5\Omega$，试用支路电流法求各支路电流。

解 该电路可等效为图 1-109(b)所示电路。这个电路共有 2 个节点，2 个网孔，用支路电流法可列出

对节点 a $I_1+I_2=I_L$

对回路① $-U_{S1}+I_1R_{01}+I_LR_L=0$

对回路② $-U_{S2}+I_2R_{02}+I_LR_L=0$

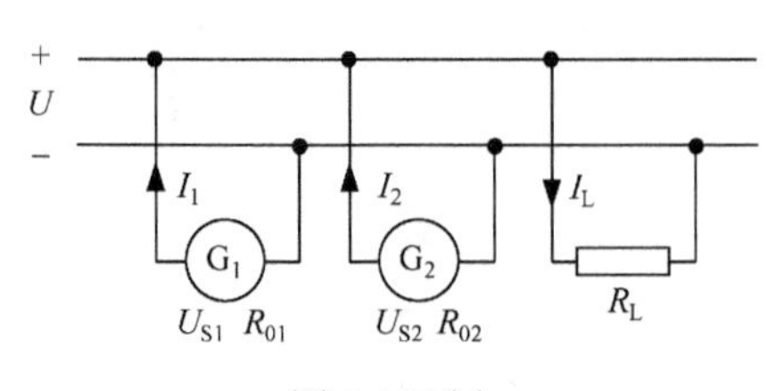

图 1-109(a)

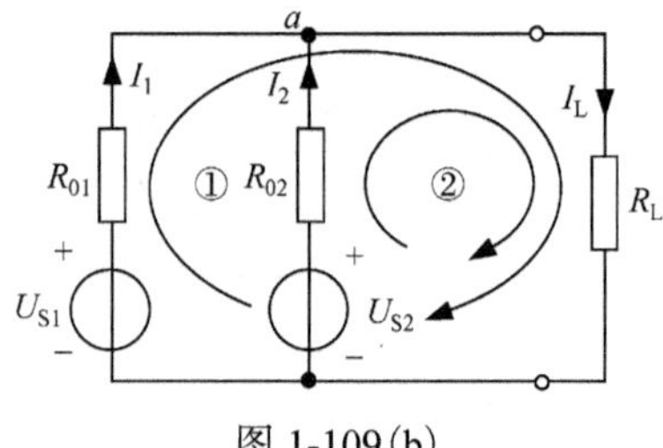

图 1-109(b)

将已知数据代入

$$I_1 + I_2 = I_L$$
$$-230 + 0.5I_1 + 5.5I_L = 0$$
$$-226 + 0.3I_2 + 5.5I_L = 0$$

可解得

$$I_1 = 20\text{A}, \qquad I_2 = 20\text{A}, \qquad I_L = 40\text{A}$$

图 1-110

52. 电路如图 1-110 所示，求各支路电流及电流源两端的电压 U_I。

解 用支路电流法求解。该电路有 3 个节点，3 个网孔。

根据 KCL，对节点 a　　$I_1=I_2+I_3$　　(1)

对节点 b　　$I_3+I_5=8$　　(2)

根据 KVL，对左边回路　　$I_1\times1-10+I_2\times2=0$　　(3)

对右边回路　　$U_I-I_5\times1-4\times8=0$　　(4)

对中间回路　　$I_2\times2-I_3\times3-4\times8+U_I-10=0$　　(5)

解联立方程组(1)、(2)、(3)、(4)、(5)得

$$I_1=4\text{A}, \quad I_2=3\text{A}, \quad I_3=1\text{A}, \quad I_5=7\text{A}, \quad U_I=39\text{V}$$

53. 用支路电流法求图 1-111(a)所示电路中的电流 I。

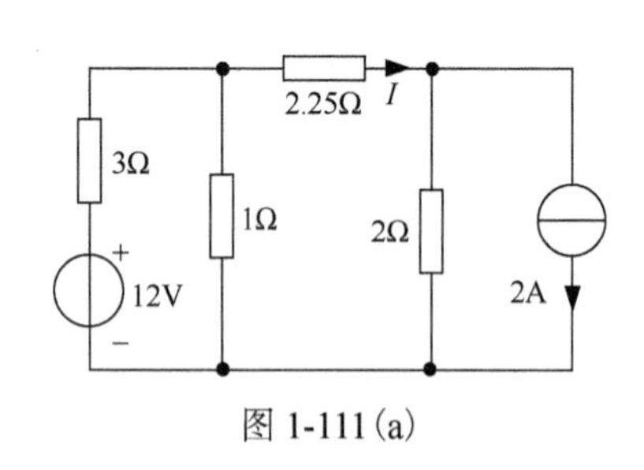

图 1-111(a)

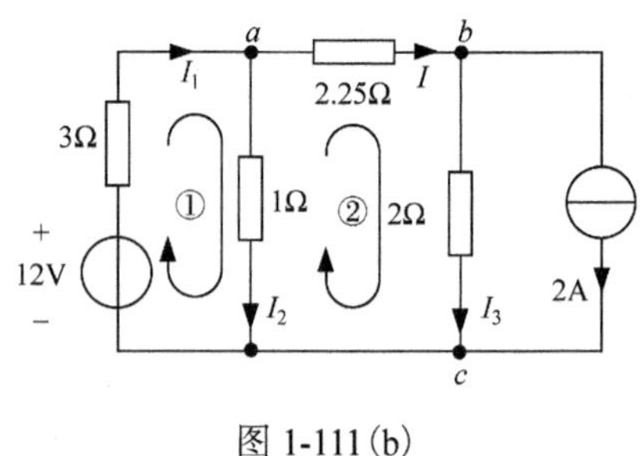

图 1-111(b)

解 选取各支路电流和回路方向如图 1-111(b)所示。

独立的 KCL 方程：

节点 a　$-I_1+I_2+I=0$

节点 b　$-I+I_3+2=0$

独立的 KVL 方程：

回路①　$I_2-12+3I_1=0$

回路②　$2.25I+2I_3-I_2=0$

联立上述方程组，可解得　I=1.4A

54. 试用支路电流法和节点电压法求图 1-112(a)所示电路中的各支路电流，并求三个电源输出的功率和负载电阻 R_L 吸收的功率。

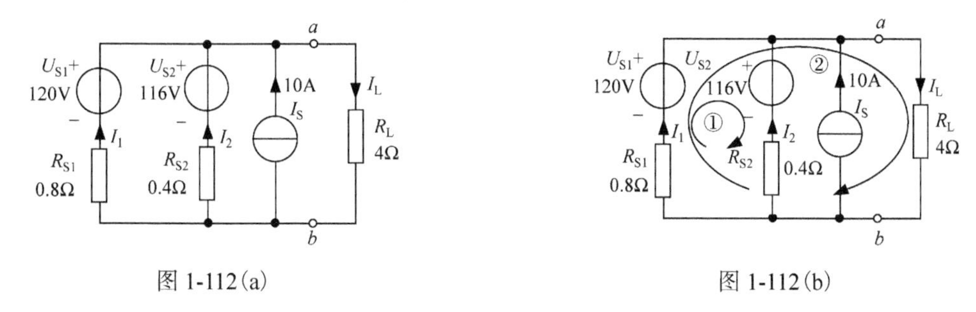

图 1-112(a)　　　　图 1-112(b)

解　(1)支路电流法

电路图中有四条支路，由于有一个电流源，该支路电流是已知的，所以只需要列出三个方程即可。选取回路如图 1-112(b)所示。

对上面的节点　$I_1+I_2+10-I_L=0$

对回路①　$0.8I_1-120+116-0.4I_2=0$

对回路②　$0.8I_1-120+4I_L=0$

求解上述三个方程，可得

$$I_1=9.38\text{A},\qquad I_2=8.75\text{A},\qquad I_L=28.13\text{A}$$

(2)节点电压法

选 b 点为参考节点，则

$$U_a=\frac{\frac{120}{0.8}+\frac{116}{0.4}+10}{\frac{1}{0.8}+\frac{1}{0.4}+\frac{1}{4}}=112.5(\text{V})$$

所以，各支路电流为

$$I_1=\frac{U_{S1}-U_{ab}}{R_{S1}}=\frac{120-112.5}{0.8}=9.38(\text{A})$$

$$I_2=\frac{U_{S2}-U_{ab}}{R_{S2}}=\frac{116-112.5}{0.4}=8.75(\text{A})$$

$$I_L=\frac{U_{ab}}{R_L}=\frac{112.5}{4}=28.13(\text{A})$$

(3)计算功率

三个电源输出的功率分别为

$$P_{U1}=120\times9.38=1125.6(\text{W})$$

$$P_{U2}=116\times8.75=1015(\text{W})$$

$$P_I=112.5\times10=1125(\text{W})$$

负载电阻吸收的功率　$P=112.5\times28.13=3164.6(\text{W})$

55. 电路如图 1-113(a)所示，U_S=12V，R_1=1Ω，R_2=2Ω，R_3=3Ω，R_4=4Ω，U_{ab}=10V。若将理想电压源除去，如图 1-113(b)所示，试问这时U'_{ab}等于多少？

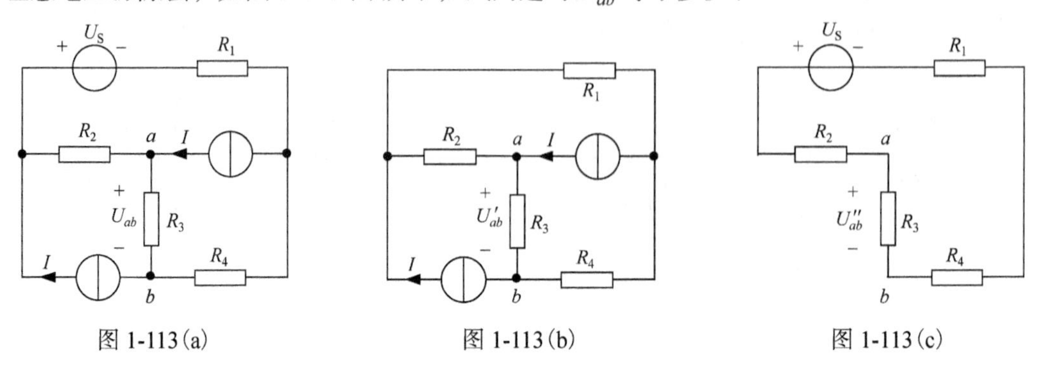

图 1-113(a)　　图 1-113(b)　　图 1-113(c)

解　该题用叠加定理求解比较方便。将图 1-113(a)分为图 1-113(b)和图 1-113(c)两个分电路，则应有

$$U_{ab}=U'_{ab}+U''_{ab}$$

因
$$U''_{ab}=\frac{R_3}{R_1+R_2+R_3+R_4}U_S=\frac{3}{10}\times 12=3.6(\text{V})$$

故
$$U'_{ab}=U_{ab}-U''_{ab}=10-3.6=6.4(\text{V})$$

56. 在图 1-114 中，方框 N_0 是一线性无源网络。当 U_1=1V，I_2=2A 时，U_3=0V；当 U_1=5V，I_2=0A 时，U_3=1V。试求当 U_1=0V，I_2=5A 时，U_3等于多少？

解　该题应用叠加定理计算。因为 N_0 是一线性无源网络，整个电路中只有 2 个独立电源，则 U_3 可表示为$U_3=U'_3+U''_3$。其中$U'_3=AU_1$是电压源 U_1 单独作用时的分量，$U''_3=BI_2$是电流源 I_2 单独作用时的分量，其中 A、B 为待定系数。即

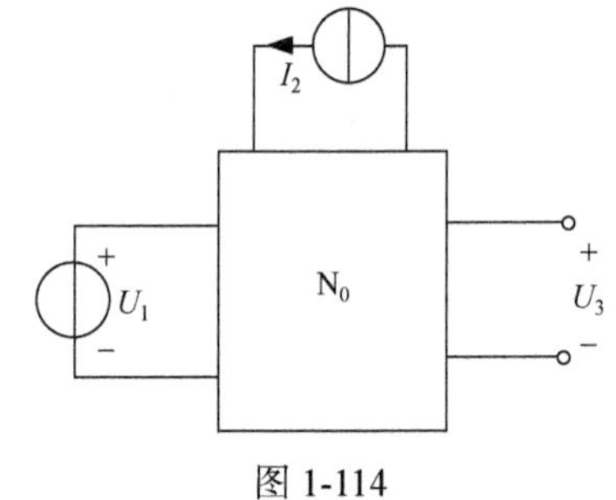

图 1-114

$$U_3=AU_1+BI_2$$

根据已知条件，代入数据可得

$$A+2B=0$$
$$5A=1$$

得 A=0.2，B=−0.1。

所以，当 U_1=0V，I_2=5A 时　$U_3=A\times 0+B\times 5=-0.5\text{V}$

57. 用叠加定理求图 1-115(a)所示电路中的电流 I_1 和 I_2。

解　电流源单独作用时，对应的分电路如图 1-115(b)所示。

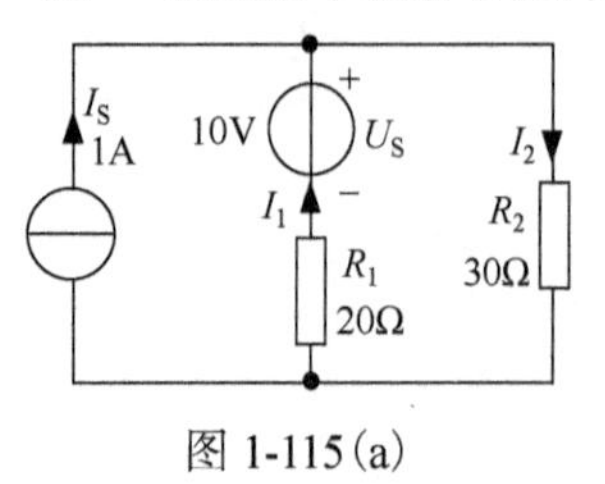

图 1-115(a)

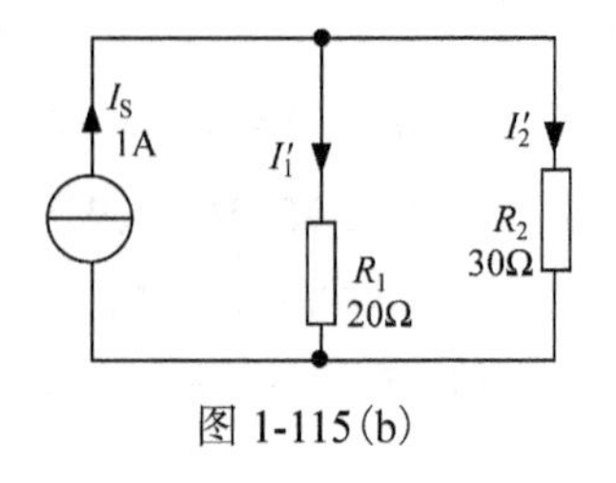

图 1-115(b)

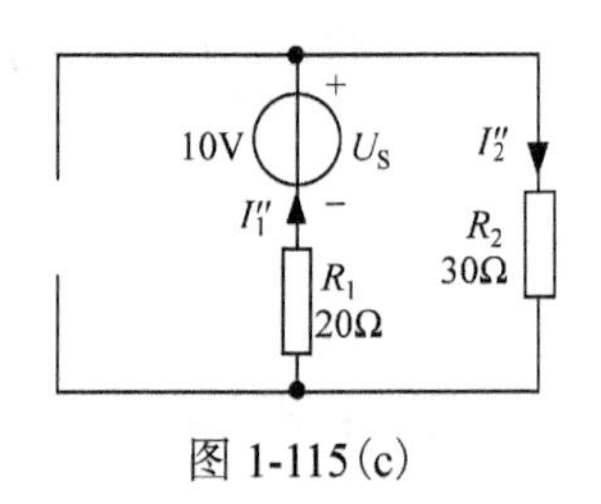

图 1-115(c)

$$I_1' = \frac{R_2}{R_1 + R_2} I_S = \frac{30}{20+30} \times 1 = 0.6(\text{A})$$

$$I_2' = \frac{R_1}{R_1 + R_2} I_S = \frac{20}{20+30} \times 1 = 0.4(\text{A})$$

电压源单独作用，对应的分电路如图 1-115(c)所示。

$$I_1'' = I_2'' = \frac{U_S}{R_1 + R_2} = \frac{10}{20+30} = 0.2(\text{A})$$

叠加得

$$I_1 = -I_1' + I_1'' = -0.6+0.2 = -0.4(\text{A})$$

$$I_2 = I_2' + I_2'' = 0.4+0.2 = 0.6(\text{A})$$

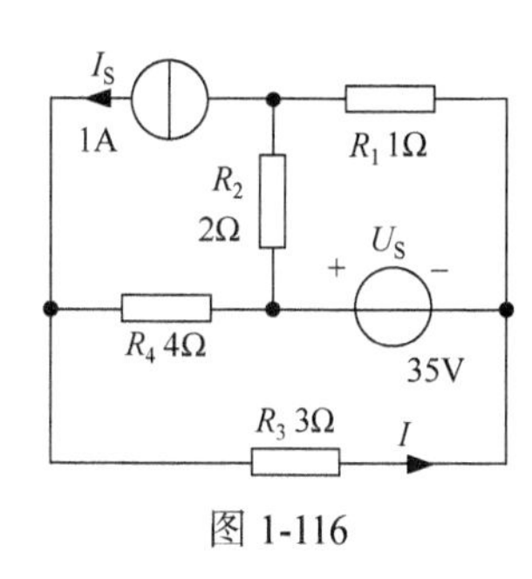

图 1-116

58. 用叠加定理求图 1-116 所示电路中的电流 I。

解 电流源单独作用时：

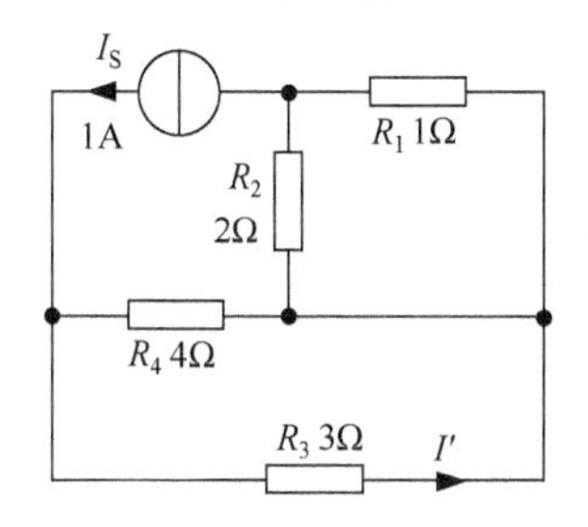

电压源单独作用时：

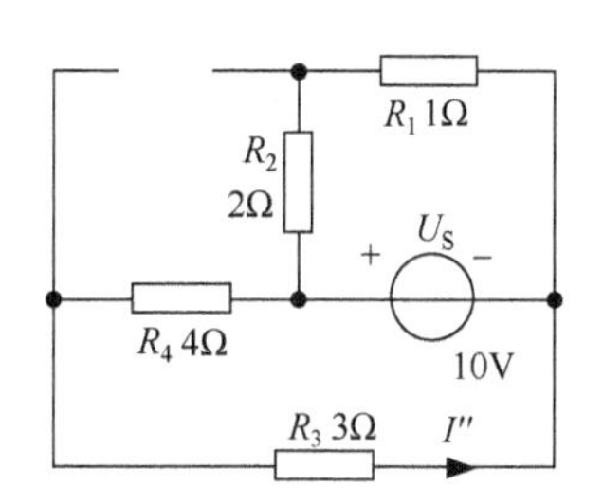

分别求解这两个分电路图：

$$I' = \frac{R_4}{R_3 + R_4} I_S = \frac{4}{3+4} \times 1 = \frac{4}{7}(\text{A}) \qquad I'' = \frac{U_S}{R_3 + R_4} = \frac{10}{3+4} = \frac{10}{7}(\text{A})$$

叠加得

$$I = I' + I'' = \frac{4}{7} + \frac{10}{7} = 2(\text{A})$$

59. 图 1-117 所示电路中，已知 U_S=10V，I_S=2A，R=4Ω，R_1=8Ω，R_3=6Ω，R_2=11Ω。试用叠加定理求电流 I 和电流源两端的电压 U。

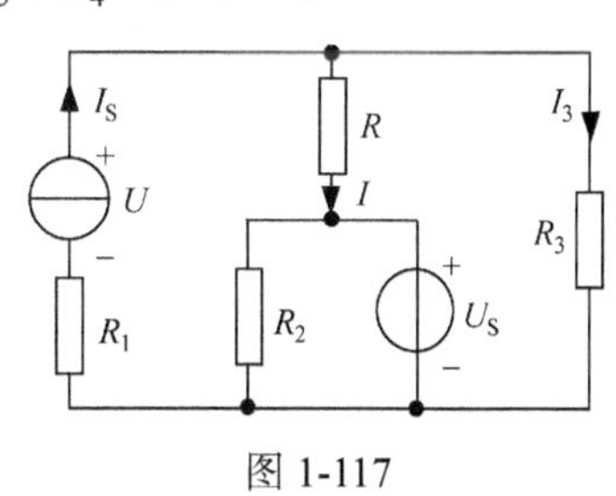

图 1-117

解 先分别画出电压源和电流源单独作用时的分图。

电压源单独作用时：

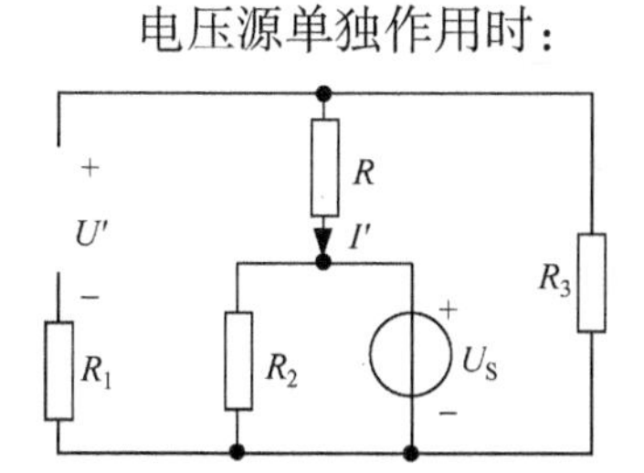

电流源单独作用时：

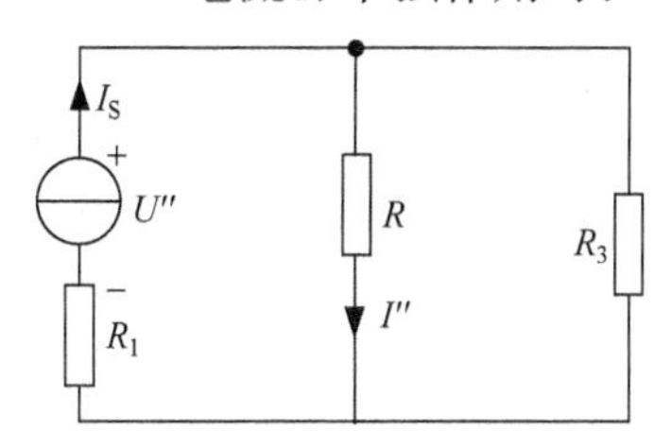

$$I' = -U_S / (R + R_3) = -10 / (4+6) = -1(\text{A}) \qquad I'' = I_S \times R_3 / (R + R_3) = 2 \times 6 / (4+6) = 1.2(\text{A})$$

$$U' = -I'R_3 = 6\text{V} \qquad U'' = I_S \times (R_1 + (R//R_3)) = 2 \times (8 + (4//6)) = 20.8(\text{V})$$

叠加得

$$I = I' + I'' = 0.2\text{A}$$
$$U = U' + U'' = 26.8\text{V}$$

或者用下述方法求电压 U。

根据 I 和 I_S 可求得　　$I_3=I_S-I=2-0.2=1.8\text{(A)}$

可得　　$U=I_3R_3+I_SR_1=1.8\times6+2\times8=26.8\text{(V)}$

60. 在图 1-118(a)所示电路中，N 为有源二端网络，其等效内阻 $R_0=5\Omega$，$R_1=10\Omega$，当 $U_S=10\text{V}$ 时，$I_1=1\text{A}$，试用叠加定理求当 $U_S=19\text{V}$ 时的电流 I_1。

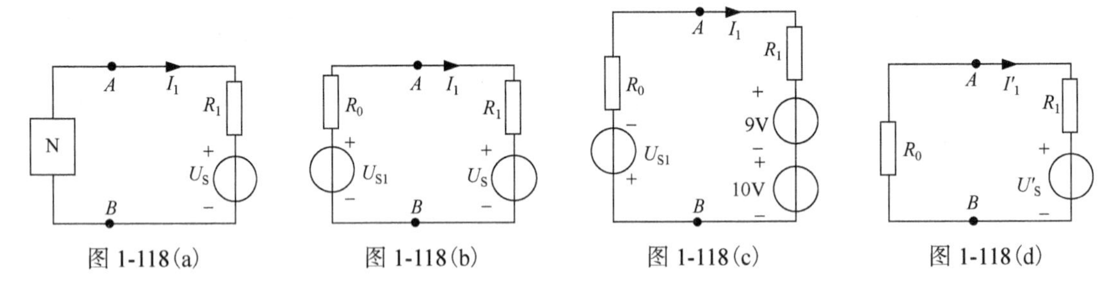

图 1-118(a)　　图 1-118(b)　　图 1-118(c)　　图 1-118(d)

解　根据题意，有源二端网络 N 用戴维南等效电路替换后，可得图 1-118(b)所示电路。

根据已知条件，当 $U_S=10\text{V}$ 与 U_{S1} 共同作用时，$I_1=1\text{A}$。

当 $U_S=19\text{V}$ 时，可把电路等效为图 1-118(c)。图 1-118(c)可看成图 1-118(b)和图 1-118(d)的叠加。

这样，只需要求出图 1-118(d)中一个 9V 电压源单独作用时的电流即可。

9V 电压源单独作用时：

$$I_1' = -\frac{U_S'}{R_1 + R_0} = -\frac{9}{10+5} = -0.6\text{(A)}$$

所以，当 $U_S=19\text{V}$ 时，待求电流为

$$I_1=1-0.6=0.4\text{(A)}$$

61. 在图 1-119(a)所示电路中，(1)当将开关 S 合在 a 点时，求电流 I_1、I_2 和 I_3；(2)当将开关 S 合在 b 点时，利用(1)的结果，用叠加定理计算电流 I_1、I_2 和 I_3。

解　(1)当将开关 S 合在 a 点时，可用电源等效变换的方法求得 C、D 间的电压，如图 1-119(b)所示。图中

$$I_{S1}=130/2=65\text{(A)}, \qquad I_{S2}=120/2=60\text{(A)}$$

所以

$$U_{CD} = (I_{S1} + I_{S2})(2//2//4) = 100\text{V}$$

根据图 1-119(a)可求得

$$I_1 = \frac{130-100}{2} = 15\text{(A)}$$
$$I_2 = \frac{120-100}{2} = 10\text{(A)}$$
$$I_3 = \frac{100}{4} = 25\text{(A)}$$

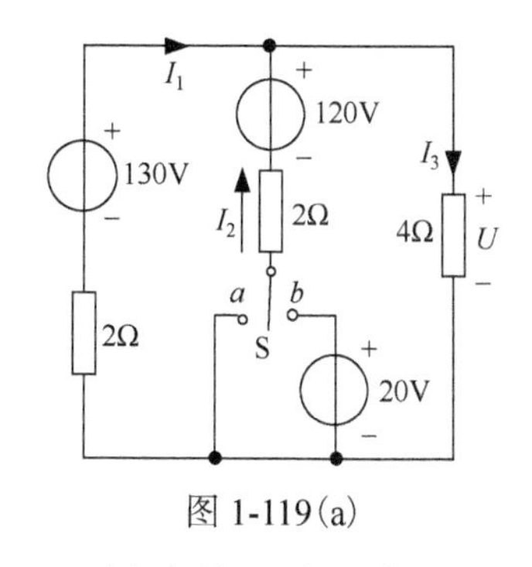

图 1-119(a)

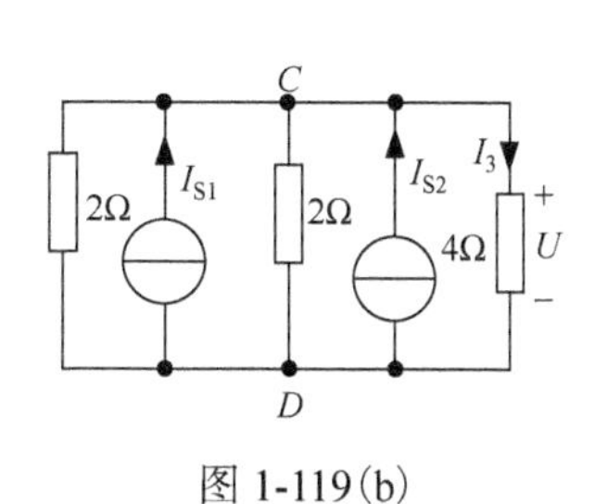

图 1-119(b)

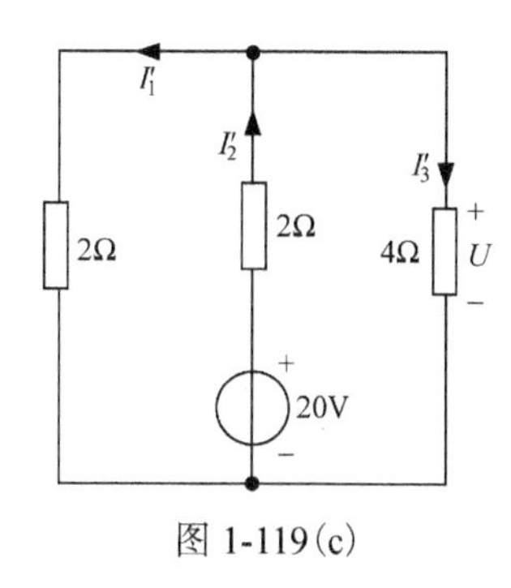

图 1-119(c)

(2)当将开关 S 合在 b 点时，按题意用叠加定理，各处电流应为 130V 电压源、120V 电压源共同作用时的电流与 20V 电压源作用时的电流的叠加。

图 1-119(c)是 20V 电压源单独作用时的电路，此时各电流为

$$I_2' = \frac{20}{2+2//4} = 6(\text{A})$$

$$I_1' = \frac{4}{2+4} \times 6 = 4(\text{A})$$

$$I_3' = \frac{2}{2+4} \times 6 = 2(\text{A})$$

根据叠加定理，将开关 S 合在 b 点时的电流为

$$I_1 = 15 - 4 = 11(\text{A})$$

$$I_2 = 10 + 6 = 16(\text{A})$$

$$I_3 = 25 + 2 = 27(\text{A})$$

62. 电路如图 1-120 所示，求 A、B 端的开路电压 U。

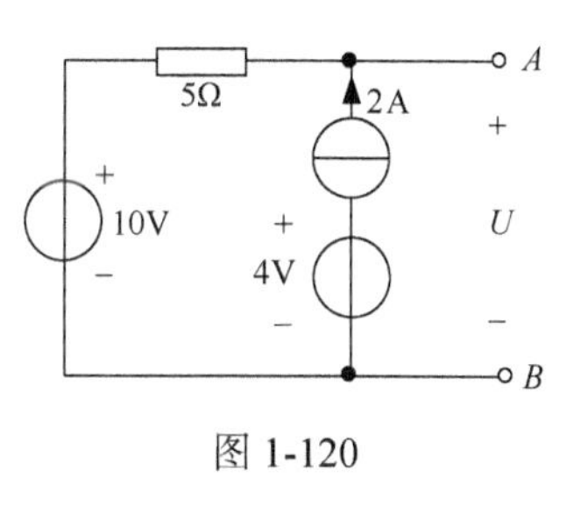

图 1-120

解 因为 AB 端开路，电路中只有一个回路，且该回路的电流为 2A，方向与电流源的电流方向一致。所以

$$U=2\times5+10=20(\text{V})$$

63. 已知图 1-121(a)所示电路可用图 1-121(b)所示电路等效，其中 I_{S1}=2A，R_1=12Ω，R_2=18Ω，U_{S1}=6V，U_{S2}=9V。试计算图 1-121(b)所示电路的参数 I_S 和 R_0。

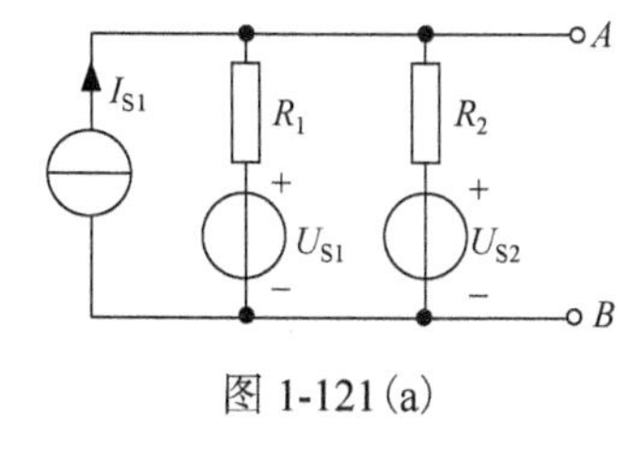

图 1-121(a)

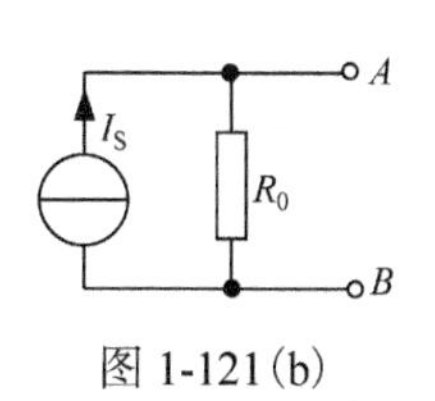

图 1-121(b)

解 在图 1-121(a)中，除源后可求得等效电阻

$$R_0 = R_1 // R_2 = 12//18 = 7.2(\Omega)$$

假设 AB 处短路，可求得短路电流

$$I_{SC} = I_{S1} + U_{S1} / R_1 + U_{S2} / R_2 = 2 + 6/12 + 9/18 = 3(\text{A})$$

所以

$$I_S = I_{SC} = 3\text{A}$$

64. 求如图 1-122(a)和图 1-122(b)所示电路中 AB 端的开路电压 U_{AB}。

解 图 1-122(a)中，当 AB 端开路时，只有左侧回路中有电流

$$I_1 = \frac{12+10}{7+4} = 2(\text{A})$$

AB 端的电压

$$U_{AB} = 7I_1 - 12 - 10 = 7\times 2 - 12 - 10 = -8(\text{V})$$

图 1-122(b)中，当 AB 端开路时，只有最大的回路中有电流

$$I_2 = \frac{30-9}{1+2+3+4+5+6} = 1(\text{A})$$

AB 端的电压

$$U_{AB} = I_2 \times (6+1+2) + 9 - 12 = 6(\text{V})$$

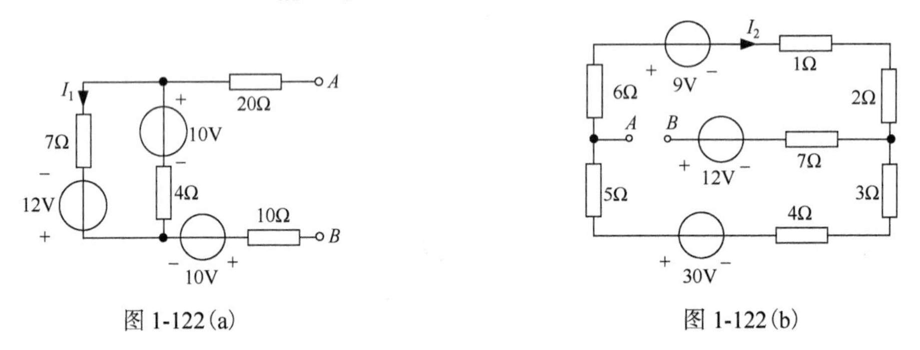

图 1-122(a)　　　　图 1-122(b)

65. 图 1-123(a)所示电路中，当负载 R_L 为何值时能获得最大功率？并求该最大功率。

解 利用戴维南等效电路求解。

提取负载电阻 R_L 后，得到的有源二端网络如图 1-123(b)所示。从图中可求得

$$U_{OC}=2\times4+16=24(\text{V})$$

$$R_0=8+4=12(\Omega)$$

因此当 $R_L=R_0=12\Omega$时，R_L 上的功率最大，最大功率为

$$P_{max} = \frac{U_{OC}^2}{4R_0} = \frac{24^2}{4\times 12} = 12(\text{W})$$

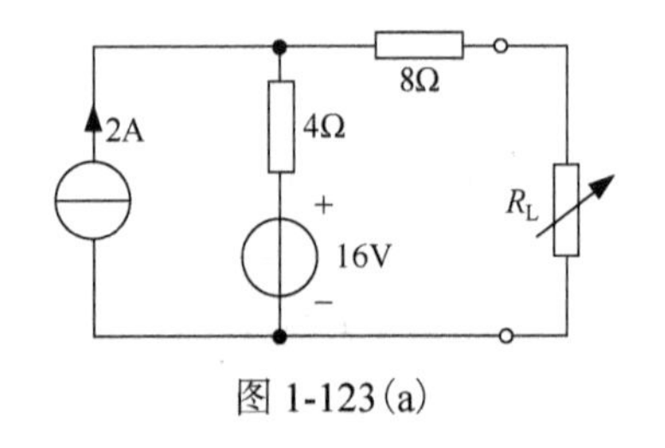

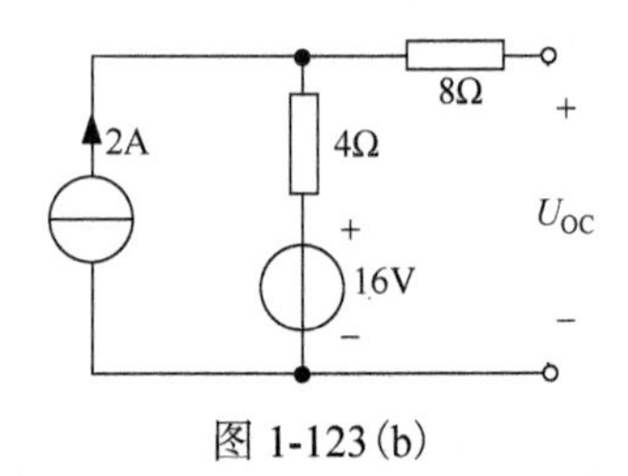

图 1-123(a)　　　　图 1-123(b)

66. 应用戴维南定理计算图 1-124(a)所示电路中的电流 I。

解 在计算电流 I 时，可将与 10A 电流源串联的 2Ω电阻除去(短接)，与 10V 电压源并联的 5Ω电阻除去(断开)，除去这两个电阻后不会影响 1Ω电阻中的电流 I，电路可简化如图 1-124(b)所示。

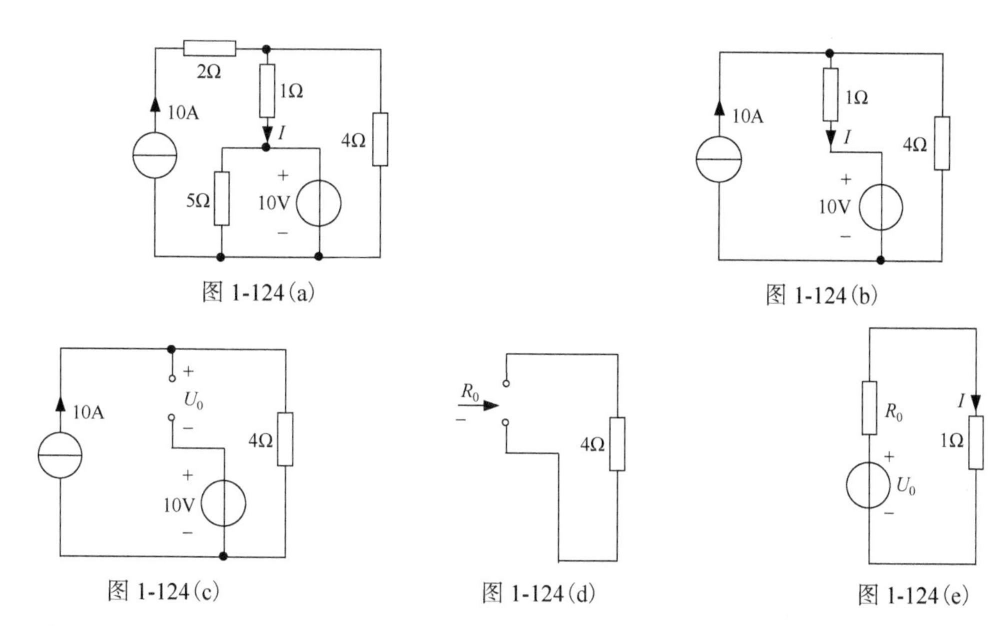

图 1-124(a)　　图 1-124(b)

图 1-124(c)　　图 1-124(d)　　图 1-124(e)

提取 1Ω电阻，剩余部分电路构成一个有源二端网络，如图 1-124(c)所示。

由图 1-124(c)可求得开路电压　$U_0 = 4 \times 10 - 10 = 30(\text{V})$

由图 1-124(d)可求得等效电阻　$R_0 = 4\Omega$

等效电路如图 1-124(e)所示。所以 1Ω电阻中的电流

$$I = \frac{U_0}{R_0 + 1} = \frac{30}{4+1} = 6(\text{A})$$

67. 应用戴维南定理计算图 1-125(a)所示电路中的电流 I。

解　提取 2Ω电阻，剩余部分电路构成一个有源二端网络，如图 1-125(b)所示。

从图 1-125(b)可求得电流

$$I_1' = (12-6)/(3+6) = 2/3\ (\text{A})$$

开路电压　$$U_{ab0} = U_{ac} + U_{cd} + U_{db} = -1 \times 2 + 0 + 6 + 3 \times \frac{2}{3} = 6(\text{V})$$

等效电阻　$$R_0 = 1 + 1 + 3//6 = 4(\Omega)$$

等效电路如图 1-125(c)所示。所以 2Ω电阻中的电流

$$I = \frac{6}{2+4} = 1(\text{A})$$

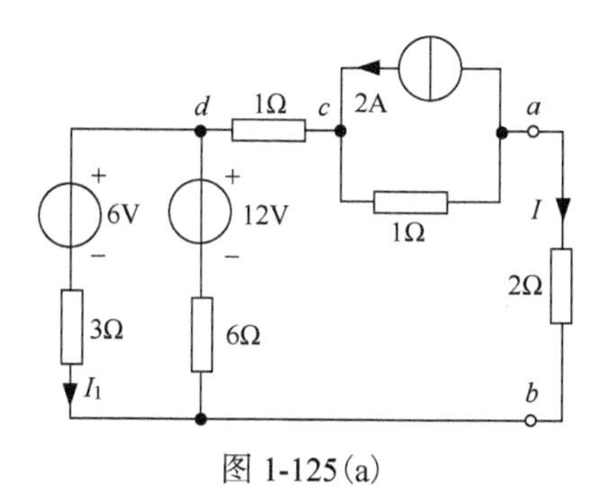

图 1-125(a)

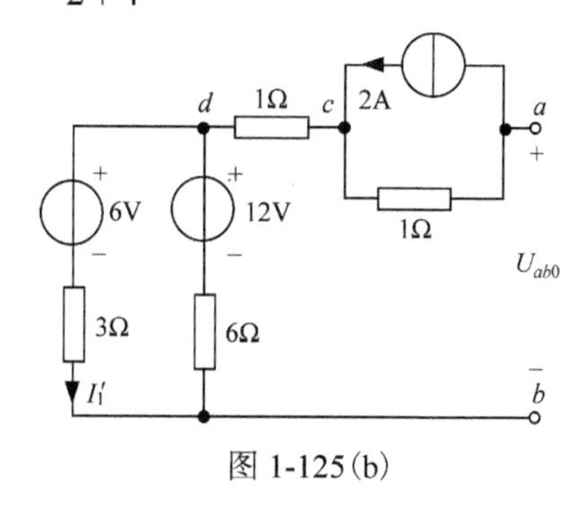

图 1-125(b)

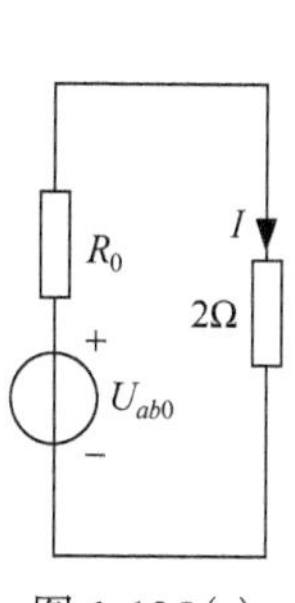

图 1-125(c)

68. 用戴维南定理计算图 1-126(a)所示电路中的电流 I。

解 提取 10Ω电阻，剩余部分电路构成一个有源二端网络，如图 1-126(b)所示。由图 1-126(b)计算等效电压源的电压 U_S，即开路电压

$$U_0 = U_S = 20 - 150 + 120 = -10(\mathrm{V})$$

图 1-126(a)

图 1-126(b)

将图 1-126(b)除源后，得到图 1-126(c)所示电路，可计算等效电源的内阻

$$R_0 = 0$$

等效电路如图 1-126(d)所示。所以 10Ω电阻中的电流

$$I = \frac{U_S}{R_0 + 10} = \frac{-10}{10} = -1(\mathrm{A})$$

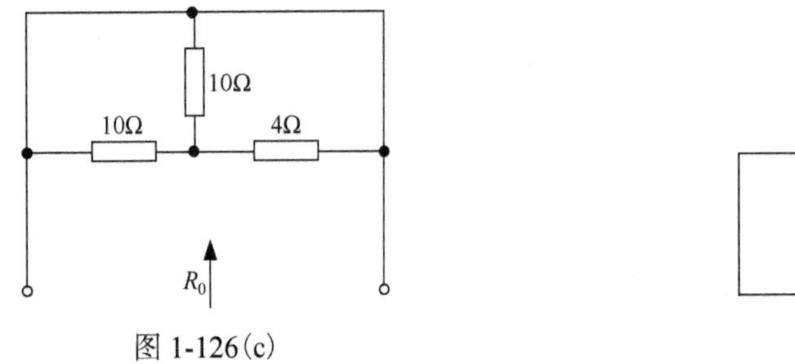

图 1-126(c)

图 1-126(d)

69. 电路如图 1-127(a)所示。求：(1)电流 I；(2)理想电压源和理想电流源的功率，并说明是吸收还是发出功率。

解 (1)应用戴维南定理计算电流 I。提取 2Ω电阻所在的支路，剩余部分电路构成一个有源二端网络，如图 1-127(b)所示，对左侧回路和右侧回路分别求解，可得

开路电压 $U_{ab} = 3 \times 5 - 5 = 10(\mathrm{V})$

等效电阻 $R_0 = 3\Omega$

等效电路如图 1-127(c)所示。所以 2Ω电阻中的电流

$$I = \frac{10}{2+3} = 2(\mathrm{A})$$

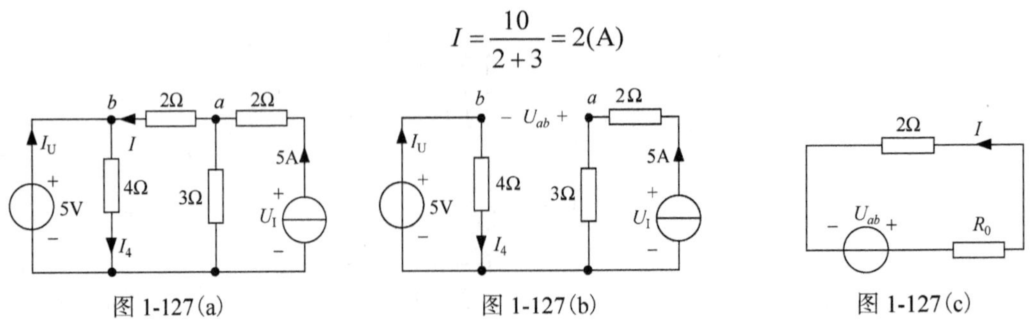

图 1-127(a)　　图 1-127(b)　　图 1-127(c)

(2)理想电压源的电流

$$I_U = I_4 - I = \frac{5}{4} - 2 = -0.75(\text{A})$$

I_U与电压源的电压的参考方向非关联，所以电压源发出的功率

$$P_U = 5 \times I_U = 5 \times (-0.75) = -3.75(\text{W})$$

理想电流源的电压

$$U_I = 2 \times 5 + 3 \times (5-2) = 19(\text{V})$$

U_I与电流源的电流的参考方向非关联，所以电流源发出的功率

$$P_I = 19 \times 5 = 95(\text{W})$$

70. 电路如图 1-128(a)所示，分别用戴维南定理和诺顿定理计算电阻 R_L 上的电流 I_L。

解　(1)应用戴维南定理求 I_L。

提取 R_L 所在支路，得有源二端网络如图 1-128(b)所示。

开路电压　$U_{ab} = U - IR_3 = 32 - 2 \times 8 = 16(\text{V})$

等效电阻　$R_0 = R_3 = 8\Omega$

戴维南等效电路如图 1-128(c)所示，其中 $U_S=U_{ab}=16\text{V}$，所以

$$I_L = \frac{U_S}{R_L + R_0} = \frac{16}{24+8} = 0.5(\text{A})$$

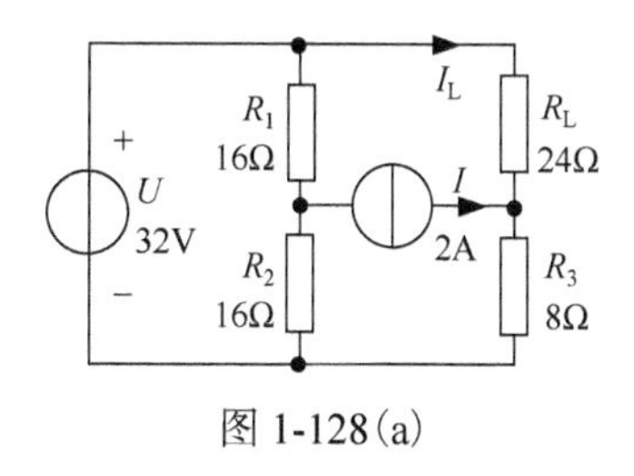

图 1-128(a)

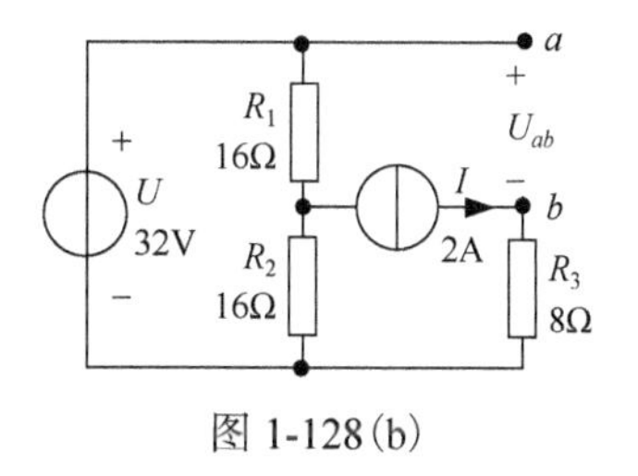

图 1-128(b)

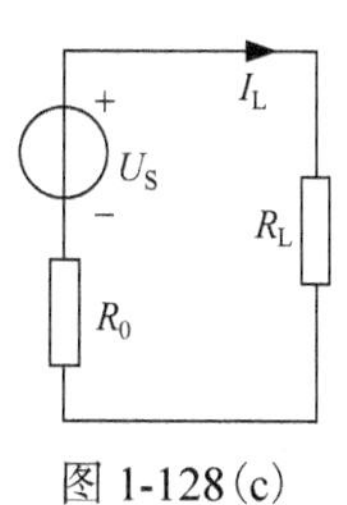

图 1-128(c)

(2)应用诺顿定理求 I_L。

把 R_L 所在支路短路，得到如图 1-128(d)所示电路。

用叠加定理求短路电流

$$I_{SC} = \frac{U}{R_3} - I = \frac{32}{8} - 2 = 2(\text{A})$$

等效电阻同戴维南等效电路中的 R_0。

诺顿等效电路如图 1-128(e)所示，其中 $I_S=I_{SC}=2\text{A}$，所以

$$I_L = \frac{R_0}{R_L + R_0} I_S = \frac{8}{24+8} \times 2 = 0.5(\text{A})$$

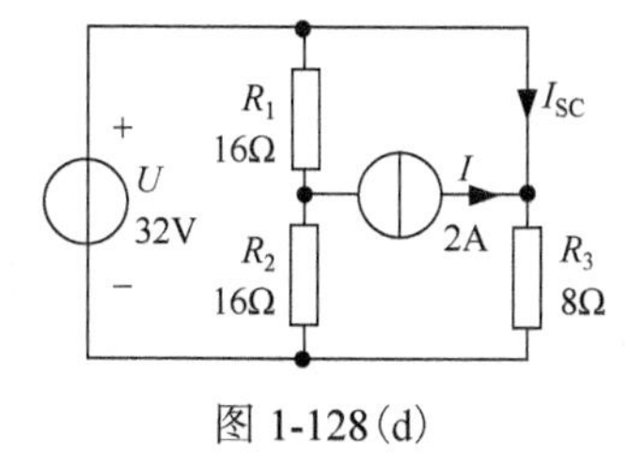

图 1-128(d)

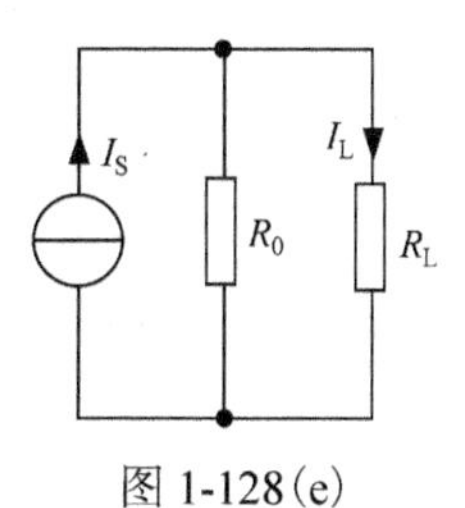

图 1-128(e)

71. 电路如图 1-129(a)所示，已知当 R=4Ω时，I=2A。求当 R=9Ω时，I 等于多少?

解 用戴维南等效电路求解。把电路 ab 以左部分等效为一个电压源模型，如图 1-129(b)所示，可得

$$I = \frac{U_S}{R_0 + R}$$

图 1-129(a)除源后的电路如图 1-129(c)所示，等效电阻 R_0 可由图 1-129(c)求得

$$R_0 = R_2 // R_4 = 1\Omega$$

已知当 R=4Ω时，I=2A。所以

$$U_S = (R_0 + R)I = (1+4) \times 2 = 10(\mathrm{V})$$

当 R=9Ω时

$$I = \frac{10}{1+9} = 1(\mathrm{A})$$

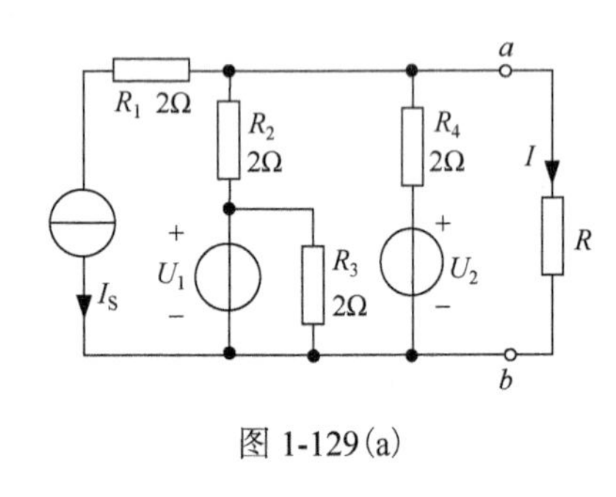

图 1-129(a)

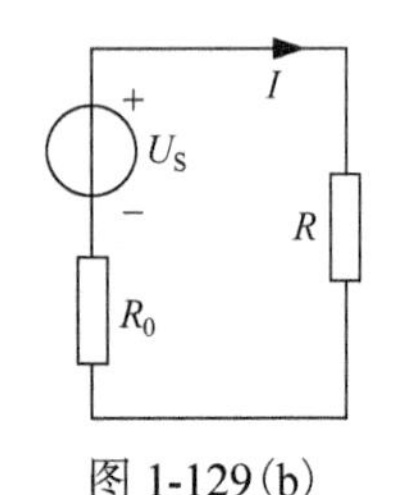

图 1-129(b)

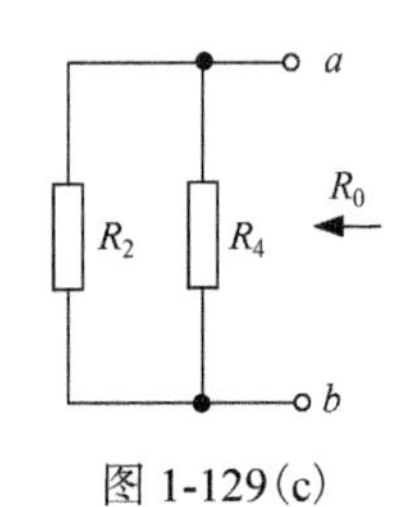

图 1-129(c)

72. 电路如图 1-130(a)所示。已知 U_{S1}=8V，U_{S2}=4V，I_S=2A，R_1=1Ω，R_2=2Ω，R_3=3Ω，R=8Ω。用戴维南定理求通过电阻 R 的电流 I。

解 用戴维南定理求解，提取 R 所在支路后得到有源二端网络，如图 1-130(b)所示。

开路电压 $U_{ab}=I_SR_1+U_{S2}=2\times1+4=6$(V)

等效电阻 $R_{ab}=R_1=1\Omega$

得到戴维南等效电路如图 1-130(c)所示，其中 $U_S=U_{ab}$=6V。

所以，通过电阻 R 的电流

$$I=U_S/(R_{ab}+R)=6/(1+8)=0.67(\mathrm{A})$$

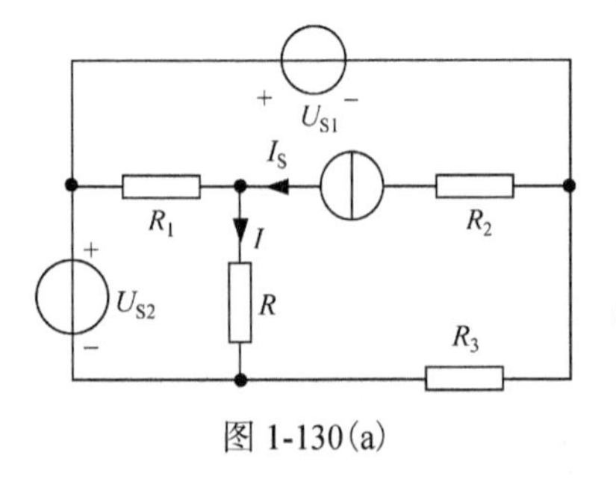

图 1-130(a)

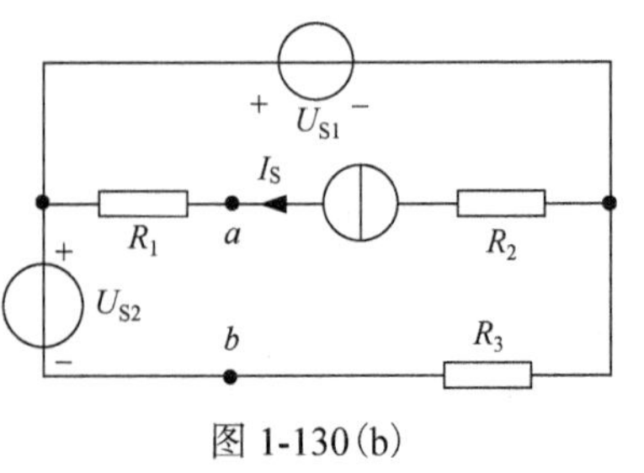

图 1-130(b)

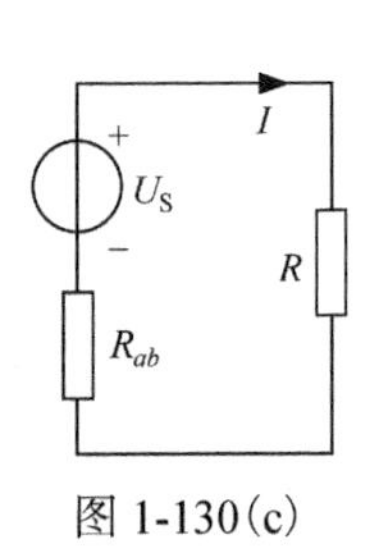

图 1-130(c)

73. 图 1-131(a)所示电路中，U_{S1}=15V，U_{S2}=6V，U_{S3}=14V，R_1=1Ω，R_2=2Ω，R_3=3Ω，R_4=4Ω，R_5=5Ω，求：(1)当开关 S 闭合时，试用戴维南定理求 U_5、I_5；(2)当开关 S 断开时，再求 U_5、I_5。

解　(1)开关 S 闭合时，提取 R_5 所在支路，如图 1-131(b)所示。

从左边回路中可求得

$$I_2=(U_{S1}-U_{S2})/(R_1+R_2)=(15-6)/(1+2)=3(A)$$

从右边回路中可求得

$$I_4=U_{S3}/(R_4+R_3)=14/(3+4)=2(A)$$

所以，开路电压

$$U_0=U_{S2}+I_2R_2-I_4R_4=6+3\times2-2\times4=4(V)$$

ab 端的等效电阻

$$R_0=R_1//R_2+R_3//R_4=2.38\Omega$$

得到如图 1-131(c)所示的等效电路，从图中可求得

$$I_5=U_0/(R_0+R_5)=4/(2.38+5)=0.54(A)$$

$$U_5=I_5R_5=0.54\times5=2.7(V)$$

(2)开关 S 断开时

$$I_5=0A,\qquad U_5=0V$$

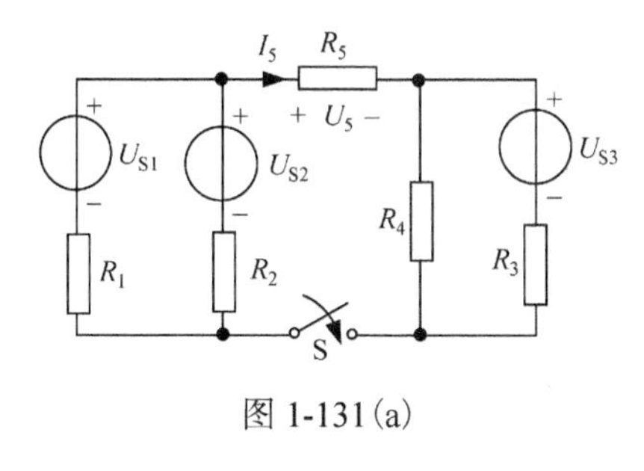

图 1-131(a)

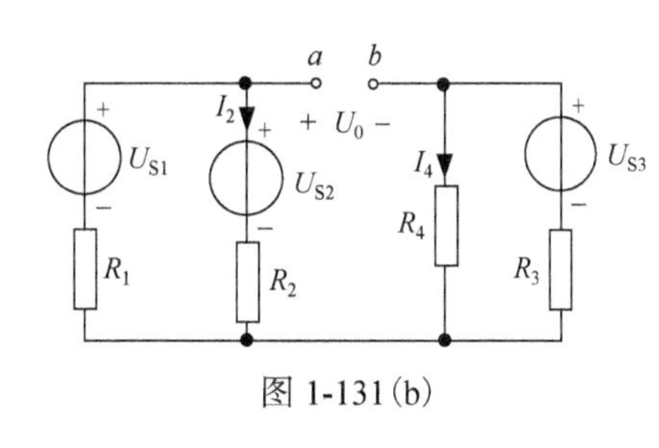

图 1-131(b)

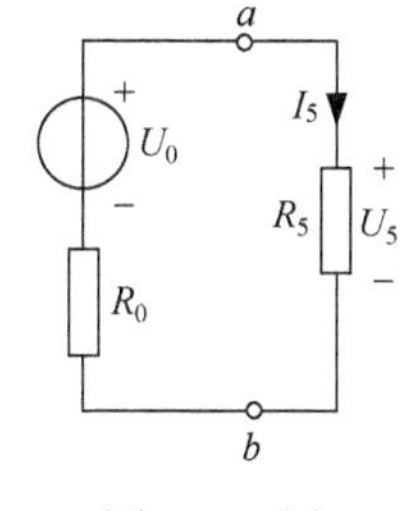

图 1-131(c)

74. 在图 1-132(a)所示电路中，已知 I=1A，应用戴维南定理求电阻 R。

解　提取 R 所在支路，得到如图 1-132(b)所示的有源二端网络。

从图 1-132(b)中可以计算出 ab 端的开路电压

$$U_{ab}=20+2\times20-10=50(V)$$

除源后的电路如图 1-132(c)所示，ab 端的等效电阻

$$R_{ab}=20\Omega$$

所以，可以得到如图 1-132(d)所示的等效电路。

因为已知 I=1A，可得 R=30Ω。

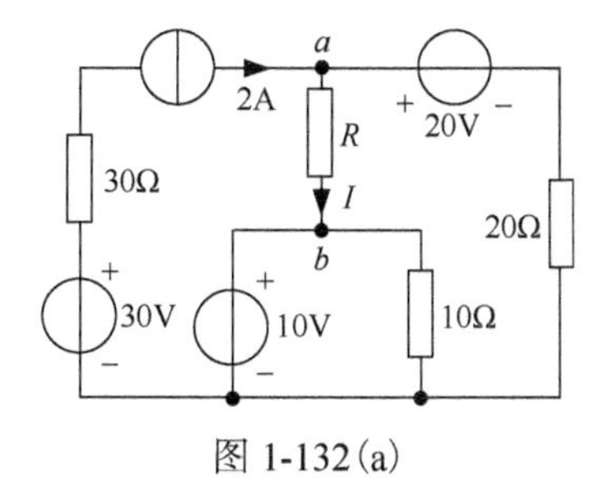

图 1-132(a)

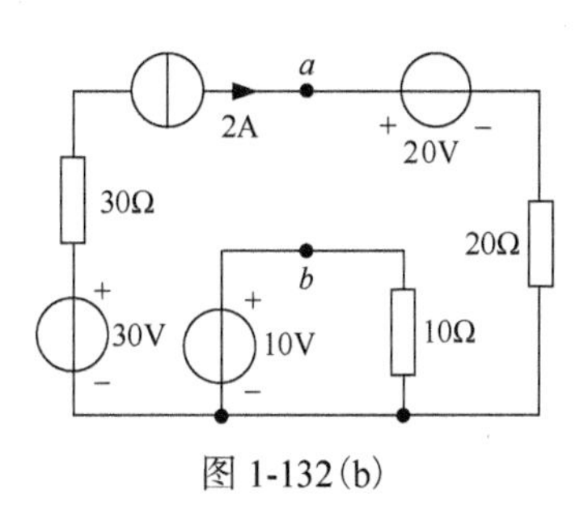

图 1-132(b)

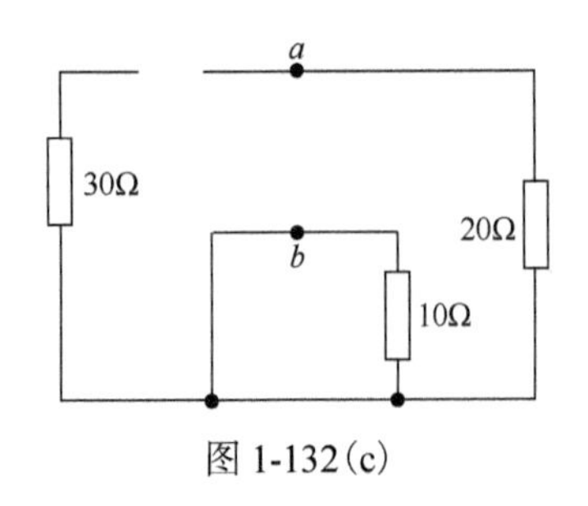

图 1-132(c)

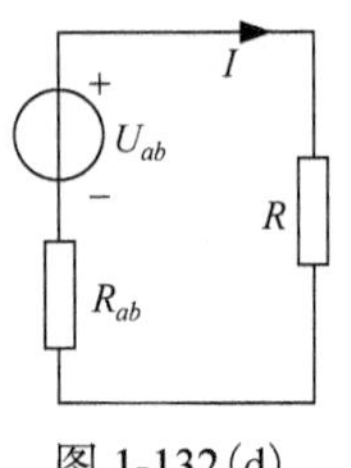

图 1-132(d)

75. 电路如图 1-133(a)所示。已知 R_1=1Ω，R_2=2Ω，R_3=3Ω，R_4=6Ω。当 R=4Ω时，I=2A。求当 R=10Ω时的电流 I。

解 该题用戴维南定理求解较为方便。提取 R 所在支路，得到如图 1-133(b)所示的有源二端网络，对该有源二端网络用戴维南等效电路替换，可简化为如图 1-133(c)所示的电路。

从图 1-133(b)中可求得等效电阻 $R_{ab}=R_3//R_4=2\Omega$

根据已知条件，当 R=4Ω时，I=2A。

从图 1-133(c)可得 $U_S=I(R_{ab}+R)=2\times6=12$(V)

所以，当 R=10Ω时 $I=U_S/(R_{ab}+R)=12/12=1$(A)

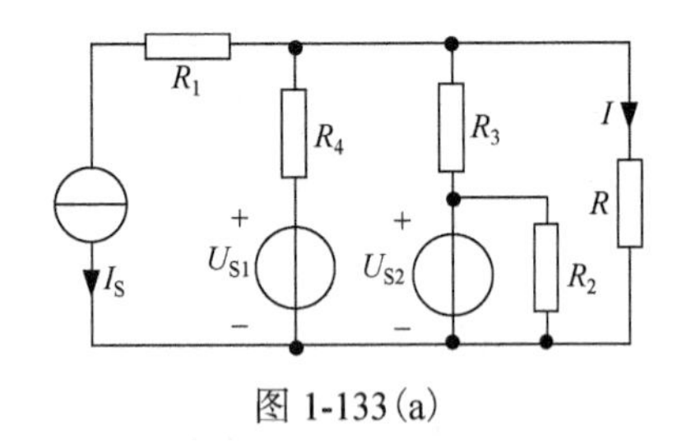

图 1-133(a)

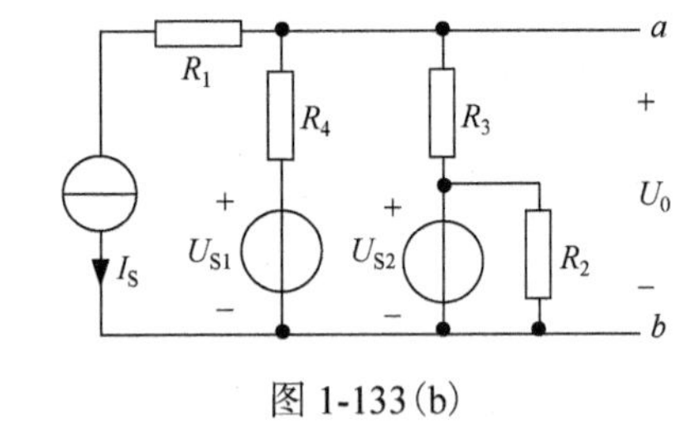

图 1-133(b)

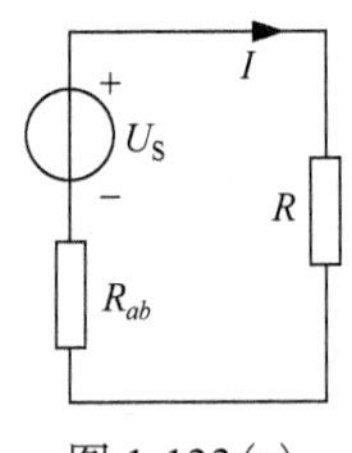

图 1-133(c)

76. 用戴维南定理求图 1-134(a)所示电路中通过理想电压源的电流 I。已知 U_S=10V，I_{S1}=1A，I_{S2}=2A，R_1=1Ω，R_2=2Ω，R_3=3Ω。

解 将待求支路提出，得到有源二端网络如图 1-134(b)所示，其开路电压

$$U_{OC}=I_{S2}R_2+I_{S1}R_1=2\times2+1\times1=5\text{(V)}$$

有源二端网络除源后的电路如图 1-134(c)所示，其等效电阻

$$R_0=R_1+R_2=3\Omega$$

得戴维南等效电路如图 1-134(d)所示，可求得电流

$$I=(U_{OC}+U_S)/R_0=(5+10)/3=5\text{(A)}$$

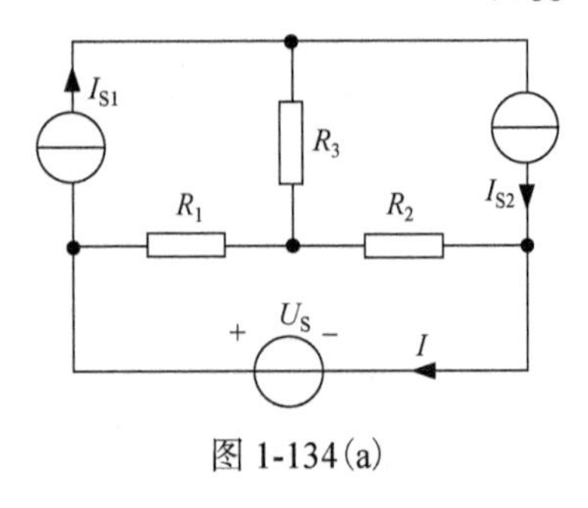

图 1-134(a)

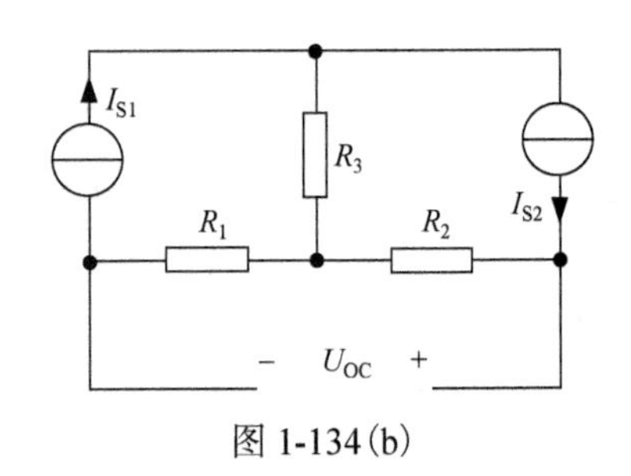

图 1-134(b)

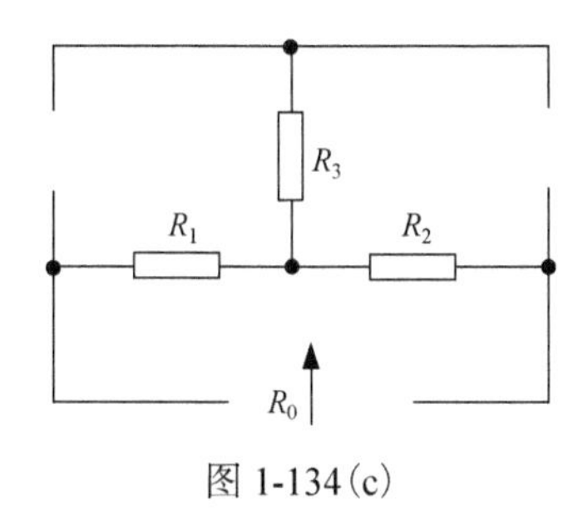

图 1-134(c)

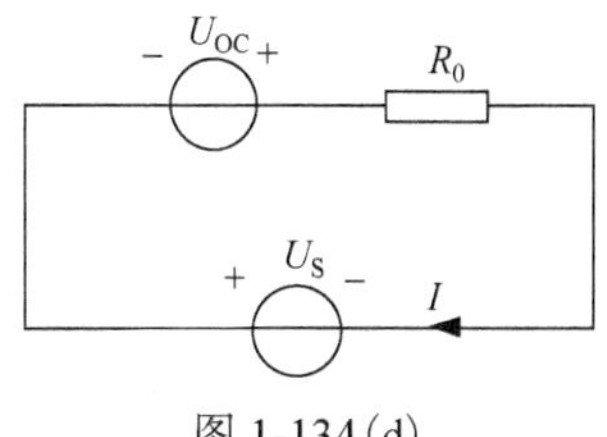

图 1-134(d)

77. 用戴维南定理求图 1-135(a)所示电路中理想电流源两端的电压。

解 将电流源所在支路提取，得到有源二端网络如图 1-135(b)所示，计算其开路电压。

因为 $I=U_S/(R_3+R_1//(R_2+R_4))=6/(3+6//(2+4))=1(\mathrm{A})$

可得 $I_4=0.5\mathrm{A}$，所以 $U_{OC}=I_4R_4=2\mathrm{V}$

有源二端网络除源后电路如图 1-135(c)所示，其等效电阻

$$R_0=R_4//(R_2+R_1//R_3)=4//(2+6//3)=2(\Omega)$$

戴维南等效电路如图 1-135(d)所示。

$$U_I=I_SR_0-U_{OC}=3\times2-2=4(\mathrm{V})$$

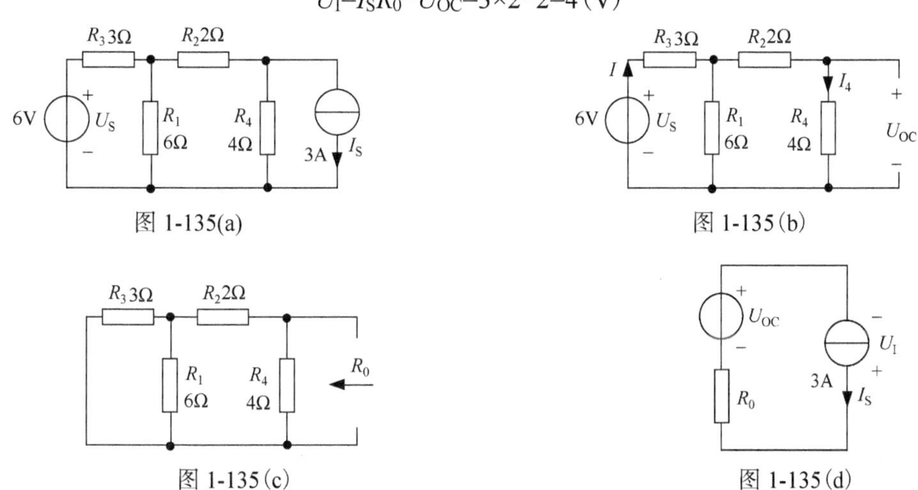

图 1-135(a) 图 1-135(b) 图 1-135(c) 图 1-135(d)

78. 用戴维南定理求图 1-136(a)所示电路中的电流 I_2。

解 提取 R_2 所在的支路，得到有源二端网络如图 1-136(b)所示，其开路电压

$$U_{OC}=U_S+I_SR_1=20+1\times10=30(\mathrm{V})$$

等效电阻 $R_0=R_1=10\Omega$

戴维南等效电路如图 1-136(c)所示，得

$$I_2=U_{OC}/(R_2+R_0)=30/(5+10)=2(\mathrm{A})$$

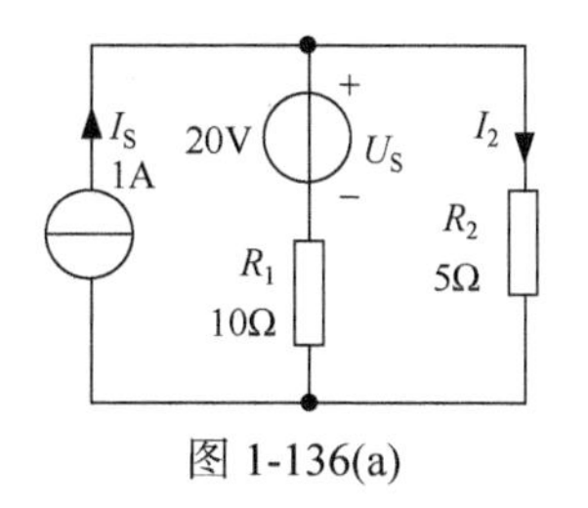

图 1-136(a)

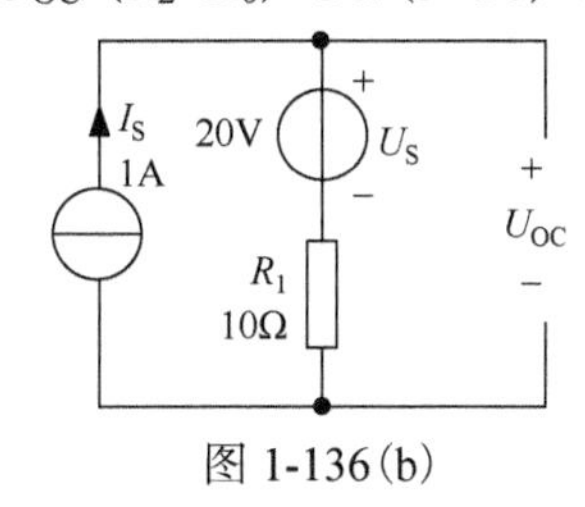

图 1-136(b)

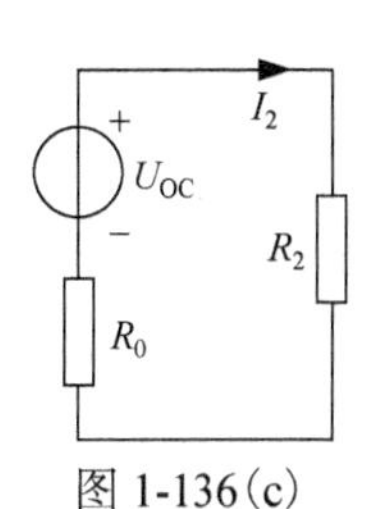

图 1-136(c)

79. 用诺顿定理求图 1-137(a)所示电路中的电流 I_3。已知 $R_1=10\Omega$，$R_2=20\Omega$，$R_3=13.3\Omega$，$U_{S1}=12V$，$U_{S2}=16V$。

解 把 R_3 所在的支路短路，得到如图 1-137(b)所示电路，其短路电流

$$I_{SC}=U_{S1}/R_1+U_{S2}/R_2=12/10+16/20=2(A)$$

有源二端网络除源后的等效电路如图 1-137(c)所示，等效电阻

$$R_0=R_1//R_2=10//20=6.7(\Omega)$$

诺顿等效电路如图 1-137(d)所示，利用分流公式可得

$$I_3=I_{SC}\times R_0/(R_0+R_3)=2\times6.7/(6.7+13.3)=0.67(A)$$

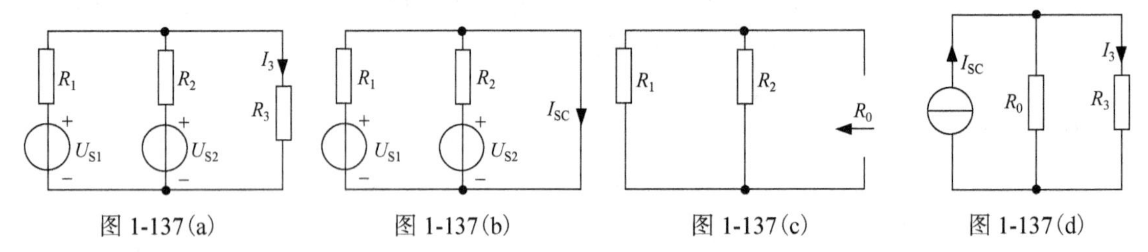

图 1-137(a)　图 1-137(b)　图 1-137(c)　图 1-137(d)

80. 图 1-138(a)所示电路中，已知 $U_{S1}=18V$，$U_{S2}=12V$，$I=4A$。试用戴维南定理求电压源 U_S。

解 提取 U_S 所在的支路，得到有源二端网络如图 1-138(b)所示。

$$I_1=\frac{U_{S1}-U_{S2}}{2+2}=\frac{18-12}{2+2}=\frac{3}{2}(A)$$

开路电压　$U_0=U_{S1}-I_1\times2=15V$

等效电阻　$R_0=2//2=1(\Omega)$

得到戴维南等效电路如图 1-138(c)所示。

已知 $I=4A$，所以　$U_S=-3I+U_0-I\,R_0=-3\times4+15-4\times1=-1(V)$

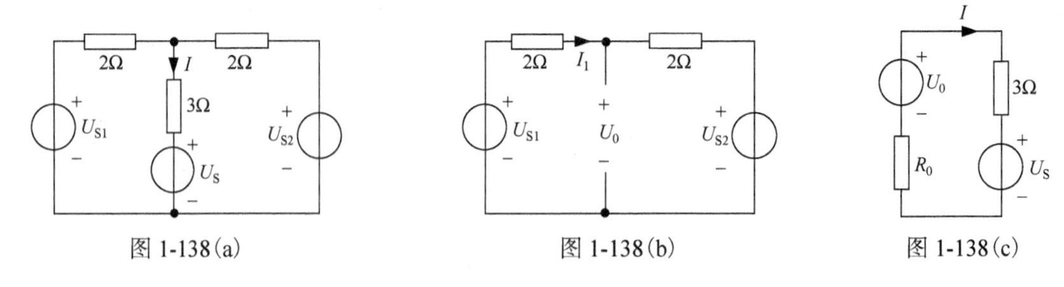

图 1-138(a)　图 1-138(b)　图 1-138(c)

81. 试用节点电压法求图 1-139 所示电路中各支路电流。

解 该图中有两个节点 O 和 O'，可列节点电压方程

$$U_{O'O}=\frac{\frac{25}{50}+\frac{100}{50}+\frac{25}{50}}{\frac{1}{50}+\frac{1}{50}+\frac{1}{50}}=50(V)$$

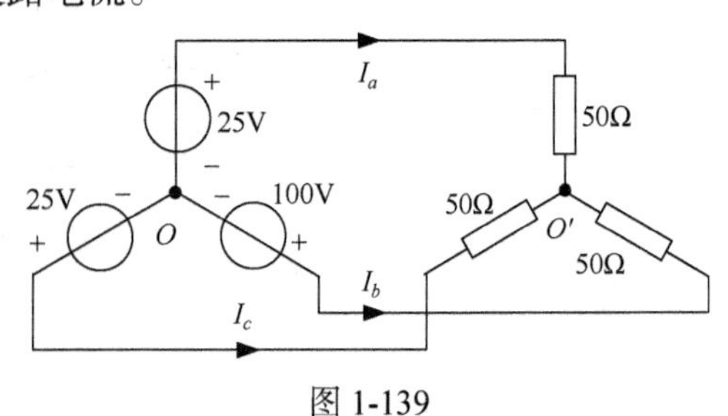

图 1-139

所以

$$I_a = \frac{25-50}{50} = -0.5(\text{A})$$

$$I_b = \frac{100-50}{50} = 1(\text{A})$$

$$I_c = \frac{25-50}{50} = -0.5(\text{A})$$

I_a 和 I_c 的计算结果为负，说明实际方向与图中的参考方向相反。

82. 电路如图 1-140(a)所示，试用节点电压法求电阻 R_L 上的电压 U，并计算理想电流源的功率。

解 在计算电阻 R_L 上的电压 U 时，可将与电流源串联的 4Ω电阻除去(短接)，与电压源并联的 8Ω电阻除去(断开)，这样并不会影响电阻 R_L 上的电压 U，简化后的电路如图 1-140(b)所示。

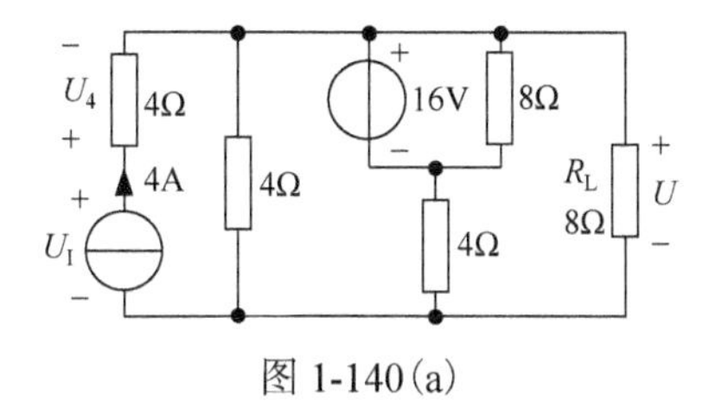

图 1-140(a)

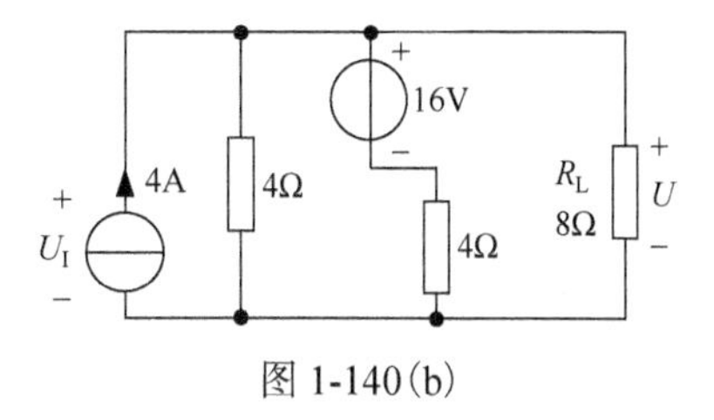

图 1-140(b)

从图 1-140(b)可得

$$U = \frac{4+\dfrac{16}{4}}{\dfrac{1}{4}+\dfrac{1}{4}+\dfrac{1}{8}} = 12.8(\text{V})$$

计算理想电流源的功率时，不能除去 4Ω电阻。从图 1-140(a)中可求得该电阻上的电压 $U_4=4\times4=16$(V)，并由此可得理想电流源上电压 $U_I=U_4+U=16+12.8=28.8$(V)。所以，理想电流源的功率为

$$P_I=28.8\times4=115.2(\text{W}) \qquad (\text{发出})$$

83. 图 1-141 所示电路原已稳定，在 $t=0$ 时，开关 S 断开，求电路中的 $i_C(0_+)$，$u_C(0_+)$和时间常数 τ。

解 $u_C(0_+) = u_C(0_-) = \dfrac{R_2}{R_1+R_2}U_S = \dfrac{20}{50}\times10 = 4(\text{V})$

开关 S 断开后，只有一个回路

$$i_C(0_+) = i_1(0_+) = \frac{U_S - u_C(0_+)}{R_1} = \frac{10-4}{30} = 0.2(\text{mA})$$

图 1-141

时间常数

$$\tau = R_1C = 30\times10^3\times10\times10^{-6} = 0.3(\text{s})$$

84. 图 1-142 所示电路在换路前已处于稳态，试求换路后电流 i 的初始值 $i(0_+)$和稳态值 $i(\infty)$。

解 电感电流的初始值：

$$i_{L1}(0_+) = i_{L1}(0_-) = 6\text{A}$$

$$i_{L2}(0_+) = i_{L2}(0_-) = 0$$

所以，电流初始值 $i(0_+) = i_{L1}(0_+) - i_{L2}(0_+) = 6\text{A}$

稳态时电感相当于短路。

稳态值为 $i(\infty) = 0$ 。

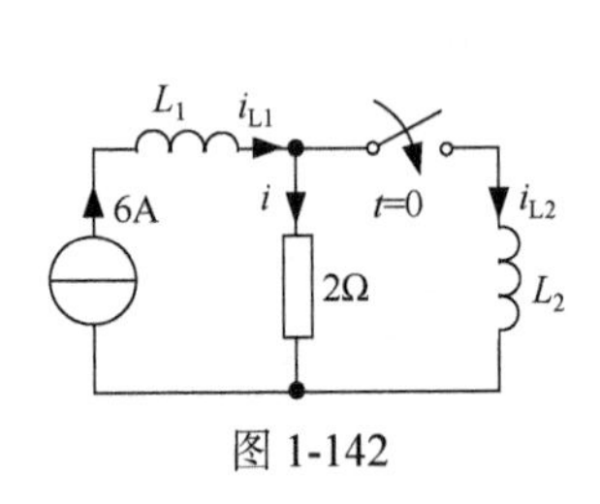

图 1-142

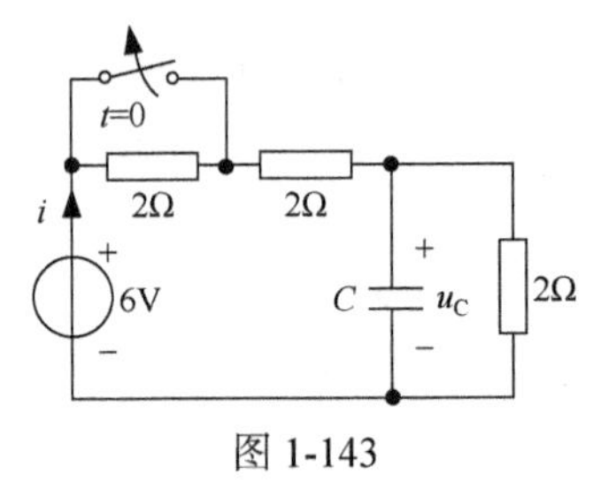

图 1-143

85. 图 1-143 所示电路在换路前已处于稳态，试求换路后电流 i 的初始值 $i(0_+)$ 和稳态值 $i(\infty)$。

解 电容电压的初始值 $u_C(0_+) = u_C(0_-) = \dfrac{6}{2+2} \times 2 = 3(\text{V})$

所以电流初始值 $i(0_+) = \dfrac{6-3}{2+2} = 0.75(\text{A})$

稳态值 $i(\infty) = \dfrac{6}{2+2+2} = 1(\text{A})$

86. 在如图 1-144 所示电路中，开关 S 断开前电路已处于稳态，试确定 S 断开后电压 u_C 和电流 i_C、i_1、i_2 的初始值。

解 根据换路定理可得

$$u_C(0_+) = u_C(0_-) = I_S(R_1 // R_2) = 6\text{V}$$

所以

$$i_1(0_+) = \frac{u_C(0_+)}{R_1} = 1\text{A}$$

开关 S 断开后

$$i_2(0_+) = 0$$

$$i_C(0_+) = I_S - i_1(0_+) - i_2(0_+) = 3 - 1 - 0 = 2(\text{A})$$

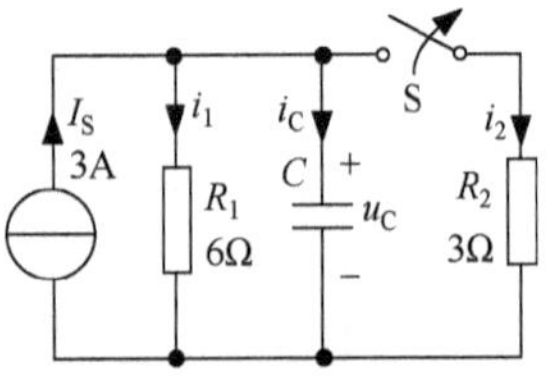

图 1-144

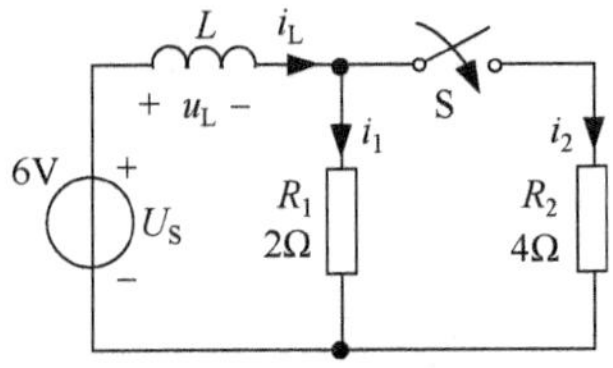

图 1-145

87. 在图 1-145 所示电路中，开关 S 闭合前电路已处于稳态，试确定 S 闭合后电压 u_L 和电流 i_L、i_1、i_2 的初始值和稳态值。

解 (1) 初始值

$$i_L(0_+) = i_L(0_-) = \frac{U_S}{R_1} = \frac{6}{2} = 3(\text{A})$$

所以

$$i_1(0_+)=\frac{R_2}{R_1+R_2}\times i_L(0_+)=\frac{4}{2+4}\times 3=2(\text{A})$$

$$i_2(0_+)=\frac{R_1}{R_1+R_2}\times i_L(0_+)=\frac{2}{2+4}\times 3=1(\text{A})$$

选左侧回路可得

$$u_L(0_+)=U_S-R_1i_1(0_+)=6-2\times 2=2(\text{V})$$

(2)稳态值

S 闭合进入稳态后 $$u_L(\infty)=0$$

所以 $$i_1(\infty)=\frac{U_S}{R_1}=3\text{A},\qquad i_2(\infty)=\frac{U_S}{R_2}=1.5\text{A}$$

$$i_L(\infty)=i_1(\infty)+i_2(\infty)=4.5\text{A}$$

88. 电路如图 1-146 所示，开关 S 闭合前电路已处于稳态，当 t=0 时合上 S，求 S 合上后的电压 $u(t)$。

解 开关 S 合上后，电阻 R_2 上的电压 u 与电容 C 上的电压 u_C 相同。

用三要素法求解 u_C。

$$u_C(0_+)=u_C(0_-)=0.9\times 60=54(\text{V})$$

$$u_C(\infty)=0.9\times(R_1//R_2)=0.9\times 20=18(\text{V})$$

$$\tau=(R_1//R_2)C=20\times 20\times 10^{-6}=0.4(\text{ms})$$

所以

$$u(t)=u_C(t)=u_C(\infty)+[u_C(0_+)-u_C(\infty)]\text{e}^{-t/\tau}=18+36\text{e}^{-2500t},\quad t>0$$

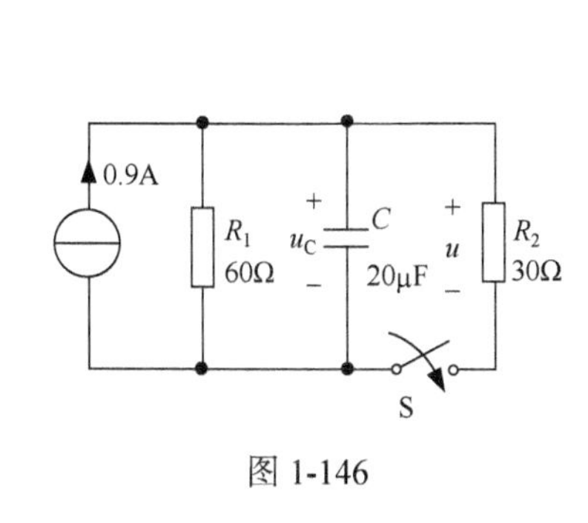

图 1-146

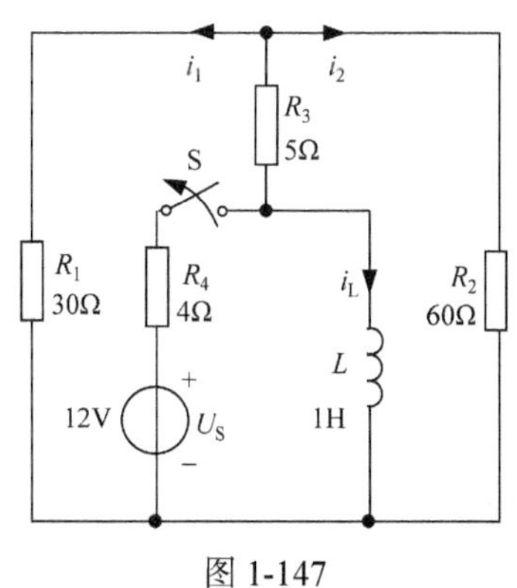

图 1-147

89. 图 1-147 所示电路，开关 S 打开前电路已经稳定，t=0 时，开关 S 打开，求 t>0 后的零输入响应 $i_L(t)$、$i_1(t)$ 和 $i_2(t)$。

解 用三要素法求解。

开关闭合时(稳态) $i_1=i_2=0$， $i_L(0_-)=U_S/R_4=12/4=3(\text{A})$

所以 $i_L(0_+)=i_L(0_-)=3\text{A}$

$$i_L(\infty)=0$$

$$\tau=L/(R_3+R_1//R_2)=1/(5+20)=1/25(\text{s})$$

$$i_L(t) = i_L(\infty) + [i_L(0_+) - i_L(\infty)]e^{-t/\tau} = 3e^{-25t}\text{A}, \quad t > 0$$

利用分流公式，可得

$$i_1(t) = -(2/3)\,i_L(t) = -2e^{-25t}\text{A}, \qquad t>0$$

$$i_2(t) = -(1/3)\,i_L(t) = -e^{-25t}\text{A}, \qquad t>0$$

90. 如图 1-148 所示电路在换路前已稳定，开关 S 在 $t=0$ 时闭合，求 $i_S(t)$。

解 根据换路定律，$u_C(0_+) = u_C(0_-) = 2i_2(0_-) = 2\times 1 = 2(\text{V})$

$$u_C(\infty) = 0\text{V}$$

时间常数 $\tau = 3\times 0.1 = 0.3(\text{s})$

根据三要素法，有

$$u_C(t) = u_C(\infty) + [u_C(0_+) - u_C(\infty)]e^{-\frac{t}{\tau}} = 2e^{-\frac{10t}{3}}\text{V}$$

$$i_3(t) = i_C(t) = C\frac{\mathrm{d}u_C}{\mathrm{d}t} = -\frac{2}{3}e^{-\frac{10t}{3}}\text{A}$$

在开关闭合后，2Ω电阻被短路 $i_2(t) = 0$

所以 $$i_S(t) = i_1(t) - i_3(t) = 1 + \frac{2}{3}e^{-\frac{10t}{3}}\text{A}$$

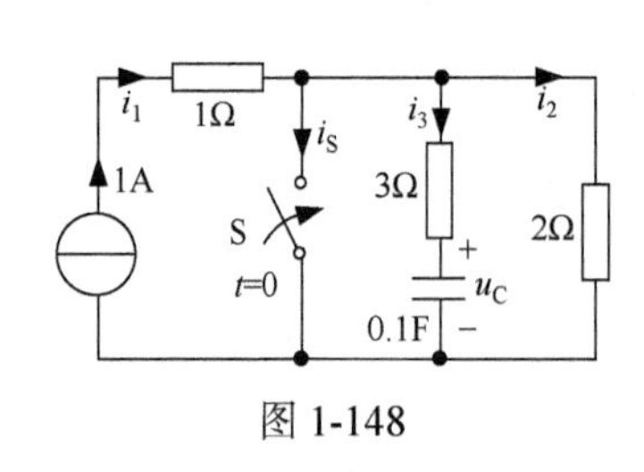

图 1-148

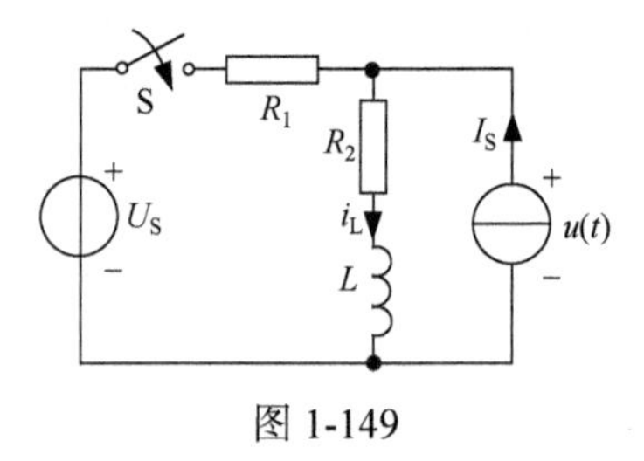

图 1-149

91. 图 1-149 所示电路原已稳定，$t=0$ 时将开关 S 闭合。已知 $U_S=15\text{V}$，$I_S=2\text{A}$，$R_1=6\Omega$，$R_2=4\Omega$，$L=1\text{H}$。求开关 S 闭合后的电流 $i_L(t)$ 和 $u(t)$。

解 这是一个一阶电路，可用三要素法求解。

开关闭合后的等效电阻 $R = R_1 + R_2 = 6 + 4 = 10(\Omega)$

时间常数 $$\tau = \frac{L}{R} = \frac{1}{10} = 0.1(\text{s})$$

初始值 $i_L(0_+) = i_L(0_-) = I_S = 2\text{A}$

稳态值可用叠加原理求得

$$i_L(\infty) = \frac{U_S}{R_1 + R_2} + \frac{R_1}{R_1 + R_2}I_S = \frac{15}{10} + \frac{6}{10}\times 2 = 2.7(\text{A})$$

代入三要素公式得

$$i_L(t) = i_L(\infty) + [i_L(0_+) - i_L(\infty)]e^{-\frac{t}{\tau}} = 2.7 + (2 - 2.7)e^{-10t} = 2.7 - 0.7e^{-10t}(\text{A})$$

$$u(t) = i_L(t)R_2 + L\frac{\mathrm{d}i_L(t)}{\mathrm{d}t} = 4\times(2.7 - 0.7e^{-10t}) + 7e^{-10t} = 10.8 + 4.2e^{-10t}(\text{V})$$

92. 图 1-150 所示电路原已稳定，t=0 时将开关 S 断开。已知 R=8Ω, R_1=R_2=4Ω, C=1F, U_S=8V。求 S 断开后的 $i(t)$ 和 $u_C(t)$。

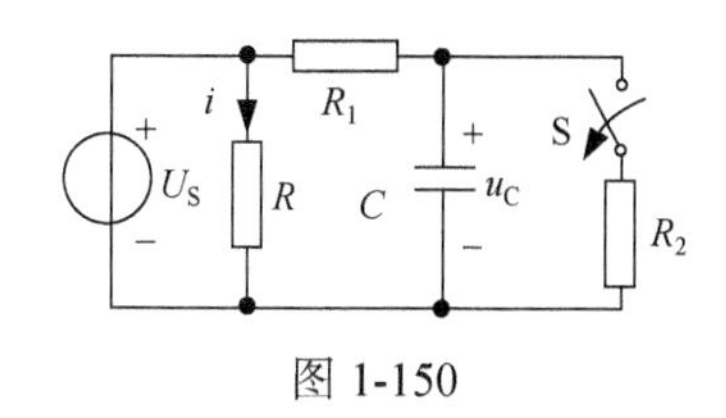

图 1-150

解 电阻 R 与电压源并联，所以开关断开与否不会影响到电流 i，所以

$$i(t)=1\text{A}$$

利用三要素法求电容电压 $u_C(t)$。

初始值 $$u_C(0_+)=u_C(0_-)=\frac{R_2}{R_1+R_2}U_S=4\text{V}$$

稳态值 $$u_C(\infty)=U_S=8\text{V}$$

时间常数 $$\tau=R_1C=4\text{s}$$

所以，电容电压

$$u_C(t)=u_C(\infty)+[u_C(0_+)-u_C(\infty)]\text{e}^{-\frac{t}{\tau}}=8+(4-8)\text{e}^{-\frac{t}{4}}=8-4\text{e}^{-0.25t}(\text{V})$$

93. 图 1-151 所示电路原已稳定，t=0 时将开关 S 断开，已知 R=50Ω, R_1=12.5Ω, L=125mH, U_S=150V。求 S 断开后的电流 $i_L(t)$。

解 用三要素法求解。

开关闭合时，总电流 $I=U_S/(R+(R//R_1))=150/(50+10)=2.5$(A)

所以初始值 $i_L(0_+)=i_L(0_-)=I\times R_1/(R+R_1)=0.5$A

稳态值 $i_L(\infty)=0$

时间常数 $\tau=\dfrac{L}{R_1+R}=\dfrac{1}{500}\text{s}$

所以 $i_L(t)=i_L(\infty)+[i_L(0+)-i_L(\infty)]\text{e}^{-\frac{t}{\tau}}=0.5\text{e}^{-500t}\text{A}$

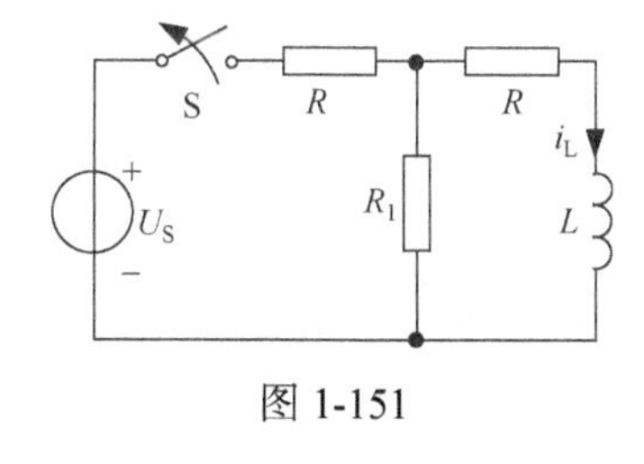

图 1-151

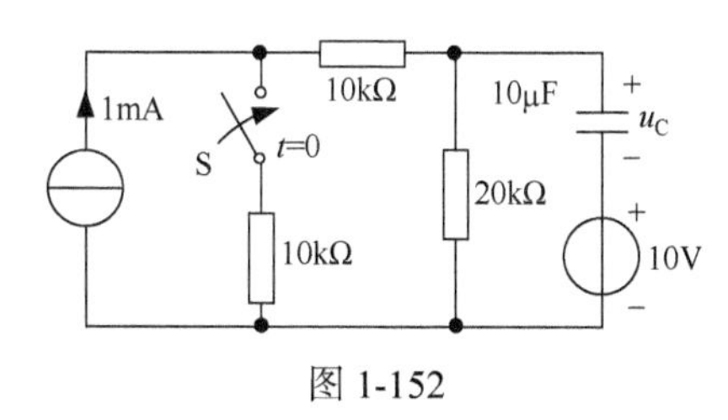

图 1-152

94. 电路如图 1-152 所示，换路前已处于稳态，试求换路后(t≥0)的 u_C。

解 用三要素法计算。

(1)初始值 $$u_C(0_+)=u_C(0_-)=1\times20-10=10(\text{V})$$

(2)稳态值 $$u_C(\infty)=\frac{10}{10+10+20}\times1\times20-10=-5(\text{V})$$

(3)时间常数

除源(理想电流源处开路，理想电压源处短路)后，从电容元件两端看进去的等效电阻为

$$R_0=20//(10+10)=10(\text{k}\Omega)$$

所以 $$\tau=R_0C=10\times10^3\times10\times10^{-6}=0.1(\text{s})$$

代入三要素公式，得

$$u_C(t)=u_C(\infty)+[u_C(0_+)-u_C(\infty)]e^{-\frac{t}{\tau}}=-5+[10-(-5)]e^{-10t}=-5+15e^{-10t}(V)$$

95. 图 1-153 所示电路中，继电器线圈中的电流超过 5A 时，继电器会立刻动作，已知继电器线圈参数：电阻 R=1Ω，电感 L=0.1H。负载电阻 R_L=10Ω，线路电阻 R_l=1Ω，直流电源 U=36V，问：当负载被短路后，经过多长时间继电器动作？

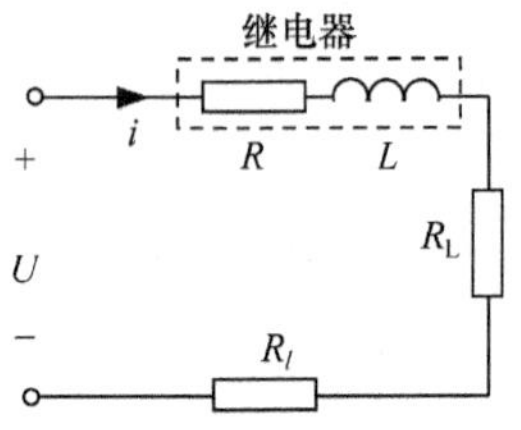

图 1-153

解　该题可用一阶电路的三要素法进行求解。

负载没有短路时的工作电流

$$i(0_-)=\frac{U}{R+R_L+R_l}=\frac{36}{1+10+1}=3(A)$$

所以，初始值　$i(0_+)=i(0_-)=3A$

在负载短路后的电流，即稳态值

$$i(\infty)=\frac{U}{R+R_l}=\frac{36}{1+1}=18(A)$$

时间常数
$$\tau=\frac{L}{R+R_l}=\frac{0.1}{1+1}=0.05(s)$$

代入三要素公式

$$i(t)=i(\infty)+[i(0_+)-i(\infty)]e^{-\frac{t}{\tau}}=18-15e^{-20t}\ A$$

当 i=5A 时

$$5=18-15e^{-20t}(A)$$

$$t=\frac{1}{20}\ln\frac{15}{13}=0.007(s)$$

当负载被短路后，经过 0.007s 继电器动作。

96. 在图 1-154 所示电路中，R_1=2Ω，R_2=1Ω，L_1=0.01H，L_2=0.02H，U=6V。(1) 试求 S_1 闭合后电路中的电流 i_1 和 i_2；(2) 当闭合 S_1 后电路到达稳定状态时再闭合 S_2，再求电流 i_1 和 i_2。

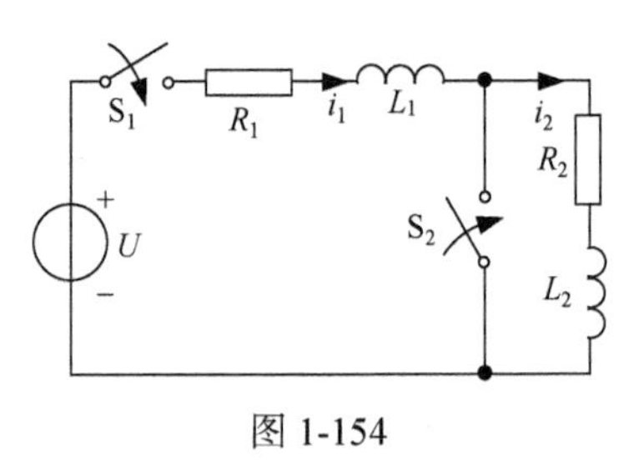

图 1-154

解　(1) S_1 闭合后 (S_2 断开)，此时初始值

$$i_1(0_+)=i_2(0_+)=i_1(0_-)=i_2(0_-)=0$$

稳态值
$$i_1(\infty)=i_2(\infty)=\frac{U}{R_1+R_2}=2A$$

时间常数
$$\tau_1=\frac{L_1+L_2}{R_1+R_2}=\frac{0.01+0.02}{1+2}=0.01(s)$$

代入三要素公式

$$i_1(t)=i_2(t)=i_1(\infty)+[i_1(0_+)-i_1(\infty)]e^{-\frac{t}{\tau}}=2(1-e^{-100t})A$$

(2) 当闭合 S_1 后电路到达稳定状态时再闭合 S_2，电路可以分为左右两部分分别求解，此时初始值

$$i_1(0_+)=i_2(0_+)=2\text{A}$$

稳态值

$$i_1(\infty)=\frac{U}{R_1}=\frac{6}{2}=3(\text{A}),\quad i_2(\infty)=0$$

时间常数分别为

$$\tau_1=\frac{L_1}{R_1}=\frac{0.01}{2}=0.005(\text{s})$$

$$\tau_2=\frac{L_2}{R_2}=\frac{0.02}{1}=0.02(\text{s})$$

代入三要素公式可得

$$i_1=3+(2-3)\text{e}^{-\frac{t}{0.005}}=3-\text{e}^{-200t}(\text{A})$$

$$i_2=0+(2-0)\text{e}^{-\frac{t}{0.02}}=2\text{e}^{-50t}(\text{A})$$

97. 在图 1-155(a)所示的电路中，u 为一阶跃电压，如图 1-155(b)所示，试求 i_3 和 u_C。设 $u_C(0_-)=1\text{V}$。

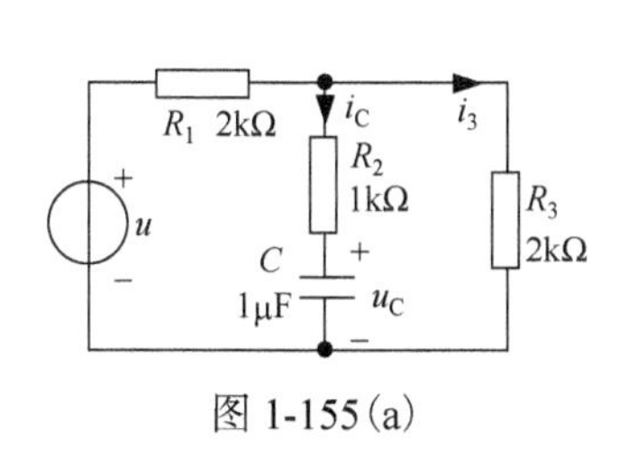

图 1-155(a)

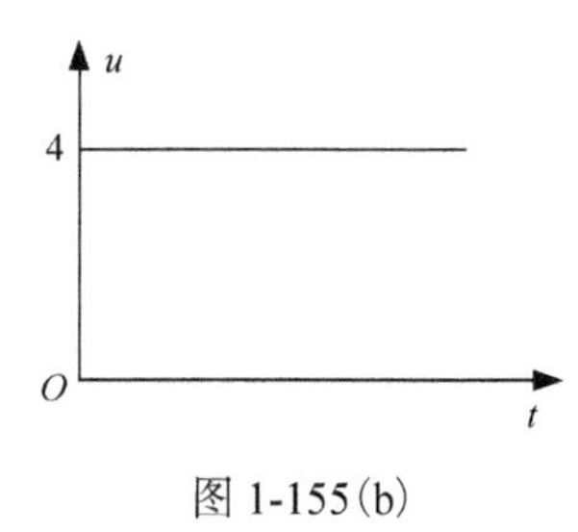

图 1-155(b)

解 用三要素法计算。

(1)先求 $u_C(t)$。

因为当 $t<0$ 时，$u=0$，所以

$$u_C(0_+)=u_C(0_-)=1\text{V}$$

$$u_C(\infty)=\frac{R_3}{R_1+R_3}u=\frac{2}{2+2}\times4=2(\text{V})$$

$$\tau=(R_2+R_1//R_3)C=2\times10^{-3}\text{s}$$

所以

$$u_C(t)=u_C(\infty)+[u_C(0_+)-u_C(\infty)]\text{e}^{-\frac{t}{\tau}}=2+(1-2)\text{e}^{-500t}=2-\text{e}^{-500t}(\text{V})$$

(2)求 i_3。

$$i_C(t)=C\frac{\text{d}u_C}{\text{d}t}=0.5\text{e}^{-500t}\text{mA}$$

$$i_3(t)=\frac{i_C(t)R_2+u_C(t)}{R_3}=\frac{0.5\text{e}^{-500t}+2-\text{e}^{-500t}}{2}=1-0.25\text{e}^{-500t}(\text{mA})$$

98. 电路如图 1-156(a)所示，已知 R_1=100Ω，R_2=200Ω，R_3=300Ω，C=10μF，输入电压 u_1 波形如图 1-156(b)所示。求输出电压 u_2，并画出其变化曲线。

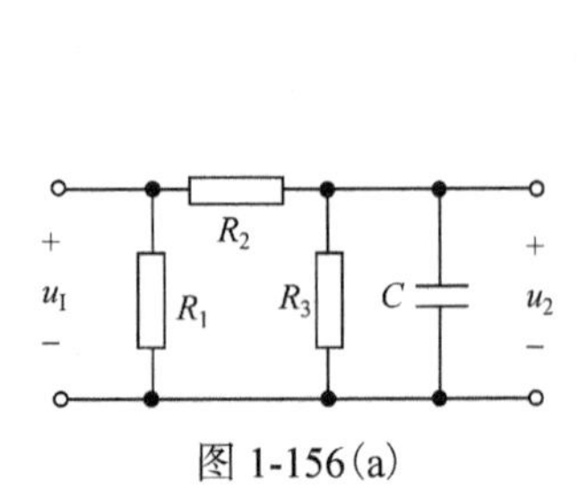

图 1-156(a)

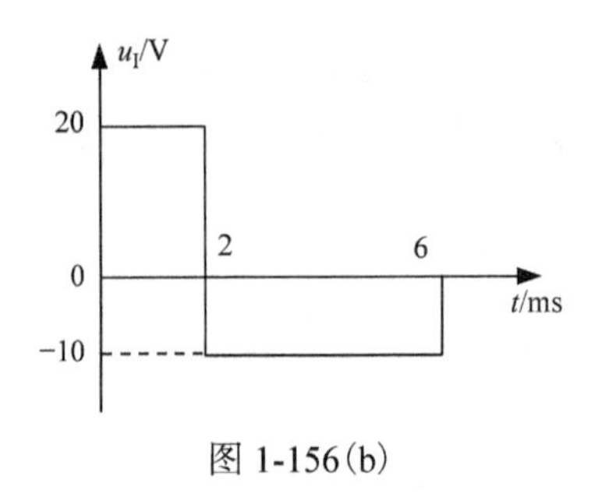

图 1-156(b)

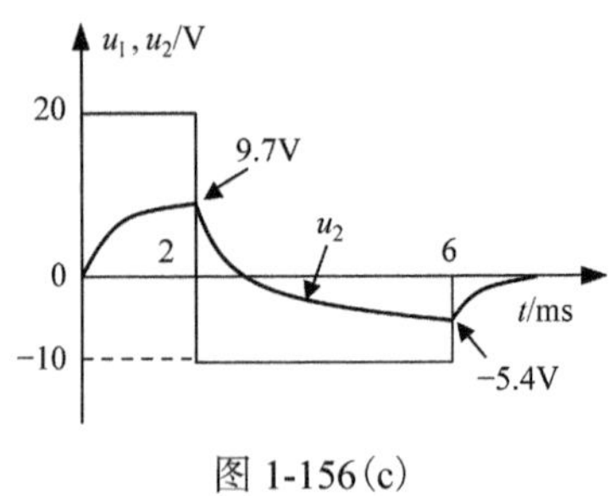

图 1-156(c)

解 根据输入电压波形的特点，可以把 u_I 分为三段：

0～2ms：u_I=20V，　2～6ms：u_I=−10V，　6ms 以后：u_I=0V

可以对这三段分别使用三要素法。从电路可以看出，无论对于输入电压波形的哪一段时间而言，电路的时间常数都是一样的，同时要注意电阻 R_1 是同电源并联在一起，所以有

$$\tau = (R_2//R_3)C = 120\times 10\times 10^{-6} = 1.2(\text{ms})$$

(1) 当 0< t<2ms 时，初始值

$$u_2(0_+) = u_2(0_-) = 0$$

稳态值

$$u_2(\infty) = \frac{R_3}{R_2+R_3}u_I = \frac{300}{200+300}\times 20 = 12(\text{V})$$

代入三要素公式，可得

$$u_2(t) = u_2(\infty)+[u_2(0_+) - u_2(\infty)]\text{e}^{-\frac{t}{\tau}} = 12 + (0-12)\text{e}^{-\frac{t}{1.2\times 10^{-3}}} = 12 - 12\text{e}^{-\frac{2500t}{3}}(\text{V}),\quad 0 < t < 2\text{ms}$$

(2) 当 2ms < t < 6ms 时

$$u_2(2\text{ms}) = 12 - 12\text{e}^{-\frac{2500\times 0.002}{3}} = 9.7(\text{V})$$

$$u_2(\infty) = \frac{R_3}{R_2+R_3}u_I = \frac{300}{200+300}\times(-10) = -6(\text{V})$$

$$u_2(t) = u_2(\infty)+[u_2(2\text{ms}) - u_2(\infty)]\text{e}^{-\frac{t-0.002}{\tau}}$$

$$= -6 + (9.7+6)\text{e}^{-\frac{t-0.002}{1.2\times 10^{-3}}} = -6+15.7\text{e}^{-\frac{2500(t-0.002)}{3}}(\text{V}),\quad 2\text{ms} < t < 6\text{ms}$$

(3) 当 t > 6ms 时

$$u_2(6\text{ms}) = -6+15.7\text{e}^{-\frac{2500(0.006-0.002)}{3}} = -5.4(\text{V})$$

$$u_2(\infty) = 0\text{V}$$

$$u_2(t) = u_2(\infty)+[u_2(6\text{ms}) - u_2(\infty)]\text{e}^{-\frac{t-0.006}{\tau}}$$

$$= 0 + (-5.4+0)\text{e}^{-\frac{t-0.006}{1.2\times 10^{-3}}} = -5.4\text{e}^{-\frac{2500(t-0.006)}{3}}(\text{V}),\quad t > 6\text{ms}$$

输出电压如图 1-156(c)所示。

第 2 章　单相正弦交流电路

2.1　内 容 提 要

1. 正弦量的基本概念

按正弦规律变化的电流、电压称为正弦量。正弦量的三要素是幅值(有效值)、角频率(频率、周期)和初相位(初相角)。

有效值与瞬时值之间的关系是

$$I=\sqrt{\frac{1}{T}\int_0^T i^2 \mathrm{d}t}$$

2. 正弦量与相量的关系

由正弦量的有效值(或幅值)和初相位构成的复数称为相量。已知正弦量可以直接写出相量，已知相量和角频率可以写出正弦量。正弦量与相量之间存在着一一对应的关系。

3. 理想元件伏安特性的相量关系表达式

无源元件伏安特性的相量表达式如表 2-1 所示。

表 2-1　无源元件伏安特性的相量表达式

理想元件	电阻	电感	电容
元件的瞬时值模型	i　R　+ u −	i_L　L　+ u_L −	i_C　C　+ u_C −
元件的相量模型	$\dot{I}$　R　+ $\dot{U}$ −	$\dot{I}_L$　L　+ $\dot{U}_L$ −	$\dot{I}_C$　C　+ $\dot{U}_C$ −
相量关系式	$\dot{U}=\dot{I}R$	$\dot{U}_L=\mathrm{j}\omega L\dot{I}_L=\mathrm{j}X_L\dot{I}_L$	$\dot{U}_C=\frac{1}{\mathrm{j}\omega C}\dot{I}_C=-\mathrm{j}X_C\dot{I}_C$
相位关系	电压与电流同相	电压超前电流 90°	电流超前电压 90°
有功功率	$P=UI=I^2R=\frac{U^2}{R}$	P_L=0	P_C=0
无功功率	Q=0	$Q_L=U_LI_L=I_L^2X_L=\frac{U_L^2}{X_L}$	$Q_C=-U_CI_C=-I_C^2X_C=-\frac{U_C^2}{X_C}$

4. 电路定律的相量形式

在正弦稳态电路中，用相量表示电压、电流时，基尔霍夫定律同样适用。即对于任一回路有 $\sum\dot{U}=0$ ，对任一节点有 $\sum\dot{I}=0$ 。

5. 阻抗

在正弦交流电路中，一个无源二端网络的阻抗定义为$Z=\dfrac{\dot{U}}{\dot{I}}$，其中，$\dot{U}$和$\dot{I}$分别为二端网络端口的电压相量和电流相量。一般阻抗可表示为$Z=R+\mathrm{j}X=|Z|\angle\varphi$，其中，$R$为串联模型的等效电阻，$X$为串联模型的等效电抗，$|Z|$为阻抗模，$\varphi$为阻抗角，也就是端口电压与电流的相位差，或功率因素角。

当$X>0$时(或$\varphi>0$时)，电路呈感性，电流滞后于电压，可等效为RL串联的模型，如图2-1(a)所示，相量图如图2-1(c)所示；当$X<0$(或$\varphi<0$时)时，电路呈容性，电流超前于电压，可等效为RC串联的模型，如图2-1(b)所示，相量图如图2-1(d)所示。

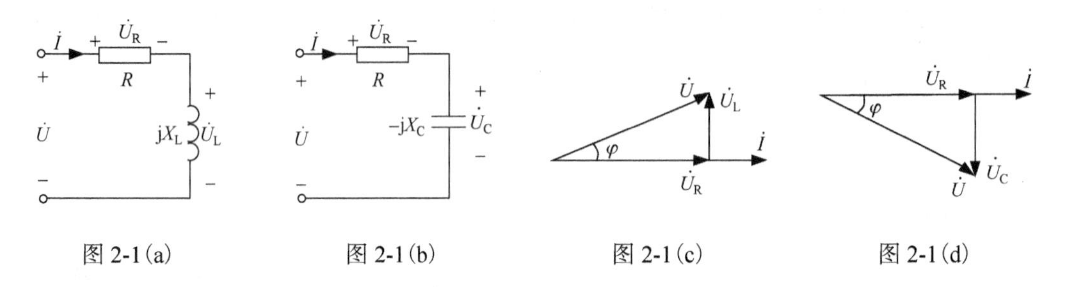

图2-1(a)　　图2-1(b)　　图2-1(c)　　图2-1(d)

导纳定义为$Z=\dfrac{\dot{I}}{\dot{U}}$，一般导纳可表示为$Y=G+\mathrm{j}B=|Y|\angle\varphi'$，其中，$G$为并联模型的等效电导，$B$为并联模型的等效电纳，$|Y|$为导纳模，$\varphi'$为导纳角，也就是端口电流与电压的相位差。对同一二端网络，有$\varphi'=-\varphi$。

当$B>0$时(或$\varphi'>0$时)，电路呈容性，电流超前于电压，可等效为RC并联的模型；当$B<0$时(或$\varphi'<0$时)，电路呈感性，电流滞后于电压，可等效为RL并联的模型。

对于同一个二端网络，有$Y=1/Z$。

对于RLC串联电路(图2-2(a))，$Z=R+\mathrm{j}(X_L-X_C)=R+\mathrm{j}X=|Z|\angle\varphi$，当$X_L<X_C$时，电路呈电容性，电流超前电压，对应的相量图如图2-2(b)所示；当$X_L>X_C$时，电路呈电感性，电压超前电流，对应的相量图如图2-2(c)所示。在RLC串联电路中，电压有效值之间满足$U^2=U_R^2+(U_L-U_C)^2$。

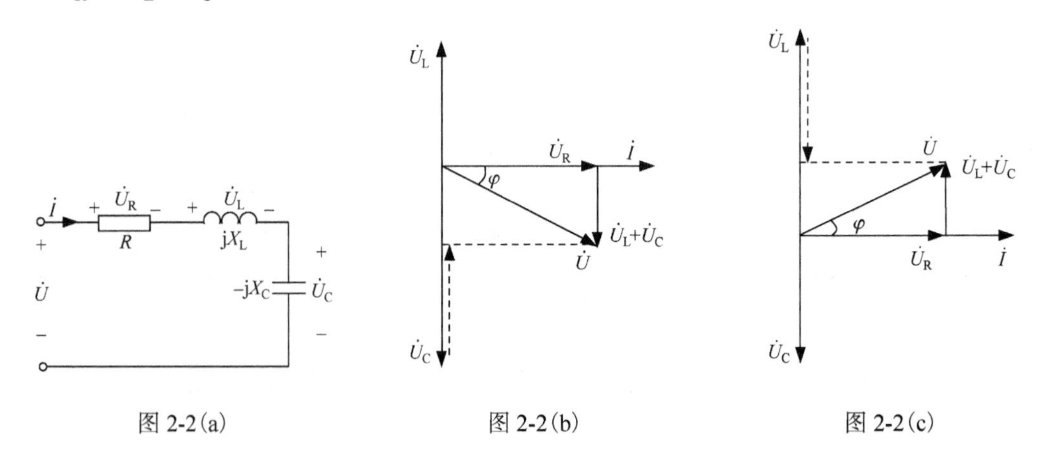

图2-2(a)　　图2-2(b)　　图2-2(c)

6. 正弦稳态电路的功率

正弦交流电路中的功率主要有平均功率(有功功率)、无功功率和视在功率。有功功率表示被消耗的功率，无功功率表示负载与电源之间能量交换的大小，视在功率通常用来表示电源设备所能提供的容量。

有功功率：$P=UI\cos\varphi$，单位：W。有功功率是守恒的，电路总的有功功率是各部分(或各电阻)有功功率之和。$P=\sum P_i=\sum I_i^2 R_i$。

无功功率：$Q=UI\sin\varphi$，单位：var。无功功率也是守恒的，电路总的无功功率是各部分(或各电感、电容)无功功率之和，但要注意，无功功率有感性无功与容性无功之分。通常规定，感性无功为正，容性无功为负。$Q=\sum Q_i=\sum I_i^2 X_{\mathrm{L}i}-\sum I_j^2 X_{\mathrm{C}j}$。

视在功率：$S=UI$，单位：V · A。视在功率是不守恒的，这点需要特别注意。

三个功率之间满足：

$$S^2=P^2+Q^2$$

功率因数表示有功功率在视在功率中所占的比例。

功率因数：$\cos\varphi=P/S=R/|Z|=U_{\mathrm{R}}/U$（图 2-2(b)、图 2-2(c)）。提高功率因素的方法是并联电容。

7. 谐振

对于同时含有电感 L 和电容 C 的无源二端网络，当端口电压与端口电流同相时，称该二端网络发生谐振。

品质因数是谐振电路中一个非常重要的参数，它是电感(或电容)中的无功功率与有功功率的比值。

对于如图 2-3 所示的 RLC 串联电路来说，在发生谐振时

$$\omega_0 L=\frac{1}{\omega_0 C},\qquad \omega_0=\frac{1}{\sqrt{LC}}$$

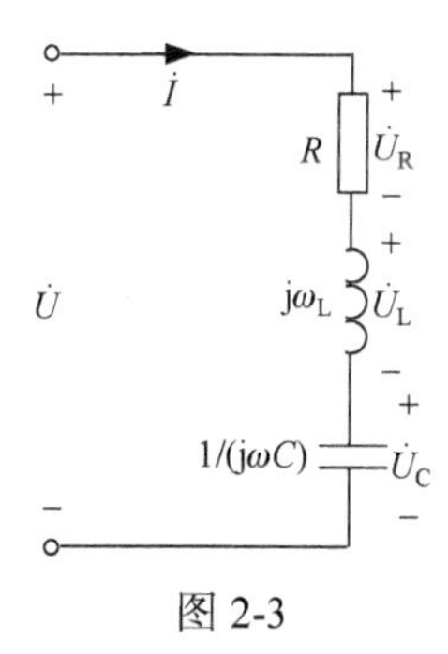

图 2-3

RLC 串联电路谐振时的特点：

(1)端口的等效阻抗最小，$Z=R$；

(2)端口的电流最大，$I=U/R$；

(3)电感与电容上的电压大小相等，相位相反。

$$\dot{U}_{\mathrm{L}}=-\dot{U}_{\mathrm{C}},\qquad U_{\mathrm{L}}=U_{\mathrm{C}}=QU$$

串联谐振也称电压谐振。

在 RLC 串联电路中，品质因数

$$Q=\frac{\omega_0 L}{R}=\frac{1}{R\omega_0 C}=\frac{U_{\mathrm{L}}}{U}=\frac{U_{\mathrm{C}}}{U}$$

对于如图 2-4 所示的 RLC 并联电路来说，在发生谐振时

$$\omega_0 L=\frac{1}{\omega_0 C},\qquad \omega_0=\frac{1}{\sqrt{LC}}$$

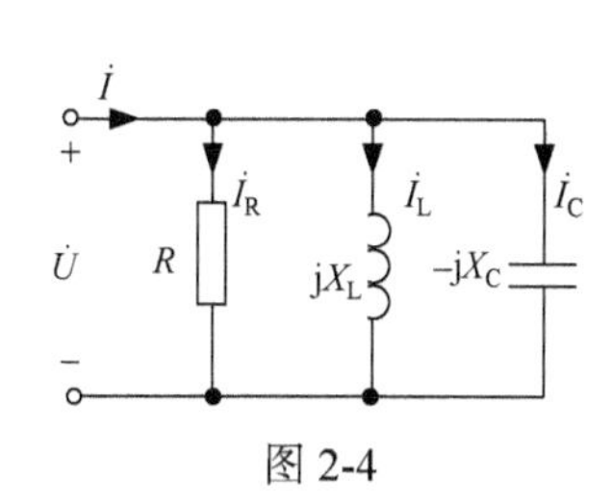

图 2-4

RLC 并联电路谐振时的特点：

(1)端口的等效阻抗最大，$Z=R$；

(2) 当端口电流一定时，端口的电压最大，$U=IR$；

(3) 电感与电容上的电流大小相等，相位相反。

$$\dot{I}_{\mathrm{L}}=-\dot{I}_{\mathrm{C}}, \qquad I_{\mathrm{L}}=I_{\mathrm{C}}=QI$$

并联谐振也称电流谐振。

在 RLC 并联电路中，品质因数

$$Q=R\omega_0 C=\frac{R}{\omega_0 L}=\frac{I_{\mathrm{L}}}{I}=\frac{I_{\mathrm{C}}}{I}$$

8. 非正弦周期信号电路

当电路中包含直流和多个频率的正弦交流电压或电流时，可以利用叠加原理求出在直流分量和不同频率的交流分量作用时的电压和电流分量，然后进行叠加。在叠加时只能用瞬时值进行叠加，而不能用相量相加，因为它们的频率都各不相同。

在求解过程中要注意，不同频率时，电感的电抗和电容的电抗是不一样的，且只有同频率的电压和电流才能发出(或吸收)功率。

电压(或电流)的有效值与各分量有效值之间的关系

$$U=\sqrt{U_0^2+U_1^2+U_2^2+\cdots}$$

总功率是直流消耗的功率和各个频率消耗功率之和，即

$$P=P_0+P_1+P_2+\cdots=U_0I_0+U_1I_1\cos\varphi_1+U_2I_2\cos\varphi_2+\cdots$$

2.2 典型例题分析

例 2-1 在正弦交流电路中，电流 $\dot{I}_{\mathrm{m}}=4+\mathrm{j}3\mathrm{A}$，那么该电流的有效值为(　　)

(a) $5/\sqrt{2}$A　　(b) $5\sqrt{2}$A　　(c) 5A　　(d) 7.1A

解 在分析正弦交流电路时，可用有效值相量或最大值相量来表示一个正弦量。当有下标 m 时，表示的是最大值相量，最大值是有效值的 $\sqrt{2}$ 倍。所以该题的正确答案是 a，而不是 c。

例 2-2 已知图 2-5(a)中 X_{L}=5Ω，图 2-5(b)中 X'_{L}=125Ω，若要使这两个电路图等效，则 R 和 R'分别为(　　)。

(a) R=24.5Ω　　R'=25.5Ω　　(b) R=25.5Ω　　R'=24.5Ω

(c) R=24.5Ω　　R'=0.04Ω　　(d) R=0.04Ω　　R'=25.5Ω

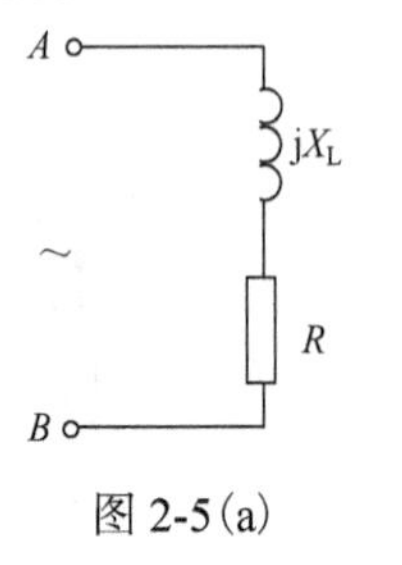

图 2-5(a)

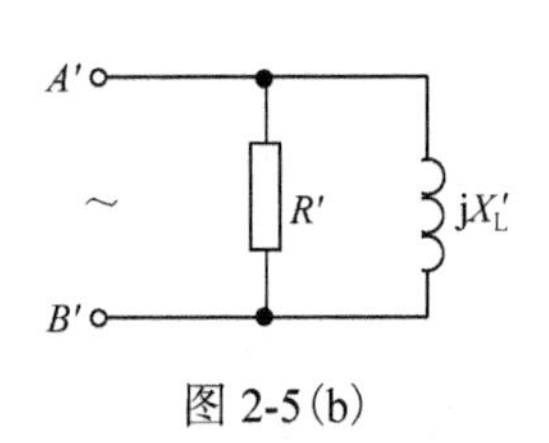

图 2-5(b)

解 要使这两个电路等效，只要使端口的等效阻抗相同即可。

对于图 2-5(a)，AB 端的等效阻抗

$$Z_{AB} = R + \mathrm{j}X_{\mathrm{L}}$$

对于图 2-5(b)，$A'B'$端的等效阻抗

$$Z_{A'B'} = R'//\mathrm{j}X_{\mathrm{L}}' = \frac{R' \cdot \mathrm{j}X_{\mathrm{L}}'}{R' + \mathrm{j}X_{\mathrm{L}}'} = \frac{R' \cdot \mathrm{j}X_{\mathrm{L}}'(R' - \mathrm{j}X_{\mathrm{L}}')}{R'^2 + X_{\mathrm{L}}'^2} = \frac{\mathrm{j}R'^2 X_{\mathrm{L}}' + R' X_{\mathrm{L}}'^2}{R'^2 + X_{\mathrm{L}}'^2}$$

令 $Z_{AB} = Z_{A'B'}$，使实部和虚部分别相等，得

$$\begin{cases} \dfrac{R' X_{\mathrm{L}}'^2}{R'^2 + X_{\mathrm{L}}'^2} = R \\ \dfrac{R'^2 X_{\mathrm{L}}'}{R'^2 + X_{\mathrm{L}}'^2} = X_{\mathrm{L}} \end{cases}$$

解上述方程组，可得

$$R = 24.5\Omega, \qquad R' = 25.5\Omega$$

所以，正确答案应该是 a。

例 2-3 某感性负载用并联电容法提高电路的功率因素后，该负载本身的无功功率 Q 将（　　）。

(a)保持不变　　(b)减小　　(c)增大　　(d)不确定

解 感性负载并联适当的电容能提高整个电路的功率因数。要特别注意的是，在并联电容后，感性负载本身的工作状态并没有发生变化，它所消耗的有功功率和无功功率也不会改变。所以该题的正确答案是 a，而不是 b。

例 2-4 通常说电路负载过大是指__________过大，也就是负载电阻__________(过小/过大)。

解 该题主要是让大家明确“负载大小”的含义，“负载大小”与“负载阻抗大小”是不同的概念。通常所说的增加负载，是指增加负载消耗的功率或增加负载电流，也就是减小负载阻抗。所以该题的答案应该是“负载消耗的功率或负载电流”、“过小”。

例 2-5 日光灯电路可等效为 RL 串联的模型。已知日光灯管的等效电阻 R_1=260Ω，镇流器的电阻和电感分别为 R_2=18Ω和 L=1.56H，电源电压 U=220V，频率为 50Hz，试求电路中的电流，灯管和镇流器两端电压的有效值。这两个电压的有效值加起来是否等于 220V？为什么？

解 电路总阻抗

$$\begin{aligned} Z &= R_1 + R_2 + \mathrm{j}\omega L = 260 + 18 + \mathrm{j}314 \times 1.56 \\ &= 278 + \mathrm{j}489.8 = 563.2\angle 60.42°(\Omega) \end{aligned}$$

镇流器的阻抗

$$Z_2 = R_2 + \mathrm{j}\omega L = 18 + \mathrm{j}489.8 = 490.1\angle 87.9°(\Omega)$$

所以，电路中的电流

$$I = \frac{U}{|Z|} = \frac{220}{563.2} = 0.39(\mathrm{A})$$

灯管两端的电压

$$U_{\mathrm{R}} = IR_1 = 0.39 \times 260 = 101.4(\mathrm{V})$$

镇流器两端的电压

$$U_2 = I|Z_2| = 0.39 \times 490.1 = 191.1(\text{V})$$

灯管和镇流器两端的电压之和

$$U_R + U_2 = 101.4 + 191.1 = 292.5(\text{V}) > 220(\text{V})$$

在这个电路中，灯管两端的电压 $\dot{U}_R$ 与镇流器两端的电压 $\dot{U}_2$ 的相位不同，两个电压只能是相量相加，而不能是有效值相加，所以 $U_R+U_2 \neq 220\text{V}$。

例 2-6 已知图 2-6(a)所示正弦交流电路中电流表的读数分别为 A_1=3A，A_2=20A，A_3=24A。求：(1)图中电流表 A 的读数；(2)如果维持 A_1 的读数不变，而把电源的频率提高一倍，再求电流表 A 的读数。

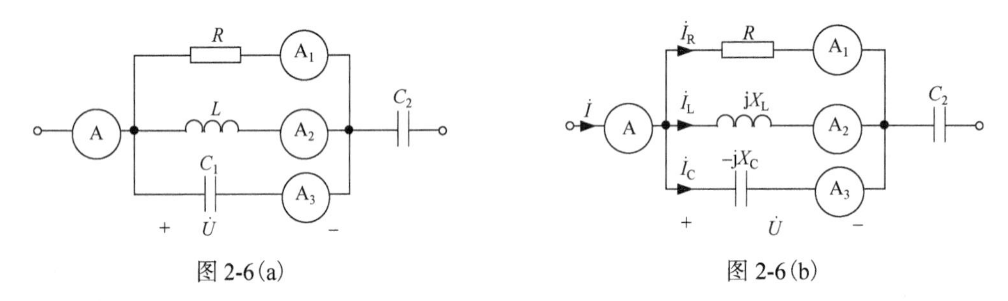

图 2-6(a)　　图 2-6(b)

解 这类题目一般可以用两种方法来分析。第一种方法是把这些电流都转换为相量，然后对这些相量利用 KCL 或 KVL 方程进行求解。如果对电压或电流相量的相位关系比较清楚的话，也可以采用第二种方法，即直接根据相位关系进行计算。下面分别介绍这两种方法。

(1) *方法一*

在图上标出电流的参考方向，如图 2-6(b)所示。

由于 R、L、C 是并联的关系，可以设 RLC 并联部分的电压为参考相量 $\dot{U} = U\angle 0°$ V。则

$$\dot{I}_R = 3\angle 0°\text{A},\quad \dot{I}_L = 20\angle -90°\text{A},\quad \dot{I}_C = 24\angle 90°\text{A}$$

所以

$$\dot{I} = \dot{I}_R + \dot{I}_L + \dot{I}_C = 3\angle 0° + 20\angle -90° + 24\angle 90° = 5\angle 53.13°(\text{A})$$

从而可知，电流表 A 读数为 5A。

方法二

先计算电感与电容两条支路的合成电流。电感 L 与电容 C 是并联，它们两端的电压相同，而电感上的电流滞后于电压 90°，电容上的电流超前电压 90°，所以电感上的电流与电容上的电流是反相的。这样，电感与电容的合成电流 $I_{LC}=|A_2-A_3|=4\text{A}$。这个合成电流与电压相位差为 90°。

由于电阻上的电流与电压同相位，所以这个合成电流与电阻电流相差了 90°，根据几何关系可得电流表 A 的读数为

$$\sqrt{A_1^2 + I_{LC}^2} = \sqrt{3^2 + 4^2} = 5(\text{A})$$

(2) *方法一*

同样设 RLC 并联部分的电压为参考相量 $\dot{U} = U\angle 0°\text{V}$。

维持 A_1 的读数不变，也就是保持 $\dot{U}$ 的大小不变；当电源频率提高一倍时，因为 $X_L=\mathrm{j}\omega L$，感抗提高一倍，而 $X_C=1/(\mathrm{j}\omega C)$，容抗减小一半，此时，各电流变成如下数据：

$$\dot{I}_R = 3\angle 0°\text{A},\quad \dot{I}_L = 10\angle -90°\text{A},\quad \dot{I}_C = 48\angle 90°\text{A}$$

所以

$$\dot{I} = \dot{I}_R + \dot{I}_L + \dot{I}_C = 3\angle 0° + 10\angle -90° + 48\angle 90° = 38.1\angle 85.49°(\text{A})$$

从而可知，电流表 A 读数为 38.1A。

方法二

维持 A_1 的读数不变，也就是保持 $\dot{U}$ 的大小不变；当电源频率提高一倍时，感抗增加一倍，而容抗减小一半，此时 A_2=10A，A_3=48A。

与(1)中同样的分析，可以根据它们的相位关系直接计算。

电流表 A 的读数为

$$\sqrt{A_1^2 + (A_2 - A_3)^2} = \sqrt{3^2 + (10-48)^2} = 38.1(\text{A})$$

例 2-7 在图 2-7 所示的电路中，已知 $\dot{U}_C = 20\angle 0°\text{V}$，求 $\dot{U}$。

解 对于这一类单相正弦稳态交流电路，在求解时一般都利用串并联关系或 KCL、KVL 关系进行求解，不要像直流电路那样列方程组进行求解。

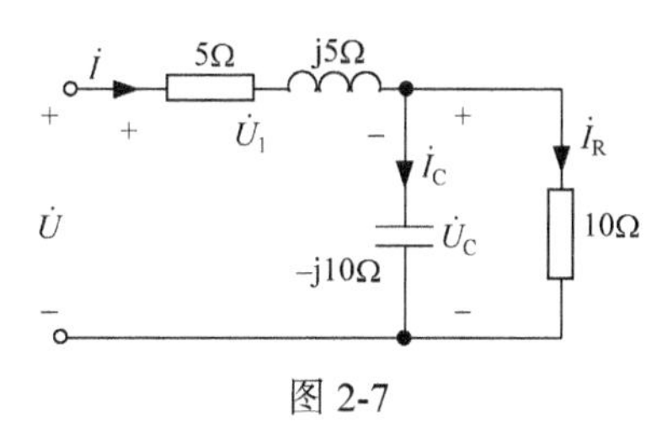

图 2-7

因为

$$\dot{U}_C = 20\angle 0°\text{V}$$

所以

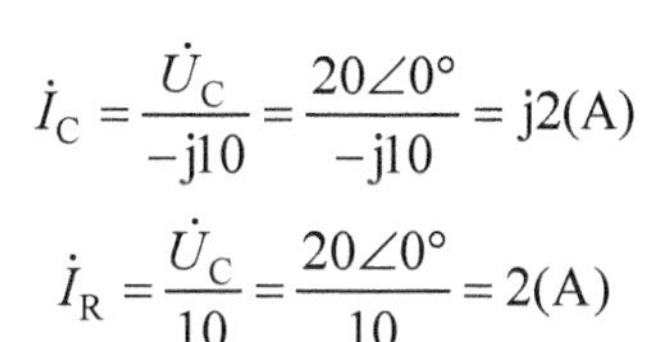

$$\dot{I}_C = \frac{\dot{U}_C}{-\mathrm{j}10} = \frac{20\angle 0°}{-\mathrm{j}10} = \mathrm{j}2(\text{A})$$

$$\dot{I}_R = \frac{\dot{U}_C}{10} = \frac{20\angle 0°}{10} = 2(\text{A})$$

端口电流

$$\dot{I} = \dot{I}_C + \dot{I}_R = 2 + \mathrm{j}2 = 2\sqrt{2}\angle 45°(\text{A})$$

RL 串联部分的电压

$$\dot{U}_1 = \dot{I}(5 + \mathrm{j}5) = 2\sqrt{2}\angle 45° \times 5\sqrt{2}\angle 45° = \mathrm{j}20(\text{V})$$

端口电压

$$\dot{U} = \dot{U}_C + \dot{U}_1 = 20 + \mathrm{j}20 = 20\sqrt{2}\angle 45°(\text{V})$$

例 2-8 在图 2-8(a)所示电路中，已知端口电压 U=220V，三个电流表的读数均为 20A，且整个电路的功率因数为 1。试求复阻抗 Z_1 和 Z_2。

解 因为 $I=I_1=I_2$，所以这三个电流相量构成一个等边三角形，且 $\dot{I}_1$ 与 $\dot{I}_2$ 相差 120°(注意：不是相差 60°，如果是相差 60°，I 就不可能等于 20A)，如图 2-8(b)所示。对这三个相量之间相位关系的分析是本题求解的关键。

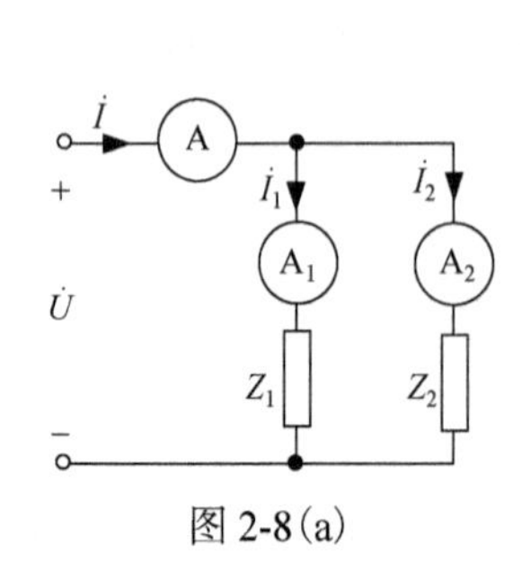

图 2-8(a)

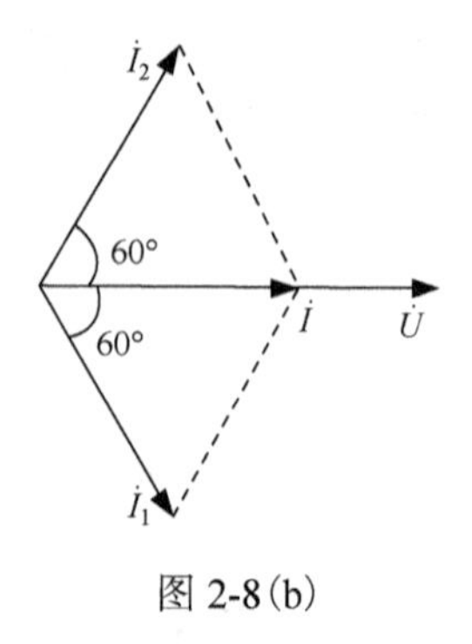

图 2-8(b)

因为电路的功率因数为 1，可以设端口电压或端口电流为参考相量。

假设 $\dot{I}=20\angle 0°\text{A}$，则 $\dot{I}_1=20\angle -60°\text{A}$，$\dot{I}_2=20\angle 60°\text{A}$（也可设 $\dot{I}_1=20\angle 60°\text{A}$, $\dot{I}_2=20\angle -60°\text{A}$，求解情况类似）。

电压 $\dot{U}$ 与电流 $\dot{I}$ 同相，所以 $\dot{U}=220\angle 0°\text{V}$。

可求得

$$Z_1=\frac{\dot{U}}{\dot{I}_1}=\frac{220}{20\angle -60°}=11\angle 60°(\Omega)$$

$$Z_2=\frac{\dot{U}}{\dot{I}_2}=\frac{220}{20\angle 60°}=11\angle -60°(\Omega)$$

例 2-9 在图 2-9(a) 所示电路中，已知电压源 $u=220\sqrt{2}\sin(314t+30°)\text{V}$，电流源 $i=5\sqrt{2}\sin(314t-30°)\text{A}$，$Z_1$=3+j4，$Z_2$=6+j8，$Z_3$=5+j7，求 Z_2 支路中的电流 $\dot{I}_2$ 及 Z_2 上消耗的有功功率 P_2。

解 在用相量法求解正弦稳态交流电路时，在直流电路中所能使用的求解方式都同样适用于交流电路，如叠加原理、戴维南定理、电源等效变换等。这里介绍两种求解方法：叠加原理和戴维南等效电路。

方法一：采用叠加原理

该电路中有两个独立源，可以把原图分解为两个分图进行求解。

电压源单独作用时的电路如图 2-9(b) 所示。

$$\dot{I}_2'=\frac{\dot{U}}{Z_1+Z_2}=\frac{220\angle 30°}{9+\text{j}12}=14.67\angle -23.13°(\text{A})=13.49-\text{j}5.76(\text{A})$$

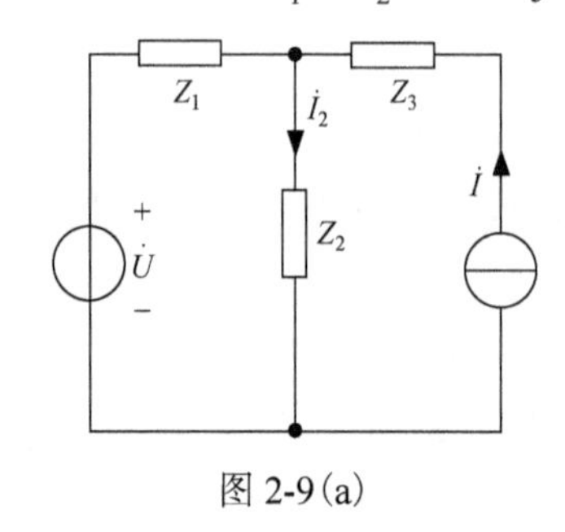

图 2-9(a)

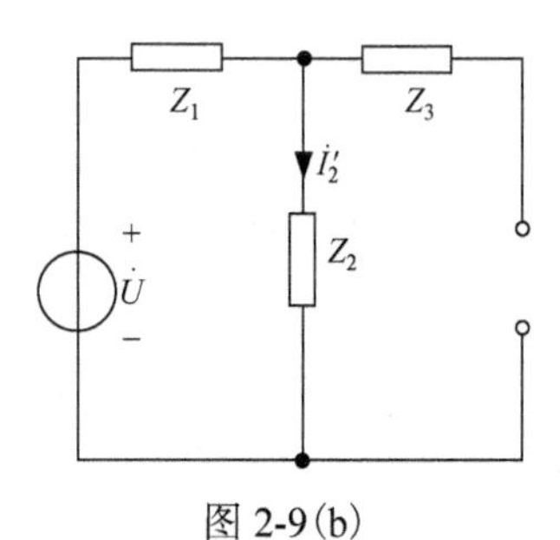

图 2-9(b)

电流源单独作用时的电路如图 2-9(c)所示。

$$\dot{I}_2'' = \frac{Z_1}{Z_1 + Z_2}\dot{I} = \frac{3+\mathrm{j}4}{9+\mathrm{j}12}\times 5\angle-30° = 1.67\angle-30°(\mathrm{A})$$
$$= 1.45 - \mathrm{j}0.84(\mathrm{A})$$

图 2-9(c)

把两个分量叠加，得

$$\dot{I}_2 = \dot{I}_2' + \dot{I}_2'' = 13.49 - \mathrm{j}5.76 + 1.45 - \mathrm{j}0.84$$
$$= 14.94 - \mathrm{j}6.6 = 16.33\angle-23.83°(\mathrm{A})$$

因为 $Z_2 = 6 + \mathrm{j}8\Omega$

所以，Z_2上消耗的有功功率

$$P_2 = I_2^2 \times 6 = 16.33^2 \times 6 = 1600(\mathrm{W})$$

方法二：采用戴维南等效电路

提取 Z_2所在支路，得到有源二端网络，如图 2-9(d)所示。

开路电压

$$\dot{U}_{\mathrm{OC}} = \dot{I}Z_1 + \dot{U} = 5\angle-30° \times (3+\mathrm{j}4) + 220\angle30°$$
$$= 26\angle23.13° + 220\angle30° = 23.9 + \mathrm{j}10.2 + 190.5 + \mathrm{j}110$$
$$= 214.4 + \mathrm{j}120.2 = 245.8\angle29.28°(\mathrm{V})$$

等效阻抗

$$Z_{\mathrm{eq}} = Z_1 = 3 + \mathrm{j}4$$

得到如图 2-9(e)所示的戴维南等效电路，从该图中可求得

$$\dot{I}_2 = \frac{\dot{U}_{\mathrm{OC}}}{Z_{\mathrm{eq}} + Z_2} = \frac{245.8\angle29.28°}{3+\mathrm{j}4+6+\mathrm{j}8} = \frac{245.8\angle29.28°}{15\angle53.13°} = 16.38\angle-23.85°(\mathrm{A})$$

Z_2上消耗的有功功率

$$P_2 = I_2^2 \times 6 = 16.38^2 \times 6 = 1610(\mathrm{W})$$

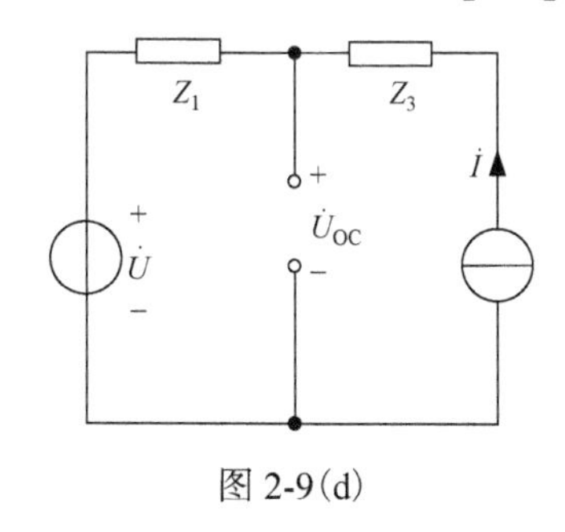

图 2-9(d)

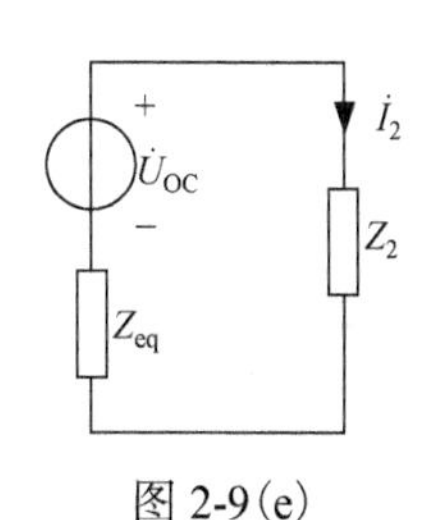

图 2-9(e)

例 2-10 在图 2-10(a)所示电路中，已知$u_{\mathrm{S}}(t) = 220\sqrt{2}\sin(314t + 20°)\mathrm{V}$，$i_{\mathrm{S}}(t) = 2\sqrt{2}\sin 942t\mathrm{A}$，$R_1$=80Ω，$R_2$=20Ω，$L$=563.5mH，$C$=2μF。求：(1)流过电压源的电流 $i(t)$及有效值 I；(2)电压源和电流源各发出多少功率？

解 从电压源和电流源的瞬时表达式可以看出，电压源只有基波(ω_1=314rad/s)，而电流源只有 3 次谐波(ω_3=942rad/s)，两个电源的频率不同，所以电压源发出的功率即为 $u_{\mathrm{S}}(t)$单独

作用时发出的功率，而电流源发出的功率即为 $i_s(t)$ 单独作用时发出的功率。

电压源单独作用时，电路如图 2-10(b)所示，此时的角频率为ω_1=314rad/s。

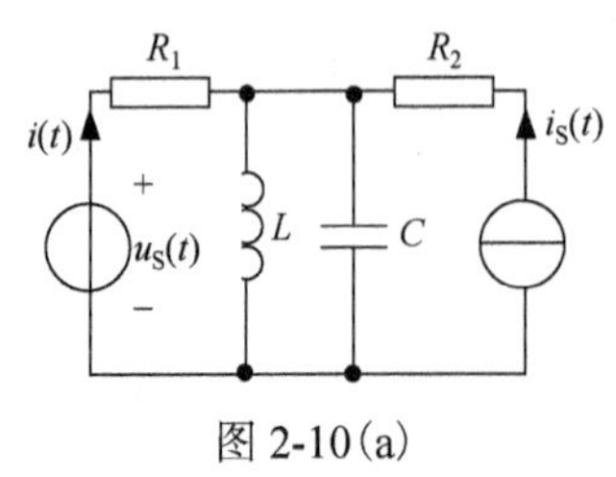

图 2-10(a)

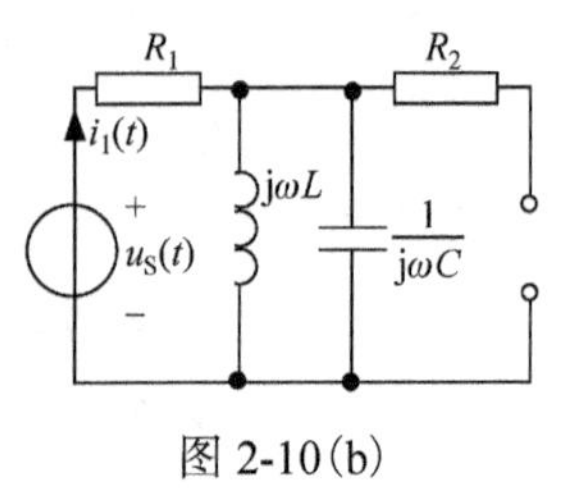

图 2-10(b)

基波时的感抗　　$X_L=\omega_1 L=314\times0.5635=176.9(\Omega)$

基波时的容抗　　$$\frac{1}{\omega_1 C}=\frac{1}{314\times2\times10^{-6}}=1592.4(\Omega)$$

基波时的阻抗

$$Z_1=R_1+jX_{L1}//(-jX_{C1})=80+j176.9//(-j1592.4)$$
$$=80+j199=214.5\angle68.1°(\Omega)$$

已知电压源的电压　$\dot{U}_S=220\angle20°V$

电压源上的电流

$$\dot{I}_1=\frac{\dot{U}_S}{Z_1}=\frac{220\angle20°}{214.5\angle68.1°}=1.03\angle-48.1°(A)$$

电压源发出的功率

$$P_U=U_S I_1\cos\varphi_1=220\times1.03\times\cos68.1°=84.5(W)$$

电流源单独作用时，电路如图 2-10(c)所示，此时的角频率为ω_3=942rad/s。

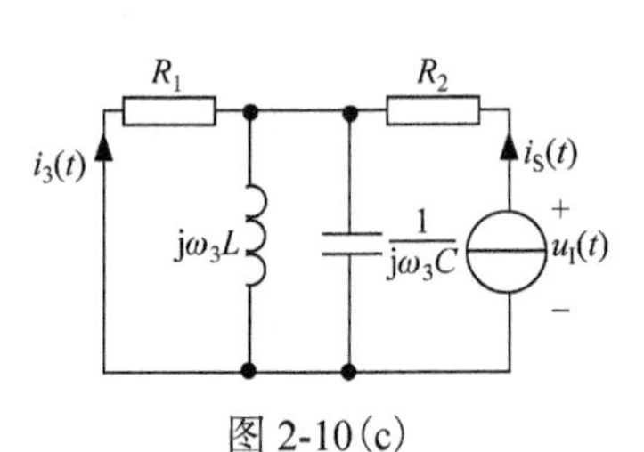

图 2-10(c)

3 次谐波时的感抗

$$\omega_3 L=942\times0.5635=530.8(\Omega)$$

3 次谐波时的容抗

$$\frac{1}{\omega_3 C}=\frac{1}{942\times2\times10^{-6}}=530.8(\Omega)$$

此时$\omega_3 L=1/(\omega_3 C)$，$LC$ 发生并联谐振。

已知电流源的电流　　$\dot{I}_S=2\angle0°A$

此时流过电压源的电流

$$\dot{I}_3=-\dot{I}_S=-2\angle0°A$$

电流源两端的电压

$$\dot{U}_I=\dot{I}_S(R_1+R_2)=2\angle0°\times(80+20)=200\angle0°(V)$$

电流源发出的功率

$$P_I=U_I I_S\cos\varphi_2=200\times2\times\cos0°=400(W)$$

综合上述电压源和电流源分别作用时的情况可得，流过电压源的电流

$$i(t) = 1.03\sqrt{2}\sin(314t - 48.1°) - 2\sqrt{2}\sin 942t(\mathrm{A})$$

电流有效值

$$I = \sqrt{1.03^2 + 2^2} = 2.25(\mathrm{A})$$

2.3 习 题 解 答

一、判断题

1. 正弦量的复数形式即为相量，所以正弦量就是相量。（ ）

2. 正弦量的三要素是最大值、频率和相位。（ ）

3. 平常所用的交流电压表、电流表所测出的数值是有效值。（ ）

4. 因为相量表达式中只有大小和初相位两个要素，所以频率不同的正弦量也可以画在同一相量图中。（ ）

5. 正弦交流电路中电压或电流的最大值和有效值随时间而变化。（ ）

6. 相位差也就是初相位之差，所以两个不同频率的正弦量也可以求相位差。（ ）

7. 一个无源二端网络，可等效为一个复阻抗，也可等效为一个复导纳。（ ）

8. 10A 的直流电流和交流电流，在相同的周期个数内分别通过阻值相同的两电阻，则两电阻的发热量是相等的。（ ）

9. 把 100Ω的电阻接在 220V 直流电路中，或接在 u=220sin（2πt+60°）V 的交流电路中，其发热效果是相同的。（ ）

10. 交流电气设备的铭牌上所给出的额定电压、额定电流都是指有效值。（ ）

11. 正弦交流电的有效值与该交流电的频率和初相位有关。（ ）

12. 在日光灯电路中，日光灯管两端电压的有效值和镇流器两端电压的有效值之和总是大于电源电压的有效值。（ ）

13. 在交流电路中，当频率增加时，电感的感抗增加，而电容的容抗减小。（ ）

14. 在感性负载电路中并联电容，可提高功率因数，并联电容后电流增大，有功功率也增大。（ ）

15. 视在功率等于有功功率与无功功率之和。（ ）

16. 在感性负载电路中，并联适当的补偿电容器可提高功率因数，减少电路的总电流和有功功率。（ ）

17. 在感性负载两端并联适当的电容器，可使电路的总电流减少，并使总电流与电压之间相位差减小，因此提高了功率因数。（ ）

18. 对于 RLC 串联电路，若保持电源电压不变而增大电源的频率，则此电路中的电流将减少。（ ）

19. 因为电阻两端的电压与流过的电流是同相的，所以谐振也可能发生在纯电阻电路中。（ ）

20. 电路发生谐振时，电源只提供能量给电阻，电感元件和电容元件相互之间进行能量交换。 (　　)

21. 在 RLC 串联谐振电路中，电容元件和电感元件不存在无功功率。 (　　)

参考答案：

1. 错	**2.** 错	**3.** 对	**4.** 错	**5.** 错	**6.** 错	**7.** 对
8. 对	**9.** 错	**10.** 对	**11.** 错	**12.** 对	**13.** 对	**14.** 错
15. 错	**16.** 错	**17.** 对	**18.** 错	**19.** 错	**20.** 对	**21.** 错

二、选择题

1. 某正弦交流电压的有效值为 110V，周期为 20ms，t=0 时 $u(0)$=110V，则该电压的瞬时值表达式为(　　)。

(a) $u=190\sin\pi t$V　　(b) $u=110\sin(100\pi t+90°)$V

(c) $u=156\sin(100\pi t+45°)$V　　(d) $u=156\sin\pi t$V

2. 某正弦交流电流的频率为 50Hz，有效值为 10A，初相角为 30°，其瞬时表达式为(　　)。

(a) $i(t)=10\sin(314t+30°)$　　(b) $i(t)=14.14\sin(314t+30°)$

(c) $i(t)=17.32\sin(314t+30°)$　　(d) $i(t)=20\sin(314t+30°)$

3. 某正弦交流电压的周期为 20ms，有效值为 220V，在 t=0 时正处于由正值变为负值的零值，则其瞬时表达式可写作(　　)。

(a) $u=380\sin(50t+180°)$ V　　(b) $u=-311\sin100\pi t$V

(c) $u=220\sin(314t+180°)$ V　　(d) $u=311\sin100\pi t$V

4. 与电流相量 $\dot{I}=4+\text{j}3$ 对应的正弦交流电流可写作 i=(　　)。

(a) $5\sin(\omega t+53.13°)$ A　　(b) $5\sin(\omega t+36.87°)$ A

(c) $7.07\sin(\omega t+53.13°)$ A　　(d) $7.07\sin(\omega t+36.87°)$ A

5. 用最大值相量表示正弦电压 $u=537\sin(\omega t-90°)$ V 时，可写作 $\dot{U}_\text{m}$=(　　)。

(a) $380\angle90°$V　　(b) $537\angle90°$V

(c) $380\angle-90°$V　　(d) $537\angle-90°$V

6. 正弦交流电的三要素为(　　)。

(a)最大值、角频率、初相角　　(b)最大值、有效值、角频率

(c)有效值、周期、角频率　　(d)有效值、周期、频率

7. 已知某正弦交流电压 $u=20\sin(2\pi t+60°)$ V，则可知其频率为(　　)。

(a) 50Hz　　(b) 1Hz　　(c) 2πHz　　(d) 2Hz

8. 电压波形如图 2-11 所示，该电压的频率为(　　)。

(a) 1000Hz　　(b) 500Hz　　(c) 100Hz　　(d) 50Hz

9. 如图 2-12 所示，已知 $u=100\sin(314t+20°)$ V，则通过该电阻的电流 i=(　　)。

(a) $2\sin314t$A　　(b) $2.8\sin(314t+20°)$ A

(c) $2\sin(314t-20°)$ A　　(d) $2\sin(314t+20°)$ A

10. 如图 2-13 所示，已知 $u=100\sin(314t+20°)$ V，则通过该电感的电流 i=(　　)。

(a) $1.4\sin(314t+80°)$ A　　　　(b) $2\sin(314t+50°)$ A

(c) $2\sin(314t-70°)$ A　　　　(d) $1.4\sin(314t+20°)$ A

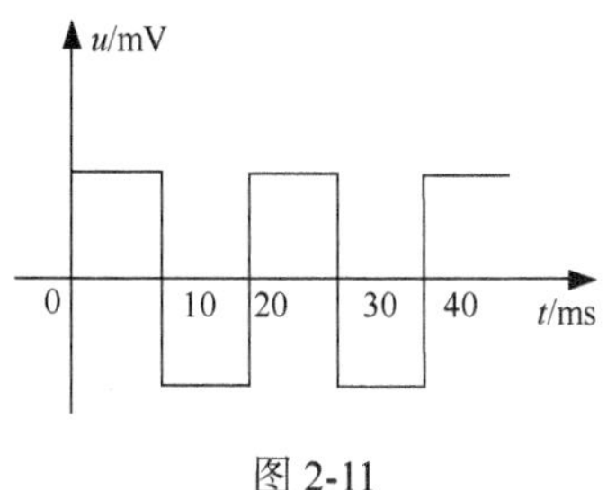

图 2-11

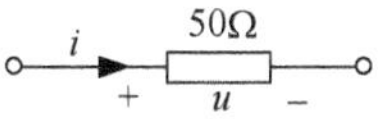

图 2-12

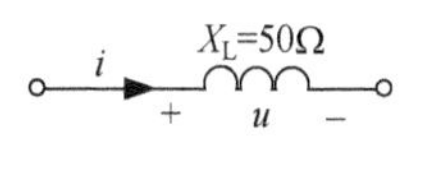

图 2-13

11. 已知两正弦交流电流 $i_1=5\sin(314t+30°)$ A，$i_2=5\sin(314t-30°)$ A，则二者的相位关系是(　　)。

(a) i_1 超前 i_2 30°　　(b) i_2 超前 i_1 30°　　(c) i_1 超前 i_2 60°　　(d) i_2 超前 i_1 60°

12. 某正弦交流电流波形如图 2-14 所示，其角频率ω为(　　)rad/s。

(a) 200π　　(b) 100π　　(c) 200　　(d) 100

13. 图 2-15 所示电路中，电流 $i_1=(3+5\sin\omega t)\text{A}$，$i_2=(3\sin\omega t-2\sin 3\omega t)\text{A}$，则电阻 R 上流过的电流 i_3 的有效值为(　　)。

(a) $\sqrt{5}$ V　　(b) $\sqrt{13}$ V　　(c) $\sqrt{17}$ V　　(d) $\sqrt{30}$ V

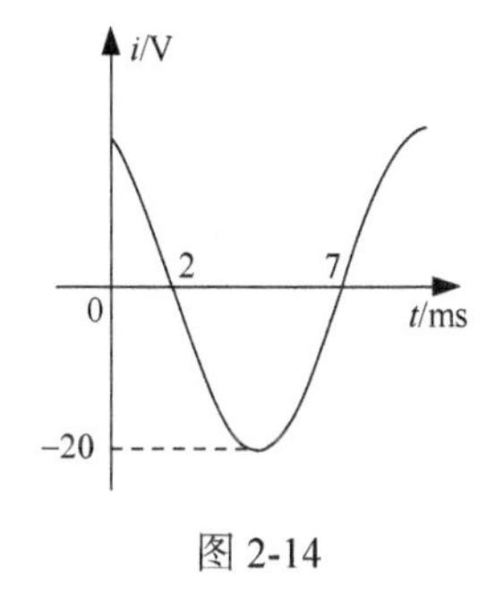

图 2-14

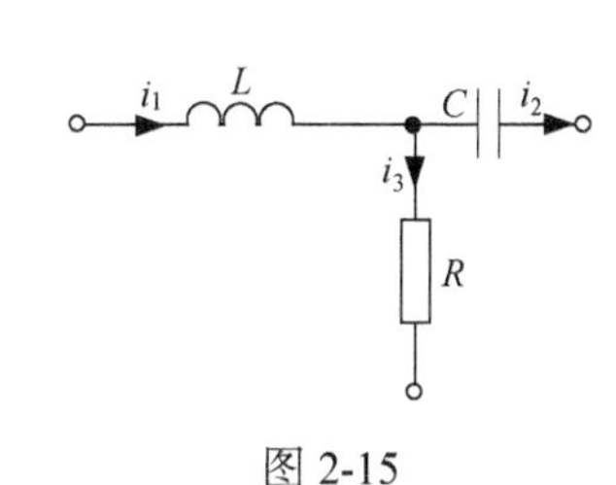

图 2-15

14. 正弦交流电流 i_1、i_2 的有效值都是 5A，合成电流 i_1+i_2 的有效值也是 5A，则两电流之间的相位差为(　　)。

(a) 30°　　(b) 60°　　(c) 90°　　(d) 120°

15. 在正弦交流电路中，某电压相量为 $\dot{U}=30+\text{j}40\text{V}$，用电压表去测量这个电压时，其读数为(　　)。

(a) $50/\sqrt{2}$V　　(b) $50/\sqrt{3}$V　　(c) $50\sqrt{2}$V　　(d) 50V

16. 与 $i(t)=10\sqrt{2}\sin(\omega t+36.87°)\text{A}$ 对应的电流相量为(　　)。

(a) $\dot{I}=3+\text{j}4\text{A}$　　(b) $\dot{I}=4+\text{j}3\text{A}$　　(c) $\dot{I}=6+\text{j}8\text{A}$　　(d) $\dot{I}=8+\text{j}6\text{A}$

17. 在纯电容的正弦交流电路中，电压与电流的相量关系为(　　)。

(a) $\dot{U}=\omega C\dot{I}$　　(b) $\dot{U}=\text{j}\omega C\dot{I}$　　(c) $\dot{I}=\text{j}\omega C\dot{U}$　　(d) $\dot{I}=\omega C\dot{U}$

18. 在纯电容的正弦交流电路中，下列说法正确的是(　　)。

(a) 电流的相位落后电压 90°　　(b) 只有无功功率

(c) 电流和电压的关系为 $i=u/X_C$　　(d) 电流和电压的关系为 $i=u/(\text{j}X_C)$

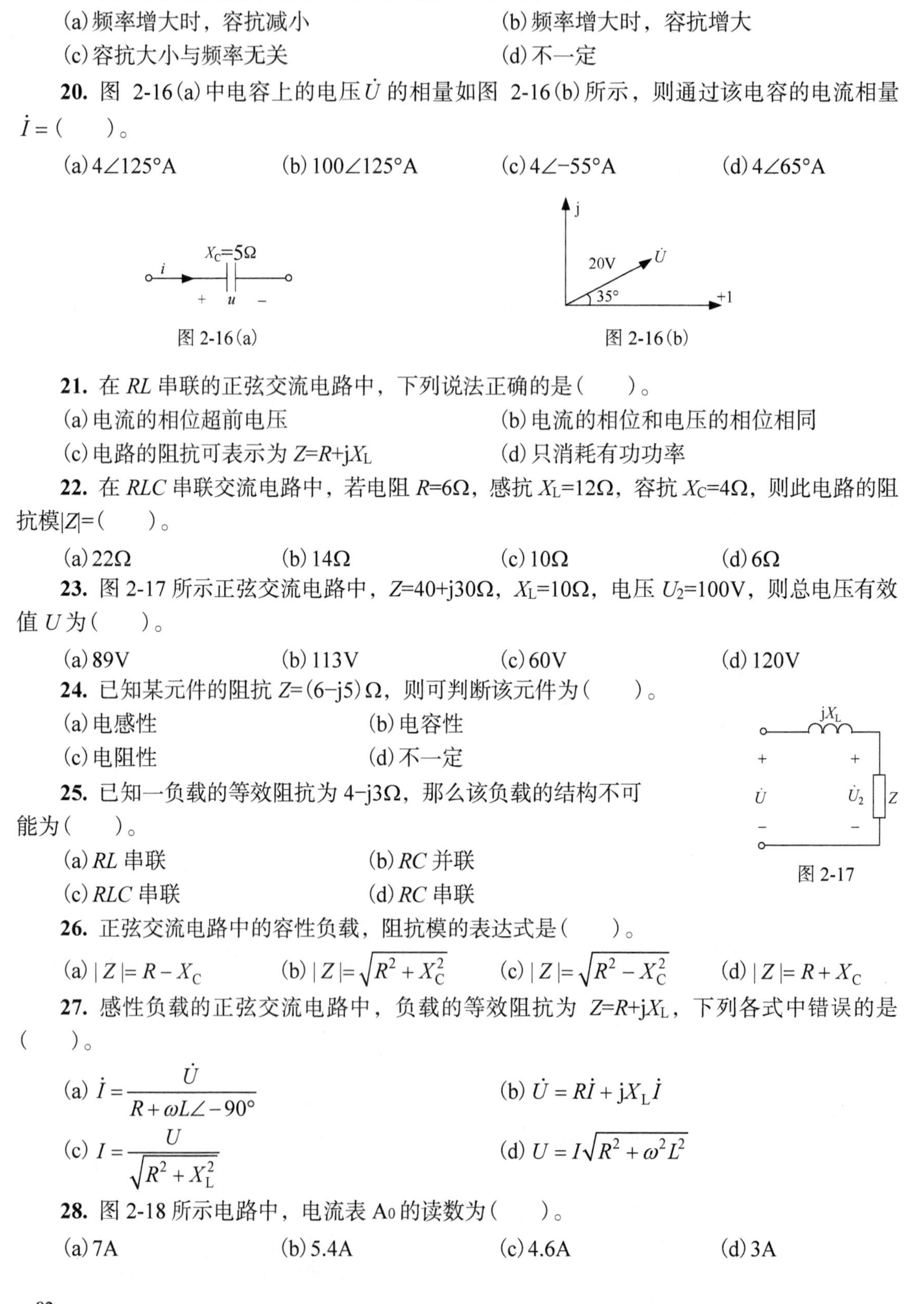

19. 在正弦交流电路中电容器的容抗与频率的关系为（　　）。

（a）频率增大时，容抗减小　　（b）频率增大时，容抗增大

（c）容抗大小与频率无关　　（d）不一定

20. 图 2-16（a）中电容上的电压$\dot{U}$的相量如图 2-16（b）所示，则通过该电容的电流相量$\dot{I}=$（　　）。

（a）$4\angle 125°$A　　（b）$100\angle 125°$A　　（c）$4\angle -55°$A　　（d）$4\angle 65°$A

图 2-16（a）

图 2-16（b）

21. 在 *RL* 串联的正弦交流电路中，下列说法正确的是（　　）。

（a）电流的相位超前电压　　（b）电流的相位和电压的相位相同

（c）电路的阻抗可表示为 $Z=R+jX_L$　　（d）只消耗有功功率

22. 在 *RLC* 串联交流电路中，若电阻 R=6Ω，感抗 X_L=12Ω，容抗 X_C=4Ω，则此电路的阻抗模$|Z|$=（　　）。

（a）22Ω　　（b）14Ω　　（c）10Ω　　（d）6Ω

23. 图 2-17 所示正弦交流电路中，Z=40+j30Ω，X_L=10Ω，电压 U_2=100V，则总电压有效值 U 为（　　）。

（a）89V　　（b）113V　　（c）60V　　（d）120V

24. 已知某元件的阻抗 Z=（6−j5）Ω，则可判断该元件为（　　）。

（a）电感性　　（b）电容性

（c）电阻性　　（d）不一定

25. 已知一负载的等效阻抗为 4−j3Ω，那么该负载的结构不可能为（　　）。

（a）*RL* 串联　　（b）*RC* 并联

（c）*RLC* 串联　　（d）*RC* 串联

图 2-17

26. 正弦交流电路中的容性负载，阻抗模的表达式是（　　）。

（a）$|Z|=R-X_C$　　（b）$|Z|=\sqrt{R^2+X_C^2}$　　（c）$|Z|=\sqrt{R^2-X_C^2}$　　（d）$|Z|=R+X_C$

27. 感性负载的正弦交流电路中，负载的等效阻抗为 $Z=R+jX_L$，下列各式中错误的是（　　）。

（a）$\dot{I}=\dfrac{\dot{U}}{R+\omega L\angle -90°}$　　（b）$\dot{U}=R\dot{I}+jX_L\dot{I}$

（c）$I=\dfrac{U}{\sqrt{R^2+X_L^2}}$　　（d）$U=I\sqrt{R^2+\omega^2L^2}$

28. 图 2-18 所示电路中，电流表 A_0 的读数为（　　）。

（a）7A　　（b）5.4A　　（c）4.6A　　（d）3A

29. 图 2-19 所示电路中，电流表 A_0 的读数为(　　)。

(a) 7A　　(b) 5.4A　　(c) 4.6A　　(d) 3A

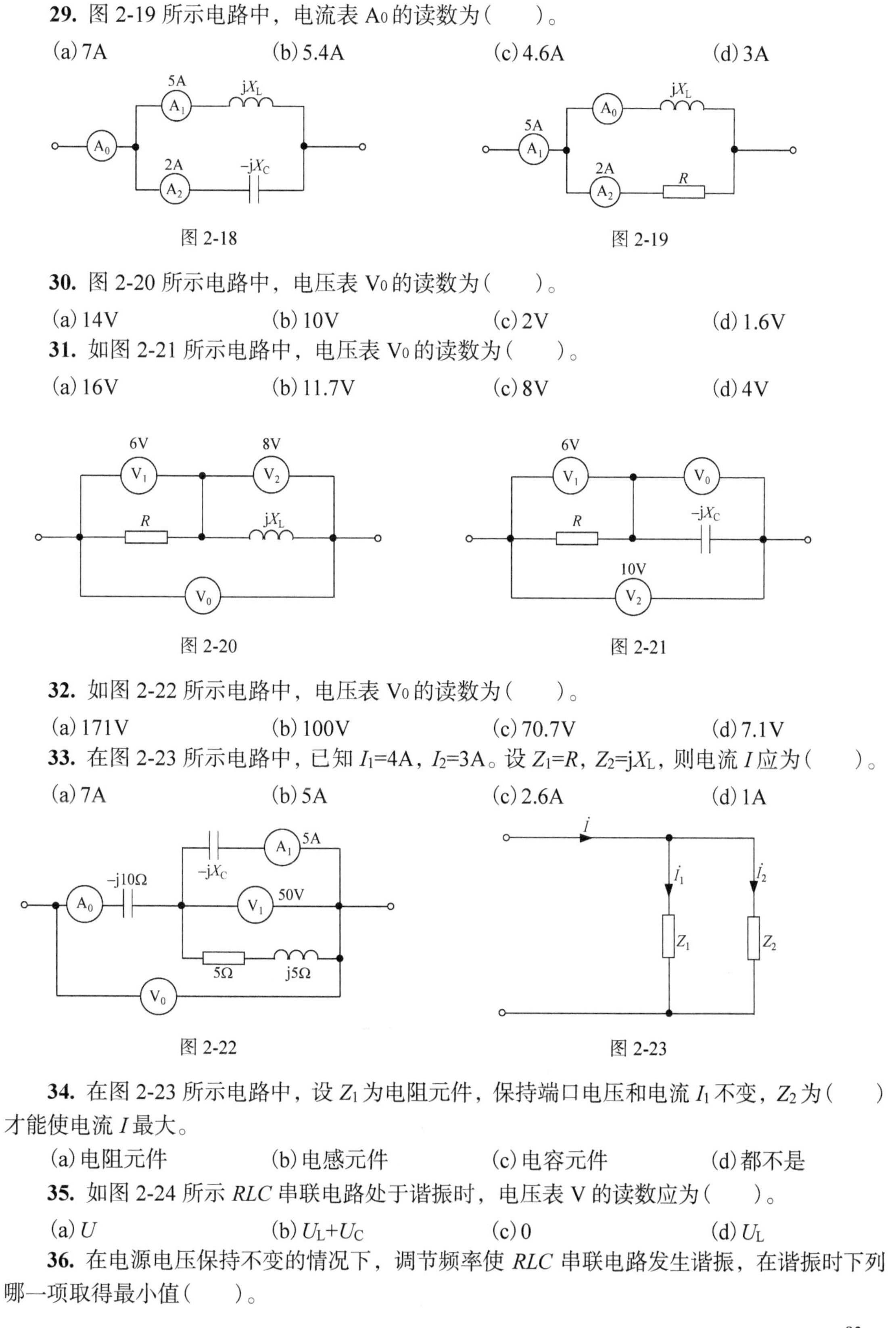

图 2-18

图 2-19

30. 图 2-20 所示电路中，电压表 V_0 的读数为(　　)。

(a) 14V　　(b) 10V　　(c) 2V　　(d) 1.6V

31. 如图 2-21 所示电路中，电压表 V_0 的读数为(　　)。

(a) 16V　　(b) 11.7V　　(c) 8V　　(d) 4V

图 2-20

图 2-21

32. 如图 2-22 所示电路中，电压表 V_0 的读数为(　　)。

(a) 171V　　(b) 100V　　(c) 70.7V　　(d) 7.1V

33. 在图 2-23 所示电路中，已知 I_1=4A，I_2=3A。设 $Z_1=R$，$Z_2=\mathrm{j}X_L$，则电流 I 应为(　　)。

(a) 7A　　(b) 5A　　(c) 2.6A　　(d) 1A

图 2-22

图 2-23

34. 在图 2-23 所示电路中，设 Z_1 为电阻元件，保持端口电压和电流 I_1 不变，Z_2 为(　　)才能使电流 I 最大。

(a) 电阻元件　　(b) 电感元件　　(c) 电容元件　　(d) 都不是

35. 如图 2-24 所示 RLC 串联电路处于谐振时，电压表 V 的读数应为(　　)。

(a) U　　(b) U_L+U_C　　(c) 0　　(d) U_L

36. 在电源电压保持不变的情况下，调节频率使 RLC 串联电路发生谐振，在谐振时下列哪一项取得最小值(　　)。

(a)阻抗模　　(b)电阻 R 上的电压　　(c)功率因数　　(d)电流

37. RLC 串联电路的谐振频率为 f_0，调节电源频率使 RLC 串联电路呈感性，此时电源频率 f 与 f_0 的大小关系为(　　)。

(a)$f<f_0$　　(b)$f=f_0$　　(c)$f>f_0$　　(d)不一定

38. 已知电流 $i=(3+5\sin\omega t)$A，当它通过 5Ω线性电阻时消耗的功率 P 为(　　)。

(a)45W　　(b)107.5W　　(c)125W　　(d)320W

39. 正弦交流电路中，无功功率的单位是(　　)。

(a)W　　(b)var　　(c)V · A　　(d)J

40. 在图 2-25 所示正弦交流电路中，已知 $R=X_L=5\Omega$，欲使电路的功率因数为 1，则 X_C 应为(　　)。

(a)5Ω　　(b)3.54Ω　　(c)10Ω　　(d)7.07Ω

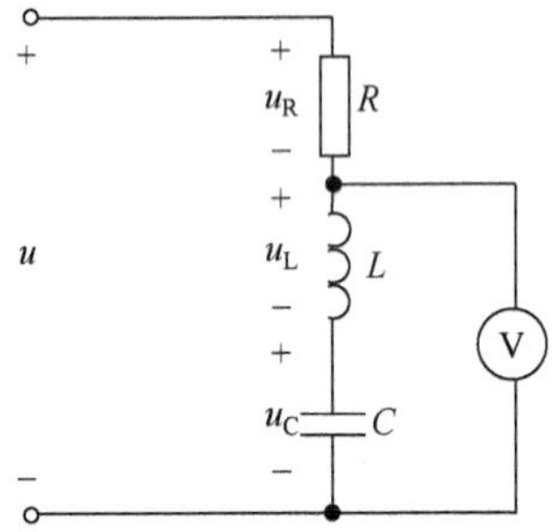

图 2-24

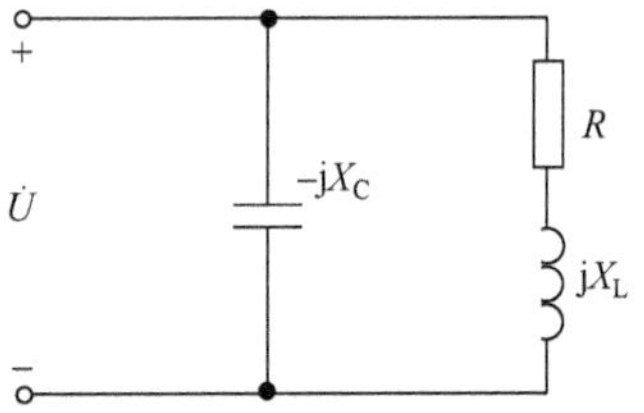

图 2-25

41. 正弦交流电路中，功率因数等于该电路的(　　)。

(a)P/S　　(b)Q/S　　(c)P/Q　　(d)Q/P

42. 已知某负载的阻抗 $Z=(3+j4)\Omega$，则其功率因数 $\cos\varphi$ 为(　　)。

(a)0.5　　(b)0.6　　(c)0.7　　(d)0.8

43. 在感性的正弦交流电路中，下列哪种方法可提高电路的功率因数(　　)。

(a)在电路上并联电感　　(b)在电路上串联电感

(c)在电路上并联电容　　(d)都可以

44. 感性负载通过并联电容器提高功率因数的目的在于(　　)。

(a)减少用电设备的有功功率　　(b)增加用电设备的有功功率

(c)减少电源提供的无功功率　　(d)减少用电设备的无功功率

45. 某感性负载用并联电容的方法提高电路的功率因数后,该电路的有功功率 P 将(　　)。

(a)保持不变　　(b)减小　　(c)增大　　(d)不确定

46. 感性负载通过并联电容器提高功率因数后，电度表的走字速度将(　　)。

(a)变慢　　(b)不变　　(c)变快　　(d)不一定

47. 某周期为 0.01s 的正弦电流，其 5 次谐波频率 f_5 为(　　)。

(a)10Hz　　(b)50Hz　　(c)500Hz　　(d)5000Hz

48. 非正弦周期信号能够分解为傅里叶级数必须(　　)。

(a)满足狄利赫利条件　　(b)是连续函数　　(c)平均值为零　　(d)无条件

49. 非正弦周期信号的周期为 0.01s，分解成傅里叶级数后，角频率为 400πrad/s 的项称为(　　)。

(a) 基波分量　　(b) 二次谐波分量　　(c) 三次谐波分量　　(d) 四次谐波分量

50. 非正弦周期电流的有效值 I 与直流分量和各谐波分量的有效值之间的关系为（　　）。

(a) $I = I_0^2 + I_1^2 + I_2^2 + \cdots + I_N^2 + \cdots$　　(b) $I = \sqrt{I_0 + I_1 + I_2 + \cdots + I_N + \cdots}$

(c) $I = \sqrt{I_0^2 + I_1^2 + I_2^2 + \cdots + I_N^2 + \cdots}$　　(d) $I = I_0 + I_1 + I_2 + \cdots + I_N + \cdots$

51. 一个正弦电压信号经单相半波整流电路后，得到如图 2-26 所示的非正弦周期电压信号，它的频率是（　　）。

(a) 33Hz　　(b) 50Hz

(c) 100Hz　　(d) 200Hz

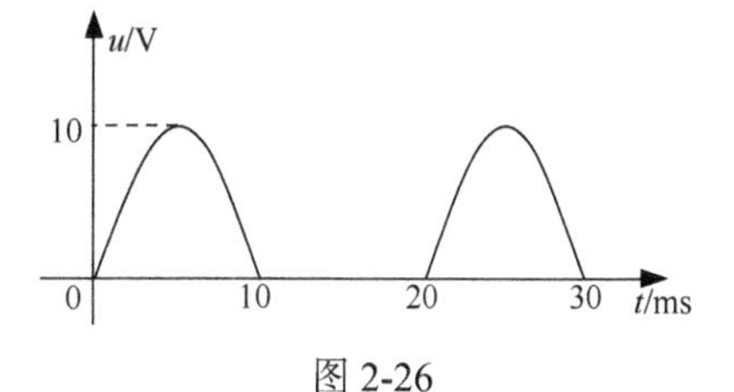

图 2-26

参考答案:

1. c　**2.** b　**3.** b　**4.** d　**5.** d　**6.** a　**7.** b　**8.** d
9. d　**10.** c　**11.** c　**12.** a　**13.** b　**14.** d　**15.** d　**16.** d
17. c　**18.** b　**19.** a　**20.** a　**21.** c　**22.** c　**23.** b　**24.** b
25. a　**26.** b　**27.** a　**28.** d　**29.** c　**30.** b　**31.** c　**32.** c
33. b　**34.** a　**35.** c　**36.** a　**37.** c　**38.** b　**39.** b　**40.** c
41. a　**42.** b　**43.** c　**44.** c　**45.** a　**46.** b　**47.** c　**48.** a
49. b　**50.** c　**51.** b

三、填空题

1. 正弦交流电压的瞬时表达式为 $u = 155.6\sin(\omega t - 10°)\text{V}$，它对应的相量 $\dot{U} =$ ＿＿＿＿＿＿V。

2. 正弦交流电的三要素是＿＿＿＿＿＿、＿＿＿＿＿＿、＿＿＿＿＿＿。

3. 电感元件电压电流关系表达式的相量形式是＿＿＿＿＿＿，电容元件电压电流关系表达式的相量形式是＿＿＿＿＿＿。

4. 某一元件的阻抗角为φ，其导纳角θ=＿＿＿＿＿＿。

5. 电感的电压相量＿＿＿＿＿＿(超前/滞后)于电流相量 90°，电容的电压相量＿＿＿＿＿＿(超前/滞后)于电流相量 90°。

6. 当取非关联参考方向时，理想电容元件的电压与电流的相量关系式为＿＿＿＿＿＿。

7. 某二端网络端口电压 $u = 50\sqrt{2}\sin(\omega t + 10°)\text{V}$，端口电流 $i = 5\sqrt{2}\sin(\omega t - 10°)\text{A}$，则该二端网络的性质是＿＿＿＿＿＿(电容性/电感性/电阻性)。

8. 已知阻抗 Z=4+j4，则该元件呈＿＿＿＿＿＿(电容性/电感性/电阻性)，功率因数为＿＿＿＿＿＿。

9. 在 RC 串联的交流电路中，在相位关系上，电流＿＿＿＿＿＿电压。

10. 正弦交流电路中，某一负载的电压为 $\dot{U} = 110\angle 30°\text{V}$，电流为 $\dot{I} = 5\angle 10°\text{A}$，则该负载的阻抗 Z=＿＿＿＿＿＿Ω，在相位上电压比电流＿＿＿＿＿＿，该负载是＿＿＿＿＿＿负载。

11. 通常将电容并联在感性负载的两端来提高功率因数，此时电路的有功功率＿＿＿＿＿＿。

12. 已知某电压$u(t)=220\sin(100\pi t+30°)\text{V}$，则该电压最大值是___________，有效值是___________，初相位是___________，角频率是___________。

13. 电气设备提高功率因数的有效办法是___________。

14. 电路的功率因数角也就是___________与___________之间的相位差，相位差越大，功率因数就___________。

15. 收音机的调谐回路可等效为一个RLC串联电路，线圈的电感L=0.3mH，电阻R=20Ω，为了能收到频率为560kHz的电台，电容应为___________pF。

参考答案：

1. $110\angle-10°$

2. 有效值，角频率，初相位

3. $\dot{U}=\text{j}\omega L\dot{I}=\text{j}X_\text{L}\dot{I}$，$\dot{U}=\dfrac{\dot{I}}{\text{j}\omega C}=-\text{j}X_\text{C}\dot{I}$

4. $-\varphi$

5. 超前，滞后

6. $\dot{I}_\text{C}=-\text{j}\omega C\cdot\dot{U}_\text{C}$或$\dot{U}_\text{C}=\dfrac{\dot{I}_\text{C}}{-\text{j}\omega C}$

7. 电感性

8. 电感性，0.707

9. 超前

10. $22\angle20°$，超前20°，感性

11. 不变

12. 220，155.6，30°，100πrad/s

13. 并联电容器

14. 电压，电流，越小

15. 269

四、计算题

1. 有一正弦交流电压u=311sin(314t+10°)V，求：(1)角频率ω、频率f、周期T、最大值U_m、有效值U及初相角φ；(2)当t=0和t=0.01s时的u值。

解 (1)根据电压的瞬时表达式，

角频率ω=314rad/s，所以，频率f=314/2π=50Hz，周期T=1/f=0.02s

最大值U_m=311V，所以，有效值U=311/1.414=220V，初相角φ=10°

(2)当t=0时 u'=311sin(314×0+10°)=54(V)

当t=0.01s时 u''=311sin(314×0.01+π/18)=−54(V)

2. 若已知一端口电路的电压为$u=10\sin(10^3t-20°)\text{V}$，电流为$i=2\cos(10^3t-50°)\text{A}$。求出它们的相位差，并画出它们的相量图。

解 由于两个正弦量表示的函数不同，所以需要先把正弦量化为同一个三角函数

$$i=2\cos(10^3t-50°)=2\sin(10^3t+40°)\text{A}$$

写成相量形式

$$\dot{U}=\frac{10}{\sqrt{2}}\angle-20°\text{V},\quad \dot{I}=\frac{2}{\sqrt{2}}\angle40°\text{A}$$

相位差为

$$\varphi_{ui}=-20°-40°=-60°$$

相量图如图2-27所示。

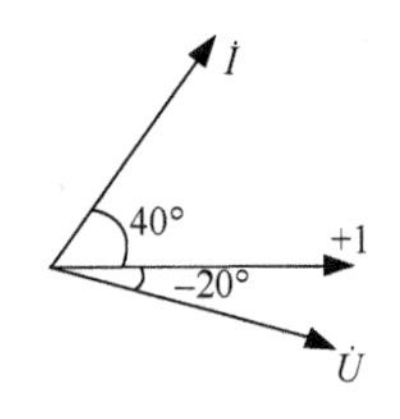

图 2-27

3. 已知正弦量 $\dot{I}_1=(-4+\mathrm{j}4)\mathrm{A}$，$\dot{I}_2=(4-\mathrm{j}3)\mathrm{A}$，(1)写出它们的瞬时表达式(角频率为314rad/s)；(2)计算两个电流的相位差。

解 (1)

$$\dot{I}_1=(-4+\mathrm{j}4)=4\sqrt{2}\angle 135°(\mathrm{A})$$
$$\dot{I}_2=(4-\mathrm{j}3)=5\angle -36.87°(\mathrm{A})$$

所以，瞬时表达式为

$$i_1=8\sin(314t+135°)\mathrm{A}$$
$$i_2=5\sqrt{2}\sin(314t-36.87°)\mathrm{A}$$

(2)两个电流的相位差 $\varphi=135°-(-36.87°)=171.87°$

4. 已知电路中某元件的电压 u 和电流 i 分别为 $u=-100\sin 314t\mathrm{V}$，$i=10\cos 314t\mathrm{A}$。问：(1)元件的性质；(2)元件的阻抗。

解 (1)

$$u=-100\sin 314t=100\sin(314t+180°)\mathrm{V}$$
$$i=10\cos 314t=10\sin(314t+90°)\mathrm{A}$$

相位差$\varphi=\varphi_u-\varphi_i=180°-90°=90°$，元件上的电压超前电流 90°，所以该元件为电感元件。

(2)电压与电流对应的相量为

$$\dot{U}=50\sqrt{2}\angle 180°\mathrm{V}$$
$$\dot{I}=5\sqrt{2}\angle 90°\mathrm{A}$$

所以，阻抗 $Z=\dfrac{50\sqrt{2}\angle 180°}{5\sqrt{2}\angle 90°}=10\angle 90°=\mathrm{j}10(\Omega)$

5. 在图 2-28 所示电路中，已知电流 $i=\sqrt{2}I\sin\omega t$，试写出电压 u 的表达式。

解 u 和 i 的参考方向是关联的，根据已知条件 $\dot{I}=I\angle 0°\mathrm{A}$，可得

$$\dot{U}=\dot{I}\cdot \mathrm{j}\omega L=I\omega L\angle 90°\mathrm{V}$$

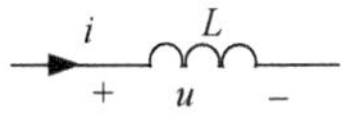

i L + u −

图 2-28

所以，电压 u 的表达式

$$u=\sqrt{2}I\omega L\sin(\omega t+90°)\mathrm{V}$$

6. 图 2-29 中，$u=220\sqrt{2}\sin 314t\mathrm{V}$，试计算在 $t_1=T/4$，$t_2=T/3$，$t_3=T/2$ 时，电流和电压的大小。

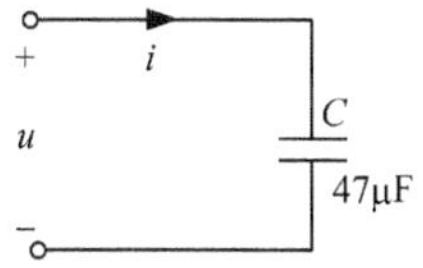

解 已知$u=220\sqrt{2}\sin 314t\mathrm{V}$，则 $\dot{U}=220\angle 0°\mathrm{V}$

所以 $\dot{I}=\dot{U}\times \mathrm{j}\omega C=220\angle 0°\times \mathrm{j}314\times 47\times 10^{-6}=3.25\angle 90°(\mathrm{A})$

电流的瞬时表达式为 $i=3.25\sqrt{2}\sin(314t+90°)\mathrm{V}$

+ i u C 47μF −

图 2-29

当 $t_2=T/4$ 时，即$\omega t_2=90°$时

$$u_2=220\sqrt{2}\sin 90°=311.1(\mathrm{V})$$
$$i_2=3.25\sqrt{2}\sin(90°+90°)=0$$

当 $t_1=T/3$ 时，即$\omega t_1=120°$时

$$u_1=220\sqrt{2}\sin 120°=269.4(\mathrm{V})$$
$$i_1=3.25\sqrt{2}\sin(120°+90°)=-2.3(\mathrm{A})$$

当 $t_3=T/2$ 时，即$\omega t_3=180°$时

$$u_3 = 220\sqrt{2}\sin 180° = 0$$

$$i_2 = 3.25\sqrt{2}\sin(180° + 90°) = -4.6(\text{A})$$

7. 已知某交流接触器线圈的额定数据为 220V、30mA、50Hz，线圈电阻 R=1.2kΩ，试求线圈电感。

解 交流接触器的线圈可等效为 RL 串联，其阻抗模

$$|Z| = \frac{U}{I} = \frac{220}{30} = 7.33(\text{k}\Omega)$$

所以

$$X_\text{L} = \sqrt{|Z|^2 - R^2} = \sqrt{7.33^2 - 1.2^2} = 7.23(\text{k}\Omega)$$

$$L = \frac{X_\text{L}}{\omega} = \frac{7.23 \times 10^3}{2 \times \pi \times 50} = 23(\text{H})$$

8. 一个线圈接在 f=50Hz，U'=220V 的交流电源上，电流 I'=25A；接在 U=100V 的直流电源上，电流 I=20A。求线圈的电阻 R 和电感 L。

解 一个实际线圈可等效为 RL 串联的模型。

根据接在直流电源时的数据，可求得电阻

$$R=U/I=100/20=5(\Omega)$$

根据接在交流电源时的数据，可求得阻抗模

$$|Z| = U'/I' = 220/25 = 8.8(\Omega)$$

$$X_\text{L} = \sqrt{|Z|^2 - R^2} = \sqrt{8.8^2 - 5^2} = 7.24(\Omega)$$

所以，电感

$$L = \frac{X_\text{L}}{2\pi f} = \frac{7.24}{314} = 23.1(\text{mH})$$

9. 图 2-30(a)所示为 RC 移相电路，输入电压 $u_\text{i} = 3\sqrt{2}\sin 1000t\text{V}$，要使输出电压 u_0 在相位上滞后输入电压 u_i 30°，求电阻 R 和输出电压 U_0。

解

$$X_\text{C} = \frac{1}{\omega C} = \frac{1}{1000 \times 0.2 \times 10^{-6}} = 5000(\Omega)$$

根据题意可画出相量图如图 2-30(b)所示。

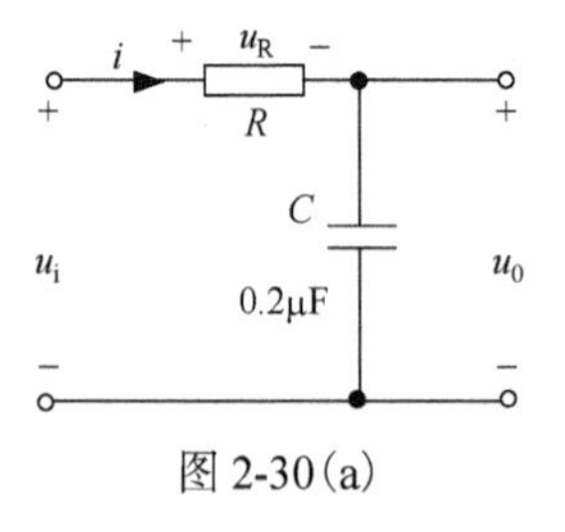

图 2-30(a)

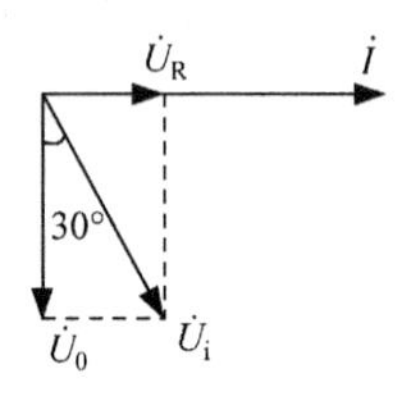

图 2-30(b)

所以 $X_\text{C}/R=U_0/U_\text{R}=\tan 60°=1.732$

可得 $R=5000/1.732=2887(\Omega)$

输出电压 U_0 为 $U_0 = U_\text{i}\sin 60° = 3 \times \frac{\sqrt{3}}{2} = 2.6(\text{V})$

10. 有一 RC 串联电路的阻抗模为 200Ω，电源频率为 50Hz，如图 2-31(a)所示。已知电压 u 与 u_C 之间的相位差为 30°，试求 R 和 C，u_C 是超前还是滞后于 u?

解 选电流 $\dot{I}$ 为参考相量，可画出相量图如图 2-31(b)所示，从图中可以看出，电压 $\dot{U}$ 与电流 $\dot{I}$ 的相位差为 60°，即阻抗角为 60°，所以

$$R=|Z|\cos 60°=200\times 0.5=100(\Omega)$$

$$X_C=|Z|\sin 60°=200\times 0.866=173.2(\Omega)$$

$$C=\frac{1}{X_C\omega}=\frac{1}{173.2\times 2\pi\times 50}=18.4(\mu\text{F})$$

从相量图中可以看出，u_C 滞后于 u 30°。

图 2-31(a)　　图 2-31(b)

11. 有一 U_N=220V、P_N=1000W 的电炉，现在需要把它串联一个电阻后接在 U_1=380V 的工频电源上使用。如果要使电炉工作在额定状态，计算：(1)串联的电阻值；(2)如果改为串联电感，应串联多大的电感(忽略电感的电阻)？(3)这两种串联方法各有什么优缺点？

解 电炉的额定电流　$I_N=\dfrac{P_N}{U_N}=\dfrac{1000}{220}=4.55(\text{A})$

(1)串联电阻时

串联的电阻　$R=\dfrac{U_1-U_N}{I_N}=\dfrac{380-220}{4.55}=35.2(\Omega)$

该电阻上消耗的功率　$P_R=I_N^2R=4.55^2\times 35.2=728.7(\text{W})$

功率因数　$\lambda=\cos\varphi=1$

(2)串联电感时

电感上的电压　$U_L=\sqrt{U_1^2-U_N^2}=\sqrt{380^2-220^2}=309.8(\text{V})$

感抗　$X_L=\dfrac{U_L}{I_N}=\dfrac{309.8}{4.55}=68.1(\Omega)$

电感　$L=\dfrac{X_L}{\omega}=\dfrac{68.1}{314}=0.217(\text{H})$

电路的功率因数　$\cos\varphi=\dfrac{U_L}{U_1}=\dfrac{309.8}{380}=0.815$

(3)从上述计算结果可以看出，串联电阻时，功率因数高，但串联的电阻上要额外消耗较大的有功功率，效率较低；串联电感时不消耗额外的有功功率，效率较高，但功率因数较低。

12. 已知图 2-32(a)中电压表读数为 V_1=40V，V_2=50V；图 2-32(b)中电压表读数为 V_1=20V；V_2=80V；V_3=100V。求图中的电源电压 U_S。

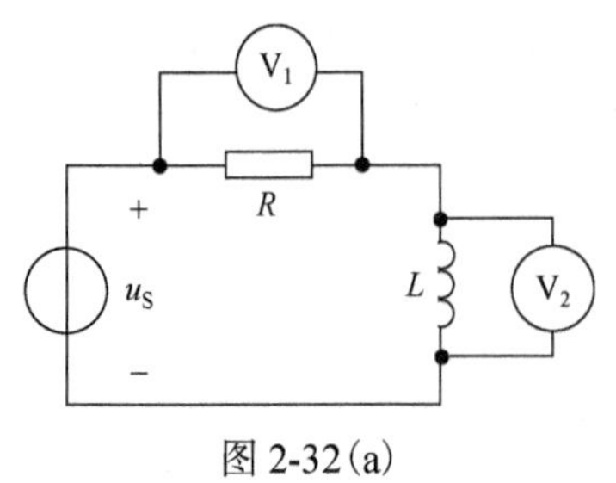

图 2-32(a)

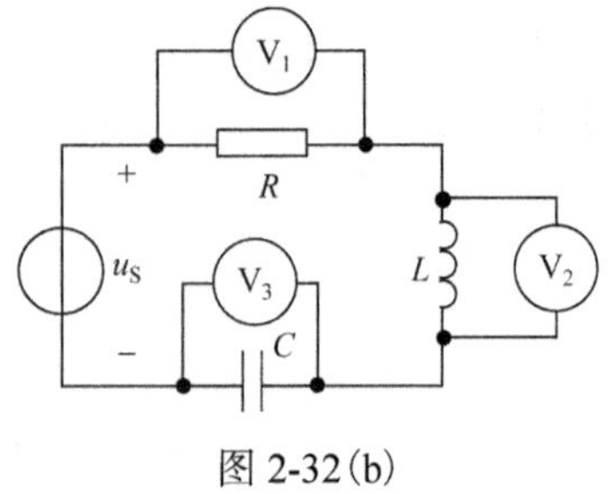

图 2-32(b)

解 把电路图转换为相量形式的电路图，如图 2-32(c)和图 2-32(d)所示。

图 2-32(c)中，电阻 R 与电感 L 是串联的，电流相同，电阻上的电压 $\dot{U}_R$ 与电流同相，而电感上的电压 $\dot{U}_L$ 超前于电流 90°。

设电流为参考相量，则 $\dot{U}_R = 40\angle 0°\text{V}$，$\dot{U}_L = 50\angle 90°\text{V}$

$$\dot{U}_S = \dot{U}_R + \dot{U}_L = 40 + \text{j}50 = 64\angle 51.34°(\text{V})$$

图 2-32(d)中，电阻 R、电感 L 和电容 C 也是串联的，电流相同，电阻上的电压 $\dot{U}_R$ 与电流同相，而电感上的电压 $\dot{U}_L$ 超前于电流 90°，电容上的电压 $\dot{U}_C$ 滞后于电流 90°，即 $\dot{U}_L$ 与 $\dot{U}_C$ 是反相的。

同样可设电流为参考相量，则 $\dot{U}_R = 20\angle 0°\text{V}$，$\dot{U}_L = 80\angle 90°\text{V}$，$\dot{U}_C = 100\angle -90°\text{V}$

$$\dot{U}_S = \dot{U}_R + \dot{U}_L + \dot{U}_C = 20 + \text{j}80 - \text{j}100 = 20\sqrt{2}\angle -45°(\text{V})$$

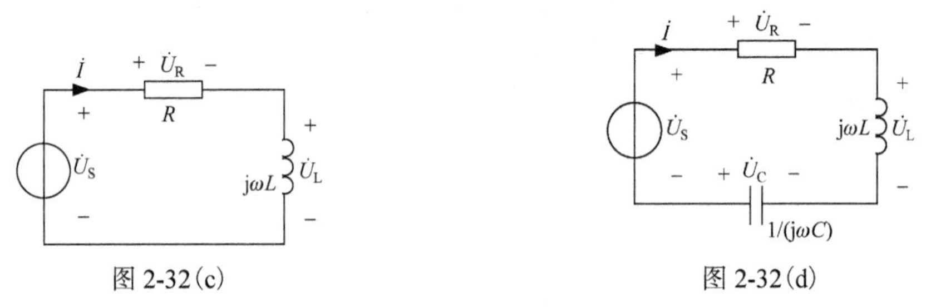

图 2-32(c)　　　　图 2-32(d)

13. 已知图 2-33(a)所示电路中 $\dot{I} = 3\angle 0°\text{A}$，求电压 $\dot{U}_S$，并画出相量图。

解 这是一个 RLC 串联电路

$$\dot{U}_R = \dot{I} \times 6 = 3\angle 0° \times 6 = 18\angle 0°(\text{V})$$

$$\dot{U}_L = \dot{I} \times \text{j}5 = 3\angle 0° \times \text{j}5 = 15\angle 90°(\text{V})$$

$$\dot{U}_C = \dot{I} \times (-\text{j}5) = 3\angle 0° \times (-\text{j}8) = 24\angle -90°(\text{V})$$

所以 $\dot{U}_S = \dot{U}_R + \dot{U}_L + \dot{U}_C = 18\angle 0° + 15\angle 90° + 24\angle -90° = 18 - \text{j}9 = 20.1\angle -26.57°(\text{V})$

相量图如图 2-33(b)所示。

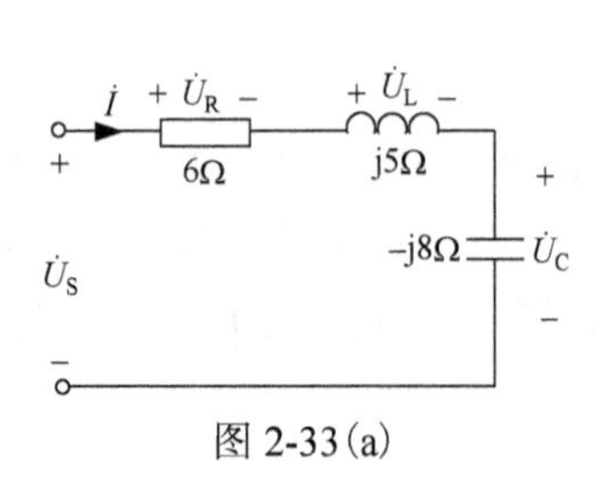

图 2-33(a)

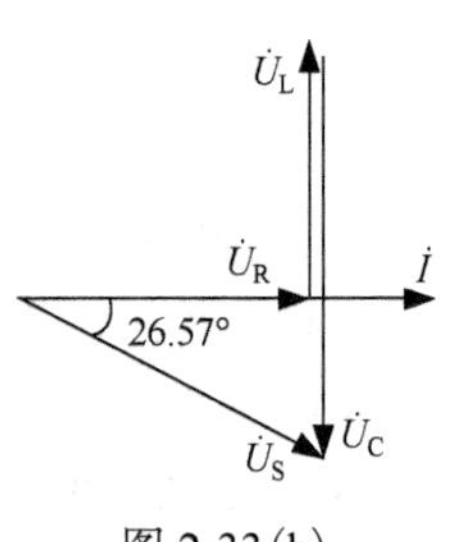

图 2-33(b)

14. 图 2-34(a)所示的 RLC 串联电路中，R=11Ω，L=191mH，C=65μF，电源电压 $u=220\sqrt{2}\sin 314t\text{V}$。求：(1)各元件的电压 u_R、u_L 和 u_C，并画出相量图；(2)电路的有功功率 P 及功率因数λ。

解 (1)

$$X_L=\omega L=314\times 0.191=60(\Omega)$$

$$X_C=\frac{1}{\omega C}=\frac{1}{314\times 65\times 10^{-6}}=49(\Omega)$$

RLC 串联电路的阻抗

$$Z=R+\text{j}(X_L-X_C)=11+\text{j}\times(60-49)=11\sqrt{2}\angle 45°(\Omega)$$

则

$$\dot{I}=\frac{\dot{U}}{Z}=\frac{220\angle 0°}{11\sqrt{2}\angle 45°}=10\sqrt{2}\angle-45°(\text{A})$$

$$\dot{U}_R=\dot{I}R=10\sqrt{2}\angle-45°\times 11=110\sqrt{2}\angle-45°(\text{V})$$

$$\dot{U}_L=\dot{I}\cdot\text{j}X_L=10\sqrt{2}\angle-45°\times\text{j}60=600\sqrt{2}\angle 45°(\text{V})$$

$$\dot{U}_C=\dot{I}\cdot(-\text{j}X_C)=10\sqrt{2}\angle-45°\times(-\text{j}49)=490\sqrt{2}\angle-135°(\text{V})$$

所以

$$u_R=220\sin(314t-45°)\text{V}$$

$$u_L=1200\sin(314t+45°)\text{V}$$

$$u_C=980\sin(314t-135°)\text{V}$$

相量图如图 2-34(b)所示。

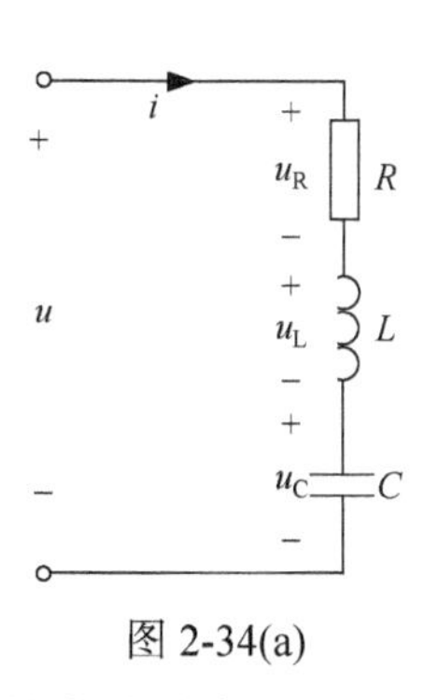

图 2-34(a)

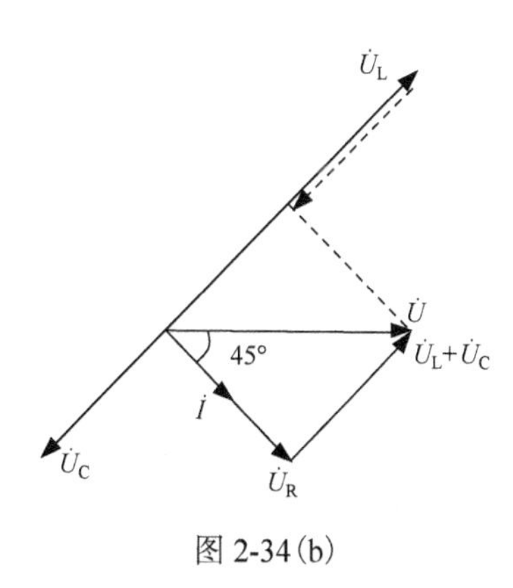

图 2-34(b)

(2)电路的有功功率

$$P=UI\cos\varphi=220\times 10\sqrt{2}\times\cos 45°=2200(\text{W})$$

功率因数

$$\lambda=\cos\varphi=\cos 45°=0.707$$

15. 已知图 2-35 所示电路中 I_1=4A，I_2=6A。求 $\dot{I}$ 和 $\dot{U}_S$。

解 电阻和电容是并联关系，可以设 $\dot{U}_S=U_S\angle 0°\text{ V}$，则有 $\dot{I}_1=4\angle 0°\text{A}$，$\dot{I}_2=6\angle 90°\text{A}$

所以

$$\dot{I}=\dot{I}_1+\dot{I}_2=4\angle 0°+6\angle 90°=4+\text{j}6(\text{A})$$

$$\dot{U}_S=\dot{I}_1R=40\angle 0°\text{V}$$

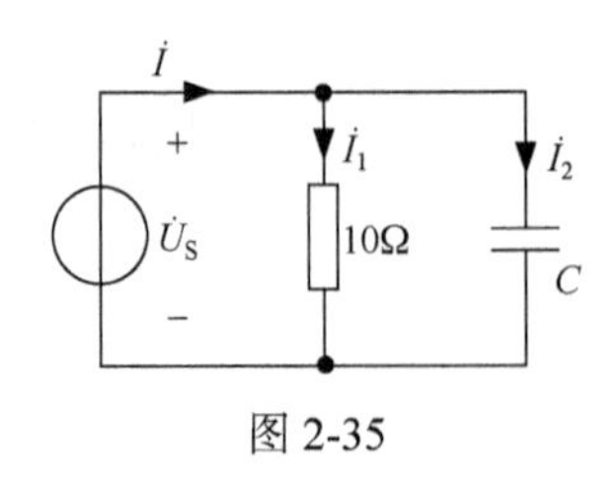

图 2-35

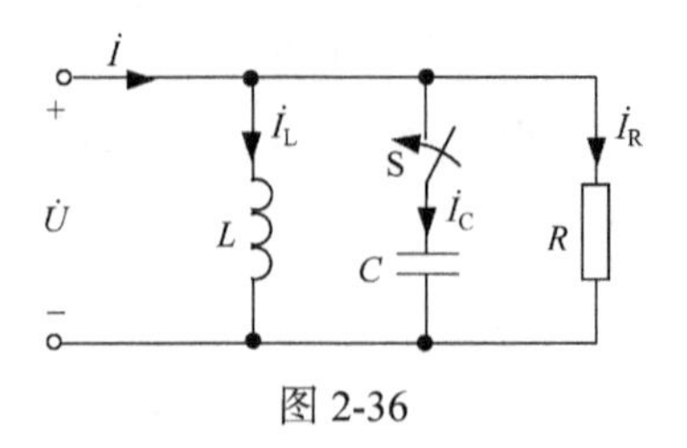

图 2-36

16. 在图 2-36 所示电路中，已知电源的频率 f=50Hz，L=0.1H，当开关 S 闭合或断开时，端口的电流 I 不变，求电容 C 的数值。

解 根据电路结构可以看出，当开关闭合时，$\dot{I}=I_R+j(I_C-I_L)$，即 $I=\sqrt{I_R^2+(I_C-I_L)^2}$

当开关断开时，$\dot{I}'=I_R-jI_L$，即 $I'=\sqrt{I_R^2+I_L^2}$

要使开关 S 闭合或断开时，端口电流 I 保持不变，则必须有 $I_C=2I_L$

即 $X_C=X_L/2=\omega L/2=(314\times0.1)/2=15.7(\Omega)$

所以 $C=1/(\omega X_C)=1/(314\times15.7)=202.8(\mu F)$

17. 在图 2-37 所示电路中，$I_1=I_2$=5A，R=10Ω，$\dot{U}$ 与 $\dot{I}$ 同相，试求 I、U、X_C 及 X_L。

解 因为 $I_1=I_2$=5A，所以 $X_C=R=10\Omega$

因为 $\dot{I}_1$ 超前 $\dot{I}_2$ 90°，所以

$$I=\sqrt{2}I_1=5\sqrt{2}\text{A}$$

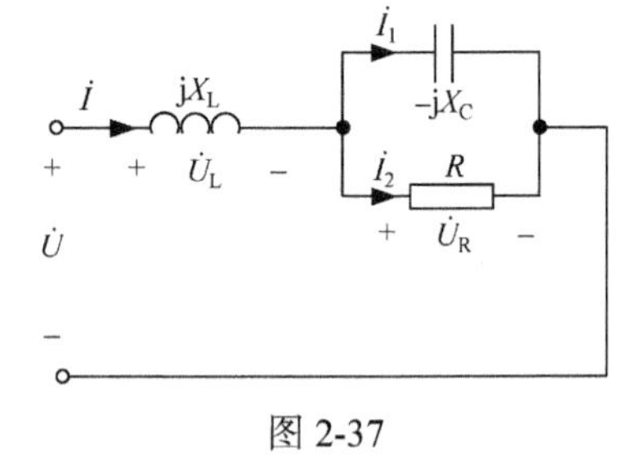

图 2-37

电阻上消耗的功率

$$P=I_2^2\times R=5^2\times10=250(\text{W})$$

因为 $\dot{U}$ 与 $\dot{I}$ 同相，所以电压

$$U=\frac{P}{I}=\frac{250}{5\sqrt{2}}=35.4(\text{V})$$

同样是因为 $\dot{U}$ 与 $\dot{I}$ 同相，所以电感的无功功率等于电容的无功功率，即 $I^2X_L=I_1^2X_C$，得

$$X_L=\frac{I_1^2X_C}{I^2}=\frac{5^2\times10}{(5\sqrt{2})^2}=5(\Omega)$$

18. 在图 2-38 所示电路中，电流 I=2 A，I_1=1A，电感的感抗 X_L=10Ω，电源频率 50Hz，求 u、i_2 和电路阻抗 Z。

解 电阻 R 与电感 L 并联，所以电流 $\dot{I}_1$ 与 $\dot{I}_2$ 相位差 90°，可得

$$I_2=\sqrt{I^2-I_1^2}=\sqrt{2^2-1^2}=1.7(\text{A})$$

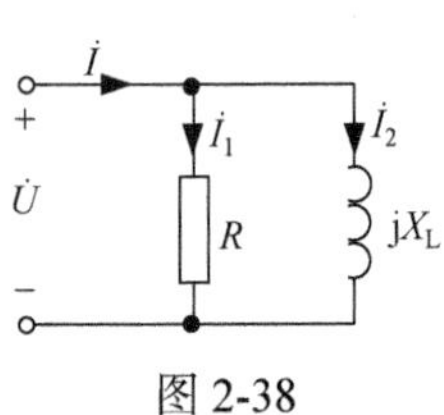

图 2-38

电源电压

$$U=I_2X_L=1.7\times10=17(\text{V})$$

$$R=U/I_1=17/1=17(\Omega)$$

设电源电压为参考相量 $\dot{U}=17\angle0°\text{V}$，则 $\dot{I}_2=1.7\angle-90°\text{A}$，所以

$$u=17\sqrt{2}\sin314t\text{V}$$

$$i_2=1.7\sqrt{2}\sin(314t-90°)\text{A}$$

电路总阻抗

$$Z=\frac{R\times \mathrm{j}X_{\mathrm{L}}}{R+\mathrm{j}X_{\mathrm{L}}}=\frac{17\times \mathrm{j}10}{17+\mathrm{j}10}=8.6\angle 59.53^\circ(\Omega)$$

19. 图 2-39 所示电路中，已知电源电压 $u=220\sqrt{2}\sin 314t\mathrm{V}$，电流 $i_1=22\sin(314t-45^\circ)\mathrm{A}$，$i_2=11\sqrt{2}\sin(314t+90^\circ)\mathrm{A}$。试求各电流表和电压表的读数及电路参数 R、L 和 C。

解 把各瞬时表达式写成相量形式

$\dot{U}=220\angle 0^\circ\mathrm{V}$，　$\dot{I}_1=11\sqrt{2}\angle -45^\circ=15.55\angle -45^\circ\mathrm{A}$

$\dot{I}_2=11\angle 90^\circ\mathrm{A}$

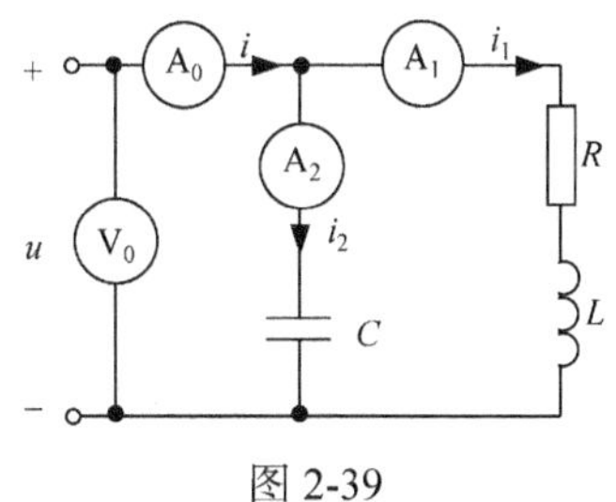

图 2-39

所以电流表读数 A_1=15.55A，A_2=11A，电压表读数 V_0=220V。

而 $\dot{I}=\dot{I}_1+\dot{I}_2=11\sqrt{2}\angle -45^\circ+11\angle 90^\circ=11(\mathrm{A})$，所以 A_0=11A

RL 支路的阻抗

$$Z_1=\frac{\dot{U}}{\dot{I}_1}=\frac{220\angle 0^\circ}{11\sqrt{2}\angle -45^\circ}=10\sqrt{2}\angle 45^\circ=10+\mathrm{j}10(\Omega)$$

即 R=10Ω，X_{L}=10Ω，所以

$$L=\frac{X_{\mathrm{L}}}{2\pi f}=\frac{10}{314}=31.8(\mathrm{mH})$$

而 $X_{\mathrm{C}}=\frac{U}{I_2}=\frac{220}{11}=20\Omega$，所以

$$C=\frac{1}{2\pi f X_{\mathrm{C}}}=\frac{1}{314\times 20}=159.2(\mu\mathrm{F})$$

20. 在图 2-40 所示电路中，已知 R_1=3Ω，X_1=4Ω，R_2=8Ω，X_2=6Ω，$u=220\sqrt{2}\sin 314t\mathrm{V}$。试求 i_1、i_2 和 i。

解 两条支路的阻抗

$$Z_1=R_1+\mathrm{j}X_1=3+\mathrm{j}4=5\angle 53.13^\circ(\Omega)$$

$$Z_2=R_2+\mathrm{j}X_2=8+\mathrm{j}6=10\angle 36.87^\circ(\Omega)$$

端口电压 $\dot{U}$=220∠0°V，所以

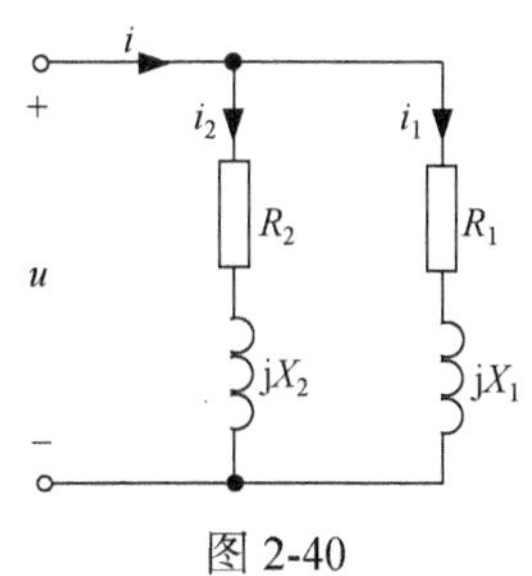

图 2-40

$$\dot{I}_1=\frac{\dot{U}}{Z_1}=\frac{220}{5\angle 53.13^\circ}=44\angle -53.13^\circ(\mathrm{A})$$

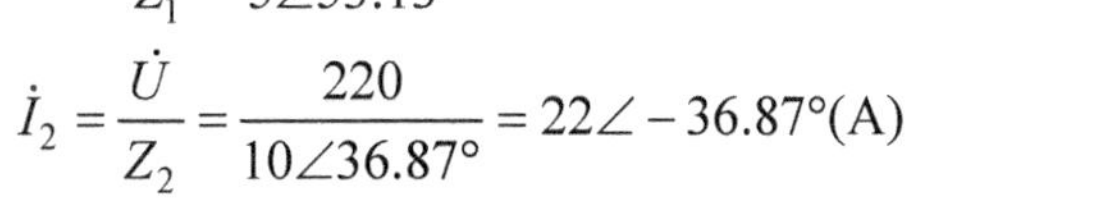

$$\dot{I}_2=\frac{\dot{U}}{Z_2}=\frac{220}{10\angle 36.87^\circ}=22\angle -36.87^\circ(\mathrm{A})$$

端口电流

$$\dot{I}=\dot{I}_1+\dot{I}_2=44\angle -53.13^\circ+22\angle -36.87^\circ=44-\mathrm{j}48.4=65.4\angle -47.73^\circ(\mathrm{A})$$

对应的瞬时表达式

$$i_1=44\sqrt{2}\sin(314t-53.13^\circ)\mathrm{A}$$

$$i_2=22\sqrt{2}\sin(314t-36.87^\circ)\mathrm{A}$$

$$i=65.4\sqrt{2}\sin(314t-47.73^\circ)\mathrm{A}$$

21. 在图 2-41 所示电路中，已知电压表的读数为 16V，试求电流表的读数。

解 两条支路的阻抗

$$Z_1 = 5 + \mathrm{j}2 = 5.39\angle 21.8°(\Omega)$$

$$Z_2 = 4 - \mathrm{j}4 = 5.66\angle -45°(\Omega)$$

根据电压表的读数，可以算出该支路的电流

$$I_2 = \frac{16}{4} = 4(\mathrm{A})$$

设 $\dot{I}_2 = 4\angle 0°\mathrm{A}$，则端口电压

$$\dot{U} = \dot{I}_2 Z_2 = 4 \times 5.66\angle -45° = 22.6\angle -45°(\mathrm{V})$$

另一支路的电流

$$\dot{I}_1 = \frac{\dot{U}}{Z_1} = \frac{22.6\angle -45°}{5.39\angle 21.8°} = 4.2\angle -66.8°(\mathrm{A})$$

图 2-41

总电流

$$\dot{I} = \dot{I}_1 + \dot{I}_2 = 4.2\angle -66.8° + 4\angle 0° = 5.65 - \mathrm{j}3.86 = 6.8\angle -34.34°(\mathrm{A})$$

所以，电流表的读数为 6.8A。

22. 在图 2-42(a)所示电路中，试求电流表 A_0 的读数。

解 标注电压电流的参考方向如图 2-42(b)所示。

设 $\dot{U}_1$ 为参考相量 $\dot{U}_1 = 50\angle 0°\mathrm{V}$，则有

$$\dot{I}_0 = \dot{I}_C + \dot{I}_R = \mathrm{j}5 + \frac{50\angle 0°}{5 + \mathrm{j}5} = \mathrm{j}5 + 5 - \mathrm{j}5 = 5(\mathrm{A})$$

所以，电流表 A_0 的读数为 5A。

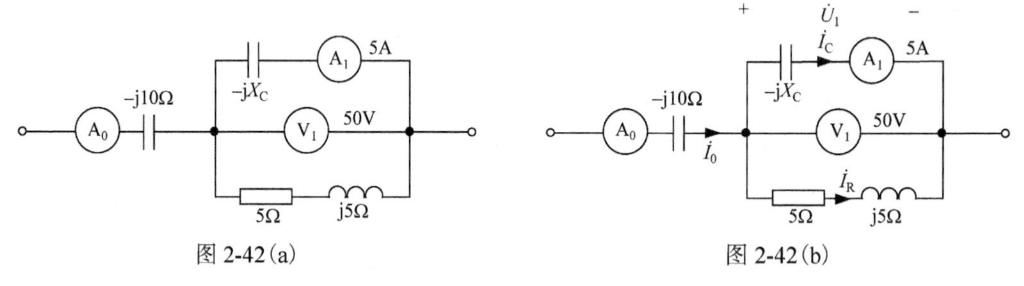

图 2-42(a)　　图 2-42(b)

23. 在图 2-43(a)所示电路中，$I_C = I_R = 5\mathrm{A}$，$U = 100\mathrm{V}$，u 与 i 同相，试求 I、R、X_C 及 X_L。

解 本题利用相量图求解较为方便。以 $\dot{U}_R$ 作为参考相量，则 $\dot{I}_R$ 与 $\dot{U}_R$ 同相，$\dot{I}_C$ 超前于 $\dot{U}_R$ 90°，又因为 $I_C = I_R$，所以 $\dot{I}$ 超前于 $\dot{U}_R$ 45°，这样可以作出相量图如图 2-43(b)所示。

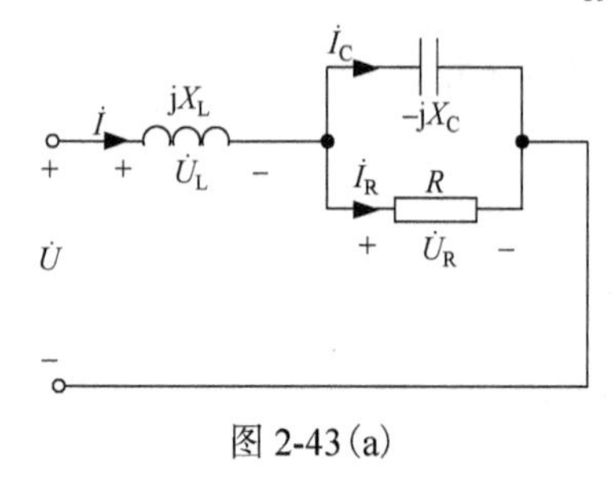

图 2-43(a)

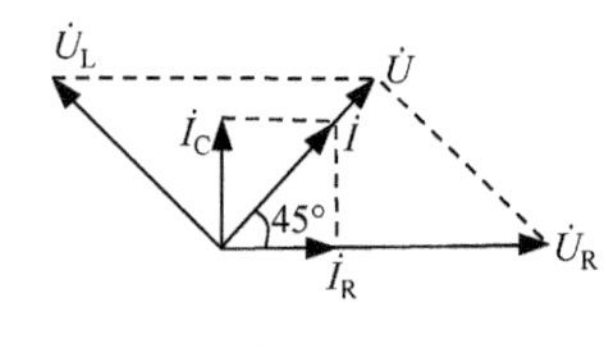

图 2-43(b)

从相量图中可以看出

$$I=\sqrt{2}I_{\rm R}=5\sqrt{2}=7.1{\rm A},\qquad U_{\rm R}=\sqrt{2}U=141.4{\rm V},\qquad U_{\rm L}=U=100{\rm V}$$

所以

$$R=\frac{U_{\rm R}}{I_{\rm R}}=\frac{141.4}{5}=28.2(\Omega)$$

$$X_{\rm C}=\frac{U_{\rm R}}{I_{\rm C}}=\frac{141.4}{5}=28.2(\Omega)$$

$$X_{\rm L}=\frac{U_{\rm L}}{I}=\frac{100}{7.1}=14.1(\Omega)$$

24. 在图 2-44(a)所示电路中，已知$\dot{U}=110\angle 0°{\rm V}$，计算电流$\dot{I}$和电压$\dot{U}_1$与$\dot{U}_2$，并画出相量图。

解 $$\dot{I}=\frac{\dot{U}}{Z_1+Z_2}=\frac{110\angle 0°}{30+30+{\rm j}80}=1.1\angle -53.13°({\rm A})$$

$$\dot{U}_1=\dot{I}Z_1=1.1\angle -53.13°\times 30=33\angle -53.13°({\rm V})$$

$$\dot{U}_2=\dot{I}Z_2=1.1\angle -53.13°\times(30+{\rm j}80)=94\angle 16.31°({\rm V})$$

相量图如图 2-44(b)所示。

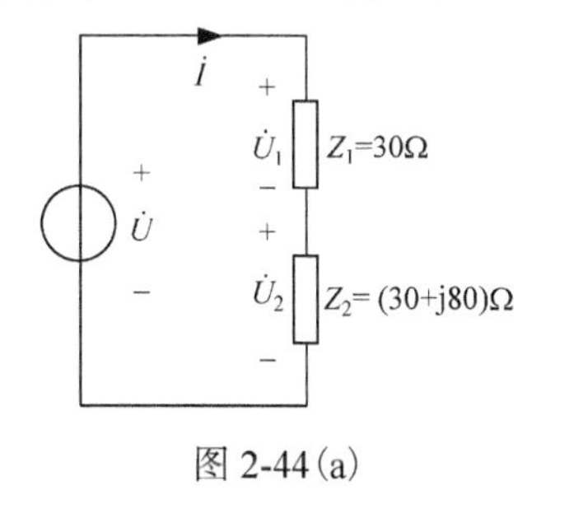

图 2-44(a)

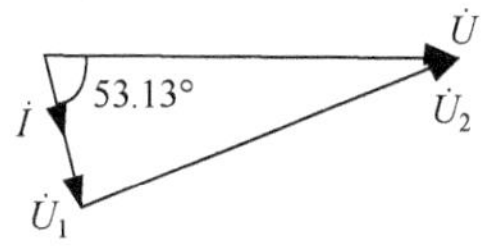

图 2-44(b)

25. 在图 2-45 所示电路图中，已知 U=220V，R_1=R_2=20Ω，X_1=20$\sqrt{3}$Ω，试求各电流及端口总的有功功率。

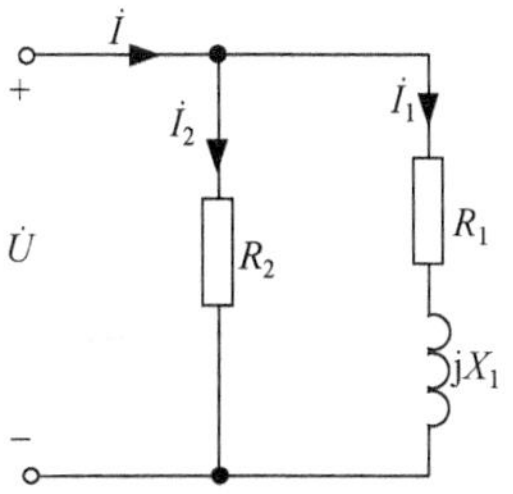

解 这是一个并联电路，可以设端口电压为参考相量：

$$\dot{U}=220\angle 0°{\rm V}$$

RL 支路的阻抗

$$Z_1=R_1+{\rm j}X_1=20+{\rm j}20\sqrt{3}=40\angle 60°(\Omega)$$

图 2-45

所以，各支路电流

$$\dot{I}_1=\frac{\dot{U}}{Z_1}=\frac{220\angle 0°}{40\angle 60°}=5.5\angle -60°({\rm A})$$

$$\dot{I}_2=\frac{\dot{U}}{R_2}=\frac{220\angle 0°}{20}=11\angle 0°({\rm A})$$

$$\dot{I}=\dot{I}_1+\dot{I}_2=5.5\angle -60°+11\angle 0°=14.55\angle -19.1°({\rm A})$$

有功功率

$$P=UI\cos\varphi=220\times 14.55\times\cos 19.1°=3025({\rm W})$$

26. 图 2-46(a)所示电路，N 为无源二端网络，端口电压 $u = 220\sin(314t + \pi/4)$ V，电流 $i = 100\sin(314t + \pi/3)$ A。求端口的等效阻抗 Z，画出串联形式的等效电路图，并计算元件的参数。

解 从瞬时表达式可以写出对应的相量

$$\dot{U} = 110\sqrt{2}\angle 45°\text{V}, \qquad \dot{I} = 50\sqrt{2}\angle 60°\text{A}$$

等效阻抗

$$Z = \frac{\dot{U}}{\dot{I}} = \frac{110\sqrt{2}\angle 45°}{50\sqrt{2}\angle 60°} = 2.2\angle -15° = 2.13 - \text{j}0.57(\Omega)$$

所以，该二端网络呈电容性，可等效为 RC 串联电路。等效参数为

$$R = 2.13\Omega$$

$$C = \frac{1}{\omega X_{\text{C}}} = \frac{1}{314 \times 0.57} = 5.6 \times 10^{-3}(\text{F})$$

等效电路如图 2-46(b)所示。

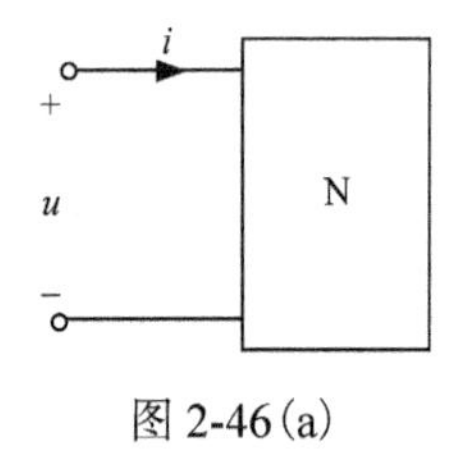

图 2-46(a)

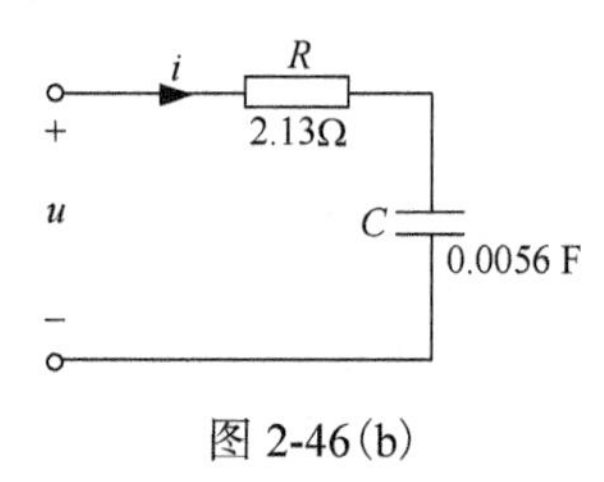

图 2-46(b)

27. 在图 2-47 所示电路中，已知电源的电压 $\dot{U} = 220\angle 0°$V。求端口的等效阻抗 Z 和电流 $\dot{I}$、$\dot{I}_1$、$\dot{I}_2$。

解 端口的等效阻抗

$$Z = 50 + \frac{(10 + \text{j}20)(-\text{j}40)}{10 + \text{j}20 - \text{j}40} = 50 + 40\angle 36.86° = 85.4\angle 16.31°(\Omega)$$

所以，端口电流为

$$\dot{I} = \frac{\dot{U}}{Z} = \frac{220\angle 0°}{85.4\angle 16.31°} = 2.6\angle -16.31°(\text{A})$$

利用分流公式可求得两条支路的电流

$$\dot{I}_1 = \frac{-\text{j}40}{10 + \text{j}20 - \text{j}40} \times 2.6\angle -16.31° = 4.7\angle -42.88°(\text{A})$$

$$\dot{I}_2 = \frac{10 + \text{j}20}{10 + \text{j}20 - \text{j}40} \times 2.6\angle -16.31° = 2.6\angle 110.55°(\text{A})$$

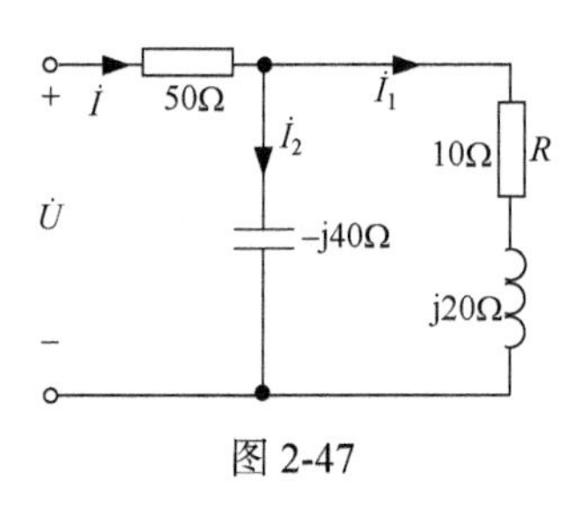

图 2-47

28. 在图 2-48(a)所示电路中，已知 $\dot{I} = 4\angle 0°$A，Z_1=(2+j2)Ω，Z_2=(2−j2)Ω。计算电路中的电流 $\dot{I}_1$、$\dot{I}_2$ 和电压 $\dot{U}$，并画出相量图。

解 利用分流公式计算支路电流 $\dot{I}_1$ 和 $\dot{I}_2$

$$\dot{I}_1 = \frac{Z_2}{Z_1 + Z_2}\dot{I} = \frac{2 - \text{j}2}{2 + \text{j}2 + 2 - \text{j}2} \times 4\angle 0° = 2 - \text{j}2 = 2\sqrt{2}\angle -45°(\text{A})$$

$$\dot{I}_2 = \frac{Z_1}{Z_1 + Z_2}\dot{I} = \frac{2 + \mathrm{j}2}{2 + \mathrm{j}2 + 2 - \mathrm{j}2} \times 4\angle 0° = 2 + \mathrm{j}2 = 2\sqrt{2}\angle 45°(\mathrm{A})$$

电压 $$\dot{U} = \dot{I}_1 Z_1 = 2\sqrt{2}\angle -45° \times (2 + \mathrm{j}2) = 8(\mathrm{V})$$

根据上述相量，可以画出相量图如图 2-48(b)所示。

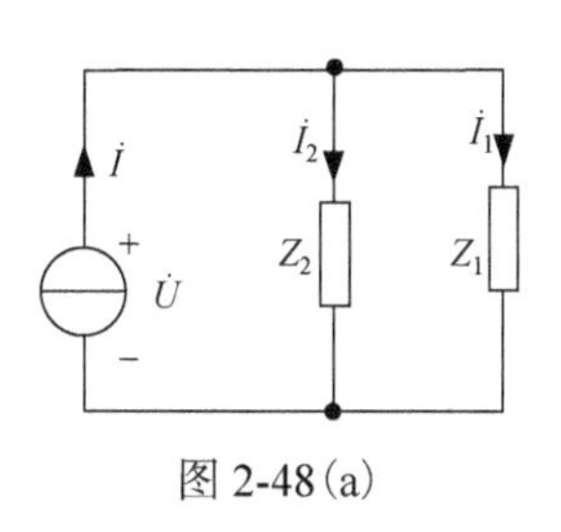

图 2-48(a)

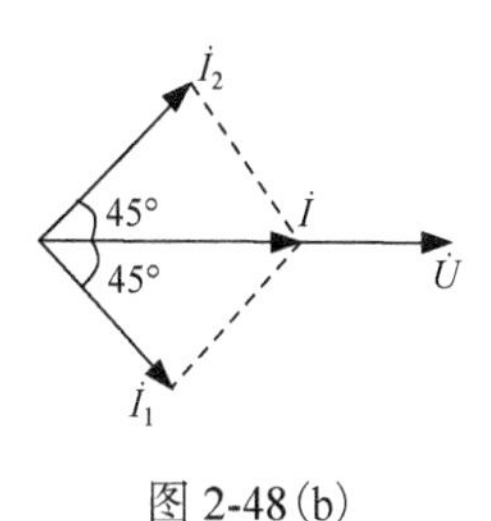

图 2-48(b)

29. 当ω=10rad/s 时，图 2-49(a)所示的电路可等效为图 2-49(b)，已知 R=10Ω, R'=12.5Ω，问 L 及 L'各为多少？

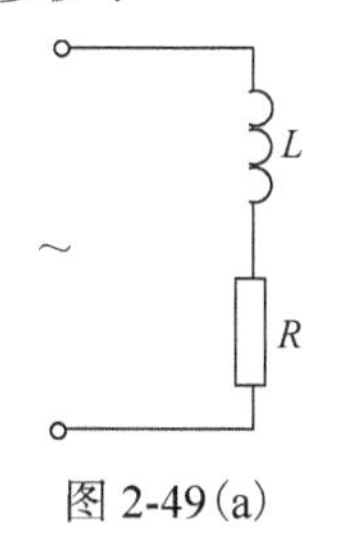

图 2-49(a)

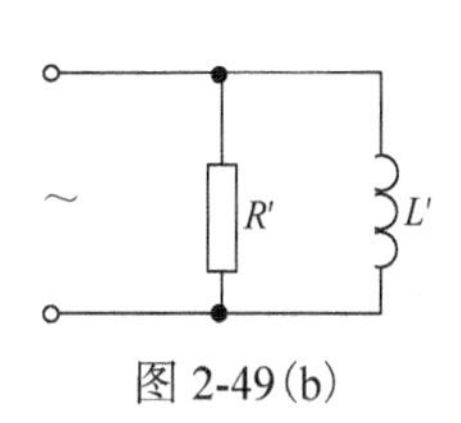

图 2-49(b)

解　图 2-49(a)电路的阻抗

$$Z = R + \mathrm{j}\omega L = 10 + \mathrm{j}10L$$

图 2-49(b)电路的阻抗

$$Z' = \frac{R' \cdot \mathrm{j}\omega L'}{R' + \mathrm{j}\omega L'} = \frac{100 \times 12.5L'^2 + \mathrm{j}12.5^2 \times 10L'}{12.5^2 + 100L'^2}$$

要使两个电路等效，则 $Z = Z'$。利用虚部、实部相等，可以得到

$$10 = \frac{100 \times 12.5L'^2}{12.5^2 + 100L'^2}, \qquad 10L = \frac{12.5^2 \times 10L'}{12.5^2 + 100L'^2}$$

解得

$$L' = 2.5\mathrm{H}, \qquad L = 0.5\mathrm{H}$$

30. 无源二端网络如图 2-50 所示，输入端的电压为 $u = 220\sqrt{2}\sin(314t + 20°)\mathrm{V}$，电流为 $i = 10\sqrt{2}\sin(314t - 33°)\mathrm{A}$。求该二端网络等效电路的参数，以及端口的有功功率、无功功率和功率因数。

解　已知 $\dot{U} = 220\angle 20°\mathrm{V}$，　　$\dot{I} = 10\angle -33°\mathrm{A}$

所以，该二端网络的阻抗

$$Z = \frac{\dot{U}}{\dot{I}} = \frac{220\angle 20°}{10\angle -33°} = 22\angle 53°(\Omega) = 13.2 + \mathrm{j}17.6(\Omega)$$

图 2-50

等效电路的参数 $R = 13.2\Omega$, $X_{\mathrm{L}} = 17.6\Omega$, $L = \dfrac{X_{\mathrm{L}}}{\omega} = \dfrac{17.6}{314} = 0.056(\mathrm{H})$

电路的功率因数　$\cos\varphi = \cos 53° = 0.6$

有功功率　$P = UI\cos\varphi = 220 \times 10 \times \cos 53° = 1324(\text{W})$

无功功率　$Q = UI\sin\varphi = 220 \times 10 \times \sin 53° = 1757(\text{var})$

31. 在 RC 串联电路中，已知电源电压 $u = 110\sqrt{2}\sin(314t+10°)$ V，电流 $i = 22\sqrt{2}\sin(314t + 63.13°)$A。求：(1)电路参数 R、C；(2)电路的有功功率 P 和无功功率 Q。

解　根据电压电流的瞬时值表达式，写出对应的相量

$$\dot{U} = 110\angle 10°\text{V}, \qquad \dot{I} = 22\angle 63.13°\text{A}$$

(1)电路参数

$$Z = \frac{\dot{U}}{\dot{I}} = \frac{110\angle 10°}{22\angle 63.13°} = 5\angle -53.13° = 3 - \text{j}4(\Omega)$$

所以　$R=3\Omega$，$X_C=4\Omega$，$C=1/(\omega X_C)=1/(314\times4)=796.2(\mu\text{F})$

(2)电路的有功功率

$$P=UI\cos\varphi=110\times22\times\cos(-53.13°)=1452(\text{W})$$

无功功率

$$Q=UI\sin\varphi=110\times22\times\sin(-53.13°)=-1936(\text{var})$$

32. 在图 2-51 所示的电路中，已知 $R_1 = R_2 = 15\Omega$，$X_L = X_C = 20\Omega$，$\dot{U} = 100\angle 0°$V。求：(1)电流 $\dot{I}_1$、$\dot{I}_2$、$\dot{I}$ 和电压 $\dot{U}_{ab}$；(2)端口总的有功功率 P、无功功率 Q 和视在功率 S。

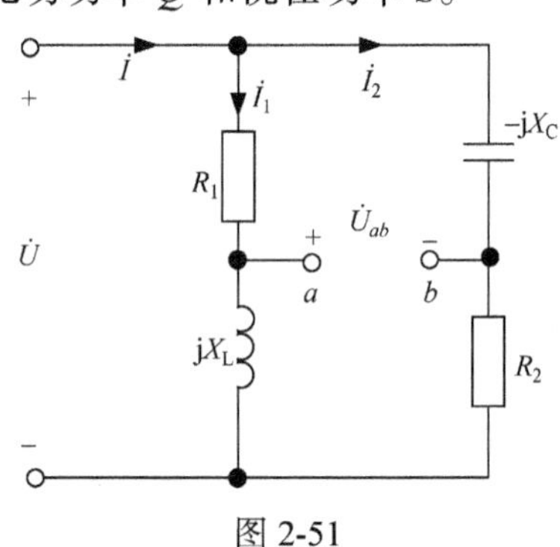

图 2-51

解　(1)先求两条支路的阻抗

$$Z_1 = R_1 + \text{j}X_L = 15 + \text{j}20 = 25\angle 53.13°(\Omega)$$

$$Z_2 = R_2 - \text{j}X_C = 15 - \text{j}20 = 25\angle -53.13°(\Omega)$$

所以

$$\dot{I}_1 = \frac{\dot{U}}{Z_1} = \frac{100\angle 0°}{25\angle 53.13°} = 4\angle -53.13°(\text{A})$$

$$\dot{I}_2 = \frac{\dot{U}}{Z_2} = \frac{100\angle 0°}{25\angle -53.13°} = 4\angle 53.13°(\text{A})$$

端口电流

$$\dot{I} = \dot{I}_1 + \dot{I}_2 = 4\angle -53.13° + 4\angle 53.13° = 4.8\angle 0°(\text{A})$$

选右下回路，列 KVL 方程可得

$$\begin{aligned}\dot{U}_{ab} &= \dot{I}_1 \times \text{j}X_L - \dot{I}_2 R_2 = 4\angle -53.13° \times \text{j}20 - 4\angle 53.13° \times 15 \\ &= 80\angle 36.87° - 60\angle 53.13° = 28\angle 0°(\text{V})\end{aligned}$$

(2)端口的功率

$$P = UI\cos\varphi = 100 \times 4.8 \times 1 = 480(\text{W})$$

$$Q = UI\sin\varphi = 100 \times 4.8 \times 0 = 0$$

$$S = UI = 480\text{V} \cdot \text{A}$$

33. 有一 RLC 串联的正弦交流电路，已知电源电压 $\dot{U} = 220\angle 0°$V，$R=12\Omega$，$X_L=8\Omega$，$X_C=3\Omega$，求电路电流 $\dot{I}$、有功功率 P、无功功率 Q 和视在功率 S。

解　RLC 串联电路的阻抗为

$$Z=R+\text{j}(X_L-X_C)=12+\text{j}5=13\angle 21.62°(\Omega)$$

所以，串联电路的电流

$$\dot{I}=\frac{\dot{U}}{Z}=\frac{220\angle 0^\circ}{13\angle 21.62^\circ}=16.9\angle-21.62^\circ(\text{V})$$

电压与电流的相位差　$\varphi=\varphi_u-\varphi_i=21.62^\circ$（或$\varphi=\varphi_z=21.62^\circ$）

有功功率　$P=UI\cos\varphi=220\times16.9\times\cos21.62^\circ=3456$（W）

无功功率　$Q=UI\sin\varphi=220\times16.9\times\sin21.62^\circ=1370$（var）

视在功率　$S=UI=220\times16.9=3718$（V · A）

34. 有一日光灯电路如图 2-52 所示，灯管可近似看成是电阻性，功率为 30W；镇流器功率为 8W，与灯管串联后接于 220V，50Hz 的交流电源上，灯管两端电压为 88V。求：

(1)灯管的等效电阻 R_L、镇流器的电阻 R 和电感 L；

(2)电路的总功率因数；

(3)若将功率因数提高到 0.9 应并多大电容？

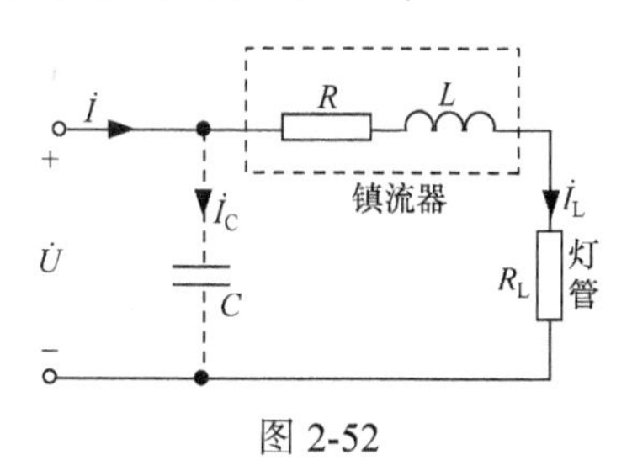

图 2-52

解　(1)根据题意，灯管功率为 $P_L=30$W，灯管两端电压为 $U_L=88$V。

所以，灯管的等效电阻

$$R_L=U_L^2/P_L=88^2/30=258.1(\Omega)$$

电流

$$I_L=U_L/R_L=88/258.1=0.34(\text{A})$$

又已知镇流器功率为 $P_R=8$W。所以，镇流器的电阻

$$R=P_R/I_L^2=8/0.34^2=69.2(\Omega)$$

而日光灯所在支路的总阻抗模为

$$|Z_{RL}|=U/I_L=220/0.34=647.1(\Omega)$$

所以，镇流器的感抗

$$X_L=\sqrt{|Z_{RL}|^2-(R_L+R)^2}=\sqrt{647.1^2-(258.1+69.2)^2}=558.2(\Omega)$$

镇流器的电感

$$L=X_L/\omega=558.2/314=1.78(\text{H})$$

(2)根据上面计算可以得到日光灯所在支路的总阻抗

$$Z=R+R_L+\text{j}X_L=258.1+69.2+\text{j}558.2=327.3+\text{j}558.2=647.1\angle59.61^\circ(\Omega)$$

电路的功率因数

$$\cos\varphi=\cos59.61^\circ=0.506$$

(3)电路总有功功率

$$P=P_R+P_L=38\text{W}$$

若将功率因数提高到 $\cos\varphi_1=0.9$，$\varphi_1=25.84^\circ$，应并电容

$$C=\frac{P}{\omega U^2}(\tan\varphi-\tan\varphi_1)=\frac{38}{2\pi\times50\times220^2}(\tan59.61^\circ-\tan25.84^\circ)=3.05(\mu\text{F})$$

35. 图 2-53(a)所示电路中，$u=110\sqrt{2}\sin(1000t+60^\circ)\text{V}$，$u_C=55\sqrt{2}\sin(1000t-30^\circ)\text{V}$，容抗 $X_C=100\Omega$。求无源二端网络 N 的阻抗 Z 及有功功率 P，并画出相量图。

解 根据 u 和 u_C 的瞬时表达式写出对应的相量

$$\dot{U}=110\angle 60°\text{V},\qquad \dot{U}_C=55\angle -30°\text{V}$$

根据容抗，可以计算出电流

$$\dot{I}=\frac{\dot{U}_C}{-jX_C}=\frac{55\angle -30°}{100\angle -90°}=0.55\angle 60°(\text{A})$$

而
$$\dot{U}_N=\dot{U}-\dot{U}_C=110\angle 60°-55\angle -30°=7.37+j122.76=123\angle 86.56°(\text{V})$$

所以
$$Z=\frac{\dot{U}_N}{\dot{I}}=\frac{123\angle 86.56°}{0.55\angle 60°}=223.6\angle 26.56°(\Omega)$$

二端网络 N 的有功功率

$$P=U_N I\cos\varphi_N=123\times 0.55\times \cos 26.56°=60.5\,(\text{W})$$

相量图如图 2-53(b)所示。

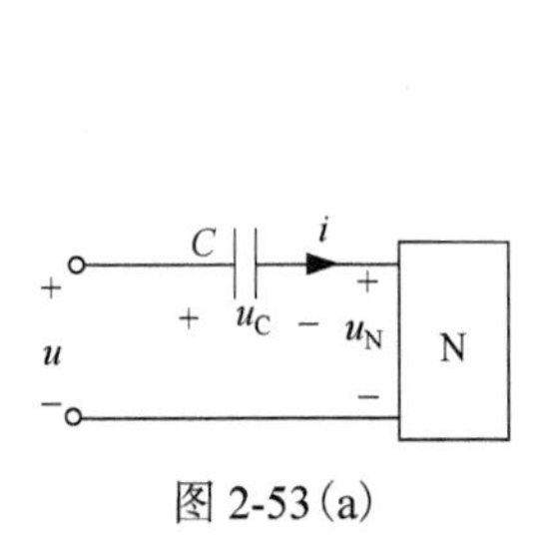

图 2-53(a)

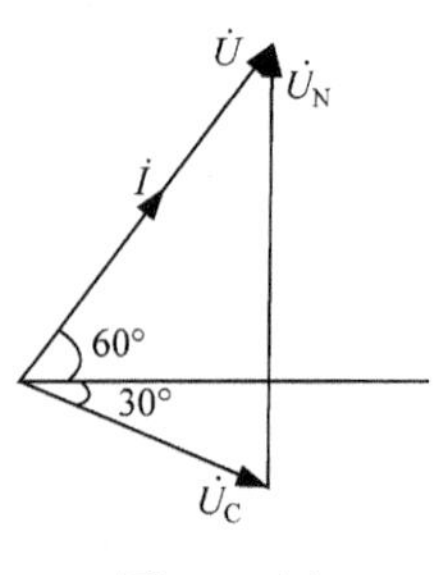

图 2-53(b)

36. 在图 2-54(a)所示电路中，已知 $u=220\sqrt{2}\sin 314t\text{V}$，$R=X_L=100\Omega$，$X_C=200\Omega$。求电流 i_R、i_C、i_L、i 及总有功功率 P。并画出相量图。

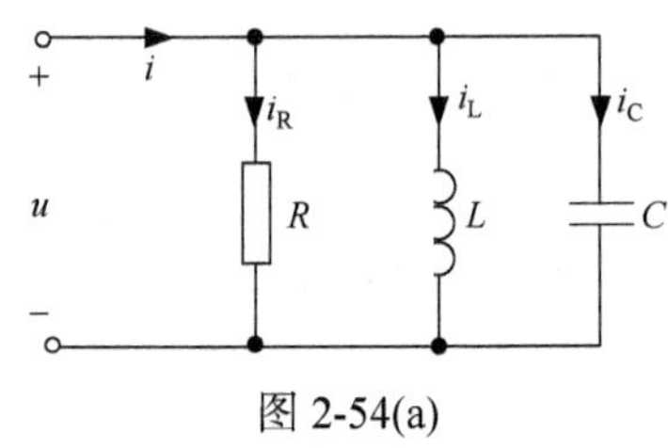

图 2-54(a)

解 因为 $\dot{U}=220\angle 0°\text{V}$，所以

$$\dot{I}_R=\frac{\dot{U}}{R}=\frac{220\angle 0°}{100}=2.2\angle 0°(\text{A})$$

$$\dot{I}_C=\frac{\dot{U}}{-jX_C}=\frac{220\angle 0°}{-j200}=1.1\angle 90°(\text{A})$$

$$\dot{I}_L=\frac{\dot{U}}{jX_L}=\frac{220\angle 0°}{j100}=2.2\angle -90°(\text{A})$$

$$\dot{I}=\dot{I}_R+\dot{I}_L+\dot{I}_C=2.2\angle 0°+2.2\angle -90°+1.1\angle 90°=2.2-j1.1=2.5\angle -26.57°(\text{A})$$

对应的瞬时表达式为

$$i_R=2.2\sqrt{2}\sin 314t\text{A}$$
$$i_C=1.1\sqrt{2}\sin(314t+90°)\text{A}$$
$$i_L=2.2\sqrt{2}\sin(314t-90°)\text{A}$$
$$i=2.5\sqrt{2}\sin(314t-26.57°)\text{A}$$

有功功率

$$P=UI\cos\varphi=220\times 2.5\times \cos 26.57°=491.9(\text{W})$$

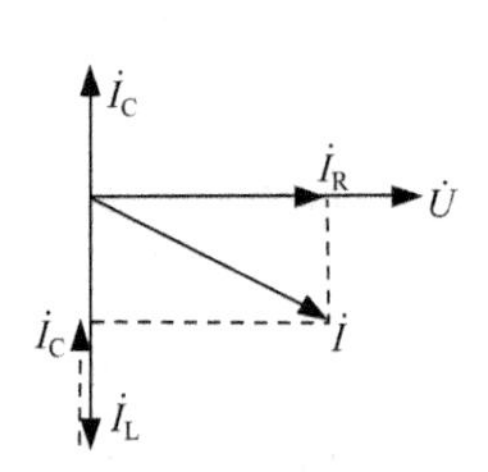

图 2-54(b)

相量图如图 2-54(b)所示。

37. 已知交流继电器线圈的额定数据为380V、50Hz，线圈电阻 R=1.5kΩ，线圈电感 L=20H，求继电器吸合时线圈电流及功率因数。

解 线圈阻抗为

$$Z = R + \mathrm{j}\omega L = 1500 + \mathrm{j}314 \times 20 = 6.46\angle 76.57^\circ (\mathrm{k\Omega})$$

设 $\dot{U} = 380\angle 0^\circ \mathrm{V}$

电流 $\dot{I} = \dfrac{\dot{U}}{Z} = \dfrac{380\angle 0^\circ}{6.46\angle 76.57^\circ} = 58.8\angle -76.57^\circ (\mathrm{mA})$

功率因数 $\cos\varphi = \cos 76.57^\circ = 0.232$

38. RL 串联电路端口的电压 $u = 220\sqrt{2}\sin 314t\mathrm{V}$，有功功率 P=90W，电阻上电压 U_R=120V。试求电路的功率因数？若要将电路的功率因数提高到 0.9，应并联多大电容？

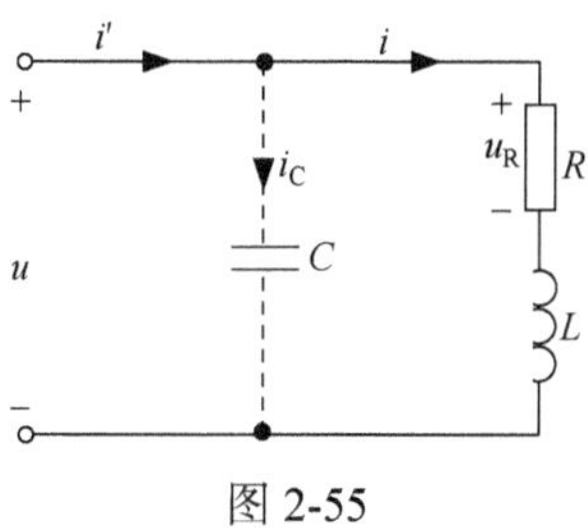

图 2-55

解 (1) 根据题意，可以画出电路如图 2-55 所示。

因为 $P=U_\mathrm{R}I$，所以 $I=P/U_\mathrm{R}$=90/120=0.75（A）

端口总的视在功率 $S=UI$=220×0.75=165（V·A）

所以功率因数 $\lambda = \cos\varphi = \dfrac{P}{S} = \dfrac{90}{165} = 0.545$

(2) 如果要把功率因数从 0.545 提高到 0.9

$$\cos\varphi = 0.545, \quad \varphi = 56.98^\circ$$

$$\cos\varphi_1 = 0.9, \quad \varphi_1 = 25.84^\circ$$

$$C = \frac{P}{\omega U^2}(\tan\varphi - \tan\varphi') = \frac{90}{314 \times 220^2}(\tan 56.98^\circ - \tan 25.84^\circ) = 6.24 (\mu\mathrm{F})$$

39. 在图 2-56 所示电路中，已知 $\dot{U} = 220\angle 0^\circ \mathrm{V}$，$Z_0$=30+j60Ω，试求负载阻抗分别为 (1) $Z_{\mathrm{L}1}$=30Ω，(2) $Z_{\mathrm{L}2}=|Z_0|$，(3) $Z_{\mathrm{L}3}$=30−j60Ω时负载的功率。

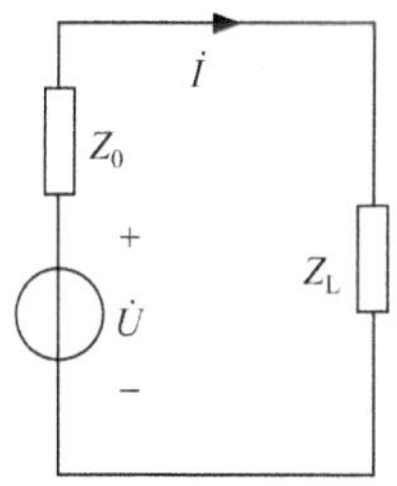

图 2-56

解 (1) 负载阻抗 Z_L=30Ω时

$$\dot{I}_1 = \frac{\dot{U}}{Z_0 + Z_{\mathrm{L}1}} = \frac{220\angle 0^\circ}{30 + \mathrm{j}60 + 30} = \frac{220\angle 0^\circ}{60\sqrt{2}\angle 45^\circ} = 2.59\angle -45^\circ (\mathrm{A})$$

负载的功率

$$P_{\mathrm{L}1} = I_1^2 R_{\mathrm{L}1} = 2.59^2 \times 30 = 201.2 (\mathrm{W})$$

(2) 负载阻抗 $Z_{\mathrm{L}2}=|Z_0|$=67.1Ω时

$$\dot{I}_2 = \frac{\dot{U}}{Z_0 + Z_{\mathrm{L}2}} = \frac{220\angle 0^\circ}{30 + \mathrm{j}60 + 67.1} = \frac{220\angle 0^\circ}{114.1\angle 31.71^\circ} = 1.93\angle -31.71^\circ (\mathrm{A})$$

负载的功率

$$P_{\mathrm{L}2} = I_2^2 R_{\mathrm{L}2} = 1.93^2 \times 67.1 = 249.9 (\mathrm{W})$$

当 $Z_\mathrm{L}=|Z_0|$时，称为阻抗模匹配。

(3) 负载阻抗 $Z_{\mathrm{L}3}$=30−j60Ω时

$$\dot{I}_3 = \frac{\dot{U}}{Z_0 + Z_{\mathrm{L}3}} = \frac{220\angle 0^\circ}{30 + \mathrm{j}60 + 30 - \mathrm{j}60} = \frac{220\angle 0^\circ}{60} = 3.67\angle 0^\circ (\mathrm{A})$$

$$P_{\mathrm{L}3} = I_3^2 R_{\mathrm{L}3} = 3.67^2 \times 30 = 404.1 (\mathrm{W})$$

当 $Z_L=Z_0^*$ 时，称为阻抗匹配。

从上述三种负载的计算可以看出，当负载阻抗匹配时，即 $Z_L=Z_0^*$ 时，负载上消耗的功率最大。

40. 已知图 2-57 所示无源线性二端网络 N 测得的数据如下：f=50Hz，U=220V，I=3A，P=300W。当与二端网络 N 并联一个小电容 C 后，电流 I 减小，试确定该网络的性质，串联模型的等效参数及功率因数。

解 并联小电容 C 后，端口电流 I 减小，所以二端网络 N 是一个电感性网络，它可以等效为一个 RL 串联电路。

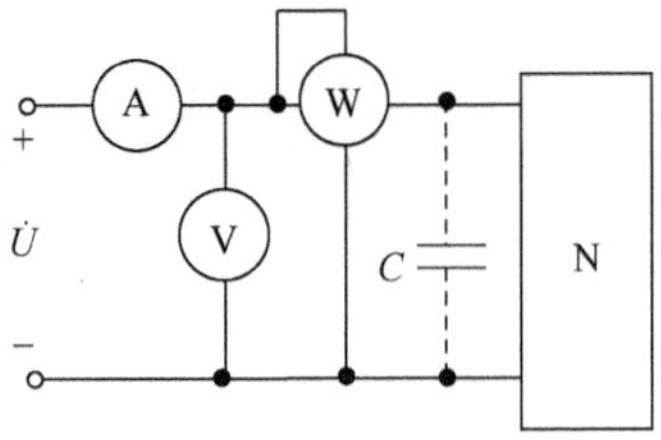

其中，电阻 $R=\dfrac{P}{I^2}=\dfrac{300}{3^2}=33.3(\Omega)$

阻抗模 $|Z|=\dfrac{U}{I}=\dfrac{220}{3}=73.3(\Omega)$

感抗 $X_L=\sqrt{|Z|^2-R^2}=\sqrt{73.3^2-33.3^2}=65.3(\Omega)$

电感 $L=\dfrac{X_L}{\omega}=\dfrac{65.3}{314}=0.21(\text{H})$

功率因数 $\cos\varphi=\dfrac{P}{S}=\dfrac{300}{220\times 3}=0.45$

图 2-57

41. 在图 2-58 所示电路中，U=220V，f=50Hz，R_1=10Ω，X_1=10Ω，R_2=20Ω，X_2=20Ω。(1) 求电流表的读数和电路的功率因数 $\cos\varphi$；(2) 欲使电路的功率因数提高到 0.9，需并联多大电容？并联电容后电流表的读数变为多少？

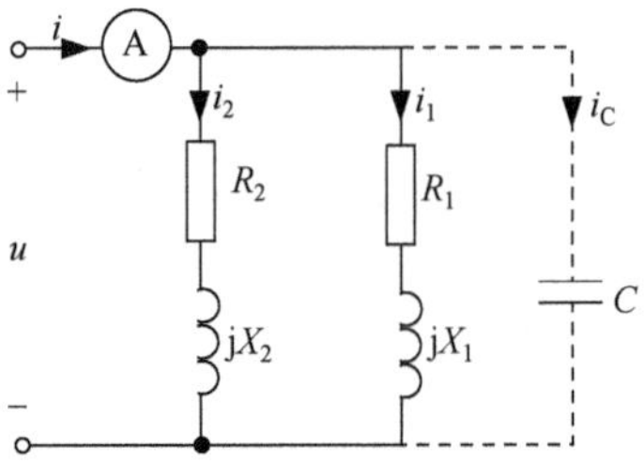

解 (1) 这是一个并联电路，可以设端口电压为参考相量

$$\dot{U}=220\angle 0^\circ\text{V}$$

并联各支路的阻抗

$$Z_1=R_1+\text{j}X_1=10+\text{j}10=10\sqrt{2}\angle 45^\circ(\Omega)$$

$$Z_2=R_2+\text{j}X_2=20+\text{j}20=20\sqrt{2}\angle 45^\circ(\Omega)$$

图 2-58

所以各支路电流

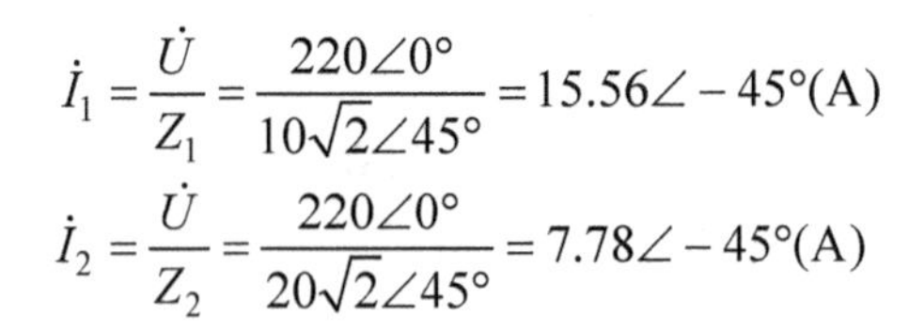

$$\dot{I}_1=\frac{\dot{U}}{Z_1}=\frac{220\angle 0^\circ}{10\sqrt{2}\angle 45^\circ}=15.56\angle -45^\circ(\text{A})$$

$$\dot{I}_2=\frac{\dot{U}}{Z_2}=\frac{220\angle 0^\circ}{20\sqrt{2}\angle 45^\circ}=7.78\angle -45^\circ(\text{A})$$

总电流

$$\dot{I}=\dot{I}_1+\dot{I}_2=15.56\angle -45^\circ+7.78\angle -45^\circ=23.34\angle -45^\circ(\text{A})$$

所以，电流表的读数为 23.34A。

电路功率因数 $\cos\varphi=\cos 45^\circ=0.707$

(2) 并联电容前，电路的有功功率

$$P=UI\cos\varphi=220\times 23.34\times\cos 45^\circ=3630(\text{W})$$

功率因数从 $\cos\varphi=0.707$ ($\varphi=45^\circ$) 提高到 $\cos\varphi_1=0.9$ ($\varphi_1=25.84^\circ$)，需并联电容

$$C=\frac{P}{\omega U^2}(\tan\varphi-\tan\varphi_1)=\frac{3630}{314\times 220^2}(\tan 45^\circ-\tan 25.84^\circ)=123.2(\mu\text{F})$$

并联 C 后，电路的有功功率不变。由 $P = UI'\cos\varphi_1$ 可得

$$I' = \frac{P}{U\cos\varphi_1} = \frac{3630}{220\times 0.9} = 18.3(\mathrm{A})$$

即并联电容后，电流表的读数变为 18.3A。

42. 在 RLC 串联电路中，已知 R=60Ω，L=0.255H，C=20μF，电源电压 $u = 220\sqrt{2}\sin(314t+10°)\mathrm{V}$，如图 2-59 所示。求：(1)该串联电路的阻抗 Z；(2)电路电流 i；(3)功率因数 $\cos\varphi$；(4)各部分电压 u_R、u_L 和 u_C；(5)功率 P、Q 和 S。

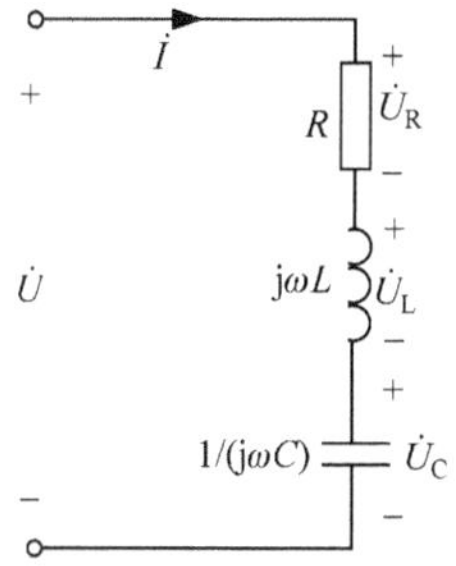

图 2-59

解 (1)感抗 $X_L = \omega L = 314\times 0.255 = 80(\Omega)$

容抗 $X_C = \dfrac{1}{\omega C} = \dfrac{1}{314\times 20\times 10^{-6}} = 159.2(\Omega)$

串联电路的阻抗

$$\begin{aligned} Z &= R + \mathrm{j}(X_L - X_C) = 60 + \mathrm{j}(80-159.2) = 60 - \mathrm{j}79.2 \\ &= 99.4\angle -52.85°(\Omega) \end{aligned}$$

(2)电路电流

$$\dot{I} = \frac{\dot{U}}{Z} = \frac{220\angle 10°}{99.4\angle -52.85°} = 2.2\angle 62.85°(\mathrm{A})$$

$$i = 2.2\sqrt{2}\sin(314t + 62.85°)\mathrm{A}$$

(3)功率因数 $\cos\varphi = \cos(\varphi_u - \varphi_i) = \cos(10° - 62.85°) = \cos(-52.85°) = 0.6$

(4)各部分的电压相量

$$\begin{aligned} \dot{U}_R &= \dot{I}R = 2.2\angle 62.85°\times 60 = 132\angle 62.85°(\mathrm{V}) \\ \dot{U}_L &= \dot{I}\cdot \mathrm{j}X_L = 2.2\angle 62.85°\times \mathrm{j}80 = 176\angle 152.85°(\mathrm{V}) \\ \dot{U}_C &= \dot{I}\cdot(-\mathrm{j}X_C) = 2.2\angle 62.85°\times(-\mathrm{j}159.2) = 350.2\angle -27.15°(\mathrm{V}) \end{aligned}$$

对应的瞬时表达式

$$\begin{aligned} u_R &= 132\sqrt{2}\sin(314t + 62.85°)\mathrm{V} \\ u_L &= 176\sqrt{2}\sin(314t + 152.85°)\mathrm{V} \\ u_C &= 350.2\sqrt{2}\sin(314t - 27.15°)\mathrm{V} \end{aligned}$$

(5)功率

$$\begin{aligned} P &= UI\cos\varphi = 220\times 2.2\cos(-52.85°) = 292.3(\mathrm{W}) \\ Q &= UI\sin\varphi = 220\times 2.2\times\sin(-52.85°) = -385.8(\mathrm{var}) \\ S &= UI = 220\times 2.2 = 484(\mathrm{V\cdot A}) \end{aligned}$$

43. 电路如图 2-60 所示，已知 $R=X_L=X_C$，电流表 A_1 的读数为 2A，试求 A_2 和 A_3 的读数为多少？

解 因为 RLC 是并联的，且 $R=X_L=X_C$，所以 $I_1=I_2=I_3$，电路处于并联谐振。从而可得 A_3 的读数也应为 2A。

I_2 所在支路是电容，I_3 所在支路是电感，且 I_2 和 I_3 大小相等，方向相反，所以 A_2 的读数应为 0。

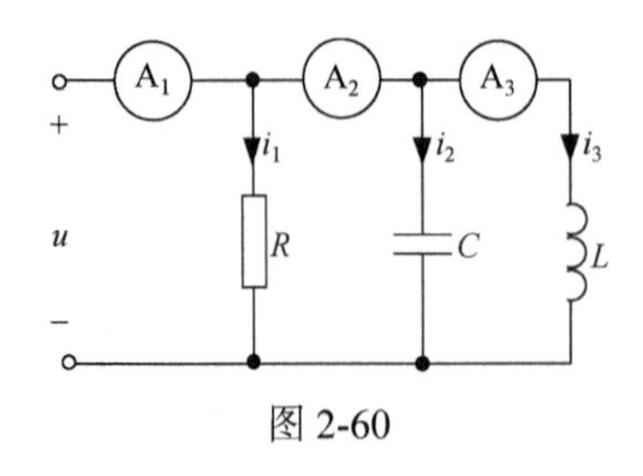

图 2-60

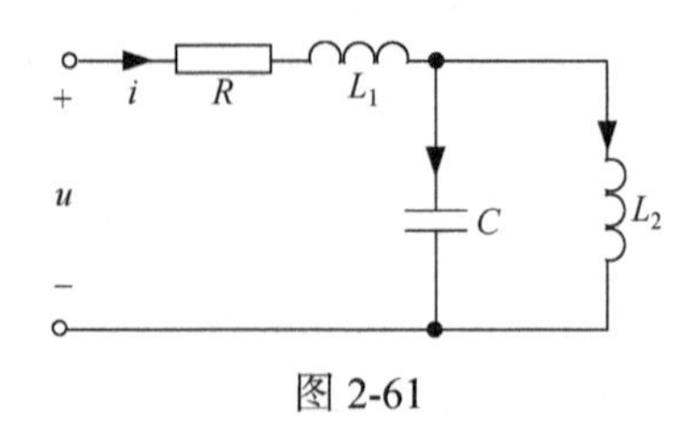

图 2-61

44. 在图 2-61 所示电路中，电容 C 与其他参数（ω、R、L_1、L_2）满足什么关系时，端口电压 u 与电流 i 同相？

解 端口的等效阻抗

$$Z = R + \mathrm{j}\omega L_1 + \frac{\mathrm{j}\omega L_2 \times \frac{1}{\mathrm{j}\omega C}}{\mathrm{j}\omega L_2 + \frac{1}{\mathrm{j}\omega C}} = R + \mathrm{j}\omega\left(L_1 + \frac{L_2}{1-\omega^2 L_2 C}\right)$$

要使端口电压 u 与电流 i 同相，则端口的等效阻抗应该是纯电阻性。即

$$L_1 + \frac{L_2}{1-\omega^2 L_2 C} = 0$$

所以

$$C = \frac{L_1 + L_2}{\omega^2 L_1 L_2}$$

45. 在图 2-62 所示的 RLC 并联电路中，当频率 f_0=1kHz 时发生谐振，谐振时端口的电流 I_0=0.1A。如果保持电源电压不变，频率变为 f=1.5kHz 时，电流 I、I_1、I_2、I_3 如何变化，此时电路呈何性质？

解 谐振时 I_2=I_3，I=I_1。

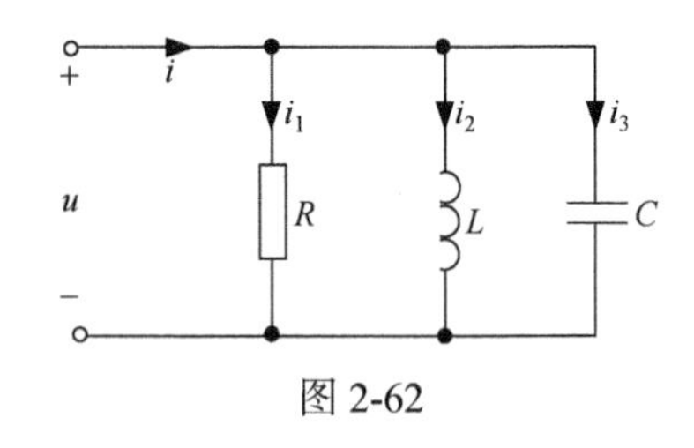

图 2-62

在保持电源电压不变，频率从 1kHz 变为 1.5kHz 时：电阻值不变，所以电阻上的电流 I_1 不会变化；电感的电抗增加，所以电感上的电流 I_2 变小；电容的电抗减小，所以电容上的电流 I_3 变大。

因为 $I = \sqrt{I_1^2 + (I_2 - I_3)^2}$，所以当频率增加后，总电流 I 也增大了。

设 $\dot{U} = U\angle 0°\mathrm{V}$，则 $\dot{I} = I_1 + \mathrm{j}(I_2 - I_3)$，因为 $I_2 < I_3$，所以电路呈容性。

46. 已知 RLC 串联电路的谐振频率 f_0=50Hz，谐振电流 I_0=0.2A，C=10μF，电容电压 U_C=20U（U 为电源电压），试求电路的电阻 R 及电感 L。

解 谐振时 $\frac{1}{\omega_0 C} = \omega_0 L$，所以 $L = \frac{1}{\omega_0^2 C} = \frac{1}{314^2 \times 10\mu} = 1(\mathrm{H})$

$$X_C = \frac{1}{\omega C} = \frac{1}{314 \times 10\mu} = 318.5(\Omega)$$

又因为 $Q = \frac{U_C}{U} = \frac{X_C}{R} = 20$，所以 $R = \frac{X_C}{Q} = \frac{318.5}{20} = 15.9(\Omega)$

47. 有一 RLC 串联电路，电源电压 U=10V，频率可调。当调节频率时，电流的最大值为0.1A。试求电阻 R。

解 RLC 串联电路，当调节电源频率使电流达到最大值时，电路处于串联谐振状态，此时电流 I_0=0.1A。

在谐振时
$$R=|Z_0|=\frac{U}{I_0}=\frac{10}{0.1}=100(\Omega)$$

48. 有一 RLC 串联电路接于 50V、50Hz 的交流电源上，R=2Ω，X_L=5Ω，当电路谐振时，电容 C 为多少？品质因数 Q 为多少？此时的电流 I 为多少？

解 当电路谐振时
$$\omega L=1/(\omega C)$$
所以
$$C=1/(\omega^2 L)=1/(314\times5)=636.9(\mu F)$$
品质因数
$$Q=X_L/R=5/2=2.5$$
电流
$$I=U/R=50/2=25(A)$$

49. 在 RLC 串联的交流电路中，已知电源电压 U=10V，R=20Ω，L=10mH，C=320pF。试求：(1) 当电路发生谐振时的频率 f_0、电流 I_0、电容器上的电压 U_C、品质因数 Q 和通频带 Δf；(2) 当频率偏离谐振点+5%时的电流、电容器上的电压。

解 (1) 谐振时
$$f_0=\frac{1}{2\pi\sqrt{LC}}=\frac{1}{2\pi\times\sqrt{0.01\times320\times10^{-12}}}=89.015(\text{kHz})$$
谐振时的电流
$$I_0=\frac{U}{R}=\frac{10}{20}=0.5(\text{A})$$
谐振时的容抗
$$X_C=\frac{1}{\omega_0 C}=\frac{1}{2\pi\times89.015\times10^3\times320\times10^{-12}}=5590.2(\Omega)$$
谐振时电容器上的电压
$$U_C=I_0X_C=0.5\times5590.2=2795.1(\text{V})$$
品质因数
$$Q=\frac{X_C}{R}=\frac{5590.2}{20}=279.5$$
通频带宽度
$$\Delta f=\frac{f_0}{Q}=\frac{89.015\times10^3}{279.5}=318.5(\text{Hz})$$
(2) 当频率偏离谐振点+5%时
$$f_1=1.05f_0=93.466\text{kHz}$$
此时的感抗和容抗分别为
$$X_{L1}=\omega_1 L=2\pi\times93.466\times10^3\times0.01=5869.7(\Omega)$$
$$X_{C1}=\frac{1}{\omega_1 C}=\frac{1}{2\pi\times93.466\times10^3\times320\times10^{-12}}=5324(\Omega)$$

串联电路的阻抗

$$Z_1 = R + \mathrm{j}(X_{\mathrm{L1}} - X_{\mathrm{C1}}) = 20 + \mathrm{j}(5869.7 - 5324) = 20 + \mathrm{j}545.7 = 546.1\angle 87.9°(\Omega)$$

电流

$$I_1 = \frac{U}{|Z_1|} = \frac{10}{546.1} = 0.018(\mathrm{A})$$

电容器上的电压

$$U_{\mathrm{C1}} = I_1 X_{\mathrm{C1}} = 0.018 \times 5324 = 95.8(\mathrm{V})$$

50. 在图 2-63 所示电路中，已知$i_{\mathrm{S}}(t) = 4 + 10\sin 1000t + 3\sin 3000t$ mA 。求电流$i_R(t)$和电容电压的有效值 U_{C}。

图 2-63

解 电流源含有三个分量：直流、基波和 3 次谐波。

(1) 直流分量作用时 $i_{\mathrm{S0}}(t) = 4\mathrm{mA}$

此时，电容相当于开路，电感相当于短路。

I_{R0}=4mA， $U_{\mathrm{C0}}=I_{\mathrm{R0}}R$=0.004×200=0.8（V）

(2) 基波作用时 $i_{\mathrm{S1}}(t) = 10\sin 1000t$ mA

此时的容抗和感抗分别为

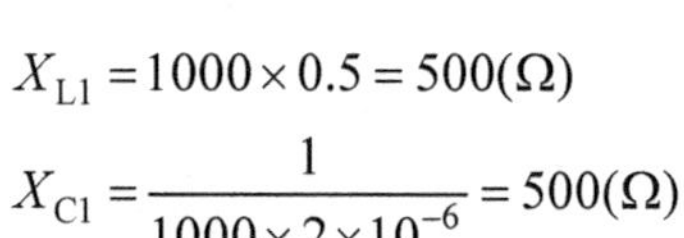

$$X_{\mathrm{L1}} = 1000 \times 0.5 = 500(\Omega)$$

$$X_{\mathrm{C1}} = \frac{1}{1000 \times 2 \times 10^{-6}} = 500(\Omega)$$

$X_{\mathrm{L1}}=X_{\mathrm{C1}}$，$LC$ 所在支路发生串联谐振。所以

$$i_{\mathrm{R1}}=0,\quad U_{\mathrm{C1}} = I_{\mathrm{S1}} X_{\mathrm{C1}} = 5\sqrt{2} \times 10^{-3} \times 500 = 3.5(\mathrm{V})$$

(3) 3 次谐波作用时 $i_{\mathrm{S3}}(t) = 3\sin 3000t$ mA

3 次谐波感抗

$$X_{\mathrm{L3}} = \omega_3 L = 3000 \times 0.5 = 1500(\Omega)$$

3 次谐波的容抗

$$X_{\mathrm{C3}} = \frac{1}{\omega_3 C} = \frac{1}{3000 \times 2 \times 10^{-6}} = 166.7(\Omega)$$

LC 所在支路阻抗

$$Z_{\mathrm{LC3}} = \mathrm{j}X_{\mathrm{L3}} - \mathrm{j}X_{\mathrm{C3}} = \mathrm{j}1500 - \mathrm{j}166.7 = \mathrm{j}1333.3(\Omega)$$

利用分流公式可求得电阻所在支路的电流

$$\dot{I}_{\mathrm{R3}} = \frac{Z_{\mathrm{LC3}}}{R + Z_{\mathrm{LC3}}} \dot{I}_{\mathrm{S3}} = \frac{\mathrm{j}1333.3}{200 + \mathrm{j}1333.3} \times 1.5\sqrt{2}\angle 0° = 2.1\angle 8.53°(\mathrm{mA})$$

LC 所在支路的电流

$$\dot{I}_{\mathrm{LC3}} = \frac{R}{R + Z_{\mathrm{LC3}}} \dot{I}_{\mathrm{S3}} = \frac{200}{200 + \mathrm{j}1333.3} \times 1.5\sqrt{2}\angle 0° = 0.31\angle -81.47°(\mathrm{mA})$$

电容电压

$$\dot{U}_{\mathrm{C3}} = \dot{I}_{\mathrm{LC3}} X_{\mathrm{C3}} = 0.31\angle -81.47° \times 10^{-3} \times (-\mathrm{j}166.7) = 0.052\angle -171.47°(\mathrm{V})$$

所以，电流的瞬时表达式

$$i_{\rm R}(t)=i_{\rm R0}+i_{\rm R3}=4+2.1\sqrt{2}\sin(3000t+8.53°)\ \rm mA$$

电容电压的有效值

$$U_{\rm C}=\sqrt{U_{\rm C0}^2+U_{\rm C1}^2+U_{\rm C3}^2}=\sqrt{0.8^2+3.5^2+0.052^2}=3.6(\rm V)$$

51. 电路如图 2-64 所示，已知 R=6Ω，ωL=3Ω，1/(ωC)=27Ω，$u(t)$=60+100sin(ωt+30°)+27sin3ωt V。求电流 $i_{\rm L}$。

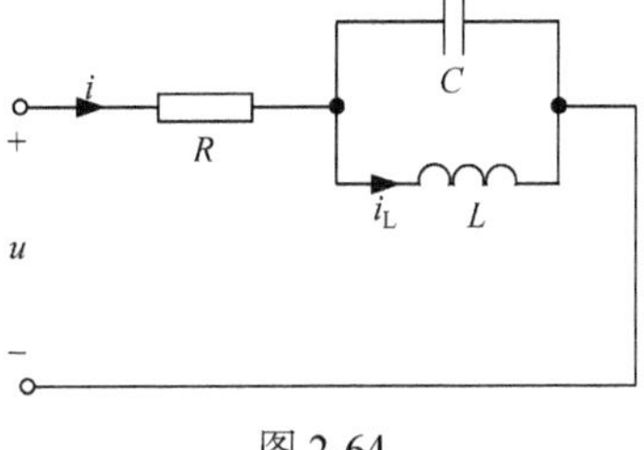

图 2-64

解 电源中含有三个分量：直流、基波和 3 次谐波。

(1)直流分量作用时，电容相当于开路，电感相当于短路。因为 U_0=60V，所以电感上的电流

$$I_0=U_0/R=60/6=10(\rm A)$$

(2)基波分量作用时 $\dot U_{\rm 1m}=100\angle 30°\rm V$

LC 并联部分的阻抗

$$Z_{\rm LC}=\frac{{\rm j}\omega L\times 1/({\rm j}\omega C)}{{\rm j}\omega L+1/({\rm j}\omega C)}=\frac{{\rm j}3\times(-{\rm j}27)}{{\rm j}3-{\rm j}27}={\rm j}3.375(\Omega)$$

端口电流

$$\dot I_{\rm 1m}=\frac{\dot U_{\rm 1m}}{R+Z_{\rm LC}}=\frac{100\angle 30°}{6+{\rm j}3.375}=14.5\angle 0.64°(\rm A)$$

利用分流公式可得

$$\dot I_{\rm L1m}=\frac{1/({\rm j}\omega C)}{{\rm j}\omega L+1/({\rm j}\omega C)}\times\dot I_{\rm 1m}=\frac{-{\rm j}27}{{\rm j}3-{\rm j}27}\times 14.5\angle 0.64°=14.4\angle-5.7°(\rm A)$$

$$i_{\rm L1}=14.4\sin(\omega t-5.7°)\ \rm A$$

(3)当 3 次谐波分量作用时 $\dot U_{\rm 3m}=27\angle 0°\rm V$

此时 $X_{\rm L3}=X_{\rm C3}$=9Ω，电路发生并联谐振，所以

$$\dot I_{\rm L3m}=\frac{\dot U_{\rm 3m}}{{\rm j}X_{\rm L3}}=\frac{27\angle 0°}{{\rm j}9}=3\angle-90°(\rm A)$$

$$i_{\rm L3}=3\sin(3\omega t-90°)\rm A$$

所以，电感上流过的电流

$$i_{\rm L}=I_0+i_{\rm L1}+i_{\rm L3}=10+14.4\sin(\omega t-5.7°)+3\sin(3\omega t-90°)\ \rm A$$

第3章　三相交流电路

3.1　内 容 提 要

1. 三相电源和三相负载

三个大小相同、频率相同、相位互差 120°的正弦交流电源称为对称三相电源，可表示为

$$\begin{cases} u_A = \sqrt{2}U\sin\omega t\,\text{V} \\ u_B = \sqrt{2}U\sin(\omega t - 120°)\,\text{V} \\ u_C = \sqrt{2}U\sin(\omega t + 120°)\,\text{V} \end{cases} \quad 或 \quad \begin{cases} \dot{U}_A = U\angle 0°\,\text{V} \\ \dot{U}_B = U\angle -120°\,\text{V} \\ \dot{U}_C = U\angle 120°\,\text{V} \end{cases}$$

当三相负载完全相同，即 $Z_A=Z_B=Z_C$ 时，称为对称三相负载。

由对称三相电源和对称三相负载构成的电路称为对称三相电路。

2. 三相电源和三相负载的连接方式

三相电源和三相负载都有星形(Y)和三角形(△)两种连接方式。

当三相电源(或三相负载)采用星形连接，且有中性线时，称为三相四线制供电。星形连接时，对称三相电源(或对称三相负载)线电压的大小是对应相电压的 $\sqrt{3}$ 倍，线电压的相位超前对应相电压 30°。线电流等于相电流。

线电压与相电压的关系可表示为(图 3-1)

$$\begin{cases} \dot{U}_{AB} = \sqrt{3}\dot{U}_A\angle 30° \\ \dot{U}_{BC} = \sqrt{3}\dot{U}_B\angle 30° \\ \dot{U}_{CA} = \sqrt{3}\dot{U}_C\angle 30° \end{cases}$$

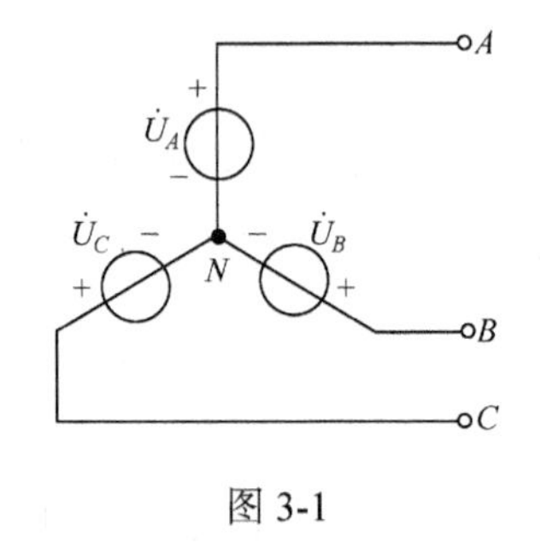

图 3-1

当三相电源(或三相负载)采用三角形连接时，只能采用三相三线制供电。三角形连接时，对称三相电源(或对称三相负载)线电流的大小是对应相电流的 $\sqrt{3}$ 倍，线电流的相位落后对应相电流 30°。线电压等于相电压。

线电流与相电流的关系可表示为(图 3-2)

$$\begin{cases} \dot{I}_A = \sqrt{3}\dot{I}_{AB}\angle -30° \\ \dot{I}_B = \sqrt{3}\dot{I}_{BC}\angle -30° \\ \dot{I}_C = \sqrt{3}\dot{I}_{CA}\angle -30° \end{cases}$$

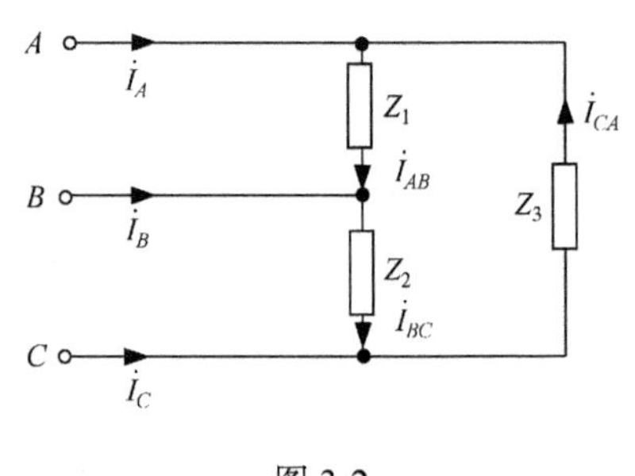

图 3-2

3. 三相电路的计算

三相电路从连接方式上可以分为 Y-Y(有中线时称为 Y_0-Y_0)、Y-△、△-Y 和△-△等四种类型。

(1) 对称三相电路的计算。

对于 Y-Y 连接的对称三相电路，由于电源中心点与负载中心点等电位，在计算时可以添加中心线，再按单相电路的求解方式计算其中一相的电流或电压，另两相的电流或电压可以根据对称关系直接得到。

对于其他连接方式的对称三相电路，可以把电源和负载都转换为 Y 连接，再按上述方法进行求解。

在不考虑线路阻抗时，也可以利用电源线电压等于负载线电压这个特点直接得到负载的线电压，再根据不同的连接方式计算出负载的相电压，从而计算出负载的相电流。

(2) 不对称三相电路的计算。

当电源或负载有一个不对称时，称为不对称三相电路。通常，电源总是对称的，三相电路的不对称由负载不对称所导致。

对于 Y-Y 连接的不对称三相电路，负载中心点和电源中性点不再是等电位，这种现象称为中心点位移。中性点位移使得各相负载的相电压的大小不再相等，会使负载工作不正常。为保证负载能正常工作，Y-Y 连接的不对称三相电路必须加中性线，构成 Y_0-Y_0 连接方式。

在 Y_0-Y_0 连接方式下，在不考虑线路阻抗时，即使负载不对称，也能保证负载相电压是对称的。

在计算 Y-Y 连接的不对称三相电路时，可以先用节点电压法计算出负载中性点 N' 和电源中性点 N 之间的电压 $\dot{U}_{N'N}$，再来计算各相的电压和电流。

4. 三相功率

无论负载是否对称，三相总有功功率(或无功功率)均为每相有功功率(或无功功率)之和。即

$$P = P_A + P_B + P_C \quad 或 \quad Q = Q_A + Q_B + Q_C$$

对于对称三相电路：

(1) 有功功率的计算公式为

$$P = 3U_p I_p \cos\varphi \quad 或 \quad P = \sqrt{3} U_l I_l \cos\varphi$$

其中，φ为相电压与相电流的相位差，也就是每相负载阻抗的阻抗角。

(2) 无功功率的计算公式为

$$Q = 3U_p I_p \sin\varphi \quad 或 \quad Q = \sqrt{3} U_l I_l \sin\varphi$$

(3) 视在功率的计算公式为

$$S = 3U_p I_p \quad 或 \quad S = \sqrt{3} U_l I_l$$

三相四线制负载的有功功率可用三个功率表分别测量每相负载的有功功率，三个功率表的读数之和即为三相总的有功功率。这种用三个功率表测量三相总的有功功率的方法称为三表法。当负载对称时，可用一个功率表测量其中一相的有功功率，三相总的有功功率为该相有功功率的 3 倍。

三相三线制负载的有功功率可用两个功率表测量，两个功率表的接线如图 3-3 所示。三相总的有功功率为这两个功率表的读数之和。这种用两个功率表测量三相总有功功率的方法称为“二表法”或“二瓦计法”。只要是三相三线制的负载，无论对称与否，无论三角形接法还是星形接法，都可以用二表法来测量三相总的有功功率。

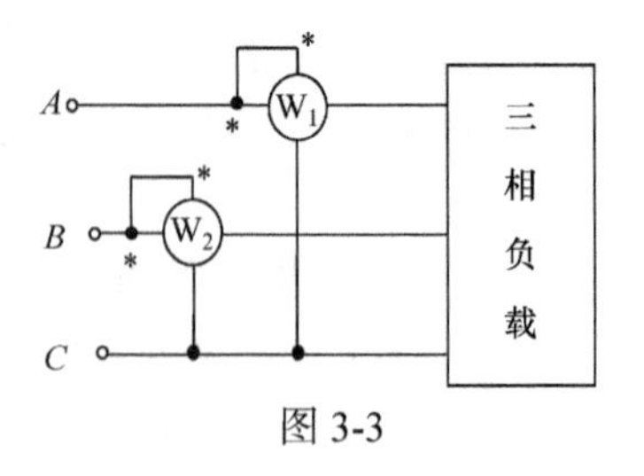

图 3-3

3.2 典型例题分析

例 3-1 有一台星形连接的三相交流发电机，额定相电压为 220V，现测得其线电压 U_{AB} = 220V，U_{BC} = 220V，U_{CA} =380V，则说明（　　）。

(a) A 相绕组接反　　(b) B 相绕组接反

(c) C 相绕组接反　　(d) A 相 B 相绕组接反

解 交流发电机三相绕组是对称的，在正常情况下，如果相电压为 220V，则线电压都应该是 380V。现在 U_{AB} = 220V，U_{BC} = 220V，U_{CA} =380V，说明其中一相的绕组接反了。由图 3-4 所示的相量图可以看出，这是由于发电机的 B 相绕组接反所致。

所以该题的正确答案应该是 b。

例 3-2 在图 3-5 所示三相电路中，$Z_1=Z_2=Z_3$。开关 S 闭合时，$I_A=I_B=I_C$=10A；若开关 S 打开，则 I'_A = ____________A，I'_B = ____________A，I'_C = ____________A。

解 已知开关 S 闭合时，$I_A=I_B=I_C$=10A，即线电流 $I_l=10\text{A}$。因为负载是对称的，所以每相负载上的相电流 $I_p=I_l/\sqrt{3}=5.77\text{A}$。

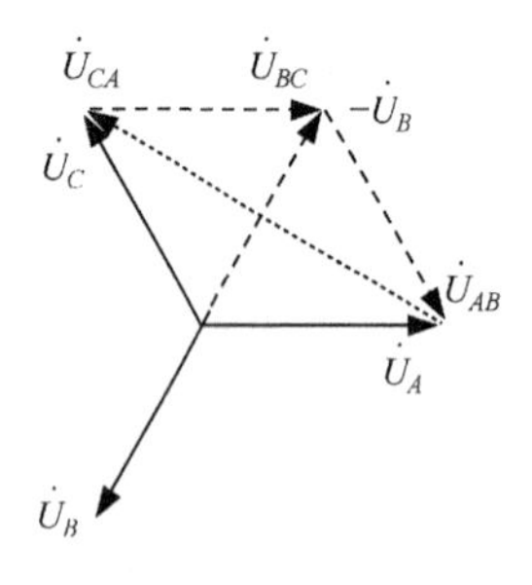

图 3-4

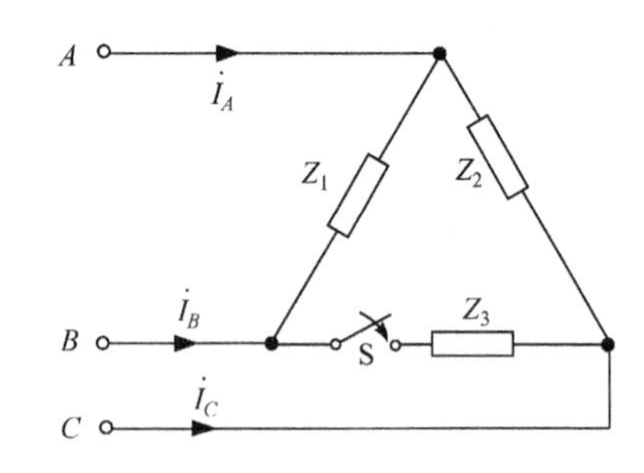

图 3-5

开关 S 打开后，负载 Z_1 和 Z_2 上的电压不变，因而这两个相电流也不会发生变化，所以 I_A 不变，仍为 10A。但此时 I_B 应该等于负载 Z_1 上的电流，即相电流，所以，I'_B =5.77A。同理，I_C 也应该等于负载 Z_2 上的电流，即 I'_C= 5.77A。

例 3-3 对称三相电路中，电源为△连接，U_l =380V，负载为 Y 连接，$Z=R+\text{j}X_\text{L}$=12+j9，如图 3-6 所示。试求：(1) 负载的相电流；(2) 电源的相电流；(3) 负载消耗的总功率；(4) 如果

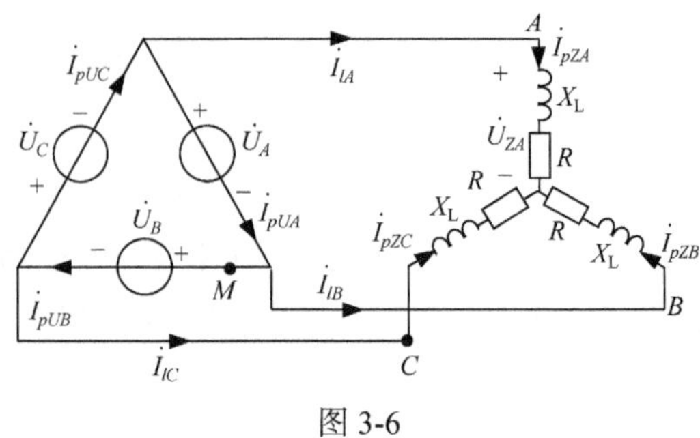

图 3-6

C 点断开，这时各相负载电流是多少？(5)如果 M 点断开，电源与负载的相电流、线电流各为多少？

解 该题的(1)、(2)、(3)求解的是对称三相电流，(4)、(5)两种情况电路结构发生了变化，需要看清楚在 C 点和 M 点断开后，电路变成了怎样的结构，这是本题求解的关键。

每相负载的阻抗

$$Z = R+\mathrm{j}X_{\mathrm{L}} = 12 + \mathrm{j}9 = 15\angle 36.87^\circ(\mathrm{A})$$

设 $\dot{U}_{AB} = 380\angle 30^\circ \mathrm{V}$，则 A 相负载两端的电压 $\dot{U}_{ZA} = 220\angle 0^\circ \mathrm{V}$

(1)负载为 Y 连接，所以负载的线电流等于相电流

$$\dot{I}_{lA} = \dot{I}_{pZA} = \frac{\dot{U}_{ZA}}{Z} = \frac{220\angle 0^\circ}{15\angle 36.87^\circ} = 14.7\angle -36.87^\circ(\mathrm{A})$$

(2)电源是△连接，所以电源的相电流为

$$\dot{I}_{pUA} = \frac{1}{\sqrt{3}}\dot{I}_{lA}\angle 30^\circ = \frac{1}{\sqrt{3}}\times 14.7\angle -6.87^\circ = 8.5\angle -6.87^\circ(\mathrm{A})$$

(3)负载消耗的总功率

$$P = \sqrt{3}U_l I_l \cos\varphi = \sqrt{3}\times 380\times 14.7\times \cos 36.87^\circ = 7740(\mathrm{W})$$

(4)C 点断开时，相当于 A 相负载和 B 相负载串联后接在 AB 之间，此时负载上的电流

$$\dot{I}_{pZC} = 0$$

$$\dot{I}_{pZA} = -\dot{I}_{pZB} = \frac{\dot{U}_{AB}}{2Z} = \frac{380\angle 30^\circ}{2\times 15\angle 36.87^\circ} = 12.7\angle -6.87^\circ(\mathrm{A})$$

(5)M 点断开时

$$\dot{U}_A = \dot{U}_{AB} = 380\angle 30^\circ \mathrm{V}$$

则

$$\dot{U}_B = 380\angle -90^\circ \mathrm{V}，\ \dot{U}_C = \dot{U}_{CA} = 380\angle 150^\circ \mathrm{V}$$

从电源侧看

$$\dot{U}_{BC} = -\dot{U}_A - \dot{U}_C = -380\angle 30^\circ - 380\angle 150^\circ = 380\angle -90^\circ(\mathrm{V})$$

所以对于负载来说，M 点断开后，线电压与原来一样，仍然是对称的。所以负载的相电流、线电流与 M 点断开前相同。

电源的相电流

$$\dot{I}_{pUB} = 0$$

$$\dot{I}_{pUA} = \dot{I}_{pZB} = 14.7\angle -156.87^\circ \mathrm{A}$$

$$\dot{I}_{pUC} = -\dot{I}_{pZC} = 14.7\angle -96.87^\circ \mathrm{A}$$

从该题计算结果可以看出，当电源是三角形连接时，如果其中一相电源断开，对负载没有影响，但对电源来说，继续工作的两相电源的电流是正常工作时的 $\sqrt{3}$ 倍，电流明显增大。

例 3-4 一台三相异步电动机，其绕组为三角形连接，接于线电压为 380V 的三相对称电

源上，电动机从电源吸收的有功功率是 11.43kW，功率因数 $\cos\varphi=0.87$。(1)试求电动机的相电流、线电流；(2)如果为了提高线路的功率因数，在电源线上并联一组三角形连接的电容器，每相电容 $C=20\mu F$，求此时线路的总电流和提高后的功率因数。

解 (1)电动机的线电流

$$I_l=\frac{P}{\sqrt{3}U_l\cos\varphi}=\frac{11430}{\sqrt{3}\times380\times0.87}=20(\text{A})$$

由于绕组为三角形连接，所以相电流

$$I_p=\frac{I_l}{\sqrt{3}}=11.5\text{A}$$

(2)电动机的无功功率

$$Q_{\text{D}}=\sqrt{3}U_lI_l\sin\varphi=\sqrt{3}\times380\times20\times0.493=6489(\text{var})$$

电容的无功功率

$$Q_{\text{C}}=-3\frac{U_l^2}{X_{\text{C}}}=-3\times380^2\times314\times20\times10^{-6}=-2720(\text{var})$$

补偿后总的无功功率

$$Q=Q_{\text{D}}+Q_{\text{C}}=6489-2720=3769(\text{var})$$

视在功率

$$S=\sqrt{Q^2+P^2}=\sqrt{3769^2+11430^2}=12035(\text{V}\cdot\text{A})$$

功率因数

$$\cos\varphi'=P/S=11430/12035=0.95$$

线路电流

$$I_l'=\frac{P}{\sqrt{3}U_l\cos\varphi'}=\frac{11430}{\sqrt{3}\times380\times0.95}=18.3(\text{A})$$

例 3-5 在如图 3-7 所示的三相电路中，两组负载分别连接成三角形和星形。已知星形负载 $Z_{\text{Y}}=(3+\text{j}4)\Omega$，三角形负载 $Z_{\triangle}=(8+\text{j}6)\Omega$，对称三相电源的线电压为 380V，求电路总的有功功率、无功功率、视在功率及线电流。

解 该题的负载有两组三相负载组成，在求解时可以先分别计算三角形连接的负载和 Y 连接的负载的有功功率、无功功率及相电流，总的有功功率和无功功率即为这两部分负载对应功率之和。由总的有功功率和无功功率可以计算出总的视在功率(视在功率不守恒，不能相加)。把两部分负载的相电流转换为线电流，进行相量相加就可得到总的线电流。

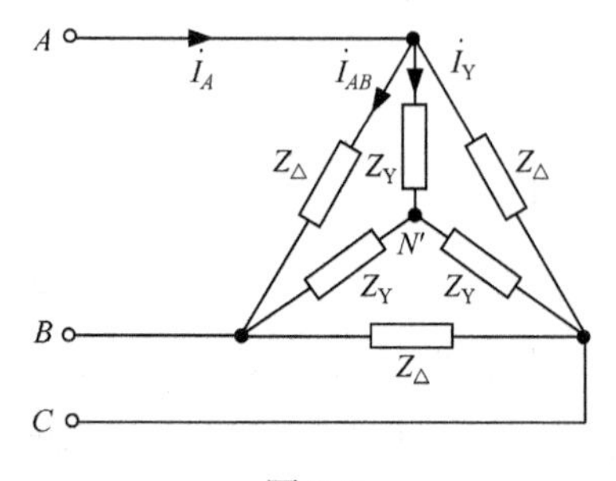

图 3-7

设电源线电压 $\dot{U}_{AB}=380\angle30°\text{V}$

先计算 Y 连接三相负载的有功功率、无功功率和相电流。

由于 Y 连接的三相负载是对称的，所以$\dot{U}_{AN'}=220\angle 0°\text{V}$

$$\dot{I}_{\text{Y}}=\frac{\dot{U}_{AN'}}{Z_{\text{Y}}}=\frac{220\angle 0°}{3+\text{j}4}=44\angle -53.13°(\text{A})$$

$$P_{\text{Y}}=3U_{AN'}I_{\text{Y}}\cos\varphi_{\text{Y}}=3\times 220\times 44\times\cos 53.13°=17424(\text{W})$$

$$Q_{\text{Y}}=3U_{AN'}I_{\text{Y}}\sin\varphi_{\text{Y}}=3\times 220\times 44\times\sin 53.13°=23232(\text{var})$$

再计算三角形连接三相负载的有功功率、无功功率和相电流：

$$\dot{I}_{AB}=\frac{\dot{U}_{AB}}{Z_{\triangle}}=\frac{380\angle 30°}{8+\text{j}6}=38\angle -6.87°(\text{A})$$

$$P_{\triangle}=3U_{AB}I_{AB}\cos\varphi_{\triangle}=3\times 380\times 38\times\cos 36.87°=34656(\text{W})$$

$$Q_{\triangle}=3U_{AB}I_{AB}\sin\varphi_{\triangle}=3\times 380\times 38\times\sin 36.87°=25992(\text{var})$$

由上述两组数据可得，线电流

$$\dot{I}_{A}=\sqrt{3}\dot{I}_{AB}\angle -30°+\dot{I}_{\text{Y}}=65.82\angle -36.87°+44\angle -53.13°=79.1+\text{j}74.77=108.8\angle 43.39°(\text{A})$$

总的有功功率

$$P=P_{\text{Y}}+P_{\triangle}=17424+34656=52080(\text{W})$$

总的无功功率

$$Q=Q_{\text{Y}}+Q_{\triangle}=23232+25993=49225(\text{var})$$

总的视在功率

$$S=\sqrt{P^2+Q^2}=\sqrt{52080^2+49225^2}=71662(\text{V}\cdot\text{A})$$

3.3 习题解答

一、判断题

1. 对于三相四线制电路无论其对称与否，都可用“二瓦计”法测量其三相总功率。（ ）

2. 同一台发电机作星形连接或作三角形连接时的线电压相同。（ ）

3. 凡负载作三角形连接时，线电流必为相电流的$\sqrt{3}$倍。（ ）

4. 凡负载作三角形连接时，线电压必等于相电压。（ ）

5. 三相负载星形连接时，线电流必等于相电流。（ ）

6. 三相负载作星形连接时，线电压必为相电压的$\sqrt{3}$倍。（ ）

7. 在对称三相电路中，负载作三角形连接时，线电流是相电流的$\sqrt{3}$倍，线电流的相位滞后相电流 30°。（ ）

8. 当负载作星形连接时必须有中性线。（ ）

9. 在三相四线制电路中，当三相负载不平衡时，三相负载的电压值仍相等，但中线电流不等于零。（ ）

参考答案：

1. 错　**2.** 错　**3.** 错　**4.** 对　**5.** 对　**6.** 错　**7.** 对　**8.** 错　**9.** 对

二、选择题

1. 已知某三相四线制电路的线电压 $\dot{U}_{AB}=380\angle 23°\text{V}$，$\dot{U}_{BC}=380\angle -97°\text{V}$，$\dot{U}_{CA}=380\angle 143°\text{V}$，当 t =5s 时，这三个线电压之和为（　　）。

(a) 380V　(b) 0V　(c) 190V　(d) 220V

2. 某三相电路的三个线电流分别为 i_A=18sin(314t+23°) A，i_B=18sin(314t−97°) A，i_C=18sin(314t+143°) A，当 t = 10s 时，这三个电流之和为（　　）。

(a) 18A　(b) 12.7A　(c) 9A　(d) 0A

3. 三相交流发电机的三个绕组接成星形时，若线电压 $u_{BC}=380\sqrt{2}\sin 314t\text{V}$，则相电压 u_A=（　　）。

(a) $220\sqrt{2}\sin(314t+90°)\text{V}$　(b) $220\sqrt{2}\sin(314t-30°)\text{V}$

(c) $220\sqrt{2}\sin(314t-150°)\text{V}$　(d) $220\sqrt{2}\sin(314t+120°)\text{V}$

4. 3 个完全相同的额定电压为 220V 的单相负载，接到线电压为 380V 的三相电源时，应接成（　　）。

(a) Y　(b) △　(c) Y 或△都可以　(d) Y 或△都不可以

5. 一对称三相负载分别作 Y 和△ 连接，接入同一三相交流电源，则 Y 连接时消耗的有功功率是△ 连接时的（　　）倍。

(a) $\sqrt{3}$　(b) $2\sqrt{3}$　(c) 1/3　(d) 3

6. 在三相四线制供电线路中，中线的作用是（　　）。

(a) 使不对称负载的相电压对称　(b) 使线电流对称

(c) 使电源线电压对称　(d) 使相电流对称

7. 三相对称负载作△ 连接时，线电流 $\dot{I}_l$ 与相电流 $\dot{I}_p$ 的关系是（　　）。

(a) $I_p=\sqrt{3}I_l, \dot{I}_l$ 滞后相应 $\dot{I}_p$ 30°　(b) $I_p=\sqrt{3}I_l, \dot{I}_l$ 超前相应 $\dot{I}_p$ 30°

(c) $I_l=\sqrt{3}I_p, \dot{I}_l$ 滞后相应 $\dot{I}_p$ 30°　(d) $I_l=\sqrt{3}I_p, \dot{I}_l$ 超前相应 $\dot{I}_p$ 30°

8. 在三相交流电路中，负载对称是指（　　）。

(a) $|Z_A|=|Z_B|=|Z_C|$　(b) $\varphi_A=\varphi_B=\varphi_C$

(c) $Z_A=Z_B=Z_C$　(d) 阻抗模相等，阻抗角互差 120°

9. 负载为三角形连接的对称三相电路中，负载线电流与对应相电流的相位关系是（　　）。

(a) 线电流超前相电流 30°　(b) 线电流滞后相电流 30°

(c) 两者同相　(d) 没有确定的关系

10. 有中线的三相不对称负载接于对称的三相四线制电源上，则各相负载的相电压（　　）。

(a) 不对称　(b) 对称　(c) 不一定对称

11. 对称三相负载接于三相四线制电源上，如图 3-8 所示。若电源线电压为 380V，当在 P 点断开时，U_1 为(　　)。

(a) 220V　　(b) 380V

(c) 190V　　(d) 110V

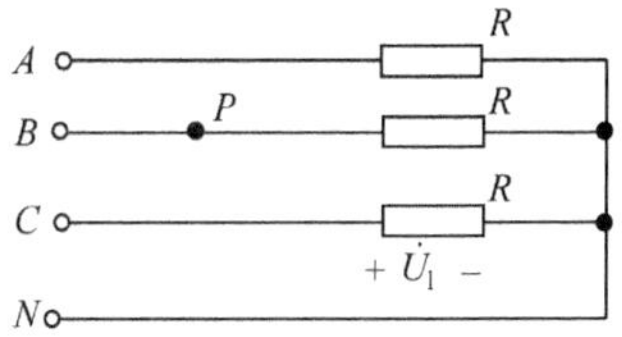

图 3-8

12. 某三相电路中，三相负载的有功功率分别为 P_A、P_B、P_C，则该三相电路总有功功率 P 为(　　)。

(a) $P_A+P_B+P_C$　　(b) $\sqrt{P_A^2+P_B^2+P_C^2}$

(c) $\sqrt{P_A+P_B+P_C}$　　(d) $(P_A+P_B+P_C)/3$

13. 对称三相电路的有功功率可按公式 $P=\sqrt{3}U_l I_l\cos\varphi$ 计算，在这个计算公式中，角度 φ 为(　　)。

(a) 线电压与线电流的相位差角　　(b) 负载阻抗的阻抗角

(c) 负载阻抗的阻抗角与 30°之和　　(d) 负载阻抗的阻抗角与 30°之差

14. 某对称三相电路的线电压 $u_{AB}=\sqrt{2}U_l\sin(314t+30°)\text{V}$，线电流 $i_A=\sqrt{2}I_l\sin(314t-\varphi)\text{A}$，负载为 Y 连接。该三相电路的有功功率表达式为(　　)。

(a) $\sqrt{3}U_l I_l\cos\varphi$　　(b) $\sqrt{3}U_l I_l\cos(30°+\varphi)$

(c) $\sqrt{3}U_l I_l\cos(30°-\varphi)$　　(d) $\sqrt{3}U_l I_l\cos30°$

15. 作 Y 连接的三相对称负载，每相均为 RLC 串联电路，且 $R=10\Omega$，$|X_L|=|X_C|=5\Omega$，当相电流有效值 $I_p=2\text{A}$ 时，该三相负载总的无功功率 $Q=$(　　)。

(a) 15var　　(b) 30var　　(c) 0var　　(d) −15var

16. 某三角形连接的纯电容负载接于三相对称电源上，已知各相容抗 $X_C=10\Omega$，线电流为 5A，则三相视在功率(　　)。

(a) 750V·A　　(b) 250V·A　　(c) 250W　　(d) 750W

参考答案：

1. b　**2.** d　**3.** a　**4.** a　**5.** c　**6.** a　**7.** d　**8.** c

9. b　**10.** b　**11.** a　**12.** a　**13.** b　**14.** a　**15.** c　**16.** b

三、填空题

1. 对称三相电路中，三角形连接时相电流与线电流之比为__________，相电压与线电压之比为__________。

2. 对称三相电路中，负载 Y 连接，若已知相电压 $\dot{U}_A=10\angle-30°\text{V}$，则线电压 $\dot{U}_{CA}=$__________V。

3. 在对称三相四线制电路中，负载线电流 I_l 和相电流 I_p 的关系为__________，线电压 U_l 和相电压 U_p 的关系为__________，中线电流为__________。

4. 三相对称负载作星形或三角形连接时，总有功功率的计算公式 $P=$__________。(用线电压，线电流表示)

5. 三相发电机的相电压为 220V，在采用 Y 连接时，线电压为__________V。

6. 对称三相电源指的是各相电压大小__________，频率__________，相位__________。

7. 已知星形连接的对称三相电路的线电压 $\dot{U}_{AB}=U_l\angle 0^\circ$ V，则线电压 $\dot{U}_{BC}=$ __________V，相电压 $\dot{U}_A=$ __________V。

8. 若三角形连接的对称三相电路的相电流 $\dot{I}_{AB}=I_p\angle 0^\circ$ A，则线电流 $\dot{I}_C=$ __________A。

9. 若三角形连接的对称三相电路的线电流 $\dot{I}_A=I_l\angle 0^\circ$A，则相电流 $\dot{I}_{BC}=$ __________A。

10. 对称三相电路的有功功率可用公式 $P=\sqrt{3}$ __________$\cos\varphi$计算，式中 φ是__________与__________的相位差。

11. 对称三相电路的有功功率可用公式 $P=3$__________$\cos\varphi$计算，式中 φ是__________与__________的相位差。

12. 对称三相电路(负载为 Y 连接)的有功功率为 P，线电压为 U_l，线电流为 I_l，则视在功率 $S=$__________，功率因数 $\lambda=$__________。

13. 负载为三角形连接的对称三相电路中，三个线电压之和 $\dot{U}_A+\dot{U}_B+\dot{U}_C=$__________，三个相电流之和 $\dot{I}_{AB}+\dot{I}_{BC}+\dot{I}_{CA}=$__________。

14. 在图 3-9 所示电路中，已知发电机每相绕组的电动势 U_p=220V，每相绕组的阻抗为 Z_0=0.4+j0.3Ω，对称负载的每相阻抗 Z=24+j19Ω，则电源的线电压 U_{AB}=__________V，线电流 I_A=__________A。

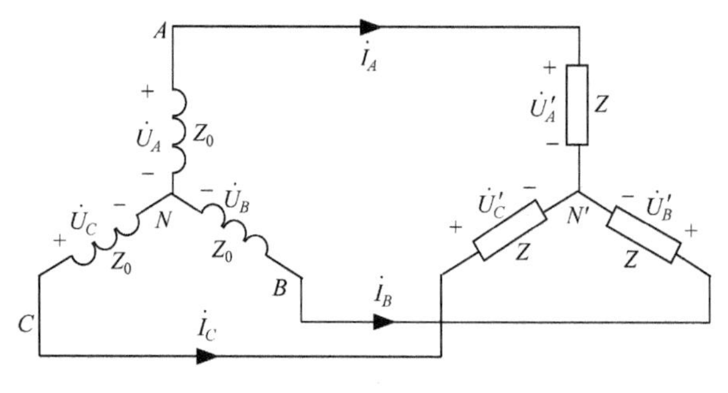

图 3-9

参考答案：

1. $1:\sqrt{3}$，$1:1$

2. $17.3\angle 120^\circ$

3. $I_p=I_l$，$U_l=\sqrt{3}\,U_p$，0

4. $\sqrt{3}U_lI_l\cos\varphi$

5. 380

6. 相等，相同，互差 120°

7. $U_l\angle -120^\circ$，$\dfrac{U_l}{\sqrt{3}}\angle -30^\circ$

8. $\sqrt{3}I_p\angle 90^\circ$

9. $\dfrac{I_l}{\sqrt{3}}\angle -90^\circ$

10. U_lI_l，相电压，相电流

11. U_pI_p，相电压，相电流

12. $\sqrt{3}U_lI_l$，P/S

13. 0，0

14. 374.8，7.07

四、计算题

1. Y 连接的三相对称负载，电源电压 $u_{AB}=380\sqrt{2}\sin(\omega t+60°)\text{V}$，每相负载 Z=8+j6Ω。求各相负载电流的有效值和瞬时表达式。

解 负载阻抗 $Z=8+\text{j}6=10\angle 36.87°(\Omega)$

已知 $\dot{U}_{AB}=380\angle 60°\text{V}$，由于负载是 Y 连接，所以相电压 $\dot{U}_A=220\angle 30°\text{V}$

各相电流为

$$\dot{I}_A=\frac{\dot{U}_A}{Z}=\frac{220\angle 30°}{10\angle 36.87°}=22\angle -6.87°(\text{A})$$

根据对称关系可得

$$\dot{I}_B=22\angle -126.87°\text{A}$$

$$\dot{I}_C=22\angle 113.13°\text{A}$$

根据相量，可写出各相负载电流的瞬时表达式

$$i_A=22\sqrt{2}\sin(\omega t-6.87°)\text{A}$$

$$i_B=22\sqrt{2}\sin(\omega t-126.87°)\text{A}$$

$$i_C=22\sqrt{2}\sin(\omega t+113.13°)\text{A}$$

2. Y 连接的三相对称电源与△连接的三相对称负载连接，电路如图 3-10 所示。已知电源 A 相电压 $\dot{U}_A=220\angle 0°\text{V}$，$Z=10+\text{j}10\sqrt{3}\Omega$，电源频率 f =50Hz，试写出 i_{AB}、i_{BC}、i_{CA} 的表达式。

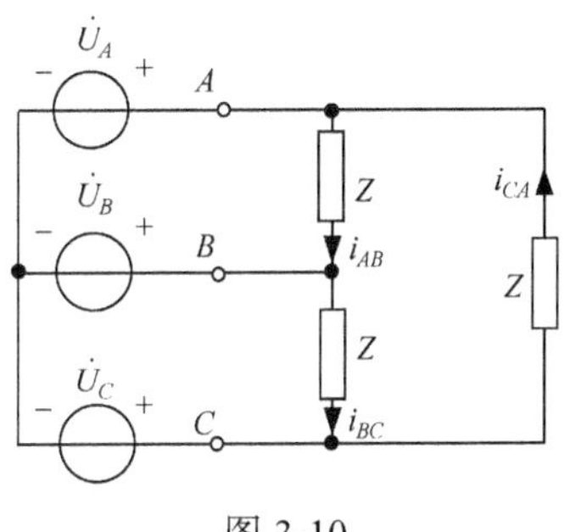

图 3-10

解 负载是△连接的，已知 $\dot{U}_A=220\angle 0°\text{V}$，则 $\dot{U}_{AB}=380\angle 30°\text{V}$

$$Z=10+\text{j}10\sqrt{3}=20\angle 60°(\Omega)$$

可得

$$\dot{I}_{AB}=\frac{\dot{U}_{AB}}{Z}=\frac{380\angle 30°}{20\angle 60°}=19\angle -30°(\text{A})$$

根据对称性可知

$$\dot{I}_{BC}=19\angle -150°\text{A}$$

$$\dot{I}_{CA}=19\angle 90°\text{A}$$

根据相量可以写出瞬时表达式

$$i_{AB}=19\sqrt{2}\sin(314t-30°)\text{A}$$

$$i_{BC}=19\sqrt{2}\sin(314t-150°)\text{A}$$

$$i_{CA}=19\sqrt{2}\sin(314t+90°)\text{A}$$

3. 某对称三相负载，每相阻抗为 Z。当把该负载接为三角形接法，接于线电压为 220V 的三相对称电源，或者把该负载接为星形接法，接于线电压为 380V 的三相对称电源时，求这两种情况下负载的相电流、线电流和有功功率的比值。

解 负载为三角形接法，线电压为 220V 时，负载的相电压为 220V；负载为星形接法，线电压为 380V 时，相电压也为 220V。由于这两种接法负载的相电压相同，所以

负载的相电流之比为 $I_{p\triangle}:I_{p\mathrm{Y}}=1:1$

负载的线电流之比为 $I_{l\triangle}:I_{l\mathrm{Y}}=\sqrt{3}:1$

又因为 $P=3U_pI_p\cos\varphi$，所以负载的有功功率之比为 $P_{\triangle}:P_{\mathrm{Y}}=1:1$

4. 某对称三相负载接为三角形接法或星形接法，接于线电压为 380V 的三相对称电源时，求这两种情况下负载的相电流、线电流和有功功率的比值。

解 这两种接法时，负载的线电压相同，所以相电压之比为 $I_{p\triangle}:I_{p\mathrm{Y}}=\sqrt{3}:1$，可得

$$I_{p\triangle}:I_{p\mathrm{Y}}=\sqrt{3}:1$$

$$I_{l\triangle}:I_{l\mathrm{Y}}=3:1$$

又因为 $P=\sqrt{3}U_lI_l\cos\varphi$，所以

$$P_{\triangle}:P_{\mathrm{Y}}=3:1$$

5. 已知三相对称负载的功率 P =11kW，三角形连接，线电流 I_l=32A，线电压 U_l=380V。求每相负载的阻抗。

解 因为
$$P=\sqrt{3}U_lI_l\cos\varphi$$

所以
$$\cos\varphi=\frac{P}{\sqrt{3}U_lI_l}=\frac{11000}{\sqrt{3}\times380\times32}=0.5223,\qquad \varphi=58.51°$$

负载的相电流
$$I_p=\frac{I_l}{\sqrt{3}}=\frac{32}{\sqrt{3}}=18.5(\mathrm{A})$$

负载阻抗模
$$|Z|=\frac{U_p}{I_p}=\frac{380}{18.5}=20.5(\Omega)$$

所以，每相负载的阻抗为

$$Z=20.5\angle58.51°=10.7+\mathrm{j}17.5(\Omega)$$

6. 星形连接的对称三相电路中，已知 $u_{AB}=380\sqrt{2}\sin(\omega t+60°)\mathrm{V}$，每相负载 Z=6+j8Ω，试写出 i_A、i_B、i_C 的瞬时表达式，并计算负载消耗的有功功率。

解 根据瞬时表达式可以得到 $\dot{U}_{AB}=380\angle60°\mathrm{V}$

因为负载是星形连接，所以 $\dot{U}_A=220\angle30°\mathrm{V}$

A 相电流 $\dot{I}_A=\dfrac{\dot{U}_A}{Z}=\dfrac{220\angle30°}{6+\mathrm{j}8}=\dfrac{220\angle30°}{10\angle53.13°}=22\angle-23.13°(\mathrm{A})$

所以 $i_A=22\sqrt{2}\sin(\omega t-23.13°)\mathrm{A}$

根据对称性可以得到 B 相、C 相的电流：

$$i_B=22\sqrt{2}\sin(\omega t-143.13°)\mathrm{A},\quad i_C=22\sqrt{2}\sin(\omega t+96.87°)\mathrm{A}$$

负载消耗的有功功率

$$P=\sqrt{3}U_lI_l\cos\varphi=\sqrt{3}\times380\times22\times\cos53.13°=8.69(\mathrm{kW})$$

7. 已知对称三相电源的线电压为 380V，接有一星形连接的对称三相负载，其中

$Z=10\angle 53.1°\Omega$，如图 3-11 所示。试求电路的线电流 I_A 和三相负载的有功功率 P。

解 在 Y 连接时，线电压为 U_l=380V，则相电压为 U_p=220V，所以，线电流

$$I_A=\frac{U_p}{|Z|}=\frac{220}{10}=22(\text{A})$$

有功功率

$$P=\sqrt{3}U_l I_l\cos\varphi=\sqrt{3}\times 380\times 22\times\cos 53.1°=8693.8(\text{W})$$

8. 如图 3-12 所示的三相对称电路中，已知 $\dot{U}_A=220\angle 0°\text{ V}$，每相负载的阻抗 Z=3+j3Ω。求：(1)每相负载的相电流 $\dot{I}_A$、$\dot{I}_B$、$\dot{I}_C$；(2)三相负载的有功功率 P、无功功率 Q 和视在功率 S。

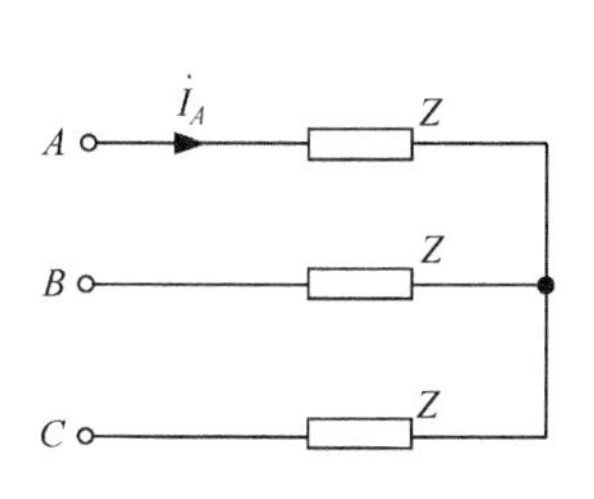

图 3-11

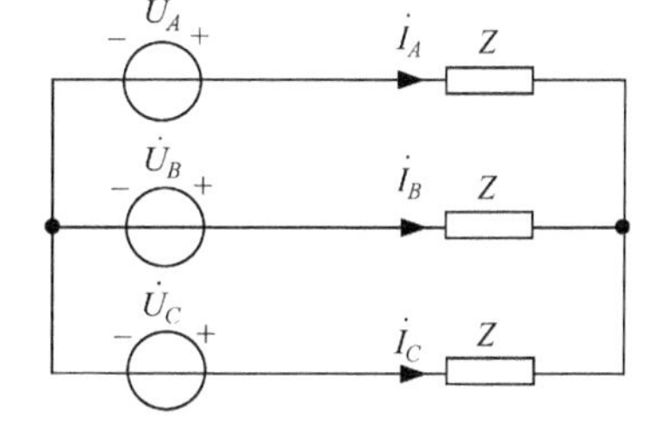

图 3-12

解 (1)不计线路阻抗时，负载的相电压等于电源的相电压

$$Z=3+\text{j}3=3\sqrt{2}\angle 45°(\Omega)$$

所以

$$\dot{I}_A=\frac{\dot{U}_A}{Z}=\frac{220\angle 0°}{3\sqrt{2}\angle 45°}=51.9\angle -45°(\text{A})$$

根据对称关系可得

$$\dot{I}_B=\dot{I}_A\angle -120°=51.9\angle -165°\text{A}$$

$$\dot{I}_C=\dot{I}_A\angle 120°=51.9\angle 75°\text{A}$$

(2)三相负载的功率

$$P=3U_pI_p\cos\varphi=3\times 220\times 51.9\times\cos 45°=24.2(\text{kW})$$

$$Q=3U_pI_p\sin\varphi=3\times 220\times 51.9\times\sin 45°=24.2(\text{kvar})$$

$$S=3U_pI_p=3\times 220\times 51.9=34.3(\text{kV}\cdot\text{A})$$

9. 在图 3-13 所示电路中，已知电源线电压 U_l= 220V，对称感性负载连接成三角形，电流表读数均为 17.3A，三相总功率 P = 4.5 kW，试求：(1)每相负载的电阻和感抗；(2)当 AB 相之间的负载断开时，各电流表的读数和总功率 P；(3)当 A 相的相线断开时，各电流表的读数和总功率。

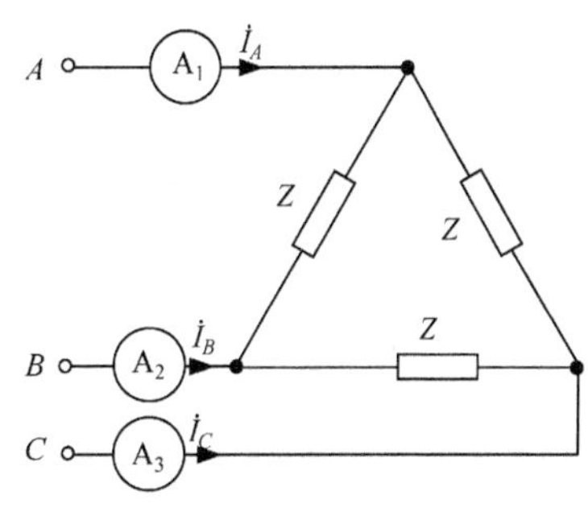

图 3-13

解 (1)电流表的读数即为线电流，即 I_l=17.3A。对于三角形连接的对称负载

$$I_p = \frac{I_l}{\sqrt{3}} = \frac{17.3}{\sqrt{3}} = 10(\text{A}), \qquad U_p = U_l = 220\text{V}$$

$$\cos\varphi = \frac{P}{\sqrt{3}U_l I_l} = \frac{4.5\times 10^3}{\sqrt{3}\times 220\times 17.3} = 0.68$$

所以，阻抗模

$$|Z| = \frac{U_p}{I_p} = \frac{220}{10} = 22(\Omega)$$

从而可计算电阻

$$R = |Z|\cos\varphi = 22\times 0.68 = 15(\Omega)$$

感抗

$$X_{\text{L}} = |Z|\sin\varphi = 16.1\Omega$$

(2) 当 AB 相之间的负载断开时，另两个负载上的电流的大小、相位都没有发生变化，电流表 A_1 的读数变为 AC 相负载的相电流，电流表 A_2 的读数变为 BC 相负载的相电流，电流表 A_3 的读数不变。所以三个电流表的读数

$$\text{A}_1' = \text{A}_2' = 10\text{A}, \qquad \text{A}_3' = 17.3\text{A}$$

此时 BC 相和 CA 相的两个负载功率保持不变，AB 相负载未断开时三相总功率为 4.5kW，即每相负载的功率为 1.5kW。所以 AB 相负载断开后，总功率

$$P' = 3\text{kW}$$

(3) 当 A 相的相线断开时，变成一个单相电路，电源的电压为 U_{BC}，负载为 $Z//(Z+Z)$。所以，电流为

$$I_A'' = 0, \qquad I_B'' = I_C'' = \frac{U_{BC}}{\frac{2}{3}|Z|} = \frac{3}{2}\times\frac{U_{BC}}{|Z|} = 15\text{A}$$

此时的功率

$$P'' = U_l I_B'' \cos\varphi = 220\times 15\times 0.68 = 2.244(\text{kW})$$

10. 三相四线制电路如图 3-14 所示，已知电源线电压为 380V，R=10Ω，X_{L}=X_{C}=10Ω。求：(1) 各线电流及中线电流；(2) A 相端线断开时的各线电流及中线电流；(3) 中线及 A 相端线都断开时各线电流。

解 (1) 设电源线电压为 $\dot{U}_{AB} = 380\angle 0°\text{V}$，则相电压为

$$\dot{U}_A = 220\angle -30°\text{V}$$

各线电流（等于相电流）

$$\dot{I}_A = \frac{\dot{U}_A}{\text{j}X_L} = \frac{220\angle -30°}{\text{j}10} = 22\angle -120°(\text{A})$$

$$\dot{I}_B = \frac{\dot{U}_B}{-\text{j}X_C} = \frac{220\angle -150°}{-\text{j}10} = 22\angle -60°(\text{A})$$

$$\dot{I}_C = \frac{\dot{U}_C}{R} = \frac{220\angle 90°}{10} = 22\angle 90°(\text{A})$$

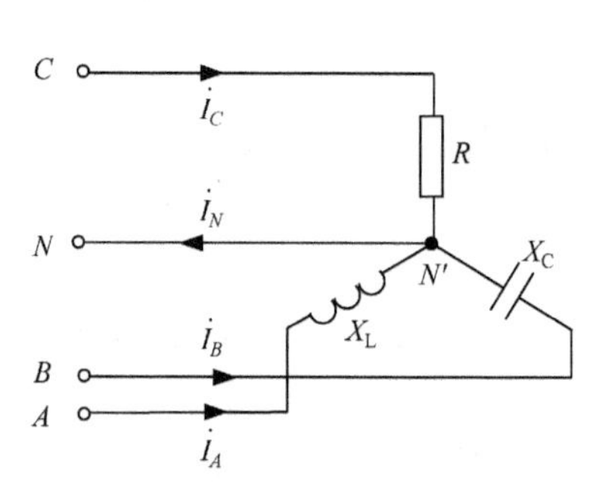

图 3-14

中线电流

$$\dot{I}_N=\dot{I}_A+\dot{I}_B+\dot{I}_C=22\angle-120°+22\angle-60°+22\angle90°$$
$$=16.1\angle-90°(\text{A})$$

(2) 当 A 相端线断开时，A 相线电流为零；由于中线的存在，B、C 两相的相电压不变，所以电流也不变，中线电流

$$\dot{I}_N=\dot{I}_B+\dot{I}_C=22\angle-60°+22\angle90°=11.4\angle15°(\text{A})$$

(3) 当中线和 A 相端线都断开时，相当于 B、C 两相负载串联后，接在 BC 相之间。

A 相线电流为零；B、C 两相电流

$$\dot{I}_B=-\dot{I}_C=\frac{\dot{U}_{BC}}{R-\text{j}X_\text{C}}=\frac{380\angle-120°}{10-\text{j}10}=26.9\angle-75°(\text{A})$$

11. 一个有中线的星形连接的三相负载，电源的相电压为 220V，A、B、C 三相的负载都是电阻，阻值分别等于 40Ω、80Ω和 100Ω，试求负载各相的相电流和中线电流。

解 虽然三相负载不对称，但由于有中线，负载的相电压仍然是对称的。设

$$\dot{U}_A=220\angle0°\text{V}$$

则

$$\dot{U}_B=220\angle-120°\text{V}\ ,\quad \dot{U}_C=220\angle120°\text{V}$$

可求得各相电流(星形连接时线电流等于相电流)

$$\dot{I}_A=\frac{\dot{U}_A}{Z_A}=\frac{220\angle0°}{40}5.5\angle0°(\text{A})$$

$$\dot{I}_B=\frac{\dot{U}_B}{Z_B}=\frac{220\angle-120°}{80}=2.75\angle-120°(\text{A})$$

$$\dot{I}_C=\frac{\dot{U}_C}{Z_C}=\frac{220\angle120°}{100}=2.2\angle120°(\text{A})$$

中线电流

$$\dot{I}_N=\dot{I}_A+\dot{I}_B+\dot{I}_C=5.5\angle0°+2.75\angle-120°+2.2\angle120°=3.1\angle-8.92°(\text{A})$$

12. 在图 3-15 所示电路中，已知 R_1=3.9kΩ，R_2=5.5kΩ，C_1=0.47μF，C_2=1μF，对称三相电源 $\dot{U}_{AB}=380\angle0°\text{V}$ ，f=50Hz。试求电压 $\dot{U}_0$ 。

解 因为 $\dot{U}_{AB}=380\angle0°\text{V}$ ，且电源对称，所以

$$\dot{U}_{BC}=380\angle-120°\text{V},\ \dot{U}_{CA}=380\angle120°\text{V}$$

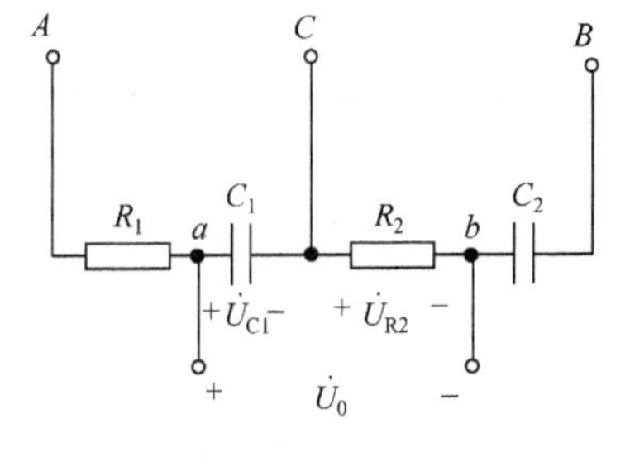

图 3-15

电容的容抗

$$X_{\text{C1}}=\frac{1}{\omega C_1}=\frac{1}{314\times0.47\times10^{-6}}=6.78(\text{k}\Omega)$$

$$X_{\text{C2}}=\frac{1}{\omega C_2}=\frac{1}{314\times1\times10^{-6}}=3.18(\text{k}\Omega)$$

电容 C_1 上的电压

$$\dot{U}_{\text{C1}}=\frac{-\text{j}X_{\text{C1}}}{R_1-\text{j}X_{\text{C1}}}\dot{U}_{AC}=\frac{-\text{j}6.78}{3.9-\text{j}6.78}\times(-380\angle120°)=329.5\angle-90°(\text{V})$$

电阻 R_2 上的电压

$$\dot{U}_{R2}=\frac{R_2}{R_2-jX_{C2}}\dot{U}_{CB}=\frac{5.5}{5.5-j3.18}\times(-380\angle-120°)=329.1\angle 90°(V)$$

所以

$$\dot{U}_0=\dot{U}_{C1}+\dot{U}_{R2}=329.5\angle-90°+329.1\angle 90°=-j0.4(V)$$

13. 三相不对称负载三角形连接，$Z_1=5\angle 10°\,\Omega$，$Z_2=10\angle 80°\,\Omega$，$Z_3=9\angle 30°\,\Omega$，三相对称电源的线电压为 380V，如图 3-16(a)所示。求线电流 $\dot{I}_A$、$\dot{I}_B$、$\dot{I}_C$，并画出这三个线电流的相量图。

解 因为电源是对称的，设 $\dot{U}_{AB}=380\angle 0°V$，则

$$\dot{U}_{BC}=380\angle-120°V,\quad \dot{U}_{CA}=380\angle 120°V$$

负载的相电流

$$\dot{I}_{AB}=\frac{\dot{U}_{AB}}{Z_1}=\frac{380\angle 0°}{5\angle 10°}=76\angle-10°(A)$$

$$\dot{I}_{BC}=\frac{\dot{U}_{BC}}{Z_2}=\frac{380\angle-120°}{10\angle 80°}=38\angle-200°=38\angle 160°(A)$$

$$\dot{I}_{CA}=\frac{\dot{U}_{CA}}{Z_3}=\frac{380\angle 120°}{9\angle 30°}=42.2\angle 90°(A)$$

所以，线电流为

$$\begin{aligned}\dot{I}_A&=\dot{I}_{AB}-\dot{I}_{CA}=76\angle-10°-42.2\angle 90°\\&=74.85-j13.2-j42.2=93.1\angle-36.5°(A)\end{aligned}$$

$$\begin{aligned}\dot{I}_B&=\dot{I}_{BC}-\dot{I}_{AB}=38\angle 160°-76\angle-10°\\&=-35.71+j13-74.85+j13.2=113.6\angle 166.7°(A)\end{aligned}$$

$$\begin{aligned}\dot{I}_C&=\dot{I}_{CA}-\dot{I}_{BC}=42.2\angle 90°-38\angle 160°\\&=j42.2+35.71-j13=46.1\angle 39.3°(A)\end{aligned}$$

相量图如图 3-16(b)所示。

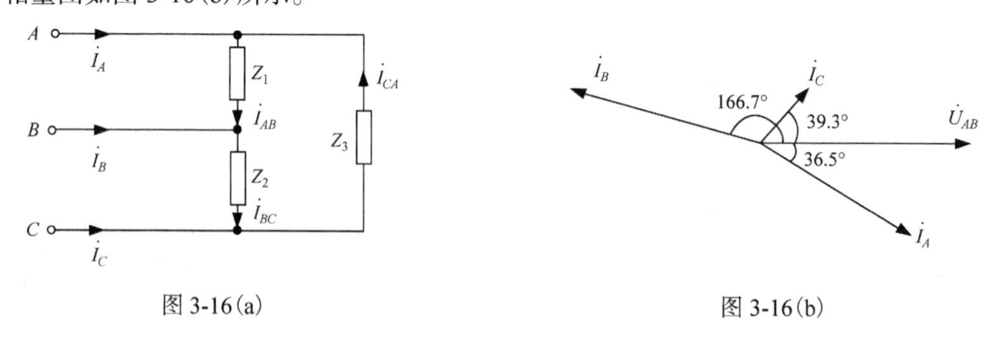

图 3-16(a)　　　　图 3-16(b)

14. 如图 3-17(a)所示的三相电路中，对称电源的线电压 $U_l=380$V。三个电阻性负载连成星形，R_A=10Ω，R_B=R_C=20Ω。试求：(1)负载相电压及中性点电压 $\dot{U}_{N'N}$；(2)当 A 相负载短路时的各相电压和电流，并画出它们的相量图。

解 (1)设 $\dot{U}_{AB}=380\angle 30°V$，则 $\dot{U}_A=220\angle 0°V$，电源中心点与负载中心点之间的电压

$$\dot{U}_{N'N}=\frac{\dfrac{\dot{U}_A}{R_A}+\dfrac{\dot{U}_B}{R_B}+\dfrac{\dot{U}_C}{R_C}}{\dfrac{1}{R_A}+\dfrac{1}{R_B}+\dfrac{1}{R_C}}=\frac{\dfrac{220\angle 0^\circ}{10}+\dfrac{220\angle -120^\circ}{20}+\dfrac{220\angle 120^\circ}{20}}{\dfrac{1}{10}+\dfrac{1}{20}+\dfrac{1}{20}}=55\angle 0^\circ(\text{V})$$

所以

$$\dot{U}'_A=\dot{U}_A-\dot{U}_{N'N}=(220\angle 0^\circ-55\angle 0^\circ)=165\angle 0^\circ(\text{V})$$
$$\dot{U}'_B=\dot{U}_B-\dot{U}_{N'N}=(220\angle -120^\circ-55\angle 0^\circ)=252\angle -130.9^\circ(\text{V})$$
$$\dot{U}'_C=\dot{U}_C-\dot{U}_{N'N}=(220\angle 120^\circ-55\angle 0^\circ)=252\angle 130.9^\circ(\text{V})$$

(2)若 A 相短路，此时各相负载的电压

$$\dot{U}'_A=0$$
$$\dot{U}'_B=\dot{U}_{BA}=380\angle -150^\circ\text{V}$$
$$\dot{U}'_C=\dot{U}_{CA}=380\angle 150^\circ\text{V}$$

各相负载电流为

$$\dot{I}_B=\frac{\dot{U}'_B}{R_B}=\frac{380\angle -150^\circ}{20}=19\angle -150^\circ(\text{A})$$
$$\dot{I}_C=\frac{\dot{U}'_C}{R_C}=\frac{380\angle 150^\circ}{20}=19\angle 150^\circ(\text{A})$$
$$\dot{I}_A=-(\dot{I}_B+\dot{I}_C)=-(19\angle -150^\circ+19\angle 150^\circ)=32.9\angle 0^\circ(\text{A})$$

相量图如图 3-17(b)所示。

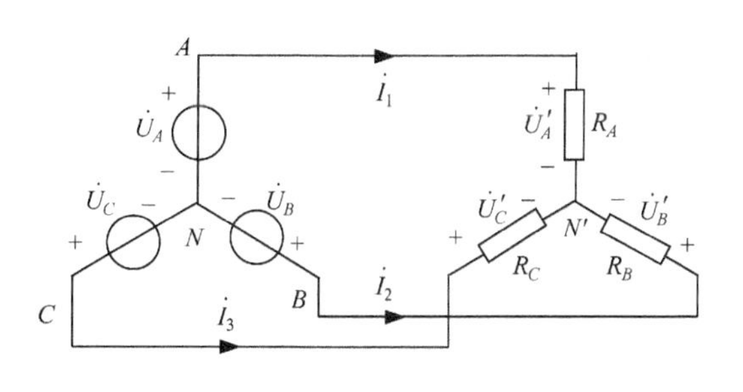

图 3-17(a)

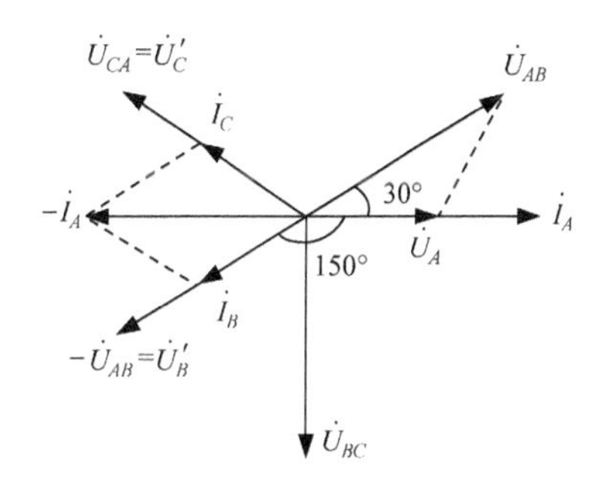

图 3-17(b)

15. 在图 3-18 所示的电路中，三相四线制电源的线电压为 380V，接有对称 Y 连接的白炽灯负载，其总功率为 180W。在 C 相上接有一支 220V，40W 日光灯，功率因数 $\cos\varphi$=0.5。试求电流 $\dot{I}_A$、$\dot{I}_B$、$\dot{I}_C$ 和 $\dot{I}_N$。

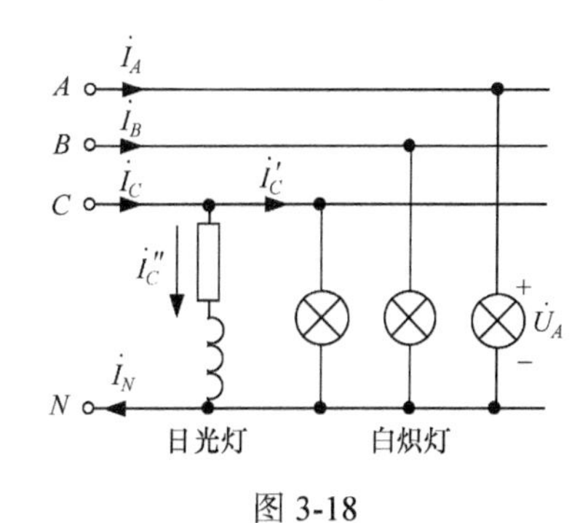

图 3-18

解 设 $\dot{U}_{AB}=380\angle 30^\circ\text{V}$，则 A 相电压 $\dot{U}_A=220\angle 0^\circ\text{V}$

对于三相对称的白炽灯负载，白炽灯的功率因数为 1，根据功率的计算公式

$$P=\sqrt{3}U_l I_l\cos\varphi$$

每相白炽灯的电流

$$I_l=\frac{P}{\sqrt{3}U_l\cos\varphi}=\frac{180}{\sqrt{3}\times 380\times 1}=0.27(\mathrm{A})$$

所以

$$\dot{I}_A=0.27\angle 0°\mathrm{A}$$

$$\dot{I}_B=0.27\angle -120°\mathrm{A}$$

$$\dot{I}'_C=0.27\angle 120°\mathrm{A}$$

对于日光灯负载，流过日光灯的电流

$$I''_C=\frac{P}{U_p\cos\varphi}=\frac{40}{220\times 0.5}=0.36(\mathrm{A})$$

因日光灯的 $\cos\varphi=0.5$，$\varphi=60°$，因此 $\dot{I}''_C$ 比 $\dot{U}_C$ 滞后 60°，可得

$$\dot{I}''_C=0.36\angle 60°$$

$$\dot{I}_C=\dot{I}'_C+\dot{I}''_C=(0.27\angle 120°+0.36\angle 60°)=0.045+\mathrm{j}0.546=0.55\angle 85.29°$$

中线电流

$$\dot{I}_N=\dot{I}_A+\dot{I}_B+\dot{I}_C=\dot{I}''_C=0.36\angle 60°\mathrm{A}$$

16. 一组功率 P=10kW，功率因数 $\cos\varphi_1$= 0.5 的对称三相电感性负载，接在线电压 U_l=380V，频率 f=50Hz 的三相电源。为了将线路功率因数提高到 $\cos\varphi$ = 0.9，可以采用 Y 连接或三角形连接的三相电容进行补偿，如图 3-19(a)和图 3-19(b)所示。试求这两种连接方式下每相补偿电容器的电容值各为多少?

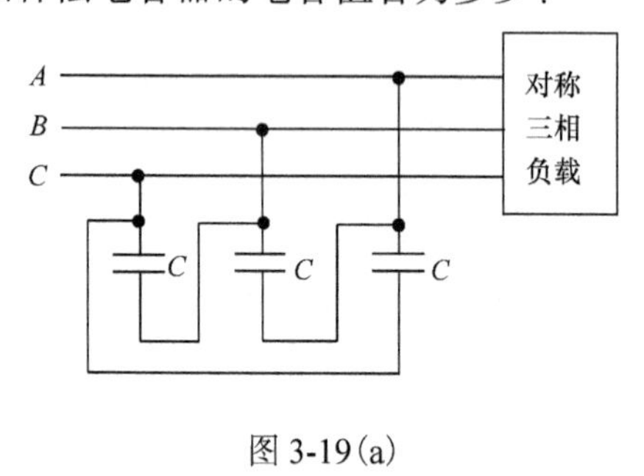

图 3-19(a)

图 3-19(b)

解　把功率因数从 $\cos\varphi_1$= 0.5 提高到 $\cos\varphi$ = 0.9

$\cos\varphi_1$=0.5	φ_1=60°	$\tan\varphi_1$=1.732
$\cos\varphi$=0.9	φ=25.84°	$\tan\varphi$=0.484

在这两种连接方式下，补偿电容器的无功功率是一样的

$$Q=P(\tan\varphi_1-\tan\varphi)=10\times(1.732-0.484)=12.48(\mathrm{kvar})$$

(1)电容器 Y 连接时

电容器两端的电压为 220V，因此每相电容

$$C=\frac{Q}{3\omega U_p^2}=\frac{12.48\times 10^3}{3\times 314\times 220^2}=273.7(\mu\mathrm{F})$$

(2) 电容器三角形连接时

电容器两端的电压是 380V，因此每相电容

$$C=\frac{Q}{3\omega U_l^2}=\frac{12.48\times10^3}{3\times314\times380^2}=91.7(\mu\text{F})$$

从上述计算结果可以看出，采用三角形连接时的电容量较小，但电容的耐压要求较高。

17. 在线电压为 380V 的三相电源上，接两组电阻性对称负载，如图 3-20 所示，试求线电流 I_A。

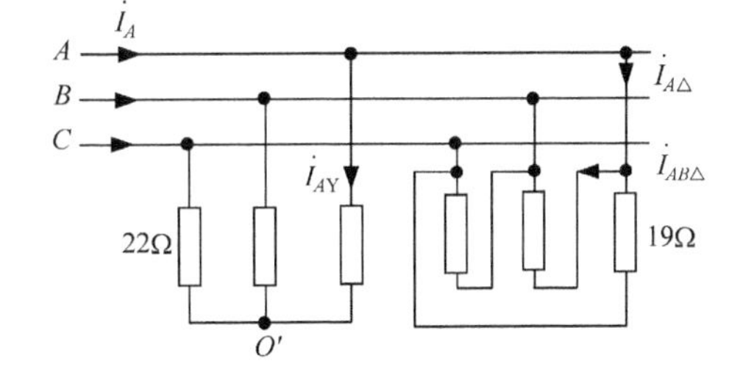

图 3-20

解 设 $\dot{U}_{AB}=380\angle30°\text{V}$，由于 Y 连接的三相电阻负载是对称的，所以 $\dot{U}_{AO'}=220\angle0°\text{V}$。对于 Y 连接的电阻负载

$$\dot{I}_{AY}=\frac{220\angle0°}{22}=10\angle0°(\text{A})$$

对于三角形连接的电阻负载，相电流

$$\dot{I}_{AB\triangle}=\frac{380\angle30°}{19}=20\angle30°(\text{A})$$

线电流

$$\dot{I}_{A\triangle}=\sqrt{3}\dot{I}_{AB\triangle}\angle-30°=\sqrt{3}\times20\angle0°=34.6\angle0°(\text{A})$$

所以

$$\dot{I}_A=\dot{I}_{AY}+\dot{I}_{A\triangle}=10\angle0°+34.6\angle0°=44.6\angle0°(\text{A})$$

18. 线电压为 380V 的对称三相电源向两组对称负载供电。其中，一组是星形连接的电阻性负载，每相电阻为 10Ω；另一组是感性负载，功率因数为 0.866，消耗功率为 5.69kW，求电源的有功功率、视在功率、无功功率及线电流。

解 对于星形连接的电阻性负载

$$I_{lY}=I_{pY}=\frac{380/\sqrt{3}}{10}=21.94(\text{A})$$

$$\cos\varphi_1=1$$

$$P_1=\sqrt{3}U_lI_{lY}\cos\varphi_1=\sqrt{3}\times380\times21.94\times1=14.44(\text{kW}),\qquad Q_1=0$$

对于感性负载

$$P_2=5.69\text{ kW},\qquad \cos\varphi_2=0.866$$

则

$$Q_2=P_2\times\tan\varphi_2=5.69\times0.577=3.28(\text{kvar})$$

电源总的有功功率

$$P=P_1+P_2=20.13\text{kW}$$

电源总的无功功率

$$Q=Q_1+Q_2=3.28\text{kvar}$$

电源的视在功率

$$S=\sqrt{P^2+Q^2}=\sqrt{20.13^2+3.28^2}=20.4(\text{kV}\cdot\text{A})$$

电源的线电流

$$I_l=\frac{S}{\sqrt{3}U_l}=\frac{20.4\times10^3}{1.732\times380}=31(\text{A})$$

19. 两组星形连接的负载如图 3-21 所示，已知 Z_A=20Ω，Z_B=j20Ω，Z_C=−j20Ω，三相对称电源的线电压为 380V。求图中两中心点之间的电压 $U_{N'N}$。

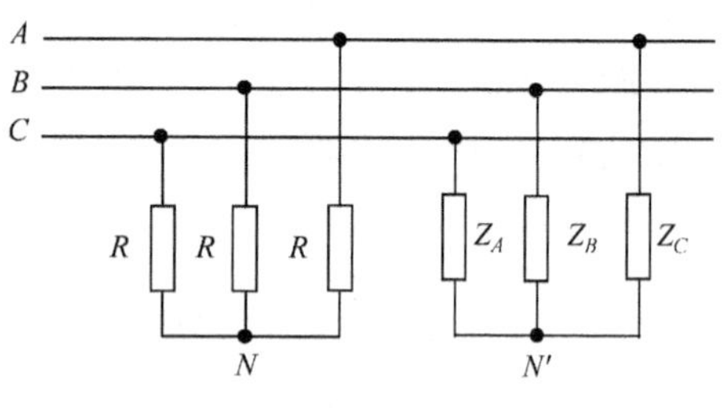

图 3-21

解 由于左侧的三相负载是对称的，负载中性点 N 的电位等于电源中性点的电位，设 $\dot{U}_{AB}=380\angle30°\text{V}$，则

$$\dot{U}_{AN}=220\angle0°\text{V}$$
$$\dot{U}_{BN}=220\angle-120°\text{V}$$
$$\dot{U}_{CN}=220\angle120°\text{V}$$

设 N 为参考节点，应用节点电压法，有

$$\dot{U}_{N'}=\frac{\dfrac{\dot{U}_{AN}}{20}+\dfrac{\dot{U}_{BN}}{\text{j}20}+\dfrac{\dot{U}_{CN}}{-\text{j}20}}{\dfrac{1}{20}+\dfrac{1}{\text{j}20}+\dfrac{1}{-\text{j}20}}=\dot{U}_{AN}-\text{j}\dot{U}_{BN}+\text{j}\dot{U}_{CN}$$
$$=220-\text{j}220\angle-120°+\text{j}220\angle120°$$
$$=220-\text{j}(-110-\text{j}190.5)+\text{j}(-110+\text{j}190.5)$$
$$=-161(\text{V})$$

所以

$$U_{N'N}=161\text{V}$$

20. 用三个电阻丝制造一台三相加热炉，三相电源的线电压为 380V，要求功率为 5kW，如果把电阻丝接成对称星形，每相电阻应多大？如果接成对称三角形，每相电阻又应为多大？

解 当功率为 5kW 时，根据 $P=\sqrt{3}U_lI_l\cos\varphi$ 可得

$$I_l=\frac{P}{\sqrt{3}U_l\cos\varphi}=\frac{5000}{\sqrt{3}\times380\times1}=7.6(\text{A})$$

接成对称星形时

$$I_{p\text{Y}}=I_l=7.6\text{A}\text{，}\ U_{p\text{Y}}=U_l/\sqrt{3}=220\text{V}$$

每相电阻

$$R_\text{Y}=U_{p\text{Y}}/I_{p\text{Y}}=220/7.6=28.9(\Omega)$$

接成对称三角形时

$$I_{p\triangle}=I_l/\sqrt{3}=4.4\text{A}\text{，}\ U_{p\triangle}=U_l$$

所以

$$R_{\triangle}=U_{p\triangle}/I_{p\triangle}=380/4.4=86.4(\Omega)$$

21. 已知三相对称交流电源 $f=50\text{Hz}$, $U_l=220\text{V}$, 三相对称负载的有功功率为 3kW(感性)，线电流为 10A，三角形连接。求各相负载的等效参数 R 和 L。

解 因为负载是三角形连接 $U_p=U_l=220\text{V}$ ，$I_p=\dfrac{I_l}{\sqrt{3}}=5.77\text{A}$

功率因数

$$\cos\varphi=\frac{P}{\sqrt{3}U_lI_l}=\frac{3000}{\sqrt{3}\times220\times10}=0.787\,,\qquad \varphi=38.09°$$

阻抗模

$$|Z|=\frac{U_p}{I_p}=\frac{220}{5.77}=38.1(\Omega)$$

所以阻抗

$$Z=|Z|\angle\varphi=38.1\times\angle38.09=30+\text{j}23.5(\Omega)$$

等效参数

$$R=30\Omega$$

$$L=\frac{X_\text{L}}{\omega}=\frac{23.5}{314}=74.8(\text{mH})$$

22. 试证明：如果电压相等(单相时的电压等于三相时的线电压)，输送功率相等，负载的功率因数相同，距离相等，线路功率损耗相等，则三相输电(设负载对称)的用铜量为单相输电用铜量的 75%。

证明 三相输电时用三根输电线(负载对称)，而单相输电时用两根输电线。

设每根输电线的电阻为 R，截面积为 S，长度为 l，电阻率为ρ。

要使输送功率相等，有 $\sqrt{3}U_3I_3\cos\varphi=U_1I_1\cos\varphi$

所以

$$I_1=\sqrt{3}I_3$$

要使线路功率损耗相等，又有 $3I_3^2R_3=2I_1^2R_1$

所以

$$R_1=\frac{1}{2}R_3$$

即

$$\rho\frac{l}{S_1}=\frac{1}{2}\times\rho\frac{l}{S_3}\text{ 或 }\frac{S_3}{S_1}=\frac{1}{2}$$

用铜量

$$\frac{\text{Cu}_3}{\text{Cu}_1}=\frac{3\times S_3l}{2\times S_1l}=\frac{3}{4}=75\%$$

第 4 章　变　压　器

4.1　内 容 提 要

1. 磁场的基本概念

磁场的基本物理量有磁通Φ、磁感应强度 B、磁场强度 H 和磁导率μ。它们相互之间或与其他物理量之间的关系见表 4-1。

表 4-1　磁场基本物理量及其关系表达式

物理量	关系表达式	单位
磁通Φ	$u=\frac{\mathrm{d}\Phi}{\mathrm{d}t}$	韦伯(Wb)
磁感应强度 B	$B=\frac{\Phi}{S}$	特斯拉(T)
磁场强度 H	$H=\frac{NI}{l}$	安每米(A/m)
磁导率μ	$\mu=\frac{B}{H}$	亨每米(H/m)

磁性材料的磁导率较大，但存在磁饱和现象。一般用磁化曲线来表示磁感应强度 B 与磁场强度 H 之间的关系。磁感应强度 B 的变化滞后于磁场强度 H 的变化的现象称为磁滞现象。

2. 磁路的基本定律

全电流定律。在磁路中，沿任意一个闭合路径上的总磁压等于被这个闭合路径所包围的面内穿过的全部电流的代数和，即 $\oint H\mathrm{d}l=\sum I$ 。

磁路欧姆定律。在磁路中，通过磁路的磁通Φ与磁动势 F 成正比，而与磁路的磁阻 R_m 成反比，即$\Phi=F/R_\mathrm{m}$。

3. 磁路与电路的对比

磁路与电路有很多相似的地方，在学习过程中，可以借鉴电路的分析方法来分析和计算磁路的问题。

磁路与电路各物理量的对应关系见表 4-2。

表 4-2　磁路与电路物理量的对应关系

磁路	电路
磁动势 F	电动势 E
磁通 Φ	电流 I

续表

磁路	电路
磁感应强度 B	电流密度 J
磁阻 R_m	电阻 R
$\Phi=\dfrac{F}{R_m}$	$I=\dfrac{U}{R}$

4. 铁心线圈

直流电磁铁在工作时(图 4-1),线圈电流只与线圈电压和电阻有关,即 $U=IR$。在不考虑过渡过程时,直流电磁铁在吸合前后,线圈的电流不变,磁路的磁动势也不变。吸合前有气隙,磁阻大磁通较小;吸合后无气隙,磁阻小磁通较大。

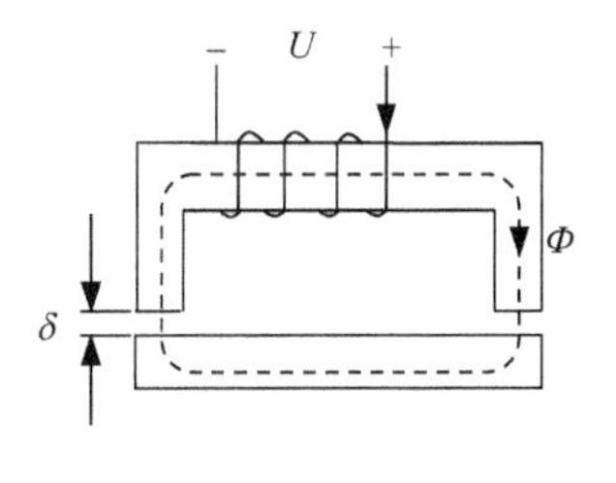

图 4-1

交流电磁铁在工作时,在电源频率一定,不考虑漏磁磁通和线圈电阻时,磁通与线圈电压成正比,即 $U \approx E = 4.44 fN\Phi_m$。在不考虑过渡过程时,交流电磁铁在吸合前后,磁通不变。吸合前有气隙,磁阻大,磁路的磁动势也较大,线圈电流相对较大;吸合后无气隙,磁阻小,磁路的磁动势也较小,线圈电流相对较小。

5. 变压器

变压器具有电压变换、电流变换和阻抗变换的特性,分析变压器所用到的电压、电流及电动势的参考方向如图 4-2 所示。

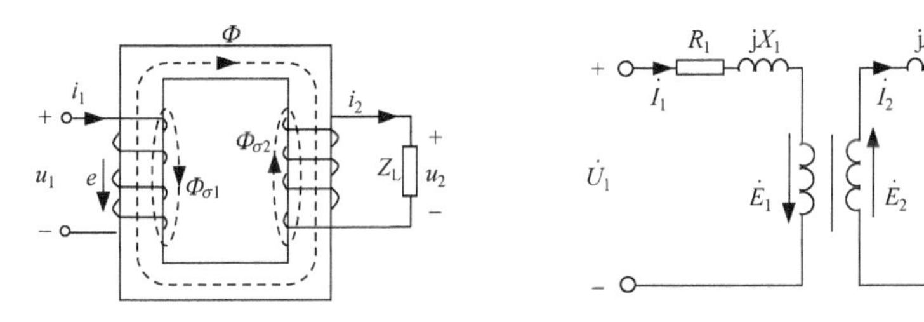

图 4-2

(1) 电压关系

变压器一次侧的电压方程　　$\dot{U}_1 = \dot{I}_1 R_1 + \mathrm{j}\dot{I}_1 X_1 - \dot{E}_1$

变压器二次侧的电压方程　　$\dot{U}_2 = \dot{E}_2 - (\dot{I}_2 R_2 + \mathrm{j}\dot{I}_2 X_2)$

在忽略一次侧和二次侧的电阻和漏电抗时,变压器的一次绕组和二次绕组的电压、电动势和匝数之间满足

$$\frac{U_1}{U_{20}} \approx \frac{E_1}{E_2} = \frac{N_1}{N_2} = K$$

其中,U_{20} 为二次绕组的空载电压;K 为变压器的变比。

二次绕组的额定电压是指一次绕组施加额定电压时二次绕组的空载电压。

电压调整率为

$$\Delta U = \frac{U_{2N} - U_2}{U_{2N}} \times 100\%$$

变压器带阻性或感性负载时，随着输出电流的增加，二次侧的电压将降低；带容性负载时，随着输出电流的增加，二次侧的电压可能升高，也可能降低。

(2) 电流关系

根据 $U_1 \approx E_1 = 4.44 f N_1 \Phi_m$ 可知，当电源电压和频率不变时，变压器铁心中主磁通的最大值在负载或空载时基本相同，即

$$N_1 \dot{I}_1 + N_2 \dot{I}_2 \approx N_1 \dot{I}_0$$

变压器一次绕组和二次绕组的电流满足

$$\frac{I_1}{I_2} \approx \frac{N_2}{N_1} = \frac{1}{K}$$

(3) 阻抗关系

当二次侧接有阻抗 Z 时，一次侧的等效阻抗模为

$$|Z'| = K^2 |Z_L|$$

变压器的这一特性常被用于阻抗匹配。

(4) 变压器的容量

变压器的额定容量是二次绕组的额定电压与额定电流的乘积，即

$$S_N = U_{2N} I_{2N} \approx U_{1N} I_{1N}$$

变压器额定容量的单位是伏安。

实际变压器在运行时存在铜损耗ΔP_{Cu}和铁损耗ΔP_{Fe}。变压器的效率：

$$\eta = \frac{P_2}{P_1} = \frac{P_2}{P_2 + \Delta P_{Fe} + \Delta P_{Cu}}$$

(5) 三相变压器

三相变压器有三相组式变压器和三相心式变压器两种。通常有 Y,yn、Y,d、YN,d、Y,y 和 YN,y 五种标准连接方式。

三相变压器的额定电压和额定电流都是指一次侧或二次侧的线电压和线电流。额定容量的计算公式为

$$S_N = \sqrt{3} U_{2N} I_{2N} \approx \sqrt{3} U_{1N} I_{1N}$$

(6) 特殊变压器

电压互感器和电流互感器常用于测量高电压和大电流，同时能起到与高电压隔离的作用。

电压互感器要求一次侧与被测电路并联，二次侧开路或接电压表等负载，电压互感器的二次侧不允许短路。电压互感器一次侧与二次侧的电压满足 $U_2 = U_1 / k_u$，k_u 为变压比。

电流互感器要求一次侧与被测电路串联，二次侧短路或接电流表等负载，电流互感器的二次侧不允许开路。电流互感器一次侧与二次侧的电流满足 $I_2 = I_1 / k_i$，k_i 为变流比。

自耦变压器的一次侧和二次侧绕组有一部分是共用的。自耦变压器的分析方法与普通变

压器类似。由于有一部分绕组是共用的，且两部分绕组可以采用不同截面的导线，可以节省材料。

4.2　典型例题分析

例 4-1　图 4-3 所示为一直流电磁铁磁路，直流电压源 U 保持不变。当气隙长度 δ 增加时，磁路中的磁通 Φ 将（　　）。

(a) 增大　　(b) 减小

(c) 保持不变　　(d) 不一定

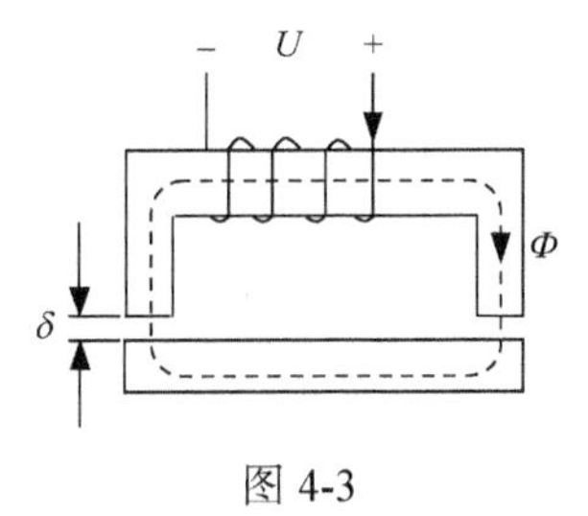

图 4-3

解　对于直流电磁铁来说，当电压源 U 保持不变，根据 $U=IR$ 可知，线圈的电流也保持不变；由全电流定律可知，电磁铁的磁动势 $F=NI$ 也保持不变；当气隙长度 δ 增加时，磁路的磁阻 R_m 增加，根据磁路中的欧姆定律 $\Phi=F/R_m$ 可知，磁路中的磁通将减小。

所以该题的正确答案是 b。

例 4-2　如果图 4-3 所示为一交流电磁铁磁路，交流电压 U 保持不变。当气隙长度 δ 增加时，线圈电流 i 将（　　）。

(a) 增大　　(b) 减小　　(c) 保持不变　　(d) 不一定

解　对于交流电磁铁来说，根据 $U \approx E = 4.44 fN\Phi_m$ 可知，当电源电压 U 保持不变时，磁路中磁通的最大值 Φ_m 基本保持不变；当气隙长度 δ 增加时，磁路的磁阻 R_m 增加，根据磁路中的欧姆定律 $\Phi=F/R_m$ 可知，磁动势 F 将增加；因为磁动势 $F=NI$，所以线圈电流将增大。

所以该题的正确答案是 a。

例 4-3　将一铁心线圈接于电压 $U=110\text{V}$、频率 $f=50\text{Hz}$ 的正弦交流电源上，测得电流 $I_1=5\text{A}$，功率因数 $\cos\varphi_1=0.7$；将铁心抽出，测得的电流变为 $I_2=10\text{A}$，功率因数变为 $\cos\varphi_2=0.05$。求此线圈在有铁心时的铜损耗和铁损耗。

解　在求解该题时，主要是要搞清楚线圈在有铁心和无铁心时损耗的构成。有铁心时线圈的损耗包括铜损耗和铁损耗；无铁心时则只有铜损耗。根据上述分析，可以得到

有铁心时线圈消耗的有功功率：

$$P_1=UI_1\cos\varphi_1=110\times5\times0.7=385\,(\text{W})$$

无铁心时线圈消耗的有功功率：

$$P_2=UI_2\cos\varphi_2=110\times10\times0.05=55\,(\text{W})$$

因为无铁心时消耗的有功功率就是铜损耗，由此可求得线圈电阻：

$$R=\frac{P_2}{I_2^2}=\frac{55}{10^2}=0.55(\Omega)$$

有铁心时线圈的铜损耗：

$$P_{\text{Cu}}=I_1^2R=5^2\times0.55=13.75\,(\text{W})$$

有铁心时线圈的铁损耗：

$$P_{Fe}=P_1-P_{Cu}=350-13.75=336.25(\text{W})$$

例 4-4 有一铁心闭合、截面均匀的线圈，线圈的电阻和匝数以及电源电压保持不变，铁心截面积加倍，试分析在直流励磁和交流励磁两种情况下，铁心中的磁感应强度、线圈中的电流和铜损耗的变化情况。假设磁路不饱和，并忽略磁滞损耗和涡流损耗。

解 (1)在直流励磁时

由于线圈的电阻和电源电压保持不变，可知线圈中的电流也保持不变，所以铜损耗也不变，即 $I=U/R$，$\Delta P_{Cu}=I^2R$。

而磁路的磁阻 $R_m=l/(\mu S)$，当铁心截面积加倍时，磁阻 R_m 减半，而磁动势 $F=NI$ 不变，故磁通 $\Phi=F/R_m$ 加倍，磁感应强度 $B=\Phi/S$ 不变。

(2)在交流励磁时

根据 $U\approx4.44fN\Phi_m=4.44fNB_mS$，当铁心截面积加倍时，铁心中的磁感应强度最大值 B_m 减半。

由于磁路不饱和，磁场强度 H 与磁感应强度 B 成正比，所以磁场强度 H 也减半。由 $NI=Hl$ 可知，线圈中电流 I 减半；铜损耗 $p_{Cu}=I^2R$ 减小到原来的 1/4。

例 4-5 某单相变压器的额定电压为 220/110V，如图 4-4 所示，设在 1-1′加 220V 电压时，空载励磁电流为 I_0，主磁通为 Φ_0。如果将 1′与 2′连在一起，在 1-2 端加 330V 电压，励磁电流，主磁通各变为多少？如果将 1′与 2 连在一起，在 1-2′端加 110V 电压，励磁电流、主磁通又各变为多少？

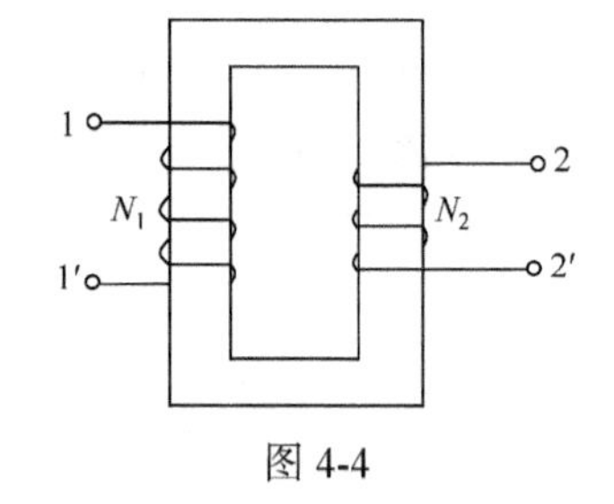

图 4-4

解 本题在求解时主要是根据 $U=4.44fN\Phi_m$ 来分析主磁通的变化情况，再根据 $F=NI=\Phi R_m$ 来分析励磁电流的变化情况。

由于变压器的额定电压为 220/110V，所以 $N_1=2N_2$。

根据 $U=4.44fN\Phi_m$，在 1-1′加 220V 电压时

$$220=4.44fN_1\Phi_0$$

$$110=4.44fN_2\Phi_0$$

根据 $NI=\Phi R_m$，可得 $N_1I_0=\Phi_0R_m$。

将 1′与 2′连在一起，在 1-2 端加 330V 电压，此时两个线圈顺向串联，等效匝数为 N_1+N_2，有

$$330=4.44f(N_1+N_2)\Phi_0'$$

所以，$\Phi_0'=\Phi_0$，即主磁通的大小不变。

同时，$(N_1+N_2)I_0'=\Phi_0'R_m=N_1I_0$，可得 $I_0'=\dfrac{2}{3}I_0$，即空载电流变为原来的 2/3。

将 1′与 2 连在一起，在 1-2′端加 110V 电压，此时两个线圈反向串联，等效匝数为 N_1-N_2，有

$$110=4.44f(N_1-N_2)\Phi_0''$$

所以，$\Phi_0''=\Phi_0$，即主磁通的大小不变。

同时，$(N_1-N_2)I_0''=\Phi_0''R_m=N_1I_0$，可得 $I_0''=2I_0$，即空载电流变为原来的 2 倍。

4.3 习 题 解 答

一、判断题

1. 变压器带感性负载运行时二次侧电压变化率随着负载电流的增加而增加。（　　）

2. 对于给定的变压器，当电源电压和频率不变时，该变压器的主磁通基本为常数，因此负载和空载时感应电势 E_1 为常数。（　　）

3. 变压器空载运行时，只从电源吸收无功功率。（　　）

4. 当变压器的频率增加时，它的主磁通也增加，但漏磁通不变。（　　）

5. 变压器负载运行时，一次侧电流和二次侧电流相等。（　　）

6. 变压器一次侧加额定电压空载运行时，由于一次侧绕组的电阻 r_1 很小，因此电流很大。（　　）

7. 变压器空载和负载时的损耗是一样的。（　　）

8. 变压器的变比可近似看作额定线电压之比。（　　）

9. 只要使变压器的一次侧、二次侧绕组的匝数不同，就可达到变压的目的。（　　）

10. 无论变压器饱和与否，其参数都是保持不变的。（　　）

11. 保持变压器一次侧的电压不变，频率从 50Hz 变到 60Hz，它的励磁电流将减小。（　　）

12. 变压器带容性负载时，随着负载电流的增加，二次侧电压将降低。（　　）

13. 在其他条件不变的情况下，变压器一次侧匝数减少 5%，二次侧匝数增加 5%，主磁通将保持不变。（　　）

参考答案：

1. 对　**2.** 错　**3.** 错　**4.** 错　**5.** 错　**6.** 错　**7.** 错　**8.** 错

9. 对　**10.** 错　**11.** 对　**12.** 错　**13.** 错

二、选择题

1. 两个交流铁心线圈除了匝数不同（$N_1=2N_2$）外，其他参数都相同，若将这两个线圈接在同一交流电源上，它们的电流 I_1 和 I_2 的关系为（　　）。

(a) $I_1>I_2$　(b) $I_1=I_2$　(c) $I_1<I_2$　(d) 不能确定

2. 一个交流铁心线圈，接在电压相同而频率不同（$f_1>f_2$）的两个电源时，线圈上的电流 I_1 和 I_2 的关系是（　　）。

(a) $I_1 > I_2$　(b) $I_1 = I_2$　(c) $I_1 < I_2$　(d) 不一定

3. 交流铁心线圈中的功率损耗来源于（　　）。

(a) 漏磁通　(b) 主磁通　(c) 铁心的磁导率 μ　(d) 铜损耗和铁损耗

4. 直流铁心线圈，在电源电压一定时，增加线圈匝数，磁通 Φ 将（　　）。

(a) 增大　(b) 减小　(c) 不变　(d) 不一定

5. 交流铁心线圈，在电源电压一定时，增加线圈匝数，磁通 Φ 将(　　)。

(a)增大　　(b)减小　　(c)不变　　(d)不一定

6. 交流铁心线圈，在其他条件不变时，增加铁心截面积，磁通 Φ 将(　　)。

(a)增大　　(b)减小　　(c)不变　　(d)不一定

7. 交流铁心线圈，如果电源电压和频率均减半，则铜损耗 P_{Cu} 将(　　)。

(a)增大　　(b)减小　　(c)不变　　(d)不一定

8. 交流铁心线圈，如果电源电压不变，而频率减半，则铜损 P_{Cu} 将(　　)。

(a)增大　　(b)减小　　(c)不变　　(d)不一定

9. 将一直流电磁铁接到电压相同的交流电源上，线圈中的磁通 Φ 将(　　)。

(a)增大　　(b)减小　　(c)保持不变　　(d)不一定

10. 对于交流电磁铁，衔铁吸合后的电流比吸合前的电流(　　)。

(a)增大　　(b)减小　　(c)保持不变　　(d)不一定

11. 图 4-5 所示为一交流电磁铁磁路，交流电压 U 保持不变。当气隙长度 δ 增加时，磁路中的磁通 Φ 将(　　)。

(a)增大　　(b)减小

(c)保持不变　　(d)不一定

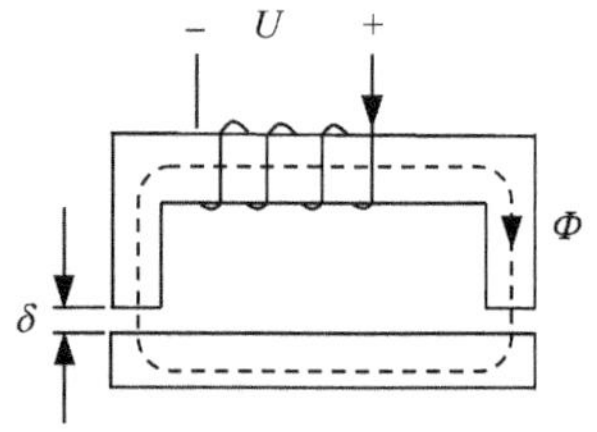

图 4-5

12. 一个信号源的电压 U_S=10V，内阻 R_0=100Ω，通过理想变压器接 R_L=4Ω的负载。为使负载电阻换算到一次侧的阻值与电源内阻相等，以达到阻抗匹配，则变压器的变比 K 应为(　　)。

(a)25　　(b)10　　(c)5　　(d)1

13. 当变压器带电阻性或电感性负载时，二次侧电压将随负载的增加而(　　)。

(a)上升　　(b)下降　　(c)保持不变　　(d)不一定

14. 变压器在额定视在功率 S_N 下使用，其输出有功功率的大小取决于(　　)。

(a)负载阻抗模的大小　　(b)负载阻抗角的大小

(c)负载的连接方式(串联或并联)　　(d)负载额定电压的大小

15. 铁心叠片之间互相绝缘是为降低变压器的(　　)。

(a)无功损耗　　(b)短路损耗　　(c)涡流损耗　　(d)以上都不正确

16. 变压器铁心叠片间的间隙增大，其他条件不变，则空载电流(　　)。

(a)增大　　(b)不变　　(c)减小　　(d)不能确定

17. 变压器有负载时的主磁通是(　　)产生的。

(a)一次侧绕组的电流 I_1　　(b)二次侧绕组的电流 I_2

(c)一次侧绕组电流 I_1 与二次侧绕组电流 I_2 共同　　(d)以上都不是

18. 变压器的铁损耗包含(　　)，它们与电源的电压和频率有关。

(a)磁滞损耗和磁阻损耗　　(b)磁滞损耗和涡流损耗

(c)涡流损耗和磁化饱和损耗　　(d)涡流损耗和磁阻损耗

19. 变压器空载运行时，自电源输入的功率可近似认为等于(　　)。

(a)铜损耗　　(b)铁损耗　　(c)零　　(d)以上都不是

20. 变压器的负载阻抗增加时，将使(　　)。

(a)一次侧电流增加　　(b)一次侧电流保持不变

(c) 一次侧电流减小　　　　　　(d) 以上都不是

21. 某变压器一次侧、二次侧的匝数为 N_1 和 N_2，电流为 I_1 和 I_2，电压为 U_1 和 U_2，它的变压比为(　　)。

(a) N_1/N_2　　(b) N_2/N_1　　(c) I_1/I_2　　(d) U_1/U_2

22. 电压与频率都增加 5%时，其他条件不变，穿过铁心线圈的主磁通(　　)。

(a) 明显增加　　(b) 基本不变　　(c) 明显减少　　(d) 不一定

23. 变压器的变压比，下列说法中正确的是(　　)。

(a) 与一次侧、二次侧线圈匝数的比值成正比，与一次侧、二次侧的电流成正比

(b) 与一次侧、二次侧线圈匝数的比值成正比，与一次侧、二次侧的电流成反比

(c) 与一次侧、二次侧线圈匝数的比值成反比，与一次侧、二次侧的电流成正比

(d) 与一次侧、二次侧线圈匝数的比值成反比，与一次侧、二次侧的电流成反比

24. 假设变压器的磁路不饱和，其他条件不变，当外加电压增加 10%时，主磁通将(　　)。

(a) 增加 10%　　　　(b) 不变

(c) 减少 10%　　　　(d) 不能确定

25. 磁通 Φ，电势 e 的正方向如图 4-6 所示，线圈匝数为 N，则感应电势 e 为(　　)。

(a) $\dfrac{\mathrm{d}\Phi}{\mathrm{d}t}$　　　　(b) $-\dfrac{\mathrm{d}\Phi}{\mathrm{d}t}$

(c) $N\dfrac{\mathrm{d}\Phi}{\mathrm{d}t}$　　　　(d) $-N\dfrac{\mathrm{d}\Phi}{\mathrm{d}t}$

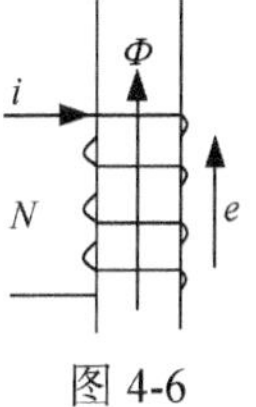

图 4-6

26. 如将额定电压为 110V 的变压器误接到 220V 的电源上，则激磁电流将(　　)。

(a) 增加很多倍　　(b) 增大一倍　　(c) 不变　　(d) 减小一半

27. 变压器带容性负载运行时，随着负载的增加，二次侧电压(　　)。

(a) 增加　　(b) 不变　　(c) 减小　　(d) 可能增加或下降

28. 一台单相变压器的变比为 20，当它正常工作时的二次侧电流为 100A，那么它的一次侧电流应为(　　)。

(a) 0.2A　　(b) 2.5A　　(c) 5A　　(d) 50A

29. 一台单相变压器一次侧匝数减少 10%，二次侧匝数不变，则主磁通(　　)；空载电流 I_0(　　)。

(a) 变大　　(b) 不变　　(c) 变小　　(d) 不一定

30. 图 4-7 所示是某单相变压器一次侧绕组和二次侧绕组的结构示意图。一次侧两个绕组的额定电压均为 110V。若要把这两个绕组串联后接到 220V 的电源上，应将一次侧绕组的(　　)端相连接，另两端接电源。

(a) 1 和 2　　　　(b) 1 和 2′

(c) 1′和 2′　　　　(d) 以上都不对

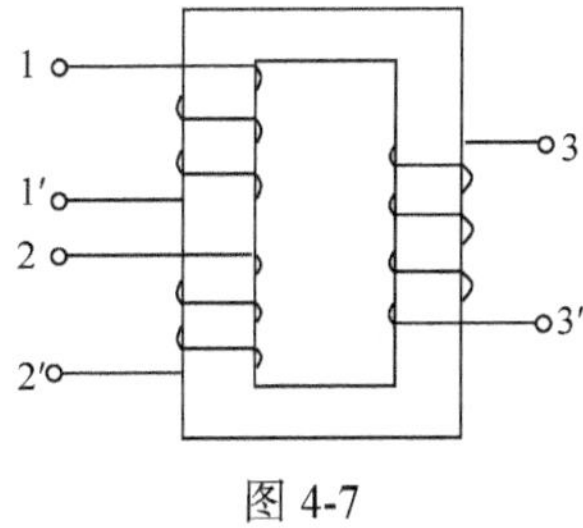

图 4-7

31. 某单相变压器的额定容量为 10kV·A，额定电压为 3300/220V。如果该变压器的负载都是白炽灯，同时最多能接(　　)个 45W/220V 的白炽灯。

(a) 15 个　　(b) 111 个　　(c) 222 个　　(d) 333 个

32. 三相变压器带感性负载运行，在负载电流相同的条件下，功率因数 $\cos\varphi$越高，则(　　)。

(a) 二次侧电压变化率Δu 越大，效率η越高

(b) 二次侧电压变化率Δu 越大，效率η越低

(c) 二次侧电压变化率Δu 越小，效率η越低

(d) 二次侧电压变化率Δu 越小，效率η越高

33. 一台三相电力变压器 S_N=560kV·A，U_{1N}/U_{2N}=10000/400V，D,y 接法，负载时忽略励磁电流，低压边相电流为 808.3A 时，高压边的相电流为(　　)。

(a) 808.3A　　(b) 56A　　(c) 32.33A　　(d) 18.67A

34. 三相电力变压器磁势平衡方程为(　　)。

(a) 一次侧、二次侧磁势之和等于合成磁势

(b) 一次侧、二次侧磁势之差等于合成磁势

(c) 一次侧、二次侧磁势的向量和等于合成磁势

(d) 一次侧、二次侧磁势的向量差等于合成磁势

35. 对于升压变压器，一次侧绕组的每匝电势(　　)二次侧绕组的每匝电势。

(a) 大于　　(b) 等于　　(c) 小于　　(d) 不一定

36. 三相变压器二次侧的额定电压是指一次侧加额定电压时二次侧(　　)。

(a) 空载时的线电压　　(b) 空载时的相电压

(c) 额定负载时的线电压　　(d) 额定负载时的相电压

37. 三相变压器组不宜采用 Y,y 连接组，主要是为了避免(　　)。

(a) 线电势波形发生畸变　　(b) 相电势波形发生畸变

(c) 损耗增大　　(d) 电压变化率增大

38. 三相变压器的变比是指一次侧与二次侧的(　　)之比。

(a) 相电势　　(b) 线电势　　(c) 线电压与相电压　　(d) 线电压

39. 某台三相变压器的额定容量是 300kV·A，如一次侧额定电压为 10kV，则一次侧额定电流为(　　)。

(a) 30A　　(b) 8.66A　　(c) 17.3A　　(d) 6A

参考答案：

1. c　**2.** c　**3.** d　**4.** a　**5.** b　**6.** c　**7.** c　**8.** a
9. b　**10.** b　**11.** c　**12.** c　**13.** b　**14.** b　**15.** c　**16.** a
17. c　**18.** b　**19.** b　**20.** c　**21.** a　**22.** b　**23.** b　**24.** a
25. d　**26.** a　**27.** d　**28.** c　**29.** a,a　**30.** b　**31.** c　**32.** d
33. d　**34.** c　**35.** b　**36.** a　**37.** b　**38.** a　**39.** c

三、填空题

1. 一个交流铁心线圈，分别工作在电压相同而频率不同($f_1 > f_2$)的两电源上，则铁心中

的磁通 Φ_1 和 Φ_2 的大小关系是__________。

2. 交流电磁铁的额定电压为 220V，衔铁刚开始吸合时的视在功率为 3000V·A，衔铁吸合后的视在功率为 200V·A,那么衔铁刚开始吸合时的电流比吸合后的电流大__________倍。

3. 为了判断同名端，一般可采用__________和__________。

4. 8Ω的负载阻抗经变比为 8 的变压器变换后，其等效阻抗为__________Ω。

5. 和一次侧、二次侧绕组都交链的磁通称为__________，仅和一次侧或二次侧绕组交链的磁通称为__________。

6. 变压器的三个主要特性是__________、__________和__________。

7. 一台额定频率为 50Hz，额定电压为 380V 的变压器，接到频率为 60Hz，电压为 456V 的电源上运行，此时变压器磁路的饱和程度__________，励磁电流__________（增加、减少或不变）。

8. 如误将变压器接到相同电压的直流电源上，则空载电流将会变得__________，空载损耗将会变得__________。

9. 变压器空载运行时功率因数很低，主要是因为__________。

10. 一台额定频率为 50Hz 的变压器，现将它接到 60Hz 的电网上运行，额定电压不变，则励磁电流将__________，铁损耗将__________（增加，减少或不变）。

11. 变压器的二次侧是通过__________对一次侧进行作用的。

12. 通过__________实验和__________实验可求取变压器的参数。

13. 有一单相变压器 S_N=100VA，U_{1N}=220V，U_{2N}=36V，已知一次侧绕组匝数 N_1=1000 匝，则二次侧绕组的匝数 N_2=__________匝；如果二次侧接 100W/36V 的灯泡一只，则一次侧绕组中电流为__________A。

14. 一台单相变压器额定电压为 220/110V，额定频率为 50Hz，如果误将低压侧接到 220V 的电源上，则此时空载电流 I_0__________，铁损耗 p_{Fe}__________（增加，减少或不变）。

15. 变压器的一次侧和二次侧绕组中有一部分是公共绕组的变压器称为__________。

16. 有一单相自耦变压器，整个绕组的匝数 N_1 =1000 匝 ，输出部分绕组的匝数 N_2 =500 匝，电源电压为 220V，负载阻抗 Z = 4+j3Ω，不计变压器内阻，则变压器的二次侧电压为__________V；二次侧电流是__________A；一次侧电流是__________A；输出的有功功率是__________W。

17. 某电压互感器的额定电压为 6000/100V，用电压表测得其二次侧电压为 60V，则一次侧被测电压是__________V；某电流互感器的额定电流为 100/5A，用电流表测得其二次侧电流为 2A，则一次侧被测电流是__________A。

18. 三相变压器的一次侧、二次侧绕组都可以接成__________。

19. 为使电压波形不发生畸变，三相变压器应使一侧绕组__________。

20. 某三相变压器的额定容量为 800kV·A，Y/△接法，额定电压为 35kV/10.5kV, 则变压器高压边的额定线电压为__________V，额定相电压为__________V，额定线电流为__________A，额定相电流为__________A；低压边的额定线电压为__________V，额定相电压为__________V，额定线电流为__________A，额定相电流为__________A。

参考答案：

1. $\Phi_1 < \Phi_2$

2. 15

3. 直流法，交流法

4. 512

5. 主磁通，漏磁通

6. 变换电压，变换电流，变换阻抗

7. 不变，不变

8. 很大，很大

9. 空载时主要由励磁回路消耗功率，励磁回路的无功功率比有功功率大很多

10. 减小，减小

11. 磁动势平衡和电磁感应作用

12. 空载，短路

13. 164，0.45

14. 增加，增加

15. 自耦变压器

16. 110，22，11，1936

17. 3600，40

18. Y 或△

19. 采用 d 接法

20. 35000,20208,7.6,7.6,10500,10500,44，25.4

四、简答题

1. 变压器空载运行时一次侧电流为什么很小？空载运行和负载运行时，主磁通Φ_m是否相同？为什么？负载运行时，一次侧电流为什么会变大？

答 因为铁心的磁导率高，且叠片间结合紧密，气隙极小，磁路的磁阻很小，变压器空载运行时，只需要很小的励磁电流就可建立所需主磁通，所以一次侧电流(又称空载电流或励磁电流)很小。

根据公式 $U_1 \approx E_1 = 4.44 fN_1\Phi_m$ 可知，当电源电压 U_1 和频率 f 不变时，空载运行或负载运行时，主磁通Φ_m基本不变。

变压器带负载运行时，负载时的磁动势是由二次侧绕组产生的磁动势 i_2N_2 和一次侧绕组产生的磁动势 i_1N_1 合成所得，即 $i_1N_1 + i_2N_2 \approx i_0N_1$，所以，在负载运行时，一次侧电流必然会增大，以抵消二次侧绕组产生的磁动势，保持磁势的平衡。无论负载如何变化，一次侧电流总能自动调节，以适应负载电流即二次侧电流的变化。

2. 图 4-8 所示的变压器有 3 组二次侧绕组，已知 U_{21}=2V，U_{22}=5V，U_{23}=12V，问二次侧总共能提供多少种不同的输出电压？

答 单个绕组输出时： 三个副绕组分别产生 2V、5V、12V 三种电压输出。

两个绕组输出时：把任意两个绕组的异名端相连，可输出 7V、14V、17V 三种电压；把任意两个绕组的同名端相连，可输出 3V、7V、10V 三种电压。

三个绕组输出时：将三个绕组全部异名端相连，输出 19V 一种电压；将两个绕组的异名端相连，再与第三个绕组的同名端相连，输出 5V、9V、15V 三种电压。

所以，二次侧总共可输出 11 种不同的电压。

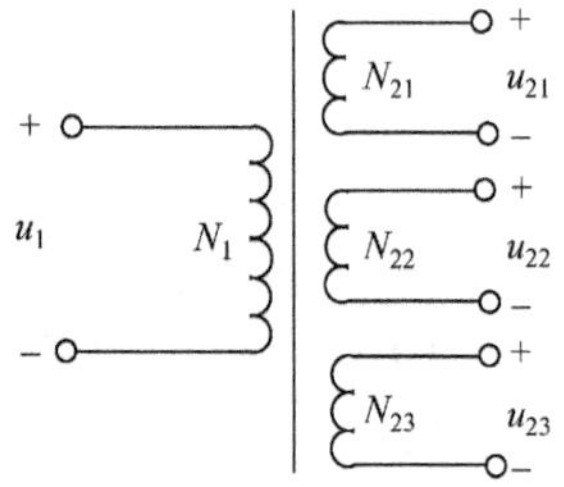

图 4-8

3. 有一闭合铁心线圈，如果铁心截面积加倍，线圈中的电阻和匝数以及电源电压保持不变，试分析在直流励磁和交流励磁两种情况下，铁心中的磁感应强度、线圈中的电流和铜损

耗将如何变化。

答 在直流励磁时：

由于电源电压和线圈电阻不变，所以电流 I 不变，铜损耗 I^2R 不变。根据 $IN = Hl$ 可知，在电流和匝数都不变时，H 不变，所以磁感应强度 B 也不变。

在交流励磁时：

根据公式 $U \approx E = 4.44fN\Phi_m = 4.44fNSB_m$ 可知，当其他条件不变，铁心截面积 S 加倍时，铁心中的磁感应强度 B_m 将减小；电流 I 和铜损耗 I^2R 也会相应降低。

4. 有一闭合铁心线圈，如果线圈匝数加倍，线圈的电阻及电源电压保持不变，试分析在直流励磁和交流励磁两种情况下，铁心中的磁感应强度、线圈中的电流和铜损耗将如何变化。

解 直流励磁时：电源电压和线圈的电阻保持不变，则线圈电流 I 和铜损耗 I^2R 不变，根据公式 $IN=Hl=(B/\mu)l$，线圈匝数 N 加倍，磁场强度 H 加倍，磁感应强度 B 也相应增加。

交流励磁时：根据公式 $U \approx E = 4.44fN\Phi_m = 4.44fNSB_m$ 可知，当线圈匝数 N 加倍而其他条件不变时，铁心中的磁感应强度 B_m 将减小；线圈电流 I 和铜损耗 I^2R 也相应减小。

5. 有一闭合铁心线圈，采用交流电供电，如果电流的频率减半，电源电压的大小保持不变，试分析铁心中的磁感应强度、线圈中的电流和铜损耗将如何变化。

答 根据公式 $U \approx E = 4.44fN\Phi_m = 4.44fNSB_m$ 可知，当电流频率 f 减半而其他条件不变时，铁心中的磁感应强度 B_m 将增大，线圈电流 I 和铜损耗 I^2R 也相应增加。

6. 有一闭合铁心线圈，采用交流电供电，如果电源的频率和电压大小都减半，试分析铁心中的磁感应强度、线圈中的电流和铜损耗将如何变化。

答 根据公式 $U \approx E = 4.44fN\Phi_m = 4.44fNSB_m$ 可知，当电源电压的大小和频率减半而其他条件不变时，铁心中的磁感应强度 B_m 保持不变，从而可知线圈中的电流 I 和铜损耗 I^2R 也保持不变。

7. 交流电磁铁每小时操作有一定限制，否则会引起线圈过热。这是为什么？

答 根据公式 $U \approx E = 4.44fN\Phi_m$，在电源电压不变时，电磁铁中的磁通 Φ_m 也基本保持不变。交流电磁铁在吸合的过程中，由于有气隙的存在，磁阻很大，产生同样的磁通 Φ_m 就需要很大的电流；吸合后磁阻很小，电流减小至额定值。所以频繁启动会导致电磁铁线圈过热而烧毁。

8. 有一交流励磁的闭合铁心，如果将铁心的平均长度增大一倍，试问铁心中的磁通最大值是否变化？励磁电流有何变化？若是直流励磁的闭合铁心，情况又将怎样？

答 在交流励磁时：根据公式 $U \approx E = 4.44fN\Phi_m$ 可知，铁心平均长度的增大不会改变铁心中的磁通最大值 Φ_m，但铁心平均长度的增加会导致磁阻的增加，所以励磁电流将增加一倍（假设磁路不饱和）。

在直流励磁时，根据 $U=IR$ 可知，励磁电流不变，当铁心的平均长度增加时，磁阻也相应增加，所以铁心中磁通最大值将减小。

9. 试从物理意义上分析，保持二次侧线圈的匝数不变，减少变压器一次侧线圈的匝数，二次侧线圈的电压将如何变化？

答 根据 $U_1 \approx E_1 = 4.44fN_1\Phi_m$ 可知，若减小一次侧线圈的匝数 N_1，则铁心中的磁通最大值 Φ_m 增大，又因为 $U_2 \approx E_2 = 4.44fN_2\Phi_m$，所以二次侧线圈的电压 U_2 增大。

10. 变压器铁心的作用是什么，为什么要用 0.35mm 厚、表面涂有绝缘漆的硅钢片叠成?

答 变压器的铁心构成变压器的磁路，同时又起着器身的骨架作用。采用 0.35mm 厚、表面涂有绝缘漆的硅钢片叠成，主要是为了减少铁心损耗(主要是涡流损耗)。

11. 变压器一次侧、二次侧额定电压的含义是什么?

答 变压器一次侧的额定电压 U_{1N} 是指在额定运行时，一次侧绕组应加的电压；二次侧的额定电压 U_{2N} 是指变压器一次侧加额定电压时，二次侧的空载电压。

如果是三相变压器，一次侧、二次侧的额定电压均指的是线电压。

12. 为什么要把变压器的磁通分成主磁通和漏磁通？它们之间有哪些主要区别?

答 变压器中的磁通大部分都同时与一次侧绕组和二次侧绕组交链，这部分磁通称为主磁通；而仅与一次侧绕组或二次侧绕组交链的磁通称为漏磁通。为了便于分别考虑它们各自的特性，所以把磁通分成了主磁通和漏磁通。

主要区别有：磁通的路径不同。主磁通经过铁心磁路闭合，易饱和，而漏磁通经过非铁磁性物质磁路闭合，不会饱和。

磁通量不同。主磁通占总磁通的 99%以上，而漏磁通却不足 1%。

磁通所起作用不同。主磁通在二次侧绕组感应电动势，提供能量给负载，起到传递能量的作用，而漏磁通仅在本绕组感应电动势，产生漏抗压降。

13. 变压器空载电流的性质是什么？起着什么作用？空载电流的大小与哪些因素有关?

答 变压器空载电流的性质：变压器空载电流的无功分量远远大于有功分量，所以空载电流属感性无功性质，它会使电网的功率因数降低，输送的有功功率减小。

变压器空载电流的作用：变压器空载电流主要是用来励磁，即产生主磁通，这部分电流是空载电流中的无功分量;只有很小一部分用来供给变压器的铁心损耗(及一次侧绕组的铜损耗)，这部分电流是空载电流中的有功分量。

影响变压器空载电流大小的因数有：电源电压的大小和频率、绕组匝数、铁心尺寸及磁路的饱和程度。

14. 为什么小负荷用户使用大容量变压器无论对电网和用户均不利?

答 小负荷用户使用大容量变压器时，对电网来说，由于变压器容量大，励磁电流较大，而负荷小，电流的有功分量小，使电网功率因数降低，输送有功功率能力下降；对用户来说，购买大容量变压器投资大，而且空载损耗也较大，变压器效率低。

15. 如果将额定频率为 60Hz 的变压器，接到 50Hz 的电网上运行，试分析对主磁通、激磁电流及铁损耗有何影响?

答 根据公式 $U_1 \approx E_1 = 4.44 f N_1 \Phi_m$，当电源电压不变，频率从 60Hz 变为 50Hz 后，主磁通约变为原来的 1.2 倍，磁密 B_m 也约变为原来的 1.2 倍，磁路饱和程度增加，磁阻 R_m 增大。根据磁路欧姆定律 $I_0 N_1 = \Phi_m R_m$ 可知，产生该磁通的激磁电流 I_0 必将增大。

再由 $p_{Fe} \propto B_m^2 f^{1.3}$ 可以看出，铁损耗也是增加了。

16. 为什么变压器只能改变交流电压而不能用来改变直流电压？如果把变压器绕组误接在直流电源上，会出现什么后果？此时二次侧开路或短路对一次侧电流的大小有无影响?

答 变压器是利用电磁感应原理工作的。在变压器的一次侧绕组接入交流电，能产生交变磁场，通过磁路耦合，会在二次侧绕组中产生感应电动势。而直流电压不能产生交变磁通，无法在二次侧产生感应电动势，所以不能改变直流电压。

如果误将直流电源接入绕组，因绕组电阻很小，会产生很大的电流，将绕组烧毁。此时如二次侧开路或短路，对一次侧电流均无影响。一次侧电流 $I_1=U_1/R_1$，完全由电源电压和一次侧绕组的电阻所决定。

17. 变压器一次侧、二次侧之间有功功率及无功功率的传送与负载的功率因数有什么关系？

答 变压器的额定容量一定时，视在功率 S_N 一定。当负载的功率因数 $\cos\varphi_2$ 较低时，变压器输出的有功功率小，无功功率大；当负载的功率因数 $\cos\varphi$ 较高时，变压器输出的有功功率大，无功功率小。

五、计算题

1. 一交流铁心线圈工作在电压 U_1=220V、频率 f=50Hz 的电源上。测得电流 I_1=3A，消耗功率 P=100W。为了求出此时的铁损，把线圈电压改接成直流 U_2=12V 电源上，测得电流值是 I_2=10A。试计算线圈的铁损耗和功率因数。

解 根据接到直流电源时的电流值，可以求得该线圈的电阻

$$R=\frac{U_2}{I_2}=\frac{12}{10}=1.2(\Omega)$$

在接到交流电源正常工作时

线圈的铜损耗 $P_{Cu}=I_1^2R=3^2\times1.2=10.8(W)$

线圈的铁损耗 $P_{Fe}=P-P_{Cu}=100-10.8=89.2(W)$

功率因数 $\cos\varphi=\frac{P}{U_1I_1}=\frac{100}{220\times3}=0.152$

2. 有一台 10kV·A，10000/230V 的单相变压器，一次侧绕组加额定电压，二次侧带额定负载时的电压为 220V。求：(1)该变压器一次侧、二次侧的额定电流；(2)电压调整率。

解 (1) 一次侧的额定电流 $I_{1N}=\frac{S}{U_1}=\frac{10\times10^3}{10000}=1(A)$

二次侧的额定电流 $I_{2N}=\frac{S}{U_2}=\frac{10\times10^3}{230}=43.48(A)$

(2) 电压调整率 $\Delta U=\frac{U_{20}-U_2}{U_{20}}\times100\%=\frac{230-220}{230}\times100\%=4.3\%$

3. 一台变压器有两个一次侧绕组，每组额定电压为 110V，匝数为 440 匝，二次侧绕组匝数为 80 匝，试求：(1) 一次侧绕组串联时的变压比和一次侧加上额定电压时的二次侧输出电压。(2) 一次侧绕组并联时的变压比和一次侧加上额定电压时的二次侧输出电压。

解 (1) 一次侧绕组串联时，一次侧的等效匝数为 880 匝，变比 $K=N_1/N_2=880/80=11$

此时，一次侧的额定电压为 220V，所以二次侧电压 $U_2=U_1/K=220/11=20(V)$

(2) 一次侧绕组并联时一次侧的等效匝数仍为 440 匝，变比 $K'=N_1'/N_2'=440/80=5.5$

此时，一次侧的额定电压为 110V，所以二次侧电压 $U_2'=U_1'/K'=110/5.5=20(V)$

4. 图 4-9(a) 所示的电源变压器，一次侧绕组 1-1′接 220V 电源，二次侧两个绕组 2-2′、

3-3′的匝数相同，且都为一次侧绕组的一半，二次侧每个绕组的额定电流都为 1A。

要求：(1)在图上标出各绕组的同名端。(2)该变压器的二次侧能输出几种电压值？各如何接线？每种连接方式下的额定输出电流是多少？

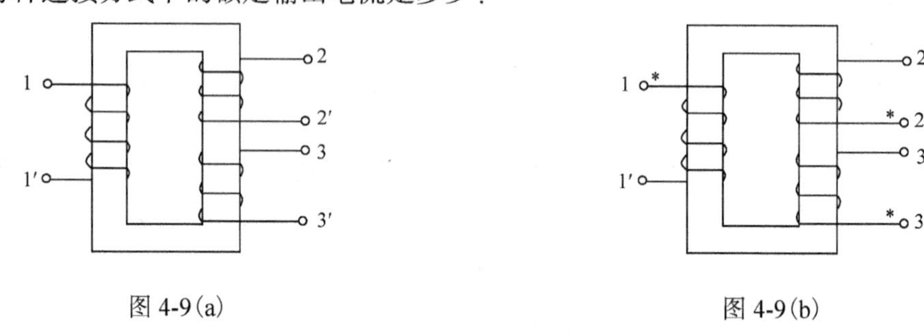

图 4-9(a)　　　　图 4-9(b)

解　(1)各绕组的同名端如图 4-9(b)所示。

(2)该变压器能输出的电压和电流。

绕组 2-2′、3-3′单独输出：输出电压 110V，输出电流 1A。

两绕组并联输出(2 与 3 相连，2′与 3′相连)：输出电压 110V，输出电流 2A。

两绕组串联输出(2′与 3 相连，2 与 3′输出)：输出电压 220V，输出电流 1A。

5. 容量为 300V·A 的单相变压器，一次侧绕组额定电压 U_1=220V，两个二次侧绕组的额定电压和容量分别为 U_2=36V，S_2=100V·A 和 U_3=127V，S_3=200V·A。求这三个绕组的额定电流。

解　一次侧绕组的额定电流　$I_1=S/U_1=300/220=1.36$(A)

36V 绕组的额定电流　$I_2= S_2/U_2=100/36=2.78$(A)

127V 绕组的额定电流　$I_3= S_3/U_3=200/127=1.57$(A)

6. 某单相变压器一次侧额定电压 U_1=380V，二次侧接额定电压为 12V，额定功率为 25W 的白炽灯 20 只，若变压器效率为 90%，求二次侧电流 I_2 和一次侧电流 I_1。

解　20 只白炽灯的功率　$P_2=25\times20=500$(W)

二次侧电流　$I_2=P_2/U_2=500/12=41.7$(A)

一次侧输入的功率　$P_1=P_2/\eta=555.6$(W)

一次侧电流　$I_1=P_1/U_1=555.6/380=1.46$(A)

7. 某单相变压器的额定容量为 50kV·A，额定电压为 10kV/230V，当该变压器接负载 Z=0.83+j0.618 Ω时，刚好满载，试求变压器一次侧、二次侧绕组的额定电流和电压变化率。

解　一次侧绕组的额定电流　$I_1= S_N /U_1 = 50000/10000 = 5$(A)

二次侧绕组的额定电流　$I_2= S_N/U_2 = 50000/230 = 217.4$(A)

二次绕组满载时的电压　$U_2 = I_2 |Z_2| = 217.4\times\sqrt{0.83^2+0.618^2} = 225(\text{V})$

电压变化率　$\Delta U\% = \dfrac{U_{2N}-U_2}{U_{2N}} = \dfrac{230-225}{230} = 2.17\%$

8. 在如图 4-10 所示电路中，已知信号源的电压 $u_S=10\sqrt{2}\sin\omega t\text{V}$，内阻 R_0=72Ω，负载电阻 R_L=8Ω。试计算：

(1)当负载 R_L 直接与信号源连接时，信号源的输出功率 P 为多少？

(2)若将负载 R_L 接到变压器的二次侧，使得从变压器一次侧得到的等效电阻 $R_L'=R_0$，此时信号源输出最大功率，试求变压器的变比 K 以及输出的最大功率 P_{max}。

解 (1) 当负载 R_L 直接与信号源连接时，信号源的输出功率

$$P=\left(\frac{U_S}{R_0+R_L}\right)^2 R_L=\left(\frac{10}{72+8}\right)^2\times 8=0.125(\text{W})$$

(2) 将负载 R_L 接到变压器的二次侧，使得 $R'_L=R_0$ 时，变压器的变比

$$K=\sqrt{\frac{R_0}{R_L}}=\sqrt{\frac{72}{8}}=3$$

输出的最大功率

$$P_{max}=\left(\frac{U_S}{R_0+R'_L}\right)^2 R'_L=\left(\frac{10}{72+72}\right)^2\times 72=0.347(\text{W})$$

9. 如图 4-11 所示，变压器一次侧绕组匝数为 N_1，两个二次侧绕组的匝数分别为 N_2 和 N_3。当负载 R_L=8Ω接于 N_2 两端，或者当负载 R_L=72Ω接在整个二次侧绕组两端，折算到一次侧的阻抗相同。计算 N_2、N_3 之间的关系。

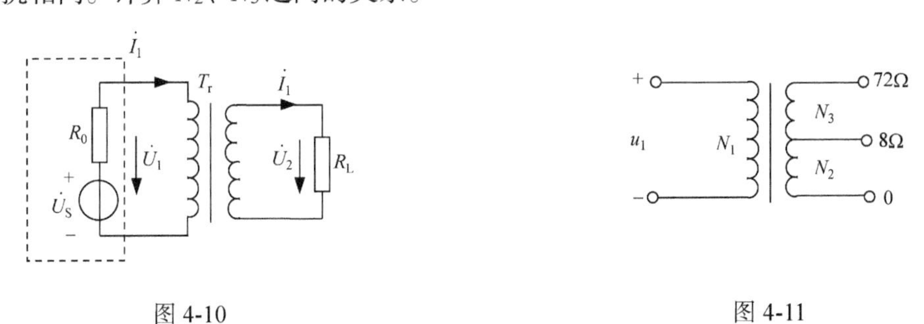

图 4-10　　　　图 4-11

解 根据题意，在这两种情况下折算到一次侧的阻抗相同，有

$$\left(\frac{N_1}{N_2}\right)^2\times 8=\left(\frac{N_1}{N_2+N_3}\right)^2\times 72$$

即

$$\frac{N_2+N_3}{N_2}=\sqrt{\frac{72}{8}}=3$$

所以

$$N_3=2N_2$$

10. 有一个交流电源，接 4Ω电阻时，电阻上消耗的功率为 0.64W。如果将该电阻通过一变比为 2 的变压器连接到该交流电源上，电阻上消耗的功率为 1W。试求该交流电源电动势 E 和内阻 R_0。

解 4Ω电阻直接接到交流电源时，电流为 $\dfrac{E}{R_0+4}$。

通过比为 2 的变压器接到电源时，该电阻折算到一次侧的等效电阻为 $2^2\times4=16\Omega$，此时电源电流为 $\dfrac{E}{R_0+16}$。

根据已知条件，有

$$\left(\frac{E}{R_0+4}\right)^2 \times 4 = 0.64, \qquad \left(\frac{E}{R_0+16}\right)^2 \times 16 = 1$$

解上述两个方程，可得

$$R_0=16\Omega, \qquad E=8\text{V}$$

11. 在图 4-12 所示电路中，已知 U_S=12V，R_0=1kΩ，负载电阻 R_L=8Ω，变压器的变比 K=10，求负载上的电压 U_2。

图 4-12

解 负载电阻折算到一次侧时的等效电阻：

$$R_L' = K^2 R_L = 800\Omega$$

可以得到一次侧电压

$$U_1 = \frac{R_L'}{R_0 + R_L'} U_S = \frac{800}{1000+800} \times 12 = 5.3(\text{V})$$

所以，二次侧电压 $U_2 = U_1 / K = 5.3/10 = 0.53(\text{V})$

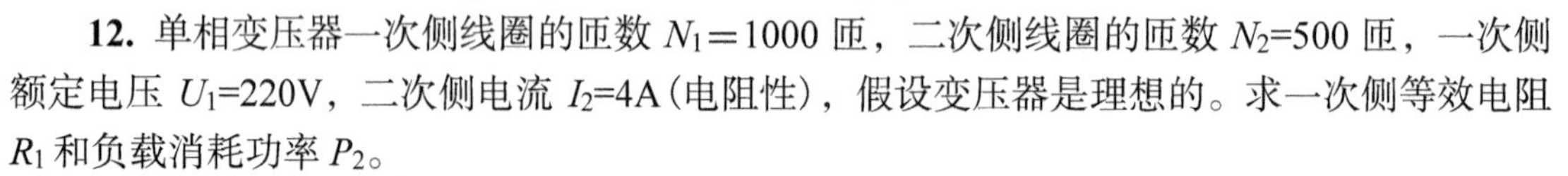

12. 单相变压器一次侧线圈的匝数 N_1＝1000 匝，二次侧线圈的匝数 N_2=500 匝，一次侧额定电压 U_1=220V，二次侧电流 I_2=4A（电阻性），假设变压器是理想的。求一次侧等效电阻 R_1 和负载消耗功率 P_2。

解 根据一次侧和二次侧的匝数，可计算得到变比 $K=N_1/N_2=2$

从而可得二次侧电压 $U_2=U_1/K=110\text{V}$

负载消耗的功率 $P_2=U_2I_2=440\text{W}$

一次侧的电流 $I_1=I_2/K=2$

等效电阻 $R_1=U_1/I_1=110\Omega$

13. 图 4-13 所示的电源变压器，一次侧绕组 N_1=550 匝，电源电压 U_1=220V。二次侧两个绕组：U_2=36V，P_2=72W；U_3=12V，P_3=24W。当二次侧两个绕组都是纯电阻负载且满载时，试求二次侧两个绕组的匝数 N_2 和 N_3 和一次侧电流 I_1（假设变压器是理想的）。

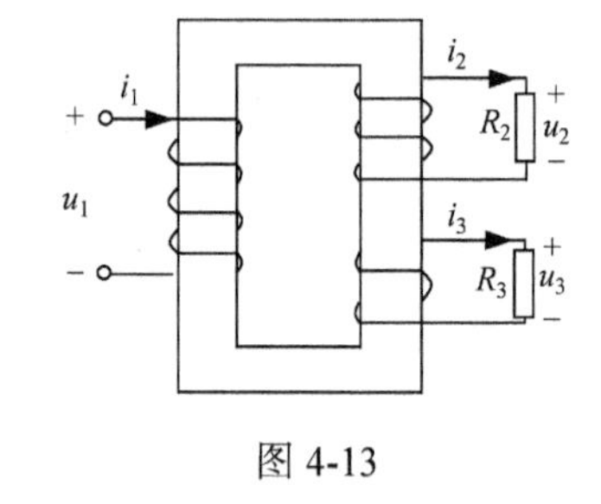

图 4-13

解 根据一次侧、二次侧的电压值，可以求出二次侧两个绕组的匝数

$$220/36=550/N_2, \qquad N_2=550\times36/220=90(\text{匝})$$

$$220/12=550/N_3, \qquad N_3=550\times12/220=30(\text{匝})$$

在不考虑损耗的情况下，变压器满载时的总功率

$$P = P_2 + P_3 = 72 + 24 = 96(\text{W})$$

所以，一次侧电流 $I_1 = P/220 = 96/220 = 0.44\ (\text{A})$

14. 某单相变压器的额定容量为 100kV·A，额定电压为 6000/230V。求：(1)变压器的变比；(2)一次侧、二次侧绕组的额定电流；(3)当变压器接功率因数为 0.8 的额定负载时，二次侧电压为 220V，计算此时变压器输出的有功功率、无功功率和视在功率。

解 变压器的额定容量 S_N=100kV·A，一次侧额定电压 U_{1N}=6000V，二次侧额定电压 U_{2N}=230V。

(1) 变压器的变比　K=6000/230=26.1

(2) 一次侧绕组的额定电流　$I_{1N}=S_N/U_{1N}$=100000/6000=16.7 (A)

二次侧绕组的额定电流　$I_{2N}=S_N/U_{2N}$ =100000/230=434.8 (A)

(3) 当变压器接功率因数为 0.8 的额定负载时

有功功率　$P_2=U_2I_{2N}\cos\varphi$=220×434.8×0.8=76.52 (kW)

无功功率　$Q_2=U_2I_{2N}\sin\varphi$=220×434.8×0.6=57.4 (kvar)

视在功率　$S_2=U_2I_{2N}$=220×434.8=95.66 (kV·A)

15. 三相变压器一次侧、二次侧每相绕组的匝数比为 10，分别求出该变压器在 Y/Y、Y/△、△/△、△/Y 接法时线电压的比值。

解　变压器每相一次侧、二次侧绕组的匝数比也就是相电压之比，所以在 Y/Y、△/△接法时，线电压之比就是相电压之比，为 10：1。

在 Y/△连接时，线电压之比为$10\sqrt{3}$ ：1。

在△/Y 连接时，线电压之比为$10/\sqrt{3}$ ：1。

16. 某三相变压器的铭牌数据如下：S_N = 300kV·A，U_{1N} = 10kV，U_{2N} =400V，f = 50Hz，连接方式为 Y/Y。已知每匝线圈的感应电动势 e=5.133V。试求：(1) 变压器的变比；(2) 一次侧、二次侧绕组的匝数；(3) 一次侧、二次侧绕组的额定电流。

解　(1) 变压器的变比

因为变压器为 Y/Y 连接，所以相电压之比等于线电压之比。

$$K=\frac{U_{1N}}{U_{2N}}=\frac{10\times10^3}{400}=25$$

(2) 连接方式为 Y/Y，所以变压器一次侧、二次侧的相电压

$$U_{p1}=\frac{U_{1N}}{\sqrt{3}}=\frac{10}{\sqrt{3}}=5.77(\text{kV})$$

$$U_{p2}=\frac{U_{2N}}{\sqrt{3}}=\frac{400}{\sqrt{3}}=231(\text{V})$$

一次侧、二次侧绕组的匝数

$$N_1=\frac{U_{p1}}{e}=\frac{5.77\times10^3}{5.133}=1124(\text{匝})$$

$$N_2=\frac{U_{p2}}{e}=\frac{231}{5.133}=45(\text{匝})$$

(3) 一次侧、二次侧绕组的额定电流

$$I_{1N}=\frac{S_N}{\sqrt{3}U_{1N}}=\frac{300}{\sqrt{3}\times10}=17.3(\text{A})$$

$$I_{2N}=KI_{1N}=25\times17.3=432.5(\text{A})$$

17. 一台三相变压器，额定电压 U_{1N}/U_{2N}=10/3.15kV，Y /△ 连接，每匝电压为 14.189V，二次侧额定电流 I_{2N}=91.6A。试求：(1) 一次侧、二次侧线圈匝数；(2) 一次侧的额定电流及额定容量；(3) 变压器额定运行且功率因数分别为 $\cos\varphi_2$=1、0.9 (滞后) 和 0.8 (滞后) 三种情况下输出的有功功率。

解 (1)一次侧为 Y 连接，一次侧的相电压

$$U_{1p}=\frac{U_{1N}}{\sqrt{3}}=\frac{10}{\sqrt{3}}=5.774(\text{kV})$$

二次侧为△连接，二次侧的相电压 $U_{2p}=U_{2N}=3.15(\text{kV})$

所以一次侧、二次侧的线圈匝数

$$N_1=\frac{U_{1p}}{14.189}=\frac{5774}{14.189}=407(\text{匝})$$

$$N_2=\frac{U_{2p}}{14.189}=\frac{3150}{14.189}=222(\text{匝})$$

(2)额定容量 $S_N=\sqrt{3}U_{2N}I_{2N}=\sqrt{3}\times 3.15\times 91.6=500(\text{kV}\cdot\text{A})$

一次侧额定电流 $I_{1N}=\dfrac{S_N}{\sqrt{3}U_{1N}}=\dfrac{500}{\sqrt{3}\times 10}=28.9(\text{A})$

(3)在不同功率因数时，变压器输出的有功功率

当 $\cos\varphi_2=1$ 时 $P_2=S_N\cos\varphi_2=500\times 1=500(\text{kW})$

当 $\cos\varphi_2=0.9$(滞后)时 $P_2=500\times 0.9=450\ (\text{kW})$

当 $\cos\varphi_2=0.8$(滞后)时 $P_2=500\times 0.8=400(\text{kW})$

18. 某三相变压器一次侧绕组每相匝数 $N_1=255$，二次侧绕组每相匝数 $N_2=17$，一次侧线电压 $U_{l1}=6\text{kV}$，求采用 Y/yn 和 Y/d 两种接法时二次侧的线电压和相电压。

解 Y/yn 接法时 $\dfrac{U_{l1}}{U_{l2}}=\dfrac{U_{p1}}{U_{p2}}=\dfrac{N_1}{N_2}$

二次侧线电压 $U_{l2}=U_{l1}\times\dfrac{N_2}{N_1}=6000\times\dfrac{17}{255}=400(\text{V})$

二次侧相电压 $U_{p2}=\dfrac{U_{l2}}{\sqrt{3}}=\dfrac{400}{\sqrt{3}}=231(\text{V})$

Y/d 接法时 $\dfrac{U_{l1}}{U_{l2}}=\dfrac{\sqrt{3}U_{p1}}{U_{p2}}=\dfrac{\sqrt{3}N_1}{N_2}$

二次侧线电压 $U_{l2}=U_{l1}\times\dfrac{N_2}{\sqrt{3}N_1}=6000\times\dfrac{17}{\sqrt{3}\times 255}=231(\text{V})$

二次侧相电压 $U_{p2}=U_{l2}=231\text{V}$

19. 一台 Y/yn 连接的三相变压器，一次侧线电压为 10kV，二次侧接额定值为 220V、60W 的白炽灯 450 盏，接成星形的三相对称负载，此时变压器正好处于额定工作状态。求：该变压器的额定容量，一次侧和二次侧的额定电压、额定电流。

解 450盏白炽灯接成星形的三相对称负载，每相 150 盏。因白炽灯的额定电压 $U_D=220\text{V}$，所以，二次侧的相电压 $U_{p2}=220\text{V}$，二次侧的线电压

$$U_{2N} = \sqrt{3}U_{p2} = \sqrt{3} \times 220 = 380(\text{V})$$

二次侧的电流　$I_{2N} = I_{p2} = 150 \times P_D / U_D = 150 \times 60 \div 220 = 40.9(\text{A})$

变压器的额定容量　$S_N = \sqrt{3}U_{2N}I_{2N} = \sqrt{3} \times 380 \times 40.9 = 26.9\ (\text{kV} \cdot \text{A})$

一次侧、二次侧的额定电压　$U_{1N}/U_{2N}=10000/380\text{V}$

一次侧的额定电流　$I_{1N}=\dfrac{S_N}{\sqrt{3}U_{1N}}=\dfrac{26.9}{\sqrt{3} \times 10}=1.55(\text{A})$

二次侧的额定电流　$I_{2N} = 40.9\text{A}$

第5章 电 动 机

5.1 内 容 提 要

1. 三相异步电动机的工作原理

三相异步电动机中的旋转磁场是由三相对称电流通过三相对称绕组产生的，旋转磁场的旋转方向与三相绕组中三相电流的相序一致。

旋转磁场的转速，即同步速$n_0 = 60f_1/p$，注意 p 是电机的极对数而不是极数。转差率$s=(n_0-n)/n_0$，反映了转子转速与同步转速之间的关系，电动机在额定状态运行时，一般转差率小于 0.1，且接近于 0.1。

旋转磁场与转子电流相互作用产生电磁转矩，电磁转矩的方向与旋转磁场的方向相同。要改变电机的转向，只要任意对调两根电源线即可。

电磁转矩与定子绕组的电压(即相电压)的平方成正比，也与转差率有关，当转速发生变化时，转矩也会随之变化。

2. 三相异步电动机的铭牌数据

电动机的铭牌数据有额定电压、额定电流、额定功率、额定转速、型号、接法、工作方式、绝缘等级和温升等。

电动机的额定电压和额定电流指的是线电压和线电流；额定功率是指轴上输出的机械功率，而不是从电源吸收的电功率，这一点需要特别注意。输出功率 P_2 与输入功率 P_1 之比称为电动机的效率$\eta=\dfrac{P_2}{P_1}$。

额定状态说明了电动机的长期运行能力。当负载转矩 T_L 小于等于额定转矩 T_N 时，电机可以长时间正常运行。

3. 三相异步电动机的机械特性

1)固有机械特性

电磁转矩的计算公式为

$$T=K_T\Phi I_2\cos\varphi_2=K\frac{sR_2U_1^2}{R_2^2+(sX_{20})^2}$$

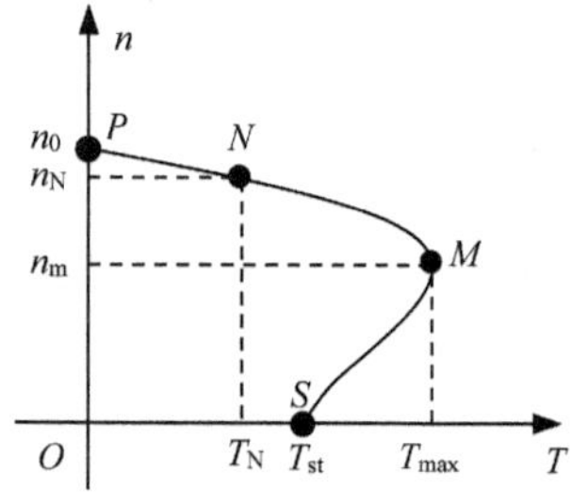

图 5-1 电动机的固有机械特性

电动机在额定频率、额定电压、转子无外接电阻且按规定方式接线运行时，电机转速与电磁转矩之间的关系曲线称为电动机的固有机械特性，如图 5-1 所示。

在机械特性曲线中，要重点掌握其中几个特殊的工作点。

(1)同步转速点 P

在同步转速点，电机的转速与旋转磁场的速度相同，在转子上不会感应出电势，转子绕组上也就没有电流，此时电机不产生电磁转矩。所以，电动机在实际运行时其转速不可能到达同步速。当电机空载运行时，电机转速非常接近于同步速。

(2) 额定工作点 N

当电动机在额定工作点运行时，转速为额定转速，输出的功率为额定功率，转矩为额定转矩。

电动机转矩与功率的关系为

$$T_N = 9550\frac{P_N}{n_N} \quad (P_N\text{的单位是 kW})$$

(3) 最大转矩点 M

最大转矩点反映了电机在运行时所能产生的最大转矩。电机启动后，即使负载转矩 T_L 大于额定转矩 T_N，但只要小于电动机的最大转矩 T_{max}，电动机仍能继续运行，但长时间运行会使电机因过热而损坏。当负载转矩 T_L 大于电动机的最大转矩 T_{max} 时，电动机的转速会逐渐降低，直至停转，此时电动机的电流非常大(等于电动机的启动电流)，很容易烧坏电动机。

最大转矩 T_{max} 与额定转矩 T_N 之比称为最大转矩倍数 λ_m

$$\lambda_m = \frac{T_{max}}{T_N}$$

(4) 启动点 S

在电动机启动瞬间，电动机的转速为零，此时的电磁转矩称为启动转矩。启动转矩的大小反映了电动机直接启动的能力，当负载转矩 T_L 小于启动转矩 T_{st} 时，电动机就能带该负载直接启动。启动转矩 T_{st} 与额定转矩 T_N 之比称为启动转矩倍数 λ_{st}

$$\lambda_{st} = \frac{T_{st}}{T_N}$$

2) 人工机械特性

当改变电源电压或改变转子电阻时的机械特性称为人工机械特性。

改变电源电压时，因为转矩与电源电压的平方成正比，所以启动转矩、最大转矩都相应减小，但最大转矩对应的转速不变，如图 5-2 所示。

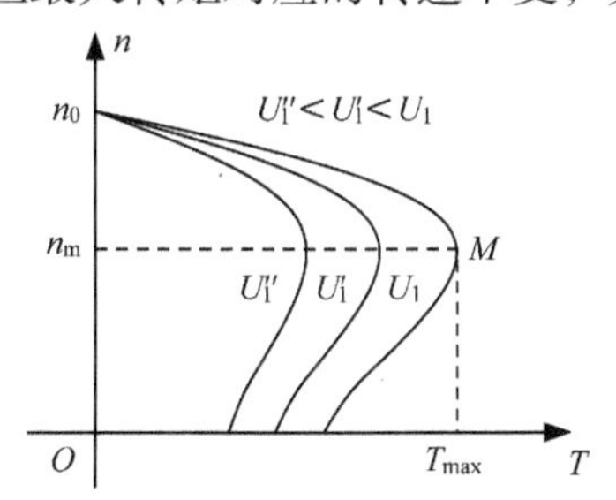

图 5-2　不同电源电压时的机械特性

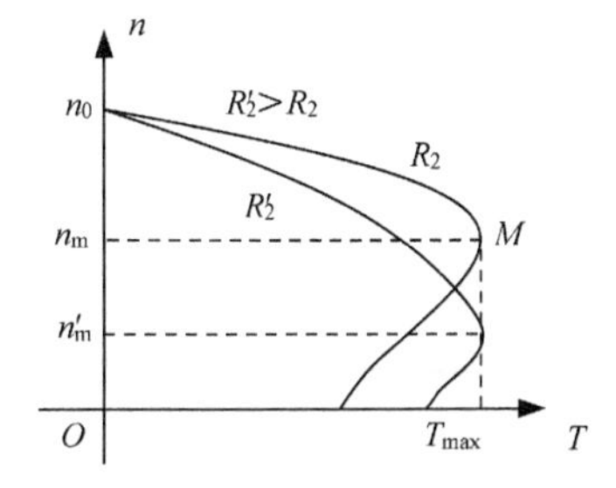

图 5-3　转子回路串电阻时的机械特性

改变转子电阻时，通常是在转子串联电阻，所以也只有绕线式三相异步电动机能改变转子电阻，此时启动转矩增大，最大转矩不变，如图 5-3 所示。这也是绕线式三相异步电动机的特点。

4. 三相异步电动机的启动和调速

1) 启动

三相鼠笼式异步电动机的启动方式有直接启动和降压启动两大类。其中，降压启动又有定子串电抗(串电阻)降压启动、自耦变压器降压启动、Y-△降压启动和软启动等四种。

对于小功率的电动机,可以直接启动。直接启动时的启动电流通常为额定电流的5～7倍,直接启动时启动转矩约为额定转矩的1.7～2.2倍。

自耦变压器降压启动时,如果自耦变压器的抽头比为K(降压时$K<1$),启动电流为$I'_{st}=K^2I_{st}$,启动转矩为$T'_{st}=K^2T_{st}$。启动电流和启动转矩都减小了K^2倍。

Y-△降压启动时,启动电流为$I'_{st}=I_{st}/3$,启动转矩为$T'_{st}=T_{st}/3$。启动电流和启动转矩都变为原来的1/3。Y-△降压启动只适用于正常工作时为△连接的电动机。

软启动是通过控制器使得在启动过程中得到期望的启动特性,又可以分为限压启动和限流启动两大类。

三相绕线式异步电机的启动方式主要是转子串电阻启动。采用这种方法启动不仅可以降低启动电流,还能增大启动转矩。

要使电动机能正常启动,主要满足两个方面:电机的启动电流小于线路允许的最大电流;电动机的启动转矩大于启动时的负载转矩。

2)调速

鼠笼式三相异步电动机的调速方法主要有调压调速、变频调速和变极调速等三种。绕线式三相异步电动机通常采用转子串电阻的方法进行调速。其中变极调速属于有级调速,其他的都属于无级调速。

5. 单相异步电动机

如果电动机中只有一个绕组,则只能产生脉动磁场,而不能产生旋转磁场。电机也就没有启动转矩,但一旦转动起来,就能产生转矩。三相异步电动机一相断线时就变为单相电机,在运行时电磁转矩明显减小,带负载时容易因过热而损坏;停机后则无法启动。

实际的单相电动机内部都有两个空间上差90°的绕组,其中一个绕组通过串联电容使得两个绕组的电流相位差90°。两个相位差90°的电流通过空间差90°的两个绕组产生旋转磁场。

6. 直流电动机

直流电动机中,电磁转矩的计算公式　$T=K_T\Phi I_a$

电枢绕组反电动势的计算公式　$E=K_E\Phi n$

直流电动机分为他励、并励、串励和复励四种类型。

1)他励直流电动机

他励直流电动机中,励磁回路的电流　$I_f=\dfrac{U_f}{R_f}$

电枢绕组的电流　$I_a=\dfrac{U_a-E}{R_a}$

电动机的转速　$n=\dfrac{U_a-I_aR_a}{K_E\Phi}$

他励直流电动机的机械特性较硬。他励电动机的调速方法有改变电枢电压、改变励磁电流和改变电枢电阻等三种,他励电动机的调速范围宽。

2)并励直流电动机

并励直流电动机中　$U=U_a=U_f$,$I=I_a+I_f$

并励电动机的特性与他励电动机类似。

3）串励直流电动机

串励直流电动机中　$U = U_a + U_f$，$I = I_a = I_f$

串励电动机具有较大的启动转矩，但不允许在轻载或空载下运行。

4）复励直流电动机

复励直流电动机兼有并励电动机和串励电动机的一些优点。

5.2　典型例题分析

例 5-1　一台三相异步电动机的额定电压为380/220V，当电源电压为380V时，不能采用下列哪种启动方法？（　　）。

（a）Y-△降压启动　　（b）自耦变压器降压启动

（c）全压启动　　（d）接变频器启动

解　三相异步电动机的额定电压为380/220V，即在Y接法时，电源的额定线电压为380V，而在△接法时，电源的额定线电压为220V。所以当电源为380V时，电机必须接成Y运行，所以不能采用Y-△降压启动。题目中没有指明电机功率的大小，所以自耦变压器降压启动、全压启动和接变频器启动在一定条件下都是可以采用的。

该题的正确答案是a。

例 5-2　三相异步电动机的空载电流比同容量变压器大的主要原因是（　　）。

（a）异步电动机是旋转的　　（b）异步电动机的损耗大

（c）异步电动机有气隙　　（d）异步电动机有漏抗

解　三相异步电动机的空载电流主要用来产生旋转磁场，称为空载激磁电流，是空载电流的无功分量。还有很小一部分空载电流用于产生电动机空载运行时的各种功率损耗（如摩擦、通风和铁心损耗等）。变压器的空载电流同样是由用来产生磁通的磁化电流和铁损电流（由铁心损耗引起）组成。无论三相异步电动机还是变压器，空载电流都是主要用来产生正常运行所必需的磁场，由于三相异步电动机存在气隙，磁阻大，漏磁通也比变压器要大，产生同样的磁场所需的激磁电流也就大。虽然电动机旋转、电动机的损耗和漏抗较大也会使得电动机的空载电流增大，但这些都是次要的原因。三相异步电动机的空载电流比同容量变压器大的主要原因是三相异步电动机存在气隙。

该题正确答案是c。

例 5-3　有一台三相异步电动机，绕组接成Y形，接在线电压为380V的三相电源上，或绕组接成△，接在线电压为220V的三相电源上，在这两种情况下，从电源吸收的功率之比$P_Y : P_\triangle$为（　　）。

（a）1∶1　　（b）3∶1　　（c）1∶3　　（d）1.732∶1

解　三相异步电动机绕组接成Y形接在线电压为380V的三相电源上，和绕组接成△接在线电压为220V的三相电源上，这两种情况下，电机的相电压（即每个绕组两端的电压）是相同的，所以绕组上的电流（即相电流）也相同。因此从电源吸收的功率$P=3U_pI_p\cos\varphi$也相同。

分析这一类题目时，无论电源电压和连接方式怎么变化，只要分析电机的相电压的变化情况，再根据功率的计算公式就可分析出电机功率的变化情况。

该题的正确答案是 a。

例 5-4 一台他励直流电动机启动时，励磁回路应该（ ）。

(a) 与电枢回路同时接入电源 (b) 比电枢回路后接入电源

(c) 比电枢回路先接入电源 (d) 没有先后次序的要求

解 他励直流电动机在运行时，电动势的计算公式为 $E = K_E \Phi n$，且 $E=U-I_aR_a$。如果启动时励磁回路没有接入电源，此时磁通 Φ 很小(只有剩磁)，一旦电枢回路接入电源，根据 $n=\dfrac{E}{K_E\Phi} \approx \dfrac{U}{K_E\Phi}$ 可知，电机的转速会非常高，造成 “飞车”。所以直流电动机在启动时励磁回路必须比电枢回路先接入电源。

该题的正确答案是 c。

例 5-5 一台三相鼠笼式电动机，P_N=15kW，U_N=380V，I_N=28.68A，定、转子铜耗分别为：$p_{Cu1} = 560W$，$p_{Cu2} = 310W$，铁耗 $p_{Fe} = 285W$，机械损耗 $p_m = 78W$，附加损耗 $p_{ad} = 193W$，求电动机输出额定功率时的电磁功率、效率和功率因数。

解 在求解该题时，主要是要搞清楚输入功率、电磁功率、输出功率和各种损耗功率之间的关系：

电机的输入电功率 P_1=电磁功率 P_T+定子铜耗 p_{Cu1}+铁耗 p_{Fe}

电磁功率 P_T=轴上输出的机械功率 P_N+转子铜耗 p_{Cu2}+机械损耗 p_m+附加损耗 p_{ad}

所以，电磁功率 $P_T = P_N + p_{Cu2} + p_m + p_{ad} = 15 + 0.31 + 0.078 + 0.193 = 15.581\,(kW)$

输入电功率 $P_1 = P_T + p_{Cu1} + p_{Fe} = 15.581 + 0.56 + 0.285 = 16.426\,(kW)$

电动机的效率 $\eta = \dfrac{P_N}{P_1} = \dfrac{15}{16.426} = 91.3\%$

电动机的功率因数 $\cos\varphi = \dfrac{P_1}{\sqrt{3}U_N I_N} = \dfrac{16426}{\sqrt{3} \times 380 \times 28.68} = 0.87$

例 5-6 已知一台异步电动机的技术数据如下：$P_N = 4.5kW$，$n_N = 950r/min$，$\eta_N = 85\%$，$\cos\varphi_N = 0.8$，$U_N = 220V$，三角形接法，$f_1 = 50Hz$，$I_{st}/I_N = 5$，$T_{st}/T_N = 1.2$，$T_{max}/T_N = 2$。求：

(1) 电动机的额定电流 I_N，额定转矩 T_N，启动转矩 T_{st}，最大转矩 T_{max}。

(2) 电动机在额定负载运行时，若电源电压降低 20%，能否继续运行？停机后能否带额定负载直接启动？

解 (1) 根据电动机的相关技术数据，可以计算出，额定电流

$$I_N=P_N/(\eta_N \sqrt{3}\, U_{1N}\cos\varphi_N)=4.5\times10^3/(0.85\times\sqrt{3}\times220\times0.8)=17.4\,(A)$$

额定转矩 $$T_N = 9550\frac{P_N}{n_N} = 9550 \times \frac{4.5}{950} = 45.2\,(N\cdot m)$$

启动转矩 $$T_{st} = 1.2T_N = 1.2 \times 45.2 = 54.2\,(N\cdot m)$$

最大转矩 $$T_{max} = 2T_N = 2 \times 45.2 = 90.4\,(N\cdot m)$$

(2) 当电源电压降低 20%时

因为转矩与电压的平方成正比，此时的最大转矩

$$T'_{max} = 0.8^2 T_{max} = 0.64 \times 2 \times T_N = 1.28T_N$$

$T'_{max} > T_N$，所以电机能在额定负载时继续运行

此时的启动转矩　　$T'_{st}=0.8^2T_{st}=0.64\times1.2\times T_N=0.77T_N$

$T'_{st}<T_N$，所以不能带额定负载直接启动。

例 5-7　有一台并励直流电动机，额定功率为 P_N=10kW，额定电压为 U_N=220V，额定电流为 I_N=53.8A，额定转速为 n_N=1500r/min，电枢电阻为 R_a=0.7Ω，励磁绕组电阻为 R_f=198Ω。假设励磁电流与电动机主磁通成正比，如果在励磁电路中串联电阻 R_f'=49.5Ω，试求：(1)维持额定转矩不变时的转速 n、电枢电流 I_a 和输入功率 P_1；(2)维持额定电枢电流不变时的转速 n、转矩 T 和转子输出功率 P_2。

解　(1)在正常运行时，励磁电流　$I_f=\dfrac{U_N}{R_f}=\dfrac{220}{198}=1.11\ (A)$

电枢电流　　$I_a=I_N-I_f=53.8-1.11=52.7\ (A)$

电动势　　$E=U_a-R_aI_a=220-0.7\times52.7=183.1\ (V)$

在励磁电路中串联电阻后，励磁电流变为

$$I'_f=\frac{U_N}{R_f+R'_f}=\frac{220}{198+49.5}=0.89\ (A)$$

设额定运行时电动机的主磁通为 Φ，在励磁电路中串联电阻后的主磁通为 Φ'，因为励磁电流与电动机主磁通成正比，所以有

$$\Phi'=\frac{I'_f}{I_f}\Phi=\frac{0.89}{1.11}\Phi=0.8\Phi$$

在保持额定转矩不变的情况下，根据公式 $T_{em}=K_T\Phi I_a$，可知

$$\Phi_1I_{a1}=\Phi I_a$$

即　　$I'_a=\dfrac{\Phi}{\Phi'}I_a=\dfrac{I_a}{0.8}=\dfrac{52.7}{0.8}=65.9\ (A)$

电动势　　$E'=U_a-R_aI'_a=220-0.7\times65.9=173.9\ (V)$

根据电动势的计算公式 $E=K_E\Phi n$ 可得

$$n'=\frac{E'\Phi n}{E\Phi'}=\frac{173.9\times1500}{183.1\times0.8}=1781\ (r/min)$$

电动机的输入功率为

$$P_1=UI'=U\times(I'_a+I'_f)=220\times(65.9+0.89)=14.694\ (kW)$$

(2)维持额定电枢电流不变

根据前面的计算结果可知，在励磁电路中串联电阻后　$\Phi'=0.8\Phi$

当电枢电流不变时，电动机的反电动势也不变，根据 $E=K_E\Phi n$ 可知，转速与电动机主磁通成反比

$$n''=\frac{\Phi n}{\Phi'}=\frac{1500}{0.8}=1875\ (r/min)$$

电动机的额定转矩

$$T_N=9550\frac{P_N}{n_N}=9550\times\frac{10}{1500}=63.7\ (N\cdot m)$$

同样，当电枢电流不变时，根据 $T_{em}=K_T\Phi I_a$ 可知，电磁转矩与电动机主磁通成正比

$$T''=\frac{\Phi' T_N}{\Phi}=0.8\times 63.7=51\,(\mathrm{N\cdot m})$$

转子的输出功率

$$P_N=\frac{T''n''}{9550}=\frac{51\times 1875}{9550}=10(\mathrm{kW})$$

5.3 习 题 解 答

一、判断题

1. 为了减小涡流，电机的铁心采用涂有绝缘层的薄硅钢片叠装而成。（　）

2. 对称的三相交流电流通过对称的三相绕组中，就能产生一个在空间旋转的、速度恒定的、幅度按正弦规律变化的合成磁场。（　）

3. 在异步电动机的转子电路中，感应电动势和电流的频率与转子的转速有关，转速越高频率越高；转速越低频率越低。（　）

4. 三相异步电动机转子的转向与旋转磁场的转向相反。（　）

5. 要改变电动机的转向，只要任意调换三相异步电动机的两根电源接线。（　）

6. 三相异步电动机的转速取决于电源频率和极对数，而与转差率无关。（　）

7. 三相异步电动机转子的转速越低，电机的转差率越大，转子电动势频率越高。（　）

8. 改变电流相序，可以改变三相旋转磁场的转向。（　）

9. 无论三相异步电机转子是静止还是旋转，定、转子的磁场都是相对静止的。（　）

10. 三相异步电动机转子静止不动时，转子绕组电流的频率与定子电流的频率相同。（　）

11. 三相异步电动机在正常运行时，如果转子突然卡住，电动机电流会比正常运行时小。（　）

12. 三相异步电动机在正常工作时采用 Y 接法，那么就可采用 Y-△降压启动。（　）

13. 三相异步电动机只有在转子转速和磁场转速不相同时才能正常运行。

14. 绕线式三相异步电动机运行时，在转子绕组中串入电阻，是为了限制电动机的启动电流，防止电动机被烧毁。（　）

15. 异步电动机在满载启动或空载启动时，启动转矩一样大。（　）

16. 变极调速只适用于鼠笼式三相异步电动机。（　）

17. 单相电机一般需借用电容分相方能启动，启动后电容可要可不要。（　）

18. 将直流电动机的电枢绕组和励磁绕组同时反接，就能改变直流电动机转向。（　）

19. 一台并励直流发电机，若正转能自励，那么反转时也能自励。（　）

20. 直流电动机是在电磁转矩驱动下旋转的，因此在稳定运行时，大的电磁转矩对应的转速就高。（　）

21. 三相交流异步电动机由于是交流电供电，因此它的转速也是不断变化的，而直流电

动机的转速是恒定不变的。（　　）

22. 要改变并励电动机的转向，只要将接到电源的两根线对调一下即可。（　　）

参考答案：

1. 对　**2.** 错　**3.** 错　**4.** 错　**5.** 对　**6.** 错　**7.** 对　**8.** 对
9. 对　**10.** 对　**11.** 错　**12.** 错　**13.** 对　**14.** 错　**15.** 对　**16.** 对
17. 错　**18.** 错　**19.** 错　**20.** 错　**21.** 错　**22.** 错

二、选择题

1. 三相异步电动机的转速 n 越高，其转子电路的感应电动势 E_2（　　）。
(a)越大　(b)越小　(c)不变　(d)与转速没有关系

2. 三相异步电动机电磁转矩的产生是由于（　　）。
(a)定子磁场与定子电流的相互作用　(b)转子磁场与转子电流的相互作用
(c)旋转磁场与转子电流的相互作用　(d)旋转磁场与定子电流的相互作用

3. 某三相交流发电机的绕组接成 Y 时线电压为 6.3kV，如果将它接成△，则它的线电压为（　　）。
(a)6.3kV　(b)3.64kV　(c)4.46kV　(d)10.91kV

4. 三相异步电动机在运行时提高其电源的频率，则该电动机的转速将（　　）。
(a)基本不变　(b)增加　(c)减少　(d)不能确定

5. 三相鼠笼式异步电动机转子电路的频率 f_2 与转差率 s 的关系是（　　）。
(a) f_2 与 s 成正比　(b) f_2 与 s 成反比　(c) f_2 与 s 无关　(d)不能确定

6. 三相异步电动机的旋转方向取决于（　　）。
(a)电源电压的大小　(b)电源频率的高低　(c)定子电流的相序　(d)以上都不对

7. 三相鼠笼式异步电动机的额定转差率 s_N 与电机极对数 p 的关系是（　　）。
(a)无关　(b) $s_N \propto p$　(c) $s_N \propto 1/p$　(d)不能确定

8. 能实现变极调速的多速电动机的结构属于（　　）三相异步电动机。
(a)鼠笼式　(b)绕线式　(c)鼠笼式或绕线式　(d)以上都不是

9. 旋转磁场的转速 n_1 与极对数 p 和电源频率 f 的关系是（　　）。
(a) $n_1 = 60\dfrac{f}{p}$　(b) $n_1 = 60\dfrac{f}{2p}$　(c) $n_1 = 60\dfrac{p}{f}$　(d) $n_1 = 60\dfrac{p}{2f}$

10. 三相绕线式异步电动机转子上的滑环和电刷的作用是（　　）。
(a)外接三相交流电源给转子绕组通入电流　(b)外接直流电源给转子绕组通入电流
(c)外接三相电阻器，用来调节转子电路的电阻　(d)通入励磁电流以产生旋转磁场

11. 三相异步电动机空载时，气隙磁通的大小主要取决于（　　）。
(a)电源电压　(b)转子绕组的漏阻抗
(c)定、转子铁心材质　(d)定子绕组的漏阻抗

12. 当三相异步电动机的转差率 $s=1$ 时，其转速为（　　）。
(a)同步转速　(b)额定转速　(c)零　(d)大于同步转速

13. 三相异步电动机在额定转速下运行时，其转差率一般（　　）。

(a) 小于 0.1　　(b) 接近于 1 但大于 1

(c) 大于 0.1　　(d) 接近于 1 但小于 1

14. 额定电压为 380/220V（Y 连接时 380V，△连接时 220V）的三相异步电动机，在接成 Y 和△两种情况下运行时，其额定电流 I_Y 和 $I_\triangle$ 的关系 $I_Y : I_\triangle$=（　　）。

(a) $1:\sqrt{3}$　　(b) $\sqrt{3}:1$　　(c) 1 ∶ 3　　(d) 3 ∶ 1

15. 采用 Y-△降压启动方式来降低三相异步电动机的启动电流，是为了（　　）。

(a) 防止烧坏电机　　(b) 防止烧断熔断丝

(c) 减小启动电流所引起的电网电压波动　　(d) 减小启动转矩

16. 三相绕线式异步电动机的转子电路串入外接电阻后，它的机械特性将（　　）。

(a) 变得更硬　　(b) 变得较软　　(c) 保持不变　　(d) 不一定

17. 要使三相异步电动机反转，可采用（　　）。

(a) 将电动机端线中任意两根对调后接电源

(b) 将三相电源任意两相和电动机两端线同时调换

(c) 将电动机的三根端线依次调换后接电源

(d) 用外力使它反转

18. 在易燃、易爆的场所，该采用（　　）三相异步电动机。

(a) 封闭式　　(b) 防滴式　　(c) 鼠笼式　　(d) 防爆式

19. 有一 Y 接法的三相异步电动机，在空载运行时，若定子的一相绕组断开，则该电动机（　　）。

(a) 肯定会停止转动　　(b) 可能会停止转动

(c) 可能会继续转动　　(d) 肯定会继续转动

20. 一台额定功率是 15kW，效率为 0.8，功率因数是 0.5 的三相异步电动机，它的输入电功率为（　　）kW。

(a) 18.75　　(b) 14　　(c) 30　　(d) 28

21. 在 Y-△降压启动的控制线路中，对电动机来说，启动时的相电压是正常工作时相电压的（　　）。

(a) 1/3　　(b) $1/\sqrt{3}$　　(c) 2/3　　(d) $2/\sqrt{3}$

22. 三相异步电动机正常运行时，其同步转速 n_0 和转子转速 n 的关系为（　　）。

(a) $n_0<n$　　(b) $n_0=n$　　(c) $n_0>n$　　(d) 以上都不对

23. 一台绕线式异步电动机，在转子回路中串联了频敏变阻器来实现启动，根据启动的要求，这个频敏变阻器等效阻抗在启动过程中的变化趋势应该是（　　）。

(a) 由大变小　　(b) 由小变大　　(c) 基本不变　　(d) 不一定

24. 一台额定运行的三相异步电动机，当电网电压降低 10%时，电动机的转速将（　　）。

(a) 上升　　(b) 降低　　(c) 不变　　(d) 变为零

25. 对于频繁启动的电动机来说，如果它的容量（　　）可以直接启动。

(a) 小于供电变压器容量的 20%　　(b) 大于供电变压器容量的 20%

(c) 等于供电变压器的容量　　(d) 小于供电变压器容量的 50%

26. 如果单相电动机只有一个单相绕组，没有其他绕组和元件，那么它产生的脉动磁场将使电动机(　　)。

(a)很快转动起来　　(b)不会转动

(c)不会自己转动，但用手推一下可以转动起来　　(d)有明显振动

27. 某 4 极的三相异步电动机，同步转速为 3000r/min，那么电源的频率为(　　)。

(a)50Hz　　(b)60Hz　　(c)80Hz　　(d)100Hz

28. 下列调速方式中，属于有级调速的是(　　)。

(a)变频调速　　(b)变极调速　　(c)改变转差率调速　　(d)降压调速

29. 三相鼠笼式异步电动机在空载和满载时的功率因数是(　　)。

(a)相同　　(b)空载时小于满载时　　(c)空载时大于满载时　　(d)不一定

30. 三相异步电动机用自耦变压器的 80%抽头进行降压启动时，启动转矩为全压启动时的(　　)。

(a)0.64 倍　　(b)0.8 倍　　(c)1 倍　　(d)1.25 倍

31. 三相异步电动机的额定电压是指(　　)。

(a)相电压的有效值　　(b)相电压的最大值

(c)线电压的有效值　　(d)线电压的最大值

32. 三相异步电动机的额定功率是指(　　)。

(a)转子轴上输出的机械功率　　(b)定子输入的有功功率

(c)定子输入的视在功率　　(d)转子输入的有功功率

33. 电机的定子铁心通常是由(　　)厚的硅钢片叠压而成。

(a)0.35～0.5cm　　(b)0.1～0.2cm　　(c)0.35～0.5mm　　(d)0.1～0.2mm

34. 电动机在额定条件下运行时，其转差率 s 的范围一般为(　　)。

(a)0.02～0.06　　(b)0.2～0.6　　(c)0.02%～0.06%　　(d)0.2%～0.6%

35. 电源频率为 50Hz 时，四极电动机的同步转速为(　　)。

(a)1500r/min　　(b)1440r/min　　(c)750r/min　　(d)720r/min

36. 一台他励直流电动机拖动恒转矩负载，当电枢电压降低时，电枢电流和转速将(　　)。

(a)电枢电流减小、转速减小　　(b)电枢电流减小、转速不变

(c)电枢电流不变、转速减小　　(d)电枢电流不变、转速不变

37. 一台额定运行的直流发电机，如果把它的转速降低 50%，而励磁电流和电枢电流保持不变，则(　　)。

(a)电枢电势降低 50%　　(b)电磁转矩降低 50%

(c)电枢电势和电磁转矩都降低 50%　　(d)端电压降低 50%

38. 直流电动机在串电阻调速过程中，若负载转矩不变，则电动机的(　　)。

(a)输入功率不变　　(b)输出功率不变

(c)总损耗功率不变　　(d)电磁功率不变

39. 当直流电机定子与电枢之间的空气隙增大时，直流电机的(　　)。

(a)磁阻减少　　(b)磁阻增大　　(c)磁阻不变　　(d)电流减少，转矩增大

40. 某直流电机有两个励磁绕组，它的电枢与其中一个励磁绕组串联，与另外一个励磁

绕组并联，那么该电机为(　　)电机。

(a)他励　　(b)并励　　(c)复励　　(d)串励

参考答案：

1. b	**2.** c	**3.** b	**4.** b	**5.** a	**6.** c	**7.** a	**8.** a
9. a	**10.** c	**11.** a	**12.** c	**13.** a	**14.** a	**15.** c	**16.** b
17. a	**18.** d	**19.** d	**20.** a	**21.** b	**22.** c	**23.** a	**24.** b
25. a	**26.** c	**27.** d	**28.** b	**29.** b	**30.** a	**31.** c	**32.** a
33. c	**34.** a	**35.** a	**36.** c	**37.** a	**38.** a	**39.** b	**40.** c

三、填空题

1. 三相异步电动机旋转磁场的转向和__________一致。要改变三相异步电动机转子的转向，只要__________。

2. 对于小功率的异步电动机，可以采用__________方式启动，对于大功率的异步电动机，由于启动电流过大，会影响其他电气设备的正常运行，因此要采用__________方式启动。

3. Y-△降压启动时，启动电流为直接启动电流的__________，启动转矩为直接启动转矩的__________。

4. 三相交流异步电动机的转子结构有__________和__________两种。

5. 定子三相对称绕组中通过三相对称交流电时在空间会产生__________磁场。

6. 当 s 在__________范围内，三相异步电机运行于电动机状态；在__________范围内运行于发电机状态。

7. 三相异步电动机的电源电压一定，当负载转矩增加，则转速__________，定子电流__________。

8. 鼠笼型电动机的启动方法有__________启动和__________启动两种。

9. 三相鼠笼式异步电动机直接启动时，启动电流可达额定电流的__________倍。

10. 三相鼠笼式异步电动机降压启动方式有__________，__________和__________启动。

11. Y-△降压启动时，启动电流和启动转矩各降为直接启动时的__________倍。

12. 异步电动机的调速有__________、__________、__________调速。

13. 三相异步电动机带恒转矩负载进行变频调速时，为了保证过载能力和主磁通基本不变， 电机端电压 U_1 应随频率 f_1 按__________规律调节。

14. 为解决单相异步电动机不能自行启动的问题，常采用__________和__________两套绕组的形式，并且有__________和电阻启动之分。

15. 单相异步电动机可采用__________的方法来实现正反转。

16. 直流电机的励磁方式有__________、__________、__________、__________等。

17. 带恒转矩负载运行的并励直流电动机，若减小磁通，电枢电流将__________。

18. 直流电机的电磁转矩是由__________和__________共同作用产生的。

19. 直流电动机常用的启动方法有__________、__________。

20. 直流电机既可做__________使用，也可做__________使用。

21. 在直流电动机中，电枢就是直流电动机的__________。

22. 并励电动机有__________的机械特性，串励电动机有__________的机械特性，负载变化时，前者转速变化__________，后者转速变化__________。

23. 直流电动机的调速包括__________和__________等调速方法。

参考答案：

1. 定子绕组所接电源的相序，将电源的任意两相调换

2. 直接启动，降压启动

3. 1/3，1/3

4. 鼠笼型，绕线型

5. 旋转

6. 0~1，<0

7. 减小，增加

8. 直接，降压

9. 5～7

10. 串电抗器降压启动，自耦变压器降压启动，星形-三角形降压启动（Y-△降压启动）

11. 1/3

12. 变极，变频，改变转差率

13. 正比

14. 工作绕组，启动绕组，电容启动

15. 改变启动绕组接线端

16. 他励、并励、串励、复励

17. 增大

18. 每极气隙磁通，电枢电流

19. 降压启动，电枢回路串电阻启动

20. 直流电动机，直流发电机

21. 转子

22. 硬，软，小，大

23. 改变电枢回路电阻，改变励磁回路电阻

四、简答题

1. 三相异步电动机的电磁转矩与哪些因素有关？三相异步电动机在额定工作状态运行时，若电源电压下降过多，往往会使电动机发热，甚至烧毁，为什么？

解 三相异步电动机的电磁转矩计算公式为

$$T=K\frac{sR_2U_1^2}{R_2^2+(sX_{20})^2}$$

从这个公式中可以看出，电磁转矩与转差率 s、转子电阻 R_2、电源电压 U_1 和转子感抗 X_{20} 等参数有关。对给定的鼠笼式异步电动机来说，转矩系数 K、转子电阻 R_2、转子感抗 X_{20} 是基本不变的。当电源电压 U_1 下降时，为了保持电动机的输出转矩 T 与负载转矩平衡，必须增加转差率 s，导致转子电流增加，从而使定子电流增大，容易使电动机因发热而损坏。

2. 判断下列叙述是否正确：对称的三相交流电流通入对称的三相绕组中，便能产生一个在空间旋转的、恒速的、幅度按正弦规律变化的合成磁场。

解 错误。合成磁场的幅度是恒定不变，并不按正弦规律变化。

3. 判断下列叙述是否正确：在三相异步电动机的转子回路中，感应电动势和电流的频率是随转速而改变的，转速越高，则频率越高；转速越低，则频率越低。

解 错误。转子回路中的感应电动势和电流频率确实是随转速而改变的，但转速越高，转差率越小，转子的感应电动势和电流频率也就越低，反之则越高。

4. 判断下列叙述是否正确：三相异步电动机在空载下启动，启动电流小，而在满载下启动，启动电流大。

解 错误。启动时，转速都是从零开始增加的，刚启动时转差率 $s=1$，在空载或满载下启动，启动电流的最大值基本不变。只是空载时启动电流下降得快，启动过程短；满载时启动电流下降得慢，启动时间长。

5. 判断下列叙述是否正确：当绕线式三相异步电动机运行时，在转子绕组中串联电阻，是为了限制电动机的启动电流，防止电动机被烧毁。

解 错误。绕线式三相异步电动机运行时，如果在转子绕组中串联电阻，可以提高转子绕组的功率因数，从而提高启动转矩，或者降低转速，实现调速的目的。启动时在转子绕组中串联电阻，是为了限制电动机的启动电流，防止电网电压的波动。一般情况下，只要不是频繁启动，即使不串联电阻而直接启动，电动机也不会被烧毁。

6. 说明三相异步电机在何种情况下其转差率为下列数值：(1) $s=1$；(2) $0<s<1$；(3) $s=0$；(4) $s<0$。

解 (1)三相异步电机在刚启动瞬间，转速 $n=0$，$s=1$；

(2)三相异步电机在作电动机运行时，$0<s<1$；

(3)三相异步电机在同步速运行时，转速 $n=n_0$，$s=0$；

(4)三相异步电机在作发电机运行时 $s<0$，转速 $n>n_0$。

7. 三相异步电动机在稳定运行时，当负载转矩增加时为什么电动机的转矩也会相应增加？当负载转矩大于异步电动机的最大转矩时，电动机发生什么情况？

解 电动机在稳定运行时，电动机输出的转矩与负载转矩平衡。所以，当负载转矩增加时，会使转速减小，转差率增大，最终使电动机的转矩也相应增加，达到新的平衡。当负载转矩超过电动机的最大转矩时，电动机的转速将减小，直至停止转动，这样会导致电动机因过热而烧毁。

8. 为什么三相异步电动机的启动电流大而启动转矩却不大？

解 三相异步电动机启动时转子回路的功率因数很低，而电动机的转矩与转子回路的功率因数 $\cos\varphi_2$ 成正比，电动机启动时转差率 $s=1$，功率因数 $\cos\varphi_2$ 最低。所以，三相异步电动机启动时虽然启动电流很大，但启动转矩却并不是很大。

9. 三相异步电动机断了一根电源线后，为什么不能启动？而在运行时断了一根线，为什么仍能转动？这两种情况对电动机有何影响？

解 三相异步电动机断了一根电源线后就相当于是单相绕组了，产生的是脉动磁场而不是旋转磁场，因此不能启动；如果在运行时断了一根电源线，根据单相异步电动机的工作原理可知，此时会产生一个椭圆形的磁场，电动机仍能继续旋转。在两种情况下，都很容易因为电动机电流过大而烧毁电动机。

10. 有一台三相异步电动机，$n_N=1470\text{r/min}$，$f_N=50\text{Hz}$，在(1)启动瞬间；(2)转子转速为额定转速的 2/3 时；(3)转差率为 0.02 时三种情况下，试求：

定子旋转磁场对定子的转速；

定子旋转磁场对转子的转速；

转子旋转磁场对转子的转速；

转子旋转磁场对定子的转速；

转子旋转磁场对定子旋转磁场的转速。

解 因为 n_{N}=1470r/min，f_{N}=50Hz，所以电机的同步速为 n_0=1500r/min。

(1)在启动瞬间，转子的转速为零，所以

定子旋转磁场对定子的转速为 1500r/min；

定子旋转磁场对转子的转速为 1500r/min；

转子旋转磁场对转子的转速为 1500r/min；

转子旋转磁场对定子的转速为 1500r/min；

转子旋转磁场对定子旋转磁场的转速为 0。

(2)在转子转速为额定转速的 2/3 时，转子的转速为 980r/min。

定子旋转磁场对定子的转速为 1500r/min；

定子旋转磁场对转子的转速为 520r/min；

转子旋转磁场对转子的转速为 520r/min；

转子旋转磁场对定子的转速为 1500r/min；

转子旋转磁场对定子旋转磁场的转速为 0。

(3)在转差率为 0.02 时，转子的转速为 1470r/min。

定子旋转磁场对定子的转速为 1500r/min；

定子旋转磁场对转子的转速为 30r/min；

转子旋转磁场对转子的转速为 30r/min；

转子旋转磁场对定子的转速为 1500r/min；

转子旋转磁场对定子旋转磁场的转速为 0。

11. 某三相异步电动机的电源电压为380/220V，Y/△接法。试问当电源线电压分别为380V和 220V 时，各应采取什么接法？在这两种情况下，它们的额定相电流和额定线电流是否相同？输出功率是否相同？若不同，各为多少倍？

解 电源线电压为 380V 时应采用 Y 接法；电源线电压为 220V 时应采用△接法。在采用这两种接法时，电动机的相电压相同，所以电动机的额定相电流也相同；而额定线电流不相同，△接法时的额定线电流：Y 接法时的额定线电流=$\sqrt{3}$ ：1。由于两种接法时相电压相同，相电流也相同，所以输出功率也相同。

12. 如果把 Y 连接的三相异步电动机误连成△接法，或把△连接的三相异步电动机误连成 Y 接法，其后果如何？

解 如果把 Y 连接的三相异步电动机误连成△接法，电动机定子绕组的相电压将是原来的 $\sqrt{3}$ 倍，容易因为过电流而烧毁电动机；如果将△连接的三相异步电动机误连成 Y 接法，电动机的三相定子绕组的相电压将是原来的 $1/\sqrt{3}$ 倍，使得电动机达不到额定的输出功率。

13. 三相异步电动机在正常运行时，若电网电压略微降低，待稳定后电动机的电磁转矩、电动机的电流有何变化？

解 电机在稳定运行时，电动机的输出转矩=负载转矩。在负载转矩保持不变的情况下，如果电网电压略微降低，待稳定后，电动机的转矩仍等于负载转矩。电磁转矩 $T=K_{\mathrm{T}}\varPhi I_2\cos\varphi_2$，由于此时电动机的功率因数基本不变，所以电动机的电流将有所增加。

14. 并励直流发电机电动势建立的过程是怎样的?

答 当原动机拖动转子转动时，电枢中的导体切割主磁极的剩磁磁通，产生一个较小的电枢电势(剩磁电动势)。在这个电动势的作用下，会产生一个较小的励磁电流，相应的产生一个较小的磁通，如果这个磁通与剩磁磁通方向一致，主磁通就会增强，电枢电势也会相应增大，形成一个正反馈的过程。如此循环下去，励磁电流进一步增大，主磁通也就更强，电动势就建立起来了。

15. 如何使直流电动机反转?

答 使直流电动机反转主要有下面两种方法：

(1)保持电枢电压的极性不变，将励磁绕组反接；

(2)保持励磁绕组电压的极性不变，把电枢绕组反接。

16. 三相异步电动机的旋转磁场是在什么条件下产生的?

答 三相对称的定子绕组中通入三相对称的交流电流，就会在空间产生一个幅值恒定的旋转磁场。

17. 怎么确定三相异步电动机可以全压启动还是应该采取降压启动?

答 对于经常启动的电动机来说，如果电动机的容量不大于变压器容量的 20%就可以直接启动。否则应采取降压启动。

18. 异步电动机低压运行的危害是什么?应怎样采取相应措施?

答 在相同负载的条件下，电动机低压运行时，转速下降，电流增大，会导致电机温升增加，影响寿命，严重时会烧坏电机。由于电机的转矩与电压的平方成正比，所以当电压下降 10%时，电动机负载应减小 20%左右，如电网电压下降过多，应停止使用。

19. 单相交流电动机在一个绕组产生的脉动磁场下能否启动?在什么条件下才能使单相交流电动机启动?

答 一个绕组所产生的磁场是脉动磁场，这个磁场不会旋转，所以不能使单相交流电动机启动。在轻载的条件下，如果有外力作用使转子转动起来，则转子就能继续转动。

为了能使单相交流电机自行启动，通常在定子上安装两套在空间上相差 90°的绕组，并在这两套绕组中流入相位差 90°的交流电，这样就能产生一个旋转磁场，从而解决单相电动机启动问题。

20. 三相异步电动机断开一相电源时，会出现哪些现象?为什么电动机不允许长时间缺相运行?

答 三相异步电动机断开一相时，会出现以下现象：①声音异常；②转子转速下降；③输出功率减小；④绕组过热使异步电动机温度升高。

当三相异步电动机缺相运行时，定子三相旋转磁场变为单相脉动磁场，使异步电动机的转矩显著减小，从而转速下降，相电流增大，使绕组温度上升，严重时会烧毁电动机。

21. 简述鼠笼式三相异步电动机常用的启动方式。

答 鼠笼式三相异步电动机常用的启动方式有直接启动、降压启动和变频启动三种方式。

直接启动：电机直接接到电源上进行启动。

降压启动：定子串电阻(电抗)启动、Y/△启动、自耦变压器启动。

变频启动：电机通过变频器启动。

22. 什么是电动机的机械特性？什么是硬特性？什么是软特性？

答 电动机的转速与电磁转矩之间的关系曲线称为机械特性。如果负载变化时，转速变化很小，这种机械特性称为硬特性；如果转速变化较大，这种机械特性称为软特性。

23. 并励直流电动机和串励直流电动机的特性有什么不同？各适用于什么负载？

答 并励直流电动机的磁通为一常值，转矩随电枢电流成正比，有硬的机械特性，转速随负载变化小。在相同情况下，启动转矩比串励电动机小，适用于对转速稳定要求较高，而对启动转矩要求不高的场合。

串励直流电动机的转矩近似与电枢电流的平方成正比，机械特性较软，转速随负载变化较大：轻载时转速快，重载时转速慢。在相同情况下，启动转矩比并励电动机大，适用于要求启动转矩比较大，而对转速稳定性无要求的场合。

五、计算题

1. 已知三相异步电动机的额定转速为 960r/min，额定频率为 50Hz，试求电机的同步转速，磁极对数和转差率。

解 已知额定转速 n_N=960r/min，所以同步转速应为 n_0=1000r/min，电机的极对数 p=3，转差率 $s_N=(n_0-n_N)/n_0=(1000-960)/1000=0.04$

2. 一台两极三相异步电动机，额定功率 10kW，额定转速为 n_N=2940r/min，额定频率 f_N=50Hz，求额定转差率 s_N 和额定转矩 T_N。

解 由于是两极电机，即 p=1，所以同步转速为 $n_0=60f_N/p=60\times50/1=3000$r/min

转差率 $s_N=(n_0-n_N)/n_0=(3000-2940)/3000=0.02$

额定转矩 $T_N=9550P_N/n_N=9550\times10/2940=32.48$ (N·m)

3. 已知三相异步电动机的铭牌数据如下：$f_N=50$Hz，$P_N=15$kW，$U_N=380$V，$I_N=31.4$A，n_N=970r/min，$\cos\varphi=0.88$。问：(1)电动机的额定转差率；(2)电动机的额定转矩；(3)电动机额定运行时的输入电功率；(4)电动机额定运行时的效率。

解 (1)电机的额定转速为 n_N=970r/min，所以同步转速为 n_0=1000r/min，转差率为

$$s_N=(n_0-n_N)/n_0=(1000-970)/1000=0.03$$

(2)电动机的额定转矩

$$T_N=9550P_N/n_N=9550\times15/970=147.7\ (\text{N·m})$$

(3)电动机额定运行时的输入电功率

$$P_1=\sqrt{3}U_N I_N\cos\varphi=\sqrt{3}\times380\times31.4\times0.88=18.186\ (\text{kW})$$

(4)电动机额定运行时的效率

$$\eta=P_N/P_1=15/18.186=82.5\%$$

4. 一台三相异步电动机的技术数据为：P_N=2.2kW，n_N=1430r/min，η_N=0.82，$\cos\varphi=0.83$，U_N 为 220/380 V。求 Y 和△两种不同接法时的额定电流 I_N。

解 电动机的输入功率 $P_1=P_N/\eta=2.2/0.82=2.68$ (kW)

Y 连接时的额定电流

$$I_{NY}=\frac{P_1}{\sqrt{3}U_{NY}\cos\varphi}=\frac{2.68\times10^3}{\sqrt{3}\times380\times0.83}=4.9\ (\text{A})$$

△连接时的额定电流

$$I_{N\Delta}=\frac{P_1}{\sqrt{3}U_{N\Delta}\cos\varphi}=\frac{2.68\times10^3}{\sqrt{3}\times220\times0.83}=8.5\,(\mathrm{A})$$

5. 某三相异步电动机的额定功率为 55kW，额定电压 380V，额定电流 101A，功率因数 0.9。试求该电机的效率。

解 输入功率 $P_1=\sqrt{3}\,U_L\,I_L\cos\varphi=\sqrt{3}\times380\times101\times0.9=59.8\,(\mathrm{kW})$

效率 $\eta=P_N/P_1=55/59.8=0.92$

6. 一台四极异步电动机的额定功率为 28kW，额定转速为 1370r/min，过载系数 $\lambda=2.0$，试求异步电动机的额定转差率，额定转矩和最大转矩。

解 (1)电机的额定转速为 $n_N=1370\mathrm{r/min}$，所以同步转速 $n_0=1500\mathrm{r/min}$

额定转差率 $s_N=(n_0-n_N)/n_0=(1500-1370)/1500=0.087$

(2)额定转矩 $T_N=9550\times28/1370=195.2\,(\mathrm{N\cdot m})$

(3)最大转矩 $T_{max}=\lambda T_N=2\times195.2=390.4\,(\mathrm{N\cdot m})$

7. 三相异步电动机定子绕组△连接，已知电机的线电压 $U_l=380\mathrm{V}$，功率因素 $\cos\varphi=0.87$，电动机从电源吸收的有功功率 $P=11.43\mathrm{kW}$，试计算电动机的相电流、线电流以及每相绕组的阻抗 Z。

解 因为 $P=\sqrt{3}U_lI_l\cos\varphi$，所以线电流 $I_l=\dfrac{P}{\sqrt{3}U_l\cos\varphi}=\dfrac{11.43\times10^3}{\sqrt{3}\times380\times0.87}=20\,(\mathrm{A})$

电机是△连接，所以相电流 $I_p=\dfrac{I_l}{\sqrt{3}}=\dfrac{20}{\sqrt{3}}=11.6\,(\mathrm{A})$，$U_p=U_l=380\ \mathrm{V}$

由 $\cos\varphi=0.87$ 得 $\varphi=29.54°$

每相绕组的阻抗 $Z=\dfrac{U_p}{I_p}\angle\varphi=\dfrac{380}{11.6}\angle29.54°=32.8\angle29.54°(\Omega)$

8. 已知一三相异步电动机的铭牌数据如下：$P_N=2.2\mathrm{kW}$，$U_N=380\mathrm{V}$，星形接法，$n_N=1420\mathrm{r/min}$，$\cos\varphi_N=0.82$，$\eta=81\%$，$f_N=50\mathrm{Hz}$。试求：(1)电动机相电流和线电流的额定值及额定负载时的转矩；(2)额定转差率及额定负载时的转子电流频率。

解 (1)电动机线电流的额定值

$$I_{lN}=\frac{P_N}{\eta\sqrt{3}U_l\cos\varphi}=\frac{2.2\times10^3}{0.81\times\sqrt{3}\times380\times0.82}=5(\mathrm{A})$$

电机是星形接法，所以，相电流的额定值

$$I_{pN}=I_{lN}=5\ \mathrm{A}$$

额定负载时的转矩

$$T_N=9550\frac{P_N}{n_N}=9550\frac{2.2}{1420}=14.8(\mathrm{N\cdot m})$$

(2)已知额定转速 $n_N=1420\mathrm{r/min}$，则同步转速 $n_0=1500\mathrm{r/min}$，额定转差率

$$s_N=\frac{n_0-n_N}{n_0}=\frac{1500-1420}{1500}=0.053$$

额定负载时的转子电流的频率

$$f_2 = s_N f_1 = 0.053 \times 50 = 2.65(\text{Hz})$$

9. 已知三相异步电动机的额定数据：P_N=15kW，n_N=970r/min，f_N=50Hz，T_{max}=295.36N·m。试求电动机的过载系数。

解 电机的额定转矩

$$T_N = 9550\frac{P_N}{n_N} = 9550 \times \frac{15}{970} = 147.68(\text{N} \cdot \text{m})$$

所以，过载系数为 $\lambda_m = \dfrac{T_m}{T_N} = \dfrac{295.36}{147.68} = 2$

10. 已知三相异步电动机的额定数据如下：f_N=50Hz，n_N=1440r/min，P_N=7.5kW，U_N=380V，I_N=15.4A，$\cos\varphi$=0.85。求：(1)额定转差率 s_N、额定转矩 T_N、额定效率η_N；(2)若负载转矩 T_L=60N·m，电动机是否过载？

解 (1)已知额定转速 n_N=1440r/min，则同步转速应为 n_0=1500r/min

额定转差率 $s_N = (n_0 - n_N)/n_0 = (1500 - 1440)/1500 = 0.04$

额定转矩 $T_N = 9550\dfrac{P_N}{n_N} = 9550 \times \dfrac{7.5}{1440} = 49.7(\text{N} \cdot \text{m})$

电机的输入功率 $P_1 = \sqrt{3}U_N I_N \cos\varphi = \sqrt{3} \times 380 \times 15.4 \times 0.85 = 8615(\text{W})$

额定效率 $\eta_N = P_N/P_1 = 7.5/8.615 = 87.1\%$

(2)当负载转矩 T_L=60N·m 时，$T_L > T_N$，电动机已过载。

11. 一台三相异步电动机的额定数据如下：P_N=3kW，U_N=220/380V，I_N=11.18/6.47A，f_N=50Hz，n_N=1440r/min，$\cos\varphi_N$=0.84，I_{st}/I_N=7.0，T_{max}/T_N=2.0，T_{st}/T_N=1.8。求：(1)磁极对数 p；(2)当电源线电压为 220V 时，定子绕组应如何连接？(3)额定转差率 s_N，转子电流频率 f_{2N}，额定转矩 T_N；(4)在△连接方式下的直接启动电流 I_{st}，启动转矩 T_{st}，最大转矩 T_{max}；(5)额定负载时电动机的输入功率 P_{1N}。

解 (1)已知额定转速 n_N=1440r/min，所以同步转速 n_0=1500r/min，磁极对数 p=2。

(2)当电源线电压为 220V 时，定子绕组应接成△。

(3)额定转差率 $s_N = (n_0 - n_N)/n_0 = (1500-1440)/1500 = 0.04$

转子电流频率 $f_{2N} = s_N \times f_N = 0.04 \times 50 = 2.0(\text{Hz})$

额定转矩 $T_N = 9550\dfrac{P_N}{n_N} = 9550 \times \dfrac{3}{1440} = 19.9(\text{N} \cdot \text{m})$

(4)在△连接方式下直接启动时：

因为 I_{st}/I_N=7.0，启动电流 $I_{st} = 7.0 I_N = 7.0 \times 11.18 = 78.26(\text{A})$

因为 T_{st}/T_N=1.8，启动转矩 $T_{st} = 1.8\, T_N = 1.8 \times 19.9 = 35.82(\text{N·m})$

因为 T_{max}/T_N=2.0，最大转矩 $T_{max} = 2\, T_N = 2 \times 19.9 = 39.8(\text{N·m})$

(5)额定负载时电动机的输入功率：

$$P_{1N} = \sqrt{3}U_N I_N \cos\varphi_N = \sqrt{3} \times 220 \times 11.18 \times 0.84 = 3.578(\text{kW})$$

12. 三相异步电动机的铭牌数据如下：U_N=380V，Y 接法，P_N=600W，I_N=1.4A，$\cos\varphi$=0.86，$n_N = 2870\text{r/min}$，f_1=50Hz。求：(1)电源输入的功率 P_1，(2)额定转矩 T_N，(3)转差率 s_N，(4)额

定效率 η_N。

解　(1)电源输入的功率　$P_1=\sqrt{3}\,U_N I_N\cos\varphi=\sqrt{3}\times380\times1.4\times0.86=792$(W)

(2)额定转矩　$T_N=9550\times P_N/n_N=9550\times0.6/2870=2.0$(N·m)

(3)转差率　$s_N=(n_0-n)/n_0=(3000-2870)/3000=0.043$

(4)额定效率　$\eta_N=P_N/P_1=600/792=75.8\%$

13. 某三相异步电动机，铭牌数据如下：P_N=2.2kW，U_N=380/220V，Y/△，n_N=1430r/min，f_1=50Hz，η_N=82%，$\cos\varphi_N$=0.83。求：(1)额定转差率 s_N 及额定负载时的转子电流频率 f_{2N}；(2)两种接法下的相电流 $I_{p\triangle}$，I_{pY} 及线电流 $I_{l\triangle}$，I_{lY}。

解　(1)电机的额定转速为 n_N=1430r/min，所以同步转速应该为　n_0=1500r/min

额定转差率　$s_N=(n_0-n_N)/n_0=(1500-1430)/1500=0.047$

转子电流频率　$f_{2N}=sf_1=2.35$Hz

(2)Y 连接时，相电流与线电流相同

$$I_{pY}=I_{lY}=\frac{P_N}{\eta_N\sqrt{3}U_N\cos\varphi_N}=\frac{2.2\times10^3}{0.82\times\sqrt{3}\times380\times0.83}=4.9(\text{A})$$

△连接时，线电流

$$I_{l\triangle}=\frac{P_N}{\eta_N\sqrt{3}U_N\cos\varphi_N}=\frac{2.2\times10^3}{0.82\times\sqrt{3}\times220\times0.83}=8.5(\text{A})$$

相电流

$$I_{p\triangle}=\frac{I_{pY}}{\sqrt{3}}=\frac{8.5}{\sqrt{3}}=4.9(\text{A})$$

14. 某三相异步电动机的电源频率为 50Hz，线电压为 380V，当电动机输出转矩为 40N·m 时，输入功率 5kW，线电流 11A，转速 950r/min。试求此时电动机的功率因数和效率。

解　电动机的功率因数

$$\cos\varphi=\frac{P_1}{\sqrt{3}U_l I_l}=\frac{5\times10^3}{\sqrt{3}\times380\times11}=0.691$$

已知电动机输出转矩为 40N·m，所以输出功率

$$P_2=\frac{T_N n_N}{9550}=\frac{40\times950}{9550}=3.98(\text{kW})$$

电动机的效率

$$\eta=P_2/P_1=3.98/5=79.6\%$$

15. 一台三相交流电动机，Y 连接，电源线电压 U_l=380V，线电流 I_l=4A，$\cos\varphi$=0.8。试求电动机每相绕组的相电压、相电流、阻抗 Z 及有功功率。

解　电机是 Y 连接，所以相电压 $U_p=\dfrac{U_l}{\sqrt{3}}=\dfrac{380}{\sqrt{3}}=220\text{V}$，相电流 $I_p=I_l=4\text{A}$

由 $\cos\varphi$=0.8 得　φ=36.87°

每相绕组的阻抗　$Z=\dfrac{U_p}{I_p}\angle\varphi=\dfrac{220}{4}\angle36.87°=55\angle36.87°(\Omega)$

有功功率　$P=\sqrt{3}U_l I_l\cos\varphi=\sqrt{3}\times380\times4\times0.8=2.1(\text{kW})$

16. 某一台三相异步电动机，铭牌数据如下：P_N=15kW，U_N=380V，I_N=31.6A，f_N=50Hz，

n_N=980r/min，$\cos\varphi_N$=0.81。求：(1)额定转差率 s_N 和额定转矩 T_N；(2)电动机的输入功率 P_1 和效率 η。

解 (1)额定转差率 s_N=(1000−980)/1000=0.02

额定转矩 $T_N = 9550\dfrac{P_N}{n_N} = 9550 \times \dfrac{15}{980} = 146.2(\text{N} \cdot \text{m})$

(2)输入功率 $P_1 = \sqrt{3}U_N I_N \cos\varphi_N = \sqrt{3} \times 380 \times 31.6 \times 0.81 = 16.846(\text{kW})$

效率 $\eta = \dfrac{P_N}{P_1} = \dfrac{15}{16.846} = 89\%$

17. 一台三相异步电动机，P_N=15kW，U_N=380V，f_N=50Hz，$\cos\varphi_N$=0.75，η=86%，为使其功率因数提高到 0.9，接入了三角形连接的三相补偿电容。求：(1)补偿电容总的无功功率；(2)每相电容值 C。

解 (1)电机输入有功功率 $P_D = \dfrac{P_N}{\eta} = \dfrac{15}{0.86} = 17.44(\text{kW})$

当 $\cos\varphi_N = 0.75$ 时 $\tan\varphi_N = 0.882$

当 $\cos\varphi' = 0.9$ 时 $\tan\varphi' = 0.484$

补偿前后无功功率变化量(即补偿电容的无功功率)

$$\Delta Q = P_D(\tan\varphi_N - \tan\varphi') = 17.44 \times (0.882 - 0.484) = 6.94(\text{kvar})$$

(2)由于电容是三角形接法，电容两端的电压即为线电压 U_N，补偿电容的无功功率可按下式计算

$$Q_C = 3\frac{U_N^2}{X_C} = 3\omega C U_N^2$$

所以
$$C = \frac{1}{3}\frac{\Delta Q}{\omega U^2} = \frac{6.94 \times 10^3}{3 \times 314 \times 380^2} = 51(\mu\text{F})$$

18. 已知三相异步电动机的额定数据如表 5-1 所示。求：(1)额定电流 I_N；(2)额定转差率 s_N；(3)额定转矩 T_N、最大转矩 T_{max}、启动转矩 T_{st}。

表 5-1

额定功率/kW	额定电压/V	额定负载时			I_{st}/I_N	T_{st}/T_N	T_{max}/T_N	连接方式
		转速/(r/min)	效率/%	功率因数				
18.5	380	1470	91	0.86	7.0	2.0	2.2	△

解 (1)额定电流

$$I_N=P_N/(\eta_N\sqrt{3}\,U_{1N}\cos\varphi_N)=18.5\times10^3/(0.91\times\sqrt{3}\times380\times0.86)=35.9(\text{A})$$

(2)额定转差率 $s_N=(n_0-n)/n_0=(1500-1470)/1500=0.02$

(3)额定转矩 $T_N=9550\times P_N/n_N=9550\times18.5/1470=120(\text{N·m})$

最大转矩 $T_{max}=2.2T_N=2.2\times120=264(\text{N·m})$

启动转矩　$T_{st}=2.0T_N=2.0\times120=240(N\cdot m)$

19. 三相异步电动机的铭牌数据如下：220/380V、△/Y、3kW、2960r/min、50Hz、$\cos\varphi=0.88$、$\eta=0.86$、$I_{st}/I_N=7$、$T_{st}/T_N=1.5$、$T_{max}/T_N=2.2$。试问：在电源线电压为220V或380V时，应分别如何连接？I_N、I_{st}、T_N、T_{st}、T_{max}各为多少？

解　(1)根据铭牌，电源线电压为220V时，电动机应接成△。此时额定电流

$$I_N=\frac{P_N}{\eta\sqrt{3}U_N\cos\varphi}=\frac{3\times10^3}{0.86\times\sqrt{3}\times220\times0.88}=10.4(A)$$

启动电流　$$I_{st}=7I_N=7\times10.4=72.8(A)$$

额定转矩　$$T_N=9550\frac{P_N}{n_N}=9550\times\frac{3}{2960}=9.7(N\cdot m)$$

启动转矩　$$T_{st}=1.5T_N=1.5\times9.7=14.55(N\cdot m)$$

最大转矩　$$T_{max}=2.2T_N=2.2\times9.7=21.34(N\cdot m)$$

(2)电源线电压为380V时，电动机应接成星形。此时额定电流

$$I_N=\frac{P_N}{\eta\sqrt{3}U_N\cos\varphi}=\frac{3\times10^3}{0.86\times\sqrt{3}\times380\times0.88}=6(A)$$

启动电流　$$I_{st}=7I_N=7\times6=42(A)$$

额定转矩　$$T_N=9550\frac{P_N}{n_N}=9550\times\frac{3}{2960}=9.7(N\cdot m)$$

启动转矩　$$T_{st}=1.5T_N=1.5\times9.7=14.55(N\cdot m)$$

最大转矩　$$T_{max}=2.2T_N=2.2\times9.7=21.34(N\cdot m)$$

从以上计算结果可以看出，在这两种不同接法时，额定电流，启动电流的大小不一样，但额定转矩、启动转矩和最大转矩是相同的。

20. 一台三相异步电动机数据如下：$P_N=10kW$，$U_N=380V$，$n_N=1450r/min$，$\eta=87.5\%$，$\cos\varphi_N=0.87$，$T_{st}/T_N=1.4$，$T_m/T_N=2$。求：(1)额定转矩T_N，启动转矩T_{st}及最大转矩T_{max}；(2)额定电流I_N。

解　(1)　额定转矩　$$T_N=9550\frac{P_N}{n_N}=9550\times\frac{10}{1450}=65.9(N\cdot m)$$

启动转矩　$$T_{st}=\frac{T_{st}}{T_N}T_N=1.4\times65.9=92.3(N\cdot m)$$

最大转矩　$$T_{max}=\frac{T_{max}}{T_N}T_N=2\times65.9=131.8(N\cdot m)$$

(2)额定电流　$$I_N=\frac{P_N}{\eta\sqrt{3}U_N\cos\varphi_N}=\frac{10000}{0.875\times\sqrt{3}\times380\times0.87}=20(A)$$

21. 一台三相异步电动机的铭牌数据如下：$P_N=15kW$，$U_N=220V$，$n_N=1470r/min$，$\eta_N=86\%$，$\cos\varphi_N=0.88$，$I_{st}/I_N=6.5$，$T_{st}/T_N=1.9$，$T_{max}/T_N=2$。如果要使该电动机能带40%的额定负载启动，需要接到一个抽头比为多少的自耦变压器？

解 设自耦变压器的抽头比为 k，在采用自耦降压启动时，电动机的启动转矩为

$$T'_{st}=k^2T_{st}$$

如果要使该电动机能带 40%的额定负载启动，则 $T'_{st}=k^2T_{st}>0.4T_N$

而 $T_{st}/T_N=1.9$，所以 $k^2\times1.9\times T_N>0.4T_N$，即 $k>\sqrt{\dfrac{0.4}{1.9}}=0.46$

因此需要接到抽头比大于 0.46 的自耦变压器。

22. 两对磁极的三相异步电动机，$P_N=30kW$，$U_N=380V$，$f_N=50Hz$，$s_N=0.02$，$\eta_N=90\%$，$I_N=57.5A$，三角形接法，试求：(1)转子旋转磁场对转子的转速；(2)额定转矩；(3)电动机的功率因数；(4)若电动机的 $T_{st}/T_N=1.2$，$I_{st}/I_N=7$，求启动转矩和启动电流；(5)用 Y-△降压启动时，当负载转矩为额定转矩的 60%和 25%时，电动机能否启动？

解 (1)电动机两对磁极，频率为 50Hz，所以同步转速为 $n_0=1500r/min$。

转差率为 $s=0.02$，则额定转速为 $n_N=(1-s)n_0=1470r/min$，所以旋转磁场对转子的转速为 $n_{12}=sn_0=30r/min$。

(2)额定转矩 $T_N=9550\dfrac{P_N}{n_N}=9550\times\dfrac{30}{1470}=194.9(N\cdot m)$

(3)电动机的功率因数 $\cos\varphi_N=\dfrac{P_N}{\sqrt{3}U_1I_1\eta_N}=\dfrac{30\times1000}{\sqrt{3}\times380\times57.5\times0.9}=0.881$

(4)启动转矩 $T_{st}=1.2\times T_N=1.2\times194.9=233.88(N\cdot m)$

启动电流 $I_{st}=7\times I_N=7\times57.5=402.5(A)$

(5)用 Y-△降压启动时，启动转矩 $T_{stY}=T_{st}/3=0.4T_N$

所以，当负载转矩为额定转矩的 60%时不能启动；25%时能启动。

23. 已知三相鼠笼式异步电动机额定数据：$f_N=50Hz$，$n_N=1440r/min$，$P_N=4.5kW$，$U_N=380V$，$I_N=9.46A$，$\lambda_N=0.85$，$T_{st}/T_N=2.2$。求：(1)额定转差率 s_N、额定转矩 T_N、额定效率 η_N；(2)若 $T_L=40N\cdot m$，电动机能否直接启动？

解 (1)已知额定转速 $n_N=1440r/min$，则同步转速应为 $n_0=1500r/min$，额定转差率为

$$s_N=(n_0-n_N)/n_0=(1500-1440)/1500=0.04$$

额定转矩 $T_N=9550\dfrac{P_N}{n_N}=9550\times\dfrac{4.5}{1440}=29.8(N\cdot m)$

电机的输入功率 $P_1=\sqrt{3}U_NI_N\cos\varphi=\sqrt{3}\times380\times9.46\times0.85=5292(W)$

额定效率 $\eta_N=P_N/P_1=4.5/5.292=85.0\%$

(2)启动转矩 $T_{st}=2.2\times29.8=65.6(N\cdot m)$

所以当负载转矩 $T_L=40\ N\cdot m$ 时，$T_L<T_{st}$，能直接启动。

24. 某三相异步电动机 $T_{st}/T_N=1.4$，采用 Y-△降压启动。当负载转矩分别为电动机额定转矩的 50%或 25%时，电动机能否启动？

解 已知 $T_{st}/T_N=1.4$，即在直接启动时的启动转矩 $T_{st\triangle}=1.4T_N$

当采用 Y-△降压启动时，启动转矩是直接启动时的 1/3，所以 $T_{stY}=1.4T_N/3=0.47T_N$

当负载转矩为电动机额定转矩的 50%时，不能启动；而当负载转矩为电动机额定转矩的 25%时，可以启动。

25. 某三相异步电动机的额定数据如下，$U_N=380\text{V}$，$n_N=1430\text{r/m}$，$P_N=3\text{kW}$，$T_{st}/T_N=1.2$。求：(1)额定转矩 T_N 和启动转矩 T_{st}；(2)若 $U=0.8U_N$，电动机能否带额定负载启动？

解 (1)额定转矩 $T_N=9550P_N/n_N=9550\times3/1430=20(\text{N·m})$

启动转矩 $T_{st}=1.2T_N=24(\text{N·m})$

(2)因为转矩与电压的平方成正比，即 $T_{st}\propto U_1^2$

所以，当 $U=0.8U_N$ 时 $T_{st}''=0.8^2\times T_{st}=0.768T_N<T_N$

故不能带额定负载启动。

26. 一台三相异步电动机的机械特性如图 5-4 所示，额定点 N 的数据：$n_N=1430\text{r/min}$，$T_N=67\text{N·m}$。求：(1)额定功率；(2)过载系数 T_{max}/T_N 和启动转矩倍数 T_{st}/T_N；(3)该电动机能否带 $T_L=90\text{N·m}$ 的负载启动？

解 (1)额定功率 $P_N=\dfrac{n_N\times T_N}{9550}=\dfrac{1430\times67}{9550}=10.03(\text{kW})$

(2)从机械特性中可以看出，该电机的最大转矩 $T_{max}=121\text{N}\cdot\text{m}$，所以，过载系数 $T_{max}/T_N=121/67=1.8$

从机械特性中可以看出，该电机的启动转矩 $T_{st}=87\text{N}\cdot\text{m}$，所以，启动转矩倍数 $T_{st}/T_N=87/67=1.3$

(3)由于启动转矩 $T_{st}=87\text{N}\cdot\text{m}$，所以该电机不能带 90N·m 的负载启动。

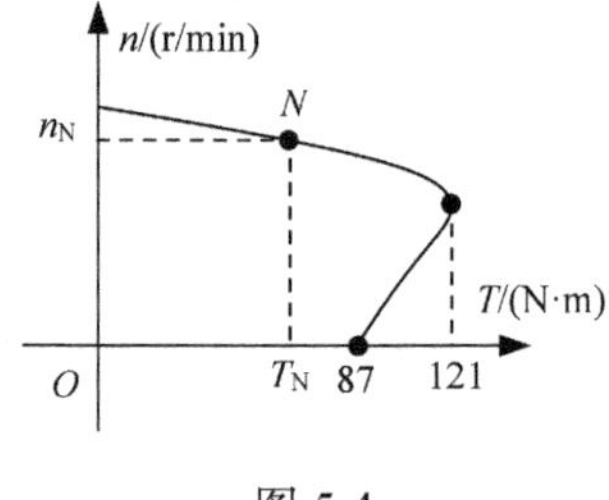

图 5-4

27. 某三相异步电动机，铭牌数据如下：$U_N=380\text{ V}$，$I_N=15\text{ A}$，△接法，$n_N=1450\text{r/min}$，$\eta_N=87\%$，$\cos\varphi_N=0.87$，$f_{1N}=50\text{Hz}$，$T_m/T_N=2$，$T_{st}/T_N=1.4$。求：(1)此电动机的启动转矩及转子电流的频率 f_{2N}；(2)当采用 Y-△降压启动时，定子每相绕组上的电压和此时的启动转矩。

解 (1)电动机的额定功率

$$P_N=\eta_N\sqrt{3}U_NI_N\cos\varphi_N=0.87\times\sqrt{3}\times380\times15\times0.87=7.47(\text{kW})$$

电动机的额定转矩

$$T_N=9550\frac{P_N}{n_N}=9550\times\frac{7.47}{1450}=49.2(\text{N}\cdot\text{m})$$

电动机的启动转矩

$$T_{st}=1.4T_N=1.4\times49.2=68.9(\text{N}\cdot\text{m})$$

电机的额定转速 $n_N=1450\text{r/min}$，所以

同步转速 $n_0=1500\text{r/min}$

转差率 $s_N=(n_0-n_N)/n_0=(1500-1450)/1500=0.033$

转子电流的频率 $f_{2N}=s_Nf_{1N}=0.033\times50=1.65(\text{Hz})$

(2)采用 Y-△降压启动时，定子每相绕组上的电压 $U_p=U_l/\sqrt{3}=220\text{V}$

此时的启动转矩 $T_{st}''=T_{st}/3=68.9/3=23(\text{N}\cdot\text{m})$

28. 某四极三相异步电动机的额定功率为 30kW，额定电压为 380V，三角形连接，频率为 50Hz。在额定负载下运行时，其转差率为 0.02，效率为 90%，线电流为 57.5A，并已知 $T_{st}/T_N=1.2$，$I_{st}/I_N=7$。如果采用自耦变压器降压启动，而使电动机的启动转矩为额定转矩的 85%，

试求：(1) 自耦变压器的抽头比；(2) 电动机的启动电流和线路上的启动电流各为多少？

解 (1) 直接启动时的启动转矩 $T_{st}=1.2T_N$，要使启动转矩为额定转矩的 85%，即 $T'_{st}=0.85T_N$。

因为启动转矩与电压的平方成正比，所以自耦变压器的抽头比

$$K=\sqrt{\frac{T'_{st}}{T_{st}}}=\sqrt{\frac{0.85T_N}{1.2T_N}}=0.84$$

(2) 电动机直接启动时的启动电流

$$I_{st}=7I_N=7\times57.5=402.5(\text{A})$$

由于电动机的启动电流与电机端电压成正比，在采用自耦变压器降压启动后，电机的启动电流，即自耦变压器二次侧的电流

$$I'_{st}=KI_{st}=0.84\times402.5=338.2(\text{A})$$

线路上的启动电流，即自耦变压器一次侧的电流

$$I''_{st}=KI'_{st}=0.84\times338.2=284.2(\text{A})$$

29. 有一台三角形接法的三相异步电动机，P_N=30kW，U_N=380V，I_N=59A，n_N=975r/min，$K_I=I_{st}/I_N$=6.5，$\lambda_{st}=T_{st}/T_N$=1.4。试求：(1) 若电网供给的电流最大不能超过 300A，问这台电动机能否采用直接启动？(2) 当电网电压降为额定电压的 90%和 80%两种情况时，电动机能否带 300N·m 的负载启动？(3) 采用 Y-△降压启动时的启动电流和启动转矩，当 $T_L=0.5T_N$ 时，该电动机能否采用 Y-△降压启动？

解 (1) 直接启动时的启动电流

$$I_{st}=6.5I_N=6.5\times59=383.5(\text{A})$$

因为 I_{st}>300A，所以不能直接启动。

(2) 电动机的额定转矩

$$T_N=9550\frac{P_N}{n_N}=9550\times\frac{30}{975}=293.8(\text{N}\cdot\text{m})$$

启动转矩 $$T_{st}=1.4T_N=1.4\times293.8=411.3(\text{N}\cdot\text{m})$$

因为转矩与电压的平方成正比，所以，当电网电压降为额定电压的 90%时，启动转矩

$$T'_{st}=(0.9)^2T_{st}=0.81\times411.3=333.2(\text{N}\cdot\text{m})>300(\text{N}\cdot\text{m})$$

此时电机可以带 300N·m 的负载启动。

当电网电压降为额定电压的 80%时，启动转矩

$$T''_{st}=(0.8)^2T_{st}=0.64\times411.3=263.2(\text{N}\cdot\text{m})<300(\text{N}\cdot\text{m})$$

此时电机不能带 300N·m 的负载启动。

(3) 采用 Y-△启动时

启动电流 $$I_{stY}=\frac{1}{3}I_{st\Delta}=\frac{1}{3}\times383.5=127.8(\text{A})$$

启动转矩 $$T_{stY}=\frac{T_{st}}{3}=\frac{1}{3}\times1.4\times T_N=0.47T_N<0.5T_N$$

当 T_L=0.5T_N时，电机不能采用 Y-△降压启动。

30. 有一台三相鼠笼式异步电动机的铭牌数据如下：P_N=15kW，U_N=380V，I_N=31.6A，n_N=980r/min，△接法，直接启动时启动电流为 205.4A，启动转矩为 263.1N·m。求：(1)直接启动时的启动电流倍数和启动转矩倍数；(2)采用 Y-△降压启动时的启动电流和启动转矩；(3)采用自耦变压器降压启动时，变压器有三挡抽头(55%、64%、73%)要使电网供给的启动电流不超过 3.2I_N，且使启动转矩尽可能大，应选用哪挡抽头？

解 (1)直接启动

启动电流倍数 $$K_I = \frac{I_{st}}{I_N} = \frac{205}{31.6} = 6.5$$

额定转矩 $$T_N = 9550\frac{P_N}{n_N} = 9550\times\frac{15}{980} = 146.2(\text{N}\cdot\text{m})$$

启动转矩倍数 $$\lambda_{st} = \frac{T_{st}}{T_N} = \frac{263.1}{146.2} = 1.8$$

(2)采用 Y-△降压启动时

启动电流 $$I_{stY} = \frac{I_{st}}{3} = \frac{205.4}{3} = 68.5(\text{A})$$

启动转矩 $$T_{stY} = \frac{T_{st}}{3} = \frac{263.1}{3} = 87.7(\text{N}\cdot\text{m})$$

(3)采用自耦变压器降压启动时

变压器抽头为 55%时的启动电流

$$I'_{st} = 0.55^2 I_{st} = 0.55^2 \times 6.5 I_N = 1.97 I_N$$

变压器抽头为 64%时的启动电流

$$I'_{st} = 0.64^2 I_{st} = 0.64^2 \times 6.5 I_N = 2.66 I_N$$

变压器抽头为 73%时的启动电流

$$I'_{st} = 0.73^2 I_{st} = 0.73^2 \times 6.5 I_N = 3.46 I_N$$

从上面的计算结果可以看出，抽头为 73%时启动电流大于 3.2I_N，另两种情况启动电流都能满足要求，要使启动转矩尽可能大，应选用 64%的抽头。

31. 某直流电动机电枢两端电压 U_N=220V，输出的机械功率 P_N=75kW，电动机的效率 η_N=88.5%，试求电动机电枢电路中流过的电流 I_N。

解 已知 P_N=75kW，η_N=88.5%，所以电动机输入的电功率 $P_1 = \frac{P_2}{\eta_N} = \frac{75}{0.885} = 84.75(\text{kW})$

电枢电路中流过的电流 $$I_N = \frac{P_1}{U_N} = \frac{84.75\times10^3}{220} = 385.2(\text{A})$$

32. 有一台他励式直流电动机，已知 U=220V，R_a=0.5Ω，反电动势 E=210V。试计算电枢电流 I_a；如果负载转矩增加 20%后，再计算此时的电枢电流 I'_a、反电动势 E'和转速的变化率。

解 已知 U=220V，反电动势 E=210V，此时的电枢电流

$$I_a = (U-E)/R_a = 10/0.5 = 20(\text{A})$$

当负载转矩增加 20%时，可近似认为电磁转矩也增加 20%，因为电磁转矩与电枢电流成正比，所以此时的电枢电流

$$I'_a = 1.2I_a = 24\text{A}$$

此时的反电动势

$$E' = U - I'_a R_a = 220 - 24 \times 0.5 = 208(\text{V})$$

由于转速与反电动势成正比，所以

$$\Delta n = \frac{n - n'}{n} = \frac{E - E'}{E} = \frac{210 - 208}{210} = 0.95\%$$

33. 一台额定电压为 110V 的他励电动机，工作时的电枢电流为 25A，电枢电阻为 0.2Ω。问：当负载保持不变时，在下述两种情况下转速变化了多少？(1) 电枢电压保持不变，主磁通减少了 10%；(2) 主磁通保持不变，电枢电压减少了 10%。

解 (1) 电枢电压不变，主磁通减少 10%，即 $\Phi_2 = 0.9\Phi_1$

由于负载转矩保持不变，由转矩公式 $T_{em} = K_T \Phi I_a$ 可知，电枢电流应为

$$I_{a2} = \frac{\Phi_1}{\Phi_2} I_{a1} = \frac{25}{0.9} = 27.8(\text{A})$$

主磁通减少前后的电动势分别为

$$E_1 = U - I_{a1}R_a = 110 - 25 \times 0.2 = 105\ (\text{V})$$

$$E_2 = U - I_{a2}R_a = 110 - 27.8 \times 0.2 = 104.44\ (\text{V})$$

根据电动势的计算公式 $E = K_E \Phi n$，可得

$$n_1 = \frac{E_1}{K_E \Phi_1} = \frac{105}{K_E \Phi_1}, \qquad n_2 = \frac{E_2}{K_E \Phi_2} = \frac{104.44}{K_E \times 0.9\Phi_1} = \frac{116.04}{K_E \Phi_1}$$

所以，转速变化

$$\Delta n = \frac{n_2 - n_1}{n_1} = \frac{116.04 - 105}{105} = 10.5\%$$

即主磁通减少 10%后，转速升高了 10.5%。

(2) 主磁通保持不变，电枢电压减少 10%，即

$$U_{a2} = 0.9U_{a1} = 0.9 \times 110 = 99\ (\text{V})$$

由于负载转矩和主磁通都不变，所以电枢电流 I_a 也不会变化。

电枢电压减少前后的电动势分别为

$$E_1 = U_{a1} - I_a R_a = 110 - 25 \times 0.2 = 105\ (\text{V})$$

$$E_2 = U_{a2} - I_a R_a = 99 - 25 \times 0.2 = 94\ (\text{V})$$

所以，转速变化

$$\Delta n = \frac{n_2 - n_1}{n_1} = \frac{E_2 - E_1}{E_1} = \frac{94 - 105}{105} = -10.5\%$$

即转速下降了 10.5%。

34. 有一台他励直流电动机，额定电压为 110V，额定电流为 82.2A，电枢电阻为 0.12Ω，额定励磁电流为 2.65A。试求：(1) 直接启动时，启动电流是额定电流的几倍？(2) 如果要把启

动电流限制为额定电流的 2 倍，应在电枢中串联多大的启动电阻？

解 (1)直接启动

在刚启动瞬间，转子是静止的，没有反电动势，所以启动电流

$$I_{st} = U_N / R_a = 110 / 0.12 = 916.7(\text{A})$$

启动电流倍数

$$I_{st} / I_N = 916.7 / 82.2 = 11.2$$

(2)要把启动电流限制为额定电流的 2 倍，则启动电流应为

$$I'_{st} = 2I_N = 164.4\text{A}$$

此时电枢电路的总电阻

$$R_a + R'_a = U_N / I'_{st} = 110 / 164.4 = 0.67(\Omega)$$

电枢中需串联的启动电阻

$$R'_a = 0.67 - R_a = 0.67 - 0.12 = 0.55(\Omega)$$

35. 一台他励直流电动机，已知 P_N=22kW，I_N=115A，U_N=220V，n_N=1500r/min，电枢电路电阻 R_a=0.1Ω，忽略空载转矩。现要求把转速调到 1000r/min，计算：(1)如果采用电枢串电阻的方法调速，需串入多大的电阻？(2)如果采用降低电源电压的方法调速，电源电压应调到多少？

解 (1)采用电枢串电阻的方法调速

额定运行时，电动势

$$E = U_N - I_N R_a = 220 - 115 \times 0.1 = 208.5(\text{V})$$

对于他励电动机，电枢串电阻后，主磁通仍保持不变，电动势与转速成正比，所以，当转速调到 1000r/min 时，电动势

$$E' = En'/n_N = 208.5 \times 1000/1500 = 139(\text{V})$$

在负载不变时，即电枢电流不变，需串入的电阻

$$R'_a = \frac{U_N - E'}{I_N} - R_a = \frac{220 - 139}{115} - 0.1 = 0.6(\Omega)$$

(2)采用降低电源电压的方法调速

当转速调到 1000r/min 时，电动势 E'=139V。电枢两端的电压应为

$$U' = E' + I_N R_a = 139 + 115 \times 0.1 = 150.5(\text{V})$$

所以，电源电压应调到 150.5V。

36. 一台他励直流电动机，额定功率 1.1kW，额定电压 110V，额定电流 13A，电枢电阻 1Ω，额定转速为 1500r/min，求：(1)理想空载转速；(2)当负载减少，转速上升到 1600r/min 时的电枢电流；(3)当负载下降到 30%额定转矩时的转速。

解 (1)额定运行时的电动势

$$E_N = U_N - I_N R_a = 110 - 13 \times 1 = 97(\text{V})$$

对于他励电动机来说，在主磁通保持不变时，反电动势与转速成正比，理想空载时，$E_0 = U_N$=110V。

所以，空载转速

$$n_0 = \frac{E_0}{E_N} n_N = \frac{110}{97} \times 1500 = 1701(\text{r/min})$$

(2) 当负载减小(主磁通仍保持变)，转速上升到 1600r/min 时，

电动势
$$E_1 = \frac{n_1}{n_N} E_N = \frac{1600}{1500} \times 97 = 103.5(\text{V})$$

电枢电流
$$I_{a1} = \frac{U_N - E_1}{R_a} = \frac{110 - 103.5}{1} = 6.5(\text{A})$$

(3) 当负载下降到 30%额定转矩时

由于此时主磁通不变，所以电枢电流也变为额定时的 30%，即

$$I_{a2}=0.3I_{aN}=13\times0.3=3.9(\text{A})$$

电动势
$$E_2 = U_N - I_{a2}R_a = 110 - 3.9 \times 1 = 106.1(\text{V})$$

转速与电动势成正比

$$n_2 = \frac{E_2}{E_N} n_N = \frac{106.1}{97} \times 1500 = 1641(\text{r/min})$$

37. 有一台并励发电机，已知 P_N=23kW，n_N=1200r/min，额定电压 U_N=230V，R_f =57.5Ω，R_a=0.05Ω。现在利用它作为电动机，把它接到 220V 的电源上，电枢电流保持原来的额定值。试求：作为电动机时的额定转速和额定功率。设电动机的效率 η=0.84，并假定在这两种运行情况下磁通、效率基本保持不变。

解 (1) 作为发电机运行时

额定电流
$$I_N = \frac{P_N}{U_N} = \frac{23 \times 10^3}{230} = 100(\text{A})$$

额定励磁电流
$$I_{fN} = \frac{U_N}{R_f} = \frac{230}{57.5} = 4(\text{A})$$

额定电枢电流
$$I_{aN}=I_N+I_{fN}=100+4=104(\text{A})$$

电动势
$$E_N=U_N+I_{aN}R_a=230+104\times0.05=235.2(\text{V})$$

(2) 作为电动机运行时

励磁电流
$$I_{fD} = \frac{U_D}{R_f} = \frac{220}{57.5} = 3.83(\text{A})$$

电枢电流保持不变，所以输入电流

$$I_D=I_{aN}+I_{fD}=104+3.83=107.8(\text{A})$$

输入功率
$$P_{1D}=U_D I_D=220\times107.8=23.72(\text{kW})$$

电动势
$$E_D=U_D-I_{aN}R_a=220-104\times0.05=214.8(\text{V})$$

设电动机运行时的额定转速为 n_D，按题意磁通基本不变，则得

$$E_D / E_N = n_D / n_N$$

由此得
$$n_D = \frac{E_D n_N}{E_N} = \frac{214.8 \times 1200}{235.2} = 1096(\text{r/min})$$

此时的额定功率
$$P_{2D}=\eta P_{1D}=0.84\times23.72=19.92(\text{kW})$$

38. 有一台并励直流电机，已知 R_a=0.2Ω，R_f=200Ω，U=220V。(1)作为发电机运行时，如果输出功率为 12.1kW，求电动势和发出的电功率；(2)作为电动机运行时，如果输入功率为 12.1kW，求电动势和发出的机械功率；(3)在这两种情况下，转矩和转速有无变化？

解 (1)作为发电机运行时

励磁电流 $$I_f = \frac{U}{R_f} = \frac{220}{200} = 1.1(A)$$

负载电流 $$I=P/U=12100/220=55(A)$$

电枢电流 $$I_a = I + I_f = 55 + 1.1 = 56.1(A)$$

电动势 $$E=U+I_aR_a=220+56.1\times0.2=231.2(V)$$

发出的电功率 $$P_E = EI_a = 231.2 \times 56.1 = 12.97(kW)$$

(2)作为电动机运行时

输入电流 $$I = \frac{P_1}{U} = \frac{12100}{220} = 55(A)$$

励磁电流 $$I_f = \frac{U}{R_f} = \frac{220}{200} = 1.1(A)$$

电枢电流 $$I_a = I - I_f = 55 - 1.1 = 53.9(A)$$

电动势 $$E=U-I_aR_a=220-53.9\times0.2=209.2(V)$$

发出的机械功率 $$P_E = EI_a = 209.2 \times 53.9 = 11.276(kW)$$

(3)这两种情况下，电枢电流不相等，励磁电流相同(即磁通不变)，所以两者的电磁转矩也就不相等；在磁通不变时，转速与反电动势成正比，所以转速也不一样。

第6章 电气自动控制

6.1 内容提要

1. 低压电器元件

低压电器元件分为手动控制电器和自动控制电器两大类。常用的手动控制电器有闸刀开关、组合开关和按钮等；自动控制电器有低压断路器(自动空气开关)、熔断器、接触器、中间继电器、热继电器、时间继电器和行程开关等。

低压断路器(自动空气开关)通过手动操作机构使其触点闭合，在过载、短路和欠压(失压)时触点能自动断开，所以具有过载、短路和欠压保护的功能。

熔断器具有短路保护的功能。

接触器主要由电磁线圈、主触点和辅助触点三部分组成，常用于接通或断开电气设备的主电路。

中间继电器的结构与接触器类似，可以看成没有主触点的接触器。主要用来控制小容量电气设备的通断，也可以用来扩展辅助触点。

热继电器具有过载保护的功能，通常用于电动机的过载保护。热继电器的发热元件串联在主回路中，而其常闭触点串联在接触器的线圈回路中。

时间继电器是在线圈通电(或失电)时，其触点能延时动作的继电器。分为通电延时式和断电延时式两大类。

行程开关的结构与按钮类似，当受到运动部件撞击时其触点动作，常用于行程和限位控制。

2. 三相异步电动机的控制电路

三相异步电动机的控制电路主要有直接启动控制、正反转控制、Y-△降压启动控制、行程控制和顺序控制等。

直接启动控制电路的主回路一般由刀开关、熔断器、接触器主触点、热继电器的发热元件和电动机定子绕组组成，通过接触器的主触点使电动机与三相电源接通或断开。控制回路中一般由停止按钮、启动按钮、与启动按钮并联的接触器常开触点(自锁触点)、接触器线圈和热继电器常闭触点组成。当没有自锁触点时，只能实现点动控制。

正反转控制电路的主回路与直接启动的主回路的不同之处在于有两个接触器的主触点，其中一个接触器的主触点闭合时电动机正转，另一个接触器的主触点闭合时电动机反转。两个接触器主触点需对调任意两根电源线以改变相序。两个接触器不允许同时闭合。正反转控制电路与直接启动控制电路相比，除了有自锁触点外，还需要在接触器的线圈上串联互锁触点，以防止两个接触器同时闭合。互锁触点可以利用本回路中启动按钮的常闭触点(机械互锁)或/和另一接触器的常闭触点(电气互锁)。

Y-△降压启动控制电路的主回路与直接启动的主回路的不同之处也是有两个接触器

的主触点，其中一个接触器的主触点闭合时电动机接成Y，另一个接触器的主触点闭合时电动机接成△。两个接触器的主触点的闭合有先后次序和时间间隔的要求，两个接触器同样不允许同时闭合。在控制回路中，除了有自锁触点和互锁触点外，通常还有延时动作的触点。

行程控制电路的主回路与正反转控制电路相同，控制回路也与正反转控制电路类似，但增加了行程开关的触点，通过行程开关的闭合或断开可实现设备的限位控制或自动往返控制。限位控制是指当设备运行到指定位置时，通过撞击行程开关使得设备停止运行；自动往返控制是指当设备运行到指定位置时，通过撞击行程开关使得设备停止原来运行方向的运行，而自动改为反方向的运行。

顺序控制电路的主回路中通常有多个电动机，这些电动机的启动和停止有先后次序要求。在控制回路中，后启动的电机的接触器线圈上要串接先启动电机的接触器的常开触点，后停止的电机的停止按钮上要并联先停止的电动机的接触器的常开触点。

3. 可编程控制器PLC

利用可编程控制器可实现电气设备的多种控制方式，这部分内容主要要求掌握梯形图的绘制和解读。

6.2 典型例题分析

例6-1 在图6-1所示的控制电路中，接触器KM_1控制电动机M_1，接触器KM_2控制电动机M_2，两个电动机均已启动运行，停车操作过程应该是（ ）。

(a)先按SB_3停M_1，再按SB_4停M_2 (b)停车顺序无限定

(c)先按SB_4停M_2，再按SB_3停M_1 (d)不能停机

解 在这个控制电路中，SB_3和SB_4是停机按钮。由于SB_3并联了KM_2的常开触点，即在KM_2通电的情况下(KM_2的常开触点闭合时)，SB_3是无效的。所以必须先按SB_4，使得KM_2线圈失电，电动机M_2停机后，按动SB_3才能使KM_1线圈失电。

该题的正确答案应该是c。

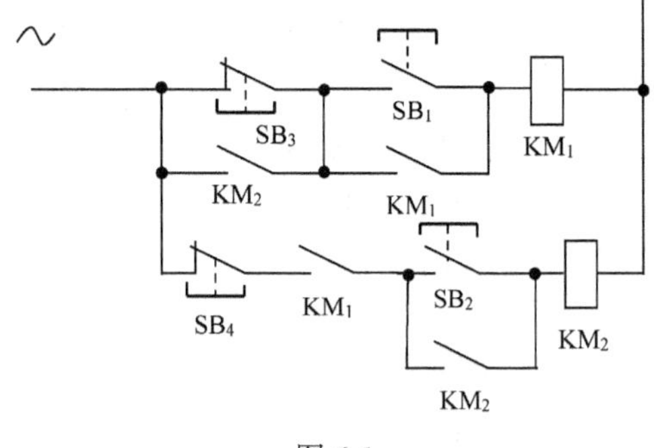

图6-1

例6-2 在电动机主电路中既然装有熔断器，为什么还要装热继电器？它们各起什么作用？

解 在电动机控制电路中，因电动机启动时启动电流较大，选用熔丝的额定电流值也较大，当电动机过载时熔断器不一定会熔断，起不到过载保护作用，因此在电动机主电路中还要装热继电器。在电动机主电路中熔断器起短路保护作用，而热继电器起过载保护作用。

例6-3 如图6-2(a)～(d)所示电路中，哪些能正常工作？哪些不能？为什么？

解 图6-2(a)不能正常工作。因为控制电路的电源接在了接触器KM的主触点后，按动按钮后KM的线圈得不到电。

图6-2(b)不能正常工作。因为在启动按钮中并联了接触器的常开触点，当按下按钮SB，

KM 线圈通电时就会产生自锁，线圈会一直处于通电状态。

图 6-2(c)不能正常工作。因为在 KM 的线圈中串联了自己的常闭触点，当线圈通电时，KM 的常闭触点就会断开，KM 线圈失电；KM 线圈失电后常闭触点又会闭合，KM 线圈又会得电；如此反复，接触器会发生振动。

图 6-2(d)能正常工作。按下按钮 SB_1，KM 线圈得电，释放按钮 SB_1，KM 线圈失电(SB_2 是多余的)。它能实现点动控制。

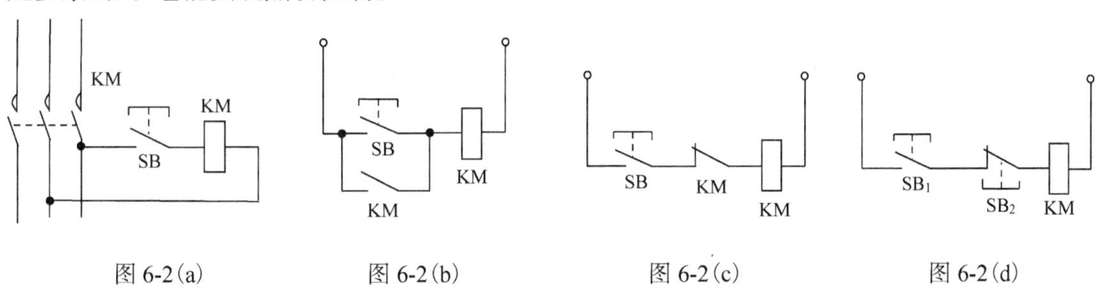

图 6-2(a)　　图 6-2(b)　　图 6-2(c)　　图 6-2(d)

例 6-4　图 6-3 所示为两台鼠笼式三相异步电动机同时启停和单独启停的控制电路。试说明单独启停和同时启停的工作过程。

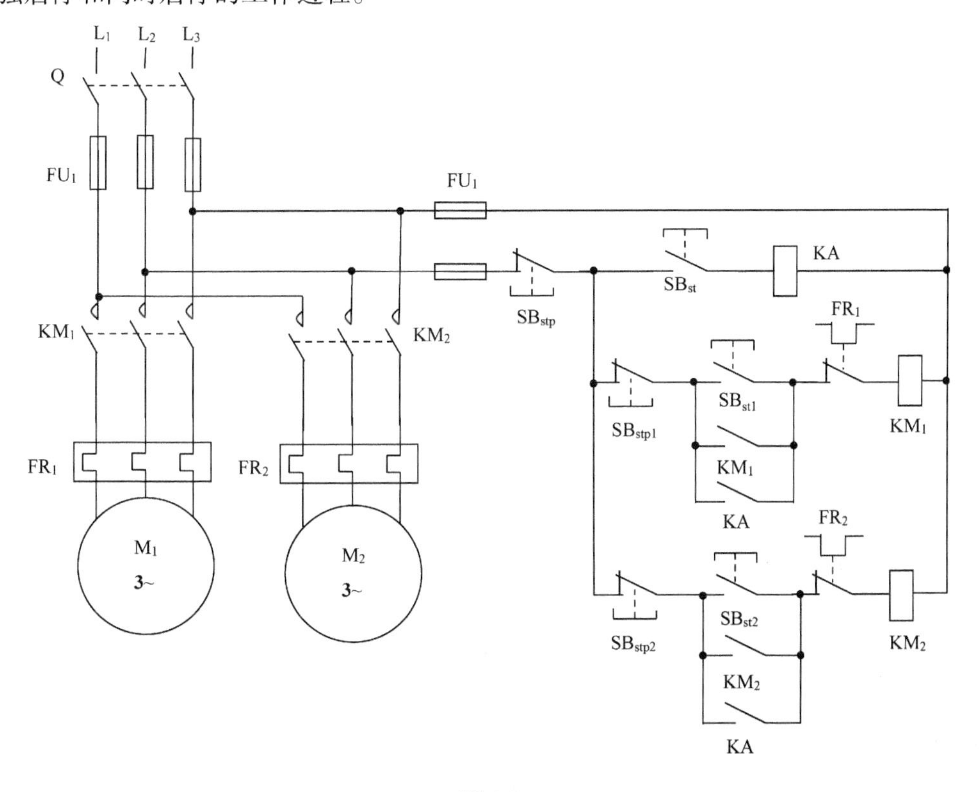

图 6-3

解　该控制电路中有两路启停(连续运行)控制回路，与正常的启停控制回路相比，在 SB_{st1} 和 SB_{st2} 按钮上多了一个 KA 的常开触点，所以当 KA 的线圈通电时，KM_1 和 KM_2 线圈能同时得电，两个电机能同时启动。当按下按钮 SB_{st1} 或 SB_{st2} 时，与正常的启停控制过程相同。

单独启停的工作过程：

电动机 M_1 的启停过程。合上电源开关 Q，按下按钮 SB_{st1}，KM_1 的线圈通电，KM_1 的主触点闭合，电动机 M_1 开始运行，KM_1 的辅助触点闭合，实现自锁，电动机 M_1 连续运行。按动按钮 SB_{stp1}，KM_1 的线圈失电，KM_1 的主触点断开，电动机 M_1 停止运行，KM_1 的辅助触点断开，解除自锁。

电动机 M_2 的启停过程与 M_1 类似。

同时启停工作过程：

同时启动：合上电源开关 Q，按下按钮 SB_{st}，KA 线圈通电，KA 的两个辅助触点闭合，KM_1、KM_2 线圈同时通电，KM_1、KM_2 主触点同时闭合，电动机 M_1、M_2 同时开始运行，KM_1、KM_2 的辅助触点闭合，实现自锁，电动机连续运行。

同时停止：按下按钮 SB_{stp}，KM_1、KM_2 线圈同时失电，KM_1、KM_2 的主触点断开，电动机 M_1、M_2 同时停止运行，KM_1、KM_2 的辅助触点断开，解除自锁。

6.3 习 题 解 答

一、判断题

1. 在电机控制电路中，熔断器可做过载保护及短路保护。 ( )

2. 在继电接触控制电路中，按钮开关应接在控制电路中。 ( )

3. 利用交流接触器的常开辅助触点，可实现电动机正、反转的互锁控制。 ( )

4. 热继电器既可作过载保护，又可作短路保护。 ( )

5. 额定电压为 220V 的交流接触器也可在直流 220V 的电源上使用。 ( )

6. 交流接触器铁心端面嵌入短路铜环，能保证动、静铁心吸合严密，不产生振动与噪声。 ( )

7. 交流接触器通电后如果铁心不能正常吸合，将导致线圈烧毁。 ( )

8. 直流接触器比交流接触器更适用于频繁操作的场合。 ( )

9. 低压断路器又称为自动空气开关。 ( )

10. 只要外加电压不变化，交流电磁铁的吸力在吸合前、后是不变的。 ( )

11. 闸刀开关可以用于分断堵转的电动机。 ( )

12. 熔断器的保护特性是反时限的。 ( )

13. 热继电器的额定电流就是其触点的额定电流。 ( )

14. 在电动机的继电接触控制电路中，使用了热继电器作过载保护，就不必再设熔断器作短路保护。 ( )

15. 要使几个按钮都能控制同一个接触器通电，应使这些按钮的常开触点与该接触器的线圈串联。 ( )

16. 接触器不具有欠压保护的功能。 ( )

17. 交流电动机的控制线路也必须采用交流电源。 ( )

18. 点动是指按下按钮时，电动机开始转动；松开按钮时，电动机停止转动。 ( )

19. 热继电器的额定电流应大于电动机的额定电流，一般按电动机额定电流的 1.1～1.25 倍选用。 (　　)

20. 自动空气开关除能完成接通和断开电路外，还能对电路或电气设备发生的短路、过载等进行保护。 (　　)

21. 熔断器的熔断时间与通过熔丝的电流间的关系曲线称安秒特性。 (　　)

参考答案：

1. 错	**2.** 对	**3.** 错	**4.** 错	**5.** 错	**6.** 对	**7.** 对	**8.** 对
9. 对	**10.** 对	**11.** 错	**12.** 错	**13.** 错	**14.** 错	**15.** 错	**16.** 错
17. 错	**18.** 对	**19.** 对	**20.** 对	**21.** 对			

二、选择题

1. 在电动机的继电接触控制电路中，零压保护的功能是(　　)。

(a)防止电源电压降低烧坏电动机　(b)实现过载保护

(c)防止停电后再恢复供电时电动机自行启动　(d)实现短路保护

2. 在电动机的正反转控制电路中，电气互锁的功能是(　　)。

(a)实现正反转的自动切换　(b)防止两个接触器的线圈同时断电

(c)防止两个接触器的线圈同时通电　(d)防止电源电压过高烧坏电动机

3. 在电动机的继电接触控制电路中，热继电器的正确连接方法应当是(　　)。

(a)把它的发热元件并联在主电路内，并把它的动断触点与接触器的线圈并联

(b)把它的发热元件串联在主电路内，并把它的动合触点与接触器的线圈串联

(c)把它的发热元件并联在主电路内，并把它的动合触点与接触器的线圈并联

(d)把它的发热元件串联在主电路内，并把它的动断触点与接触器的线圈串联

4. 在图 6-4 所示电路中，接触器 KM_1、KM_2 都未通电，此时若先按动按钮 SB_2，再按动按钮 SB_1，则(　　)。

(a)只有接触器 KM_1 通电运行

(b)只有接触器 KM_2 通电运行

(c)接触器 KM_1 和 KM_2 都不运行

(d)接触器 KM_1 和 KM_2 都通电运行

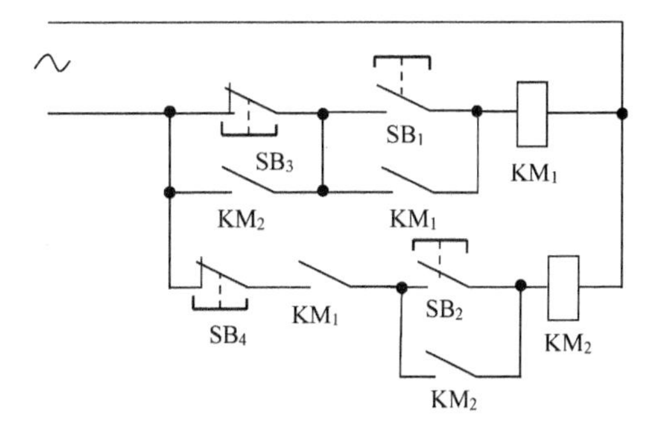

图 6-4

5. 若用接触器 KM_1 控制油泵电动机 M_1，KM_2 控制主轴电动机 M_2，要求油泵电动机 M_1 启动后主轴电动机 M_2 才能启动。则在此控制电路中必须(　　)。

(a)将 KM_1 的常闭触点串入 KM_2 的线圈电路中

(b)将 KM_2 的常闭触点串入 KM_1 的线圈电路中

(c)将 KM_2 的常开触点串入 KM_1 的线圈电路中

(d)将 KM_1 的常开触点串入 KM_2 的线圈电路中

6. 在电动机的继电接触控制电路中，热继电器的功能是实现(　　)。

(a)短路保护　　　　(c)过载保护

(b)零压保护　　　　(d)过压保护

7. 在如图 6-5 所示的控制电路中，按下 SB_2，则(　　)。

(a)KM_2 和 KT 线圈同时通电，按下 SB_1 后经过一定时间 KM_1 断电

(b)KM_2 和 KT 线圈同时通电，经过一定时间后 KM_1 断电

(c)KM_1 和 KT 线圈同时通电，按下 SB_1 后经过一定时间 KM_2 线圈通电

(d)KM_1 和 KT 线圈同时通电，经过一定时间后 KM_2 线圈通电

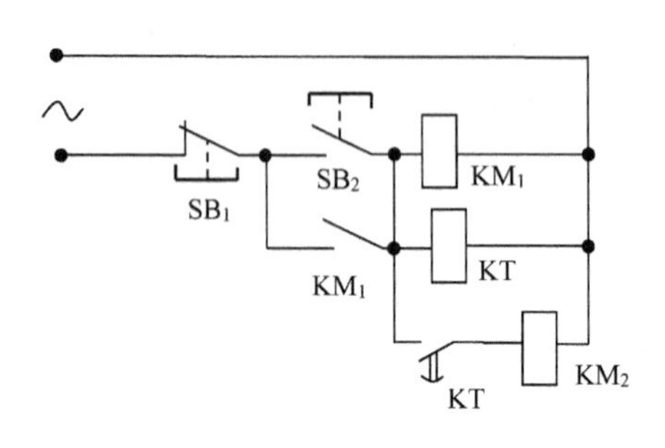

图 6-5

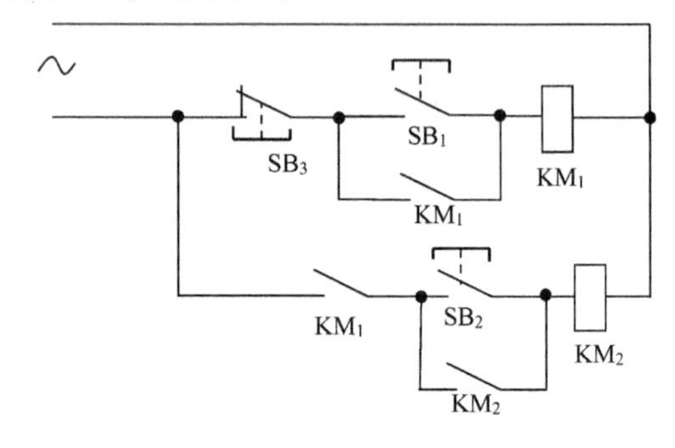

图 6-6

8. 在如图 6-6 所示电路中，若先按动 SB_1，再按动 SB_2，则(　　)。

(a)只有接触器 KM_1 线圈通电　　(b)只有接触器 KM_2 线圈通电

(c)接触器 KM_1 和 KM_2 线圈都通电　(d)接触器 KM_1 和 KM_2 线圈都不通电

9. 在如图 6-7 所示的控制电路中，KM_1 控制电动机 M_1，KM_2 控制电动机 M_2，若要启动 M_1 和 M_2，其操作顺序应该是(　　)。

(a)先按 SB_1 启动 M_1，再按 SB_2 启动 M_2

(b)先按 SB_2 启动 M_2，再按 SB_1 启动 M_1

(c)按 SB_1 或 SB_2 均可

(d)按 SB_1 或 SB_2 都不能启动 M_1 和 M_2

10. 在图 6-8 所示的控制电路中，接触器 KM_1 和 KM_2 均已通电动作，此时若按动按钮

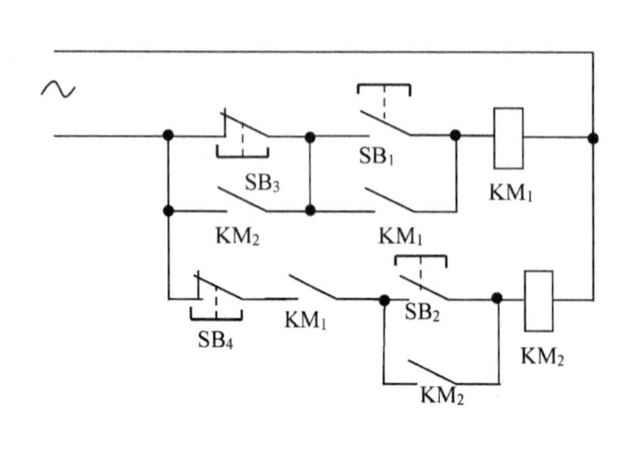

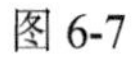

图 6-7

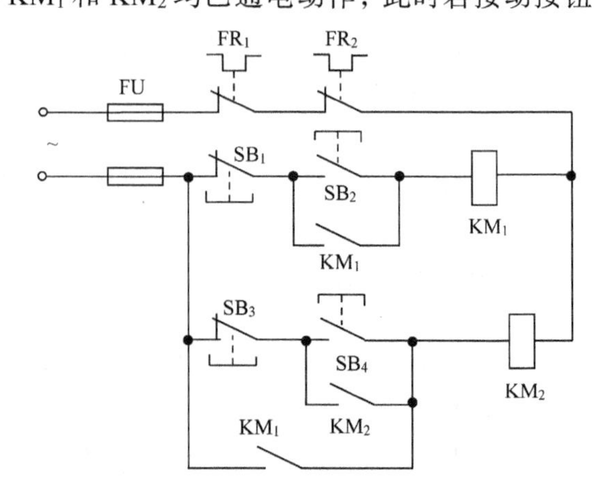

图 6-8

SB_1，则(　　)。

(a)接触器 KM_1 和 KM_2 均断电　　(b)只有接触器 KM_1 断电

(c)只有接触器 KM_2 断电　　(d)接触器 KM_1 和 KM_2 均通电

11. 在三相异步电动机的正反转控制电路中必须有互锁环节，这是为了(　　)。

(a)防止电动机同时正转和反转　　(b)防止误操作时电源短路

(c)实现电动机的过载保护　　(d)实现过电压保护

12. 为使某工作台在固定的区间作往复运动，应当采用(　　)。

(a)时间控制　　(b)速度控制

(c)行程控制　　(d)正反转控制

13. 在电动机的继电接触控制电路中，要实现自锁，需要把(　　)。

(a)接触器的动合触点与启动按钮并联

(b)接触器的动合触点与启动按钮串联

(c)接触器的动断触点与启动按钮并联

(d)接触器的动断触点与启动按钮串联

14. 图 6-9 所示电动机的继电接触控制电路的功能是(　　)。

(a)按下 SB_1，接触器 KM 通电，松开 SB_1 后 KM 仍通电，能连续运行

(b)按住 SB_1，KM 通电，松开 SB_1 后 KM 断电，只能点动

(c)按下 SB_2 接触器 KM 通电，松开 SB_2 后 KM 仍通电，能连续运行

(d)按住 SB_2，KM 通电，松开 SB_2 后 KM 断电，只能点动

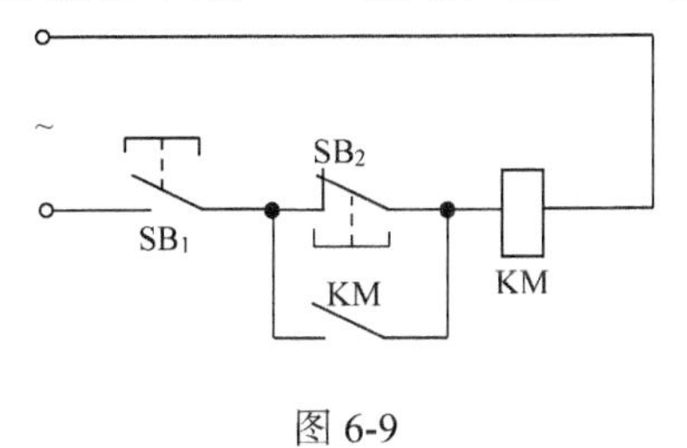

图 6-9

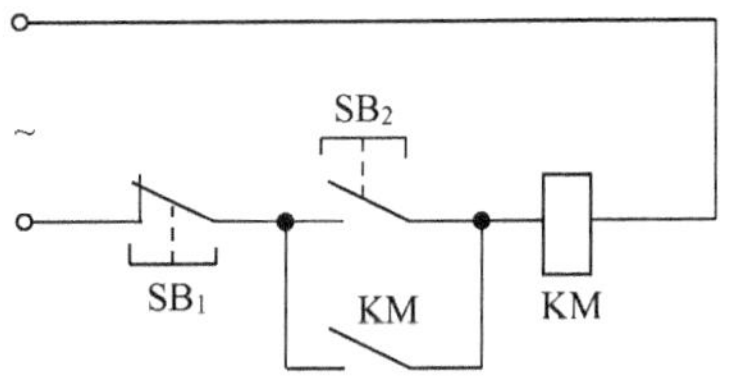

图 6-10

15. 图 6-10 所示电动机的继电接触控制电路的功能是(　　)。

(a)按下 SB_2，电动机不能运转

(b)按下 SB_2，电动机点动

(c)按下 SB_2，电动机连续运转；按下 SB_1，电动机停转

(d)按下 SB_1，电动机连续运转；按下 SB_2，电动机停转

16. 三相异步电动机主回路熔断器的主要作用是(　　)。

(a)过载保护　　(b)短路保护　　(c)失压保护　　(d)过载与短路双重保护

17. 长期带额定负载运行的交流接触器，其额定电流通常选(　　)。

(a)小于负载额定电流　　(b)等于负载额定电流

(c)负载额定电流的 1.3～2 倍　　(d)越大越好

18. 时间继电器的延时动作的触点共有(　　)种形式。

(a)1　　(b)2　　(c)3　　(d)4

19. 在电动机的正反转控制电路中，为防止误操作而使电源短路，必须实现(　　)控制。

(a) 自锁　　　　(b) 互锁　　　　(c) 顺序　　　　(d) 延时

20. 时间继电器中通电延时型的触点，是指(　　)。

(a) 线圈通电时触点延时动作，线圈断电时触点瞬时动作

(b) 线圈通电时触点瞬时动作，线圈断电时触点延时动作

(c) 线圈通电时触点瞬时动作，线圈断电时触点不动作

(d) 线圈断电时触点延时动作，线圈通电时触点不动作

21. 图 6-11 所示的电动机继电接触控制电路的控制功能是(　　)。

(a) 按下 SB_2，接触器 KM 通电；按下 SB_1，KM 断电

(b) 按着 SB_2，KM 通电，松开 SB_2，KM 断电

(c) 按下 SB_1，KM 通电，按下 SB_2，不能使 KM 断电

(d) 按下 SB_1 或 SB_2，KM 都不通电

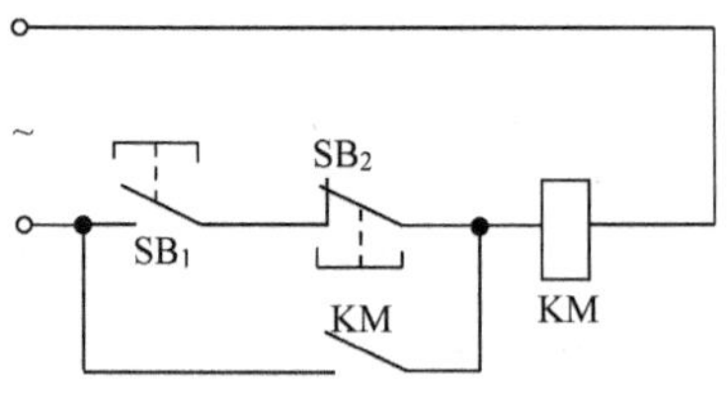

图 6-11

22. 关于触点的接触电阻，下列说法**不正确**的是(　　)。

(a) 由于接触电阻的存在，能降低触点的温度

(b) 由于接触电阻的存在，会产生电压降

(c) 由于接触电阻的存在，会使触点产生熔焊现象

(d) 由于接触电阻的存在，会使触点工作不可靠

23. 下列电器中不能实现短路保护的是(　　)。

(a) 自动空气开关　　　　(b) 熔断器

(c) 热继电器　　　　(d) 过电流继电器

参考答案：

1. c	**2.** c	**3.** d	**4.** a	**5.** d	**6.** c	**7.** d	**8.** c
9. a	**10.** b	**11.** b	**12.** c	**13.** a	**14.** b	**15.** c	**16.** b
17. c	**18.** d	**19.** b	**20.** a	**21.** c	**22.** a	**23.** c	

三、填空题

1. 熔断器熔体允许长期通过额定电流，当通过的__________越大，熔体熔断的__________越短。

2. 当接触器线圈得电时，使接触器的__________闭合、__________断开。

3. 在选用接触器时，主触点的额定电流应__________或__________负载电流，线圈的额定电压应__________控制回路的电压。(大于/等于/小于)

4. 中间继电器的作用是将一个输入信号变成__________输出信号。

5. 试写出两种低压电器元件：__________、__________。

6. 选择接触器时应从工作条件出发，控制交流负载通常应选用__________；控制直流负载时则通常选用__________。

7. 继电器线圈在得电(或失电)时，触点要__________一段时间才动作的继电器称为__________继电器。

8. 热继电器是利用电流的__________原理来工作的，主要用于三相异步电动机的

__________保护。

9. 试举出两种不频繁地手动接通和分断电路的开关电器：__________、__________。

10. 自动空气开关又称__________，当电路发生__________、__________以及__________等故障时，能自动切断故障电路。

11. 熔断器主要由__________、安装熔体的__________和熔座三部分组成。

12. 交流接触器中短路保护环的作用是减少吸合时产生的__________。

13. 热继电器是对电动机进行__________保护的低压电器元件；熔断器是对供电线路或电气设备进行__________保护的低压电器。

14. 要实现多个启动按钮都能启动同一台电动机，应把这些启动按钮__________连接；要实现多个停机按钮都能停止同一台电动机，应把这些停机按钮__________连接。

15. 在 PLC 中，加计数器的当前值大于等于设定值(PV)时，其动合触点__________，动断触点__________。

16. 在 PLC 中，输出指令(=)不能用于__________映像寄存器。

参考答案：

1. 电流，时间

2. 动合(常开)触点，动断(常闭)触点

3. 大于，等于，等于

4. 多个

5. 熔断器，热继电器(或继电器，刀开关，空气开关)

6. 交流接触器，直流接触器

7. 延时，时间

8. 热效应，过载(过电流)

9. 刀开关，转换开关

10. 自动空气断路器，短路，过载，失压(欠压)

11. 熔体，熔管

12. 噪声和振动

13. 过载，短路

14. 并联，串联

15. 闭合，断开

16. 输入

四、简答题

1. 为什么常用的三相异步电动机继电接触控制电路具有零压和失压保护作用？

解 在三相异步电动机继电接触控制电路中，一般采用按钮和接触器控制。当电源电压过低或失电时，通过接触器线圈的电流过小或电流为零，接触器的主触点和辅助触点恢复原状。当电源电压恢复时，如不按启动按钮，电动机不会启动，从而起到了欠压和零压保护作用。

2. 交流接触器有何用途，主要有哪几部分组成，各起什么作用？

答 交流接触器主要用于接通和切断主电路或大容量控制电路的控制电器，它主要由触点、电磁操作机构和灭弧装置等三部分组成。触点用来接通、切断电路；电磁操作机构包括线圈和铁心，是接触器的重要组成部分，依靠它带动触点的闭合与断开。灭弧装置用于主触点断开或闭合瞬间切断其产生的电弧，减少电弧对触点的损伤。

3. 简述热继电器的主要结构和动作原理。

答 热继电器主要由发热元件、双金属片和脱扣装置及触点(包括复位机构和调整电流装置)等部分组成。当主电路的电流达到一定值时，会使双金属片受热弯曲，脱扣装置动作，使

得触点动作。通常，它的常闭触点是串联在接触器的线圈回路中，当触电动作时，能使接触器线圈失电，从而断开电动机的主电路。

4. 自动空气开关有何作用？当电路出现短路或过载时，它是如何动作的？

答 自动空气开关能在电路发生短路、严重过载及电压过低等故障时自动切断电路。

自动空气开关的脱扣机构是一套连杆装置，有过流脱扣器和欠压脱扣器等。当主触点闭合时脱扣机构被锁住。过流脱扣器在正常运行时其衔铁是释放的，一旦发生严重过载或短路故障时，会产生较强的电磁吸力而顶开锁钩，使主触点断开，起到了过流保护作用；欠压脱扣器在电压正常时衔铁是吸合的，如果欠压或失压，其吸力减小或完全消失，衔铁就被释放而使主触点断开。

5. 行程开关与按钮开关有何相同之处与不同之处？

答 相同之处：都是对控制电路发出接通或断开、信号转换等指令的电器，都有动断触点和动合触点；不同之处：行程开关是自动电器，通常依靠机械撞击而改变触点状态，而按钮是手动电器，需要人工操作。

6. 什么是自锁控制？说明自锁控制是怎样实施零压、欠压保护作用的？

答 利用接触器自身的常开触点而使线圈保持通电状态称为自锁控制。

采用自锁控制后，当线路电压较低(或电源断电)时，接触器吸力不足(或消失)，触点在弹簧作用下恢复到自然状态，自锁触点断开，解除自锁；同时主触点也断开，使电机停转。当电源电压再次上升(或电源恢复供电)时，控制电路不会自行接通，这样就实现了欠压(失压)保护。

7. 正反转控制线路中互锁是怎样实现的？有什么作用？

答 把接触器的常闭触点串联到另一个接触器线圈所在的支路里，就能实现互锁。它的作用是防止两个接触器同时闭合而造成电源短路。

8. 交流接触器频繁操作时为什么过热？

答 交流接触器在线圈刚通电但触点还没有闭合时，静铁心和衔铁之间的空隙大，等效电抗小，此时通过线圈的电流很大，能达到工作电流的十几倍，在触点闭合后，线圈电流才会下降到正常的工作电流。如频繁启动，线圈上就会频繁出现很大的启动电流，容易导致线圈过热，严重时会将线圈烧毁。

9. 热继电器在电路中的作用是什么？

答 热继电器的作用是当电动机过载一定时间(过载越严重，时间越短)后能自动切断电源，防止电机过热。

五、分析题

1. 图 6-12(a)～(d)所示各控制电路是否能正常工作？为什么？

答 图 6-12(a)不能正常工作。当按下按钮 SB_1，KM 线圈得电后，按钮 SB_1、SB_2 都无效，线圈一直处于通电状态，无法进行停止操作。

图 6-12(b)能正常实现点动。当按下按钮 SB_1，KM 线圈得电，由于 KM 的常开触点是并联在按钮 SB_2 上，所以不能连续运行。

图 6-12(c)不能正常工作。由于在按钮 SB_1 上并联了 KM 的常闭触点，当接通电源时线圈就会直接通电，KM 的常闭触点也随即断开，KM 线圈失电，KM 的常闭触点闭合，线圈又通

电。如此反复，接触器产生振动。

图 6-12(d)能正常工作，能实现连续运行。

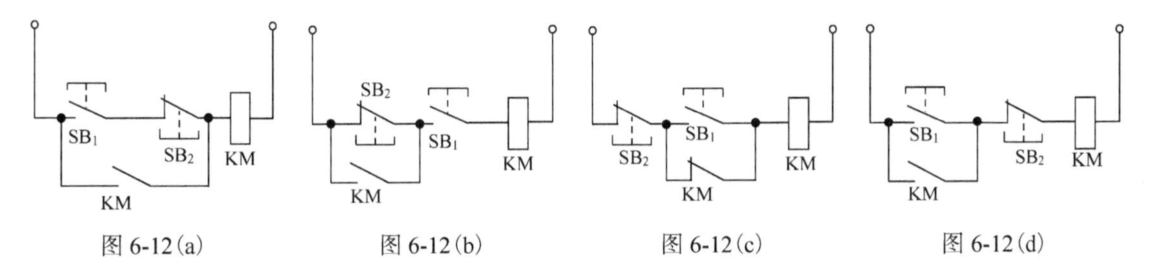

图 6-12(a)　图 6-12(b)　图 6-12(c)　图 6-12(d)

2. 试画出三相鼠笼式异步电动机既能连续工作，又能点动工作的控制线路。

解　控制电路如图 6-13 所示。图中 SB_2 是连续工作的启动按钮。SB_3 是双联按钮，用于点动工作。

工作原理：

按下按钮 SB_3，KM 线圈得电，KM 主触点闭合，电动机启动。因 SB_3 的常闭触点同时断开，无自锁作用。松开 SB_3，KM 线圈失电，电动机停止工作。按钮 SB_3 实现点动的功能。

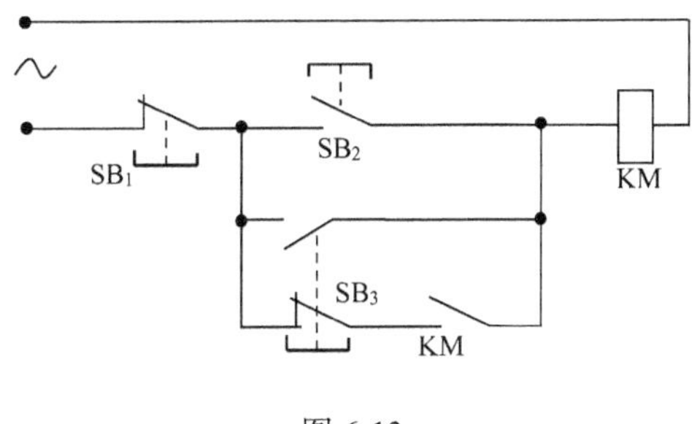

图 6-13

按下按钮 SB_2，KM 线圈得电，主触点闭合，电动机启动。KM 的辅助触点闭合实现自锁。按下按钮 SB_1，KM 线圈失电，电动机停止工作。按钮 SB_1 和 SB_2 能实现连续运行的功能。

3. 图 6-14(a)所示为一具有过载、短路、失压保护，并可在三处控制三相异步电动机启停的控制电路。图中有错误，请指出图中的错误之处。

解　主回路错误：缺少热继电器(过载保护)，缺少熔断器(短路保护)。

控制回路错误：控制线路应接在接触器主触点之前，SB_1、SB_2、SB_3 应该用常开触点(启动按钮)；SB_4、SB_5、SB_6 应该用常闭触点(停机按钮)；KM 的常开触点应并联在 SB_1 上(实现自锁)。

正确的控制电路如图 6-14(b)所示。

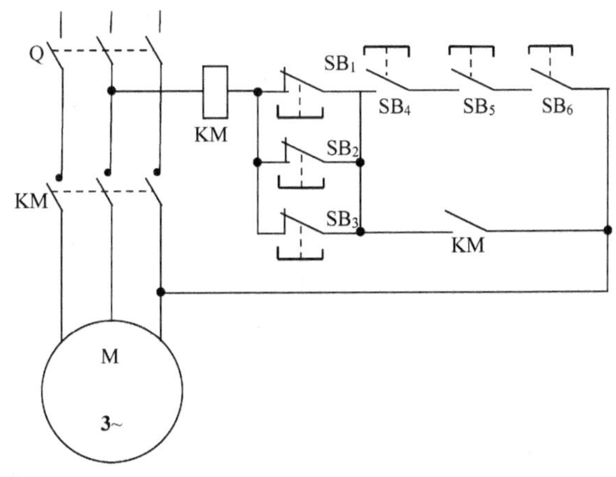

图 6-14(a)

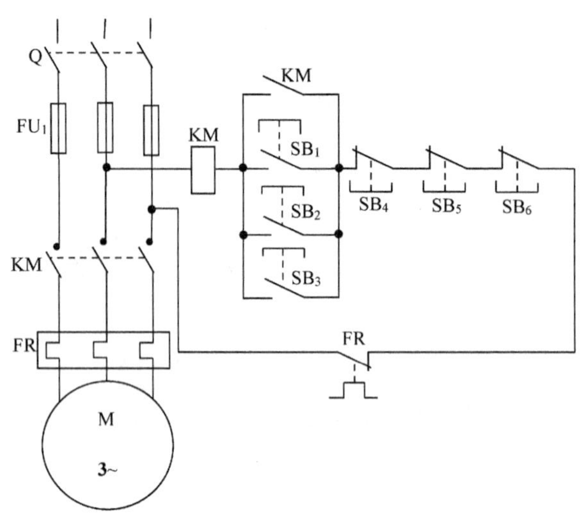

图 6-14(b)

4. 分析图 6-15 所示控制电路的功能。

解 这是一个能实现电动机连续单向转动的控制电路。

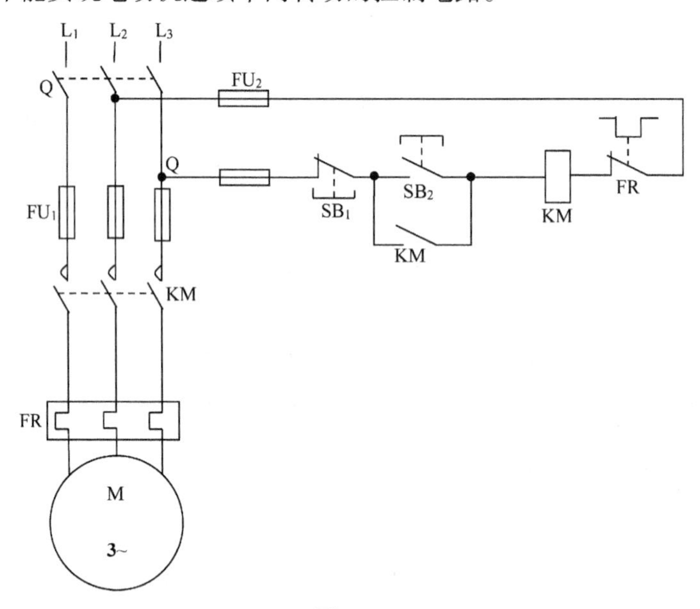

图 6-15

控制功能：

合上刀开关 Q，控制回路得电，按下按钮 SB_2，KM 的线圈通电，KM 的主触点闭合，电动机 M 开始运行，KM 的辅助触点闭合，实现自锁。

按动按钮 SB_1，KM 的线圈失电，KM 的主触点断开，电动机 M 停止运行，KM 的辅助触点断开，解除自锁。

所以，按钮 SB_2 是启动按钮，SB_1 是停止按钮。

FR 是热继电器，实现过载保护；FU 是熔断器，实现短路保护；接触器 KM 还能实现欠压(或失压)保护。

5. 两台三相异步电动机分别由两个交流接触器来控制，试画出能控制两台电动机同时启停的控制电路。

解 实现题目要求的控制电路如图 6-16 所示。

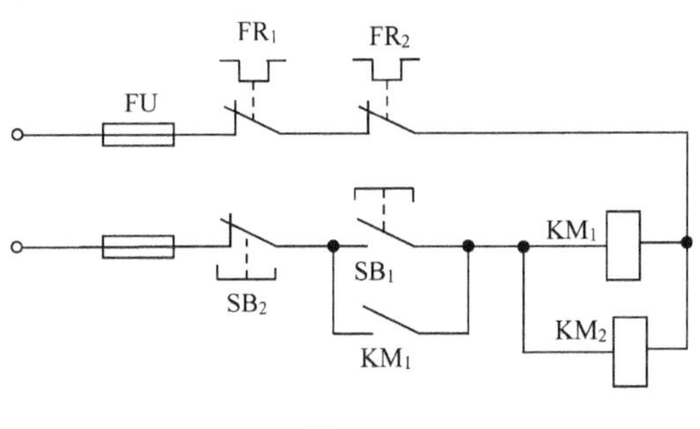

图 6-16

接触器 KM_1、KM_2 分别控制电动机 M_1、M_2。按下按钮 SB_1，KM_1、KM_2 线圈同时得电，两个电机同时启动，KM_1 的常开触点实现自锁；按下按钮 SB_2，KM_1、KM_2 线圈同时失电，两个电机同时停止工作。

6. 试画出能在甲、乙两地分别对电动机进行启停控制的继电接触控制电路，要求有过载和短路保护功能。

解 控制电路如图 6-17 所示。

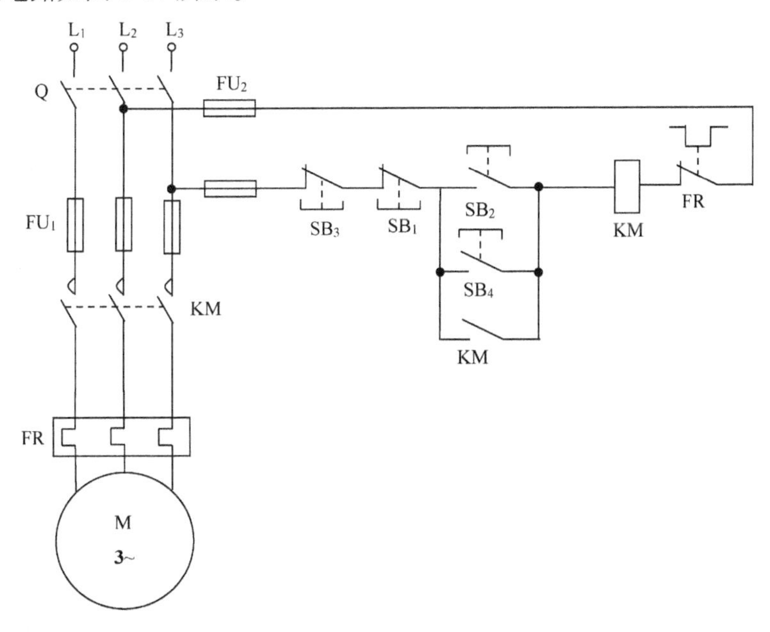

图 6-17

图中熔断器用来实现短路保护，热继电器用来实现过载保护。

7. 试画出既能实现正反转又能分别实现点动控制的主电路和控制电路。

解 主电路和控制电路如图 6-18(a) 和图 6-18(b) 所示。图中 SB_2、SB_3 分别是正反转连续运行的启动按钮，复合按钮 SB_4、SB_5 是正反转点动运行的启动按钮。SB_1 是停机按钮。

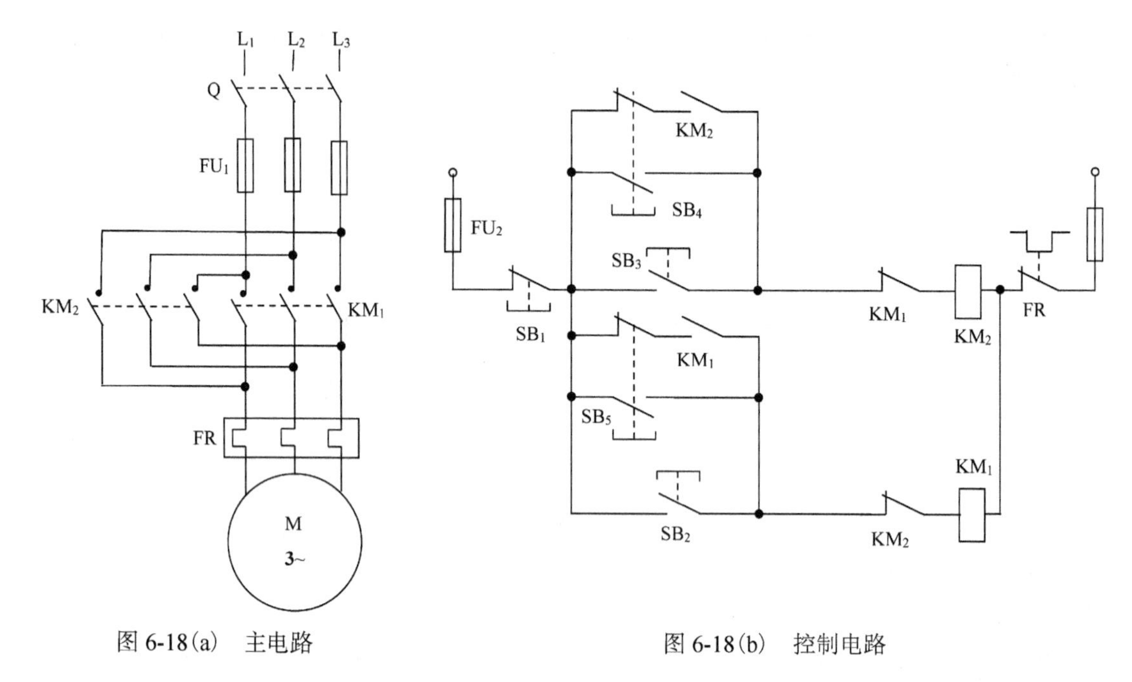

图 6-18(a)　主电路　　　　图 6-18(b)　控制电路

8. 如图 6-19(a)和图 6-19(b)所示为电动机正反转控制的主电路和控制电路(不考虑机械互锁)，图中有几处错误，请指出图中的错误，并画出正确的主电路和控制电路。

解　主电路：接触器主触点没有交换相序，不能实现反转；熔断器 FU_1 应接在刀开关 Q 的后面。

控制电路：自锁触点应该用常闭触点，互锁触点应该用常开触点，热继电器的常开触点应改为常闭触点。

正确的主电路和控制电路如图 6-19(c)和 6-19(d)所示。

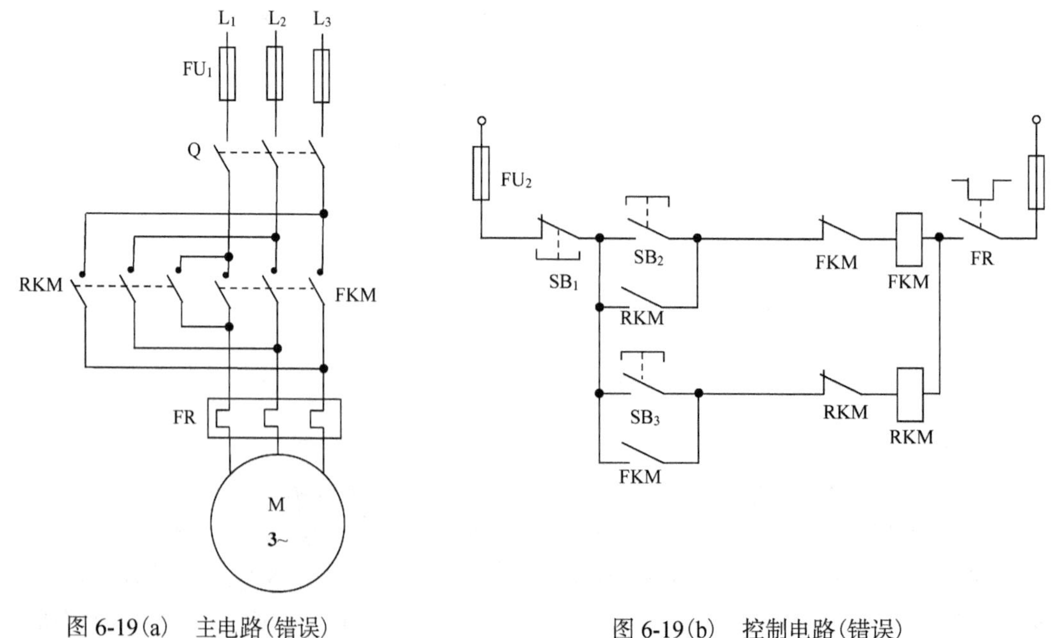

图 6-19(a)　主电路(错误)　　　　图 6-19(b)　控制电路(错误)

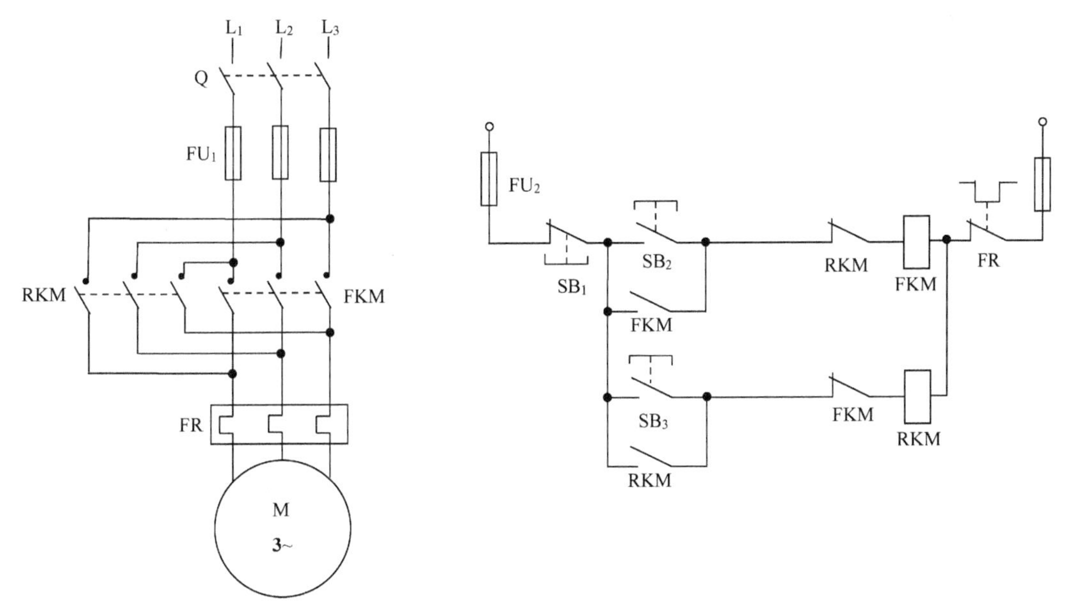

图 6-19(c)　主电路(正确)　　　　图 6-19(d)　控制电路(正确)

9. 图 6-20(a)所示是一个具有短路、过载保护的三相异步电动机正反转控制电路，图中有多处错误。请找出错误，用文字说明或直接在图中标出。

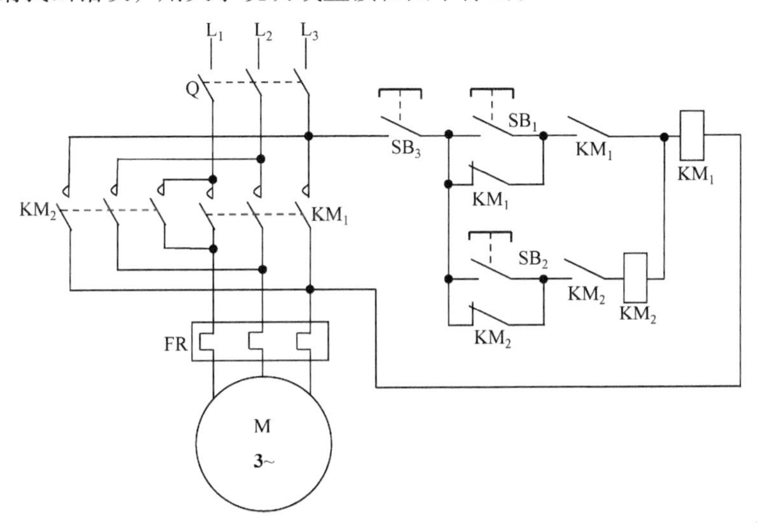

图 6-20(a)

解　错误之处有：

(1)接触器 KM_2 的主触点接线错误，电源相序未变；

(2)主电路和控制电路都缺短路保护，应增加熔断器；

(3)控制电路应加 FR 的动断触点；

(4)KM_1、KM_2 的自锁应采用常开触点；

(5)KM_1、KM_2 的互锁触点应采用常闭触点，且位置互换；

(6)控制电路的电源接错，应接在主触点前面；

(7) KM_1 线圈位置不正确；

(8) 按钮 SB_3 应是常闭触点。

正确的控制电路图如图 6-20(b) 所示。

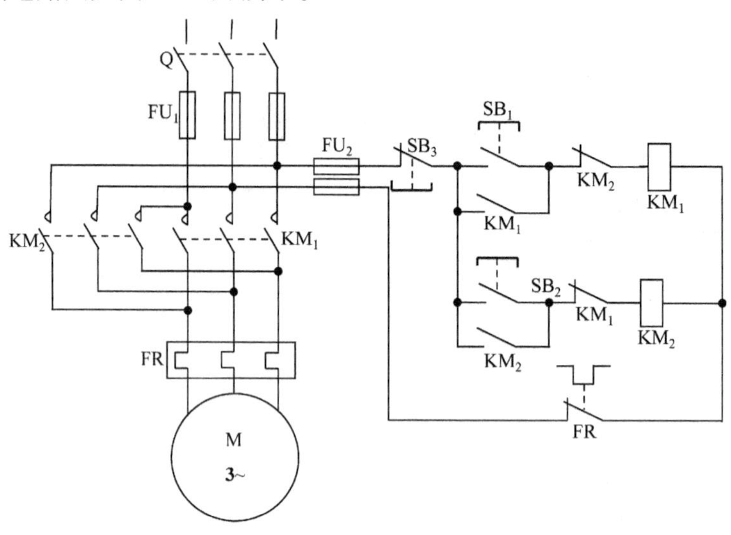

图 6-20(b)

10. 画出鼠笼式三相异步电动机定子串联电抗器降压启动的控制线路，并说明工作过程。

解 主电路和控制电路如图 6-21 所示。

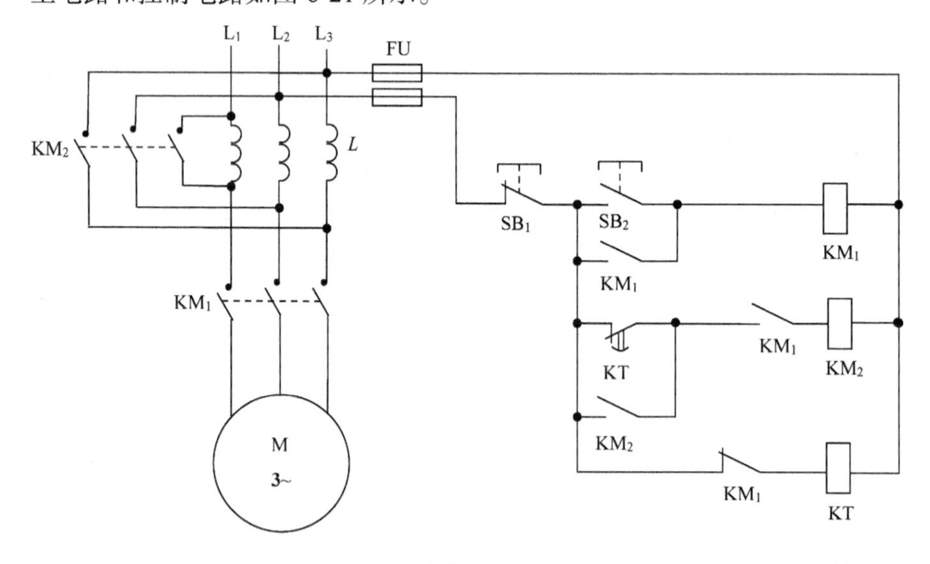

图 6-21

图中采用了一个断电延时的时间继电器 KT，它的触点是一个延时闭合的动断触点，在 KT 线圈通电时触点立刻断开，而在 KT 线圈失电时触点要延时一段时间才会闭合。

工作过程：控制电路接上电源，时间继电器 KT 的线圈通电，延时闭合的动断触点立即断开。

按下按钮 SB_2，接触器 KM_1 的线圈得电，KM_1 的主触点闭合，电动机串联电抗启动；同

时 KM_1 的常开触点闭合，允许 KM_2 通电；KM_1 的常闭触点断开，时间继电器 KT 的线圈失电，开始计时；当计时时间到(启动完毕)，KT 延时闭合的动断触点闭合，KM_2 的线圈得电，KM_2 的主触点闭合，电抗器被切除，电机开始正常运行。

本题也可采用通电延时的时间继电器，大家可以自行分析设计。

11. 分析图 6-22 所示电路的功能并说明工作过程。

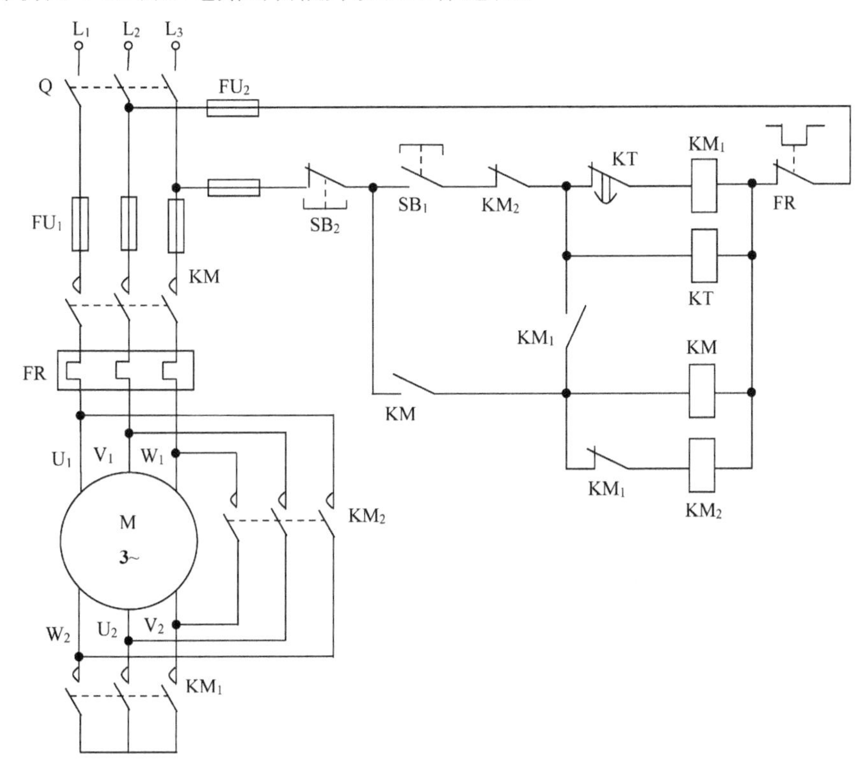

图 6-22

解 该电路是一个 Y-△降压启动电路。工作过程如下。

启动过程：

(1)合上电源开关 Q；

(2)按下启动按钮 SB_1，时间继电器 KT、接触器 KM_1 线圈通电。时间继电器 KT 开始计时；KM_1 的辅助常开触点闭合，同时 KM_1 的主触点闭合，电机采用 Y 接法，准备好 Y 启动；

(3)KM_1 的辅助常开触点闭合后，接触器 KM 线圈通电，KM 常开辅助接点闭合实现自锁，使得 SB_1 断开后控制回路仍能正常工作；同时 KM 的主触点闭合，接通电源，电动机开始 Y 启动。

(4)KT 延时时间到了之后，其延时断开的常闭触点断开，KM_1 线圈失电，KM_1 主触点断开；同时 KM_1 常开辅助接点断开，KM_1 常闭辅助接点接通使得 KM_2 线圈通电，KM_2 主触点闭合使电动机改换为三角形接法。电动机切换为三角形接法后正常运行，实现了 Y-△的降压启动。

停车过程：

按下停止按钮 SB_2，控制回路失电，接触器的主触点全部断开，电动机停止运行。

12. 有两台三相异步电动机 M_1、M_2，由同一组启停按钮控制，要求在启动时，电动机

M_1启动后延时一段时间电动机M_2自动启动；停机时，两台电机同时停机。画出控制电路(不画主电路)，并简述其工作过程。

解 控制电路如图6-23所示。

假设接触器KM_1控制电机M_1，接触器KM_2控制电机M_2。

启动过程：按下按钮SB_1，接触器KM_1的线圈得电，KM_1的主触点闭合，电机M_1运行，KM_1的常开触点闭合，实现自锁；同时，时间继电器KT的线圈得电，计时开始。

延时时间到，时间继电器KT的常开触点闭合，接触器KM_2的线圈得电，KM_2的主触点闭合，电机M_2运行，KM_2的常开触点闭合，实现自锁；KM_2的常闭触点断开，使KT线圈断电，时间继电器恢复原状。实现了电机M_1启动后，延时一定时间后电机M_2再启动的功能。

停机过程：按下按钮SB_2，接触器KM_1、KM_2的线圈同时失电，两个接触器的主触点都断开，两台电机同时停止运行。实现了两台电动机同时停机的功能。

13. 设计一异步电动机的控制电路。要求：按下启动按钮后电动机启动，延时一段时间后能自动停车。同时要有停止按钮，使电机在运行过程中也能停车。电路应具有过载和短路保护功能。

解 控制电路如图6-24所示。

在图中，按钮SB_1为启动按钮，按下SB_1，KM和KT线圈同时得电，KM主触点闭合，电机开始运行，辅助触点闭合实现自锁。同时计时开始。

时间继电器的延时时间到，延时断开的常闭触点断开，KM和KT线圈同时失电，KM主触点断开，电机停止运行，时间继电器恢复原状。控制电路中时间继电器KT用来延时，实现自动停车。

SB_2为停止按钮，在电机运行时按下按钮SB_2，电机停止运行。

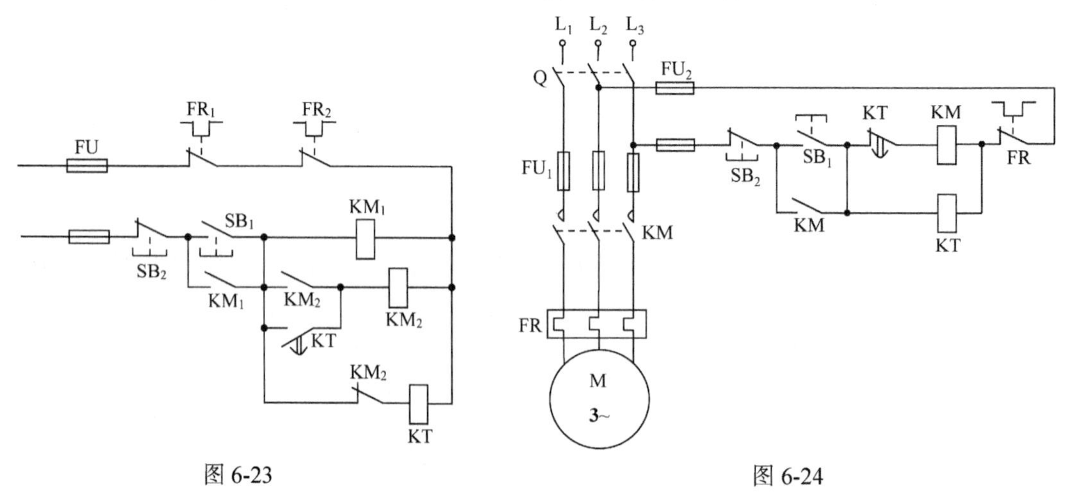

图6-23　　　　图6-24

14. 按图6-25(a)所示设计小车的行程控制电路。要求：小车启动后必须先到*A*点，停一段时间后自动返回*B*点；到*B*点后停一段时间后再自动返回到*A*点；具有过载、短路和欠压(失压)等保护功能。图中ST_1、ST_2为限位开关。

解 假设电机正转时，小车是向*A*点运行的。主电路和控制电路分别如图6-25(b)和图6-25(c)所示。时间继电器KT_1设定的时间是在*A*点停留的时间，KT_2设定的时间是在*B*

点停留的时间。

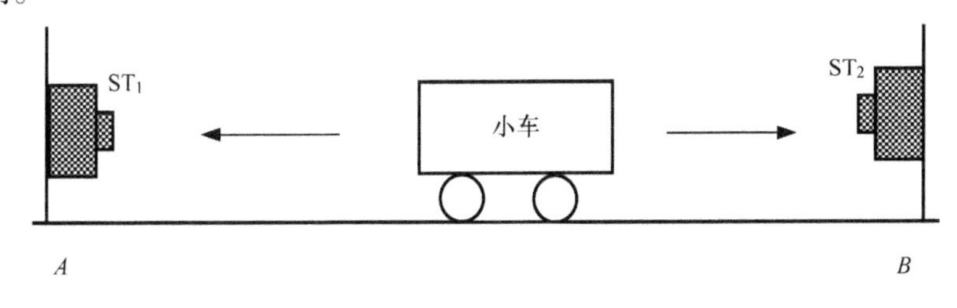

图 6-25(a)

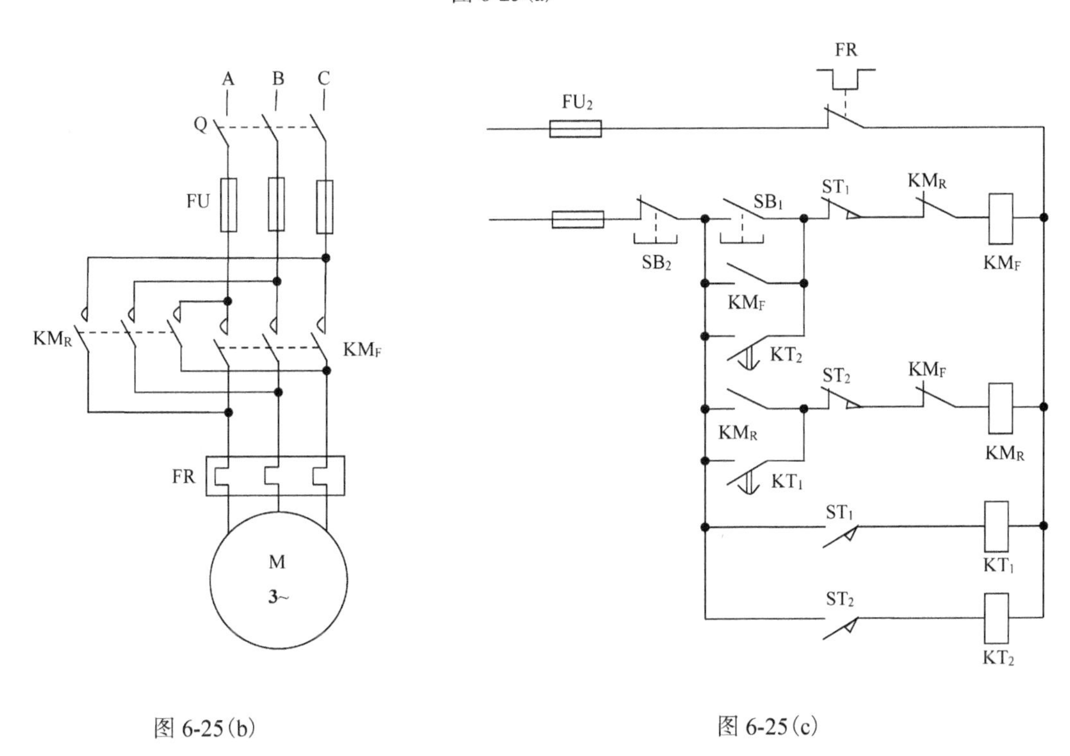

图 6-25(b)　　　　图 6-25(c)

15. 有一小车，要求能自动往复运行。试画出相应的继电接触控制电路(不要求画主电路)。

解　控制电路如图 6-26 所示。

工作过程简述如下：按下按钮 SB_1，假设电机正转，小车往一个方向运行，达到指定点后，撞击行程开关 ST_1，ST_1 的常闭触点断开，电机停止正转；ST_1 的常开触点闭合，电机开始反转，小车往相反方向运行；达到另一指定点后，撞击行程开关 ST_2，ST_2 的常闭触点断开，电机停止反转；ST_2 的常开触点闭合，电机开始正转。如此往复，实现了小车的自动往返控制。

如果是先按下按钮 SB_2，则电机开始时是反转，开始运行时的方向跟上述相反，其他过程相同。

按下按钮 SB_3，小车停止运行。

图中热继电器 FR 用于电机的过载保护。

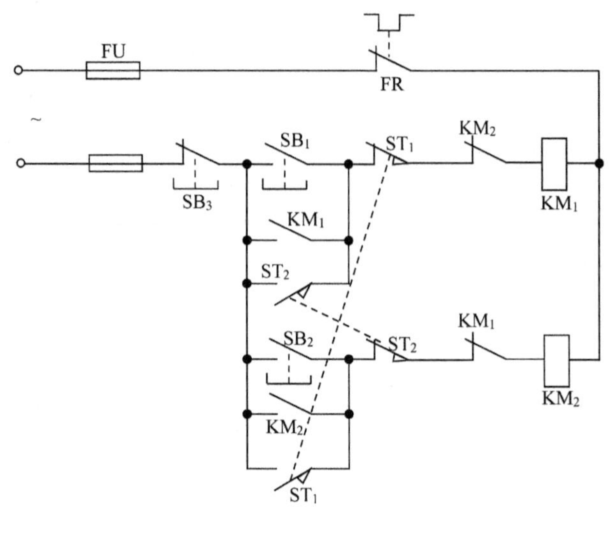

图 6-26

16. 分析图 6-27 所示电路中，电动机 M_1 和 M_2 之间的联锁关系。电动机 M_1 可否单独运行? M_1 过载后 M_2 能否继续运行?

解 (1)由于在 KM_2 线圈回路中串联了 KM_1 的常开触点，只有在 KM_1 通电时，KM_2 才可能通电，所以只有 M_1 先启动运行后 M_2 才能启动；由于在 SB_4 处并联了 KM_2 的常开触点，只有 KM_2 失电时，SB_4 才有效，所以只有 M_2 停止后才能停 M_1；

(2)按下 SB_4 后，KM_1 线圈得电，M_1 开始运行，所以 M_1 能单独运行；

(3)M_1 过载时，FR_1 的常闭触点断开，KM_1 线圈失电，与 KM_2 线圈串联的 KM_1 的常开触点断开，KM_2 线圈也就失电，M_2 不能继续运行，与 M_1 一起停车。

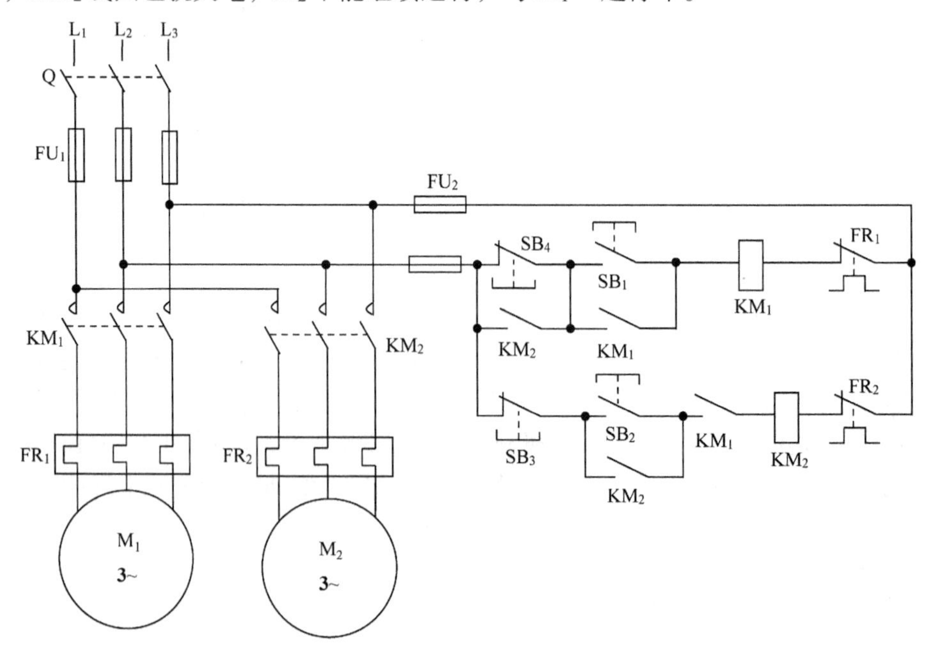

图 6-27

17. 在图 6-28 所示的控制电路中，KM_1 控制电动机 M_1，KM_2 控制电动机 M_2。试问：

(1) 电机 M_1 能否单独启动？若能，请说明启动方式。

(2) 电机 M_2 能否单独启动？若能，请说明启动方式。

(3) 若电动机 M_1 和 M_2 都启动后，它们能否同时停车？若不能，请说明停车顺序？

解 (1) 在停机状态下，按下按钮 SB_2，KM_1 的线圈得电，KM_1 主触点闭合，电动机 M_1 启动；与 SB_2 并联的常开触点闭合，实现自锁；与 SB_3、SB_4 并联的常开触点闭合，KM_2 的线圈也同时得电，KM_2 主触点闭合，电动机 M_2 也同时启动。所以电动机 M_1 不能单独启动。

(2) 在停机状态下，按下按钮 SB_4，KM_2 的线圈得电，KM_2 主触点闭合，电动机 M_2 启动；与 SB_4 并联的常开触点闭合，实现自锁。所以电动机 M_2 可以单独启动。

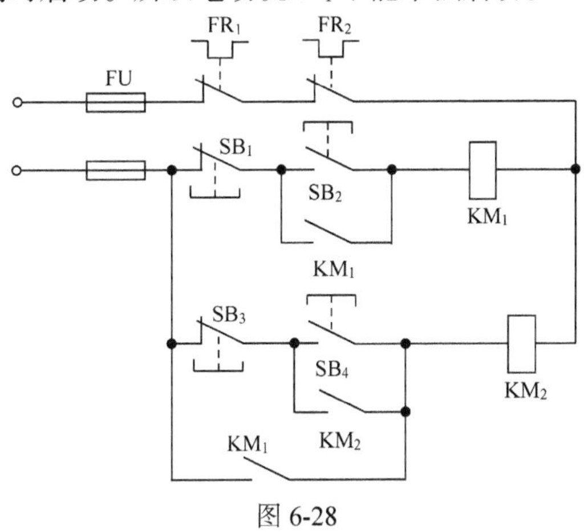

图 6-28

(3) 当两个接触器都处于通电状态时，与按钮 SB_3、SB_4 并联的 KM_1 的常开触点是闭合的，所以此时按钮 SB_3 无效，即电动机 M_2 不可能先停止运行。按下按钮 SB_1，KM_1 线圈失电，电动机 M_1 先停止运行，同时 KM_1 的两个常开触点也都断开，此时再按下按钮 SB_3，KM_2 的线圈失电，电动机 M_2 停止运行。所以这两个电动机不能同时停车。

18. 试分析图 6-29 所示控制电路中电动机 M_1 和 M_2 的工作过程，并说明图中的保护措施。

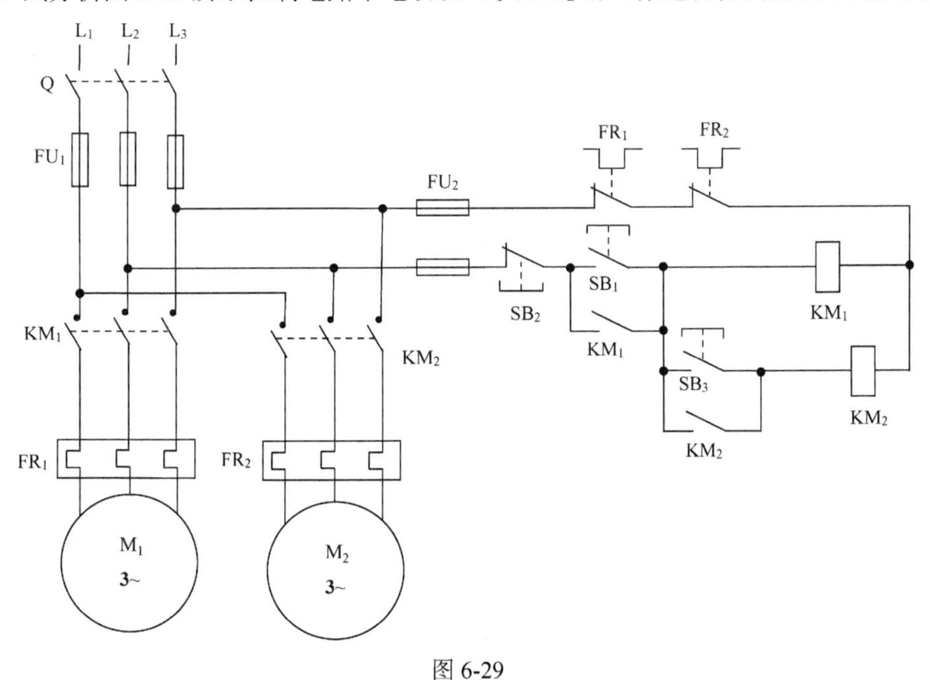

图 6-29

解 (1) 工作过程：

先按 SB_3，KM_2 线圈不可能得电；只有先按下 SB_1，KM_1 线圈得电，电机 M_1 启动，KM_1

的常开触点闭合实现自锁，此时按下 SB_3，KM_2 的线圈才会得电。所以，只有在电机 M_1 启动后电机 M_2 才能启动。

按下 SB_2，KM_1 和 KM_2 的线圈同时失电，KM_1 和 KM_2 的主触点也同时断开，电机 M_1 和电机 M_2 同时停车。

(2)保护措施：

熔断器 FU_1、FU_2 实现短路保护；热继电器 FR_1、FR_2 过载保护；接触器 KM_1、KM_2 实现欠压(或失压)保护。

19. 试分析图 6-30 所示电路的工作过程，并说明该电路的控制功能。

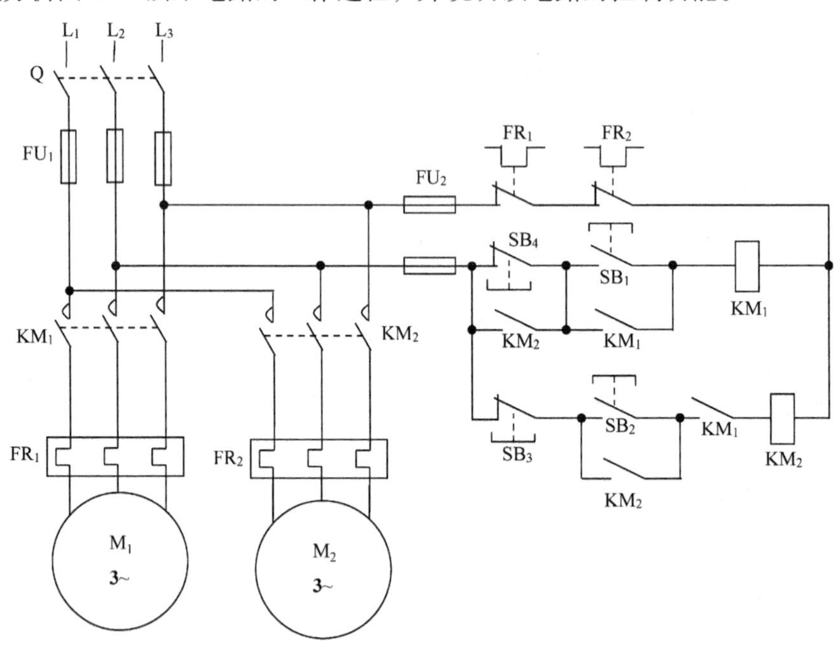

图 6-30

解 工作过程：合上电源开关 Q，按下按钮 SB_1，KM_1 线圈通电，KM_1 主触点闭合，电机 M_1 启动。与 SB_1 并联的 KM_1 常开触点闭合，实现自锁，与 KM_2 线圈串联的 KM_1 常开触点闭合，允许 KM_2 得电。此时按下按钮 SB_2，KM_2 线圈通电，KM_2 主触点闭合，电机 M_2 启动，与 SB_2 并联的 KM_2 常开触点闭合，实现自锁，与 SB_4 并联的 KM_2 常开触点闭合，使得 KM_1 不能先断电。

停止：按下按钮 SB_3，KM_2 线圈断电，KM_2 主触点断开，电机 M_2 停止运行。与 SB_2 并联的 KM_2 的常开触点断开，解除自锁，与 SB_4 并联的 KM_2 的常开触点断开，允许 KM_1 断电。此时按下按钮 SB_4，KM_1 线圈失电，KM_1 主触点断开，电机 M_1 停止工作。

从上面的分析可知，该电路为顺序控制电路，启动的顺序是 M_1 启动后才能启动 M_2，停止的顺序是 M_2 停止后才能停止 M_1。M_1 可单独运行，M_2 不能单独运行。另外电路还具有短路、过载和零压保护。

20. 有两台三相异步电动机 M_1 和 M_2，根据下列要求，分别画出控制电路。

(1)电动机 M_1 运行时，不许电动机 M_2 点动；M_2 点动时，不许 M_1 运行。

(2)启动时，电动机 M_1 启动后，M_2 才能启动；停机时，M_2 停止后，M_1 才能停止。

解 (1)按题意，M_1是连续运行，M_2是点动控制。控制电路如图 6-31(a)所示。

在图 6-31(a)中，接触器 KM_1控制电动机 M_1，接触器 KM_2控制电动机 M_2，把接触器的常闭触点串联在另一个接触器的线圈回路中，就能实现两个电机不同时运行的功能。

(2)控制电路如图 6-31(b)所示。

在图 6-31(b)中，KM_1的一个常开触点串联在 KM_2的线圈回路里，所以只有这个 KM_1的常开触点闭合，按钮 SB_4(电机 M_2的启动按钮)才起作用，达到电动机 M_1启动后，M_2才能启动的目的。

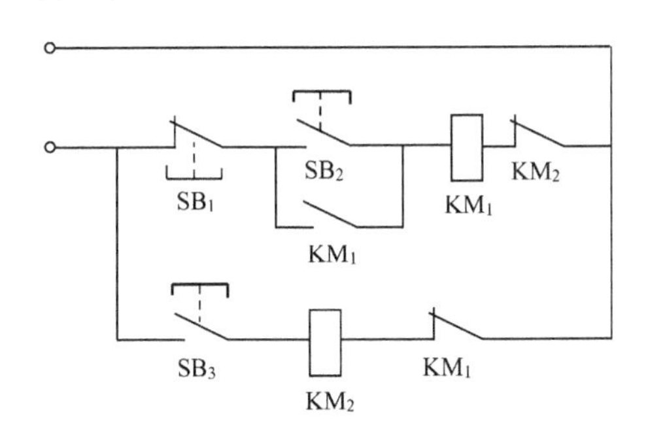

图 6-31(a)

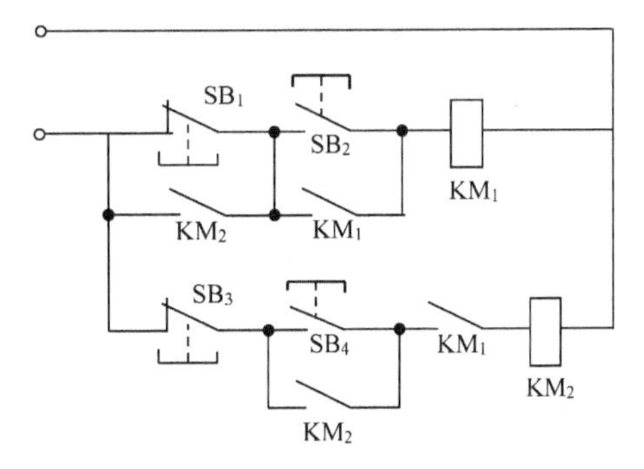

图 6-31(b)

由于在 SB_1上并联 KM_2的一个常开触点，所以只有这个 KM_2的常开触点断开，SB_1(电机 M_1的停机按钮)才起作用。实现了停机时，M_2停止后，M_1才能停止的功能。

21. 有三台皮带运输机分别由三台三相异步电动机拖动，为了使运输带上不积压运送的材料，要求电动机 M_1启动后 M_2才能启动，M_2启动后 M_3才能启动；停机时三个电机一起停。画出能实现上述要求的继电接触控制电路(主电路不要求画出)，并简述工作过程。

解 实现题目要求的控制电路如图 6-32 所示。

启动时：按下按钮 SB_1，则电动机 M_1启动。M_1启动后，再按下按钮 SB_2，电动机 M_2启动；如果 M_1没有启动，由于 KM_1的常开触点串联在 KM_2的线圈回路里，即使按下按钮 SB_2，电机 M_2也不会启动。同样，只有 M_2启动后，再按下按钮 SB_3，电动机 M_3才会启动；在没有启动电机 M_2时，即使按下 SB_3，电机 M_3也不会启动。

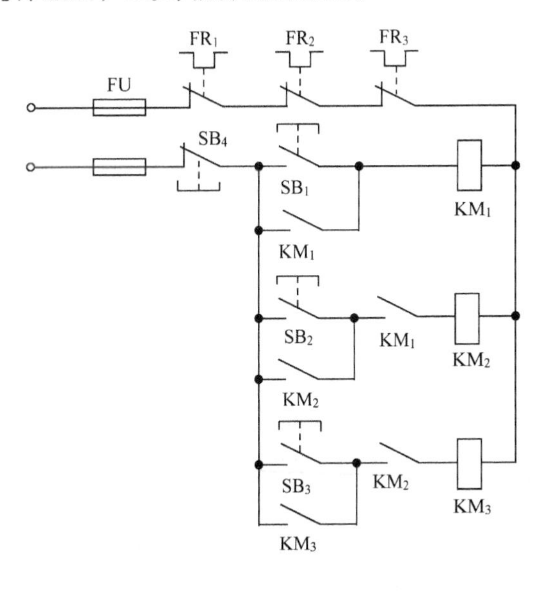

图 6-32

停止时：按下按钮 SB_4，控制回路失电，接触器的主触点全部断开，三台电动机同时停止运行。

第 7 章　供配电技术与安全用电

7.1　内 容 提 要

各类用电设备，如照明用电设备、动力用电设备和试验用电设备等称为电能用户。电能从发电厂传输到电能用户所经过的升压、传输、降压、分配等中间环节统称为电力网。由发电厂、电力网和电能用户组成的系统称为电力系统。

低压供电系统的接线方式主要有放射式和树干式两种。

在使用电线或电缆时，要根据不同使用场合来选择电线或电缆的型号，并根据发热条件、容许电压损失和机械强度等来选择电线或电缆的截面大小。

当人体不慎接触带电体时会发生触电事故。触电形式有单相触电、两相触电和跨步电压触电三种。

触电对人体的伤害方式有电击和电伤两种。

触电对人体的伤害程度主要与通过人体电流的大小、触电持续时间、电流通过人体的路径、电流频率等因素有关。一般认为当触电电流与触电持续时间的乘积大于 30mA·s 时，就会发生触电死亡事故。

为防止触电事故的发生，可以采用安全电压供电。对于常见的 380/220V 低压供电系统通常采用接零保护、接地保护和漏电保护等保护措施。

7.2　典型例题分析

例 7-1　在电源中性点不接地的三相三线制系统中，电气设备的金属外壳应采用(　　)。

(a)保护接零　　　　(b)保护接零和保护接地都不能选用

(c)保接接地　　　　(d)保护接零和保护接地可同时选用

答　保护接零一般用在三相五线制的配电系统中，对于电源中性点不接地的三相三线制系统，由于没有中性线，电气设备只能采用保护接地。

该题的正确答案为 c。

例 7-2　在同一供电系统中为什么不能同时采用保护接地和保护接零?

答　在同一低压配电系统中，一般只能采用一种保护方式：保护接地或保护接零，而不能混用。如果一些电气设备采用保护接地，而另一些电气设备采用保护接零，当采用接地保护的设备发生漏电故障时，漏电电流受到接地电阻的影响，短路电流有可能不是太大，不一定能使保护开关动作，零线对地的电压将会升高，使得采用接零保护的电气设备外壳上出现高电位，从而对接触这些电气设备的人员造成触电危险。

7.3 习 题 解 答

一、判断题

1. 在三相四线制供电系统中，干线上的中线不允许安装保险丝和开关。 （ ）

2. 装了漏电开关后就不会发生触电事故了。 （ ）

3. 原使用白炽灯照明时导线过热，为了安全运行，改用瓦数相同的日光灯后，导线发热会减少。 （ ）

4. 连续工作制是指使用时间较长，可以连续工作。 （ ）

5. 电气设备的接地部分与零电位点之间的电位差，称电气设备接地时的对地电压。 （ ）

6. 保护接地和保护接零是同一概念，两者没有什么区别。 （ ）

7. 在交流供电系统中，如果发生触电事故，则低频比高频更危险。 （ ）

8. 人在接地短路点周围行走，其两脚之间的电压差，称跨步电压。 （ ）

参考答案：

1. 对 **2.** 错 **3.** 错 **4.** 对 **5.** 对 **6.** 错 **7.** 对 **8.** 对

二、选择题

1. 熔体的额定电流是指熔丝在大于此电流下（ ）。

(a) 很快烧断 (b) 过较长一段时间烧断

(c) 永不烧断 (d) 才能正常工作

2. 对于 15~100Hz 的交流电，在正常环境下，人体安全电压的最大值为（ ）。

(a) 30V (b) 50V (c) 80V (d) 100V

3. 在三相四线制中性点直接接地的低压配电系统中，采用接零保护的单相三芯插座除了接火线和工作零线外，还要（ ）。

(a) 不接线 (b) 与工作零线相接

(c) 与保护零线相接 (d) 接地

4. 对电气设备进行停电检修时，确定有无电压的根据是（ ）。

(a) 开关已经拉开 (b) 电流表无电流指示

(c) 指示灯熄灭 (d) 用合格的试电笔验电证明电气设备确无电压

5. 电气设备保护接地的接地电阻值一般应为（ ）。

(a) <10Ω (b) >10Ω (c) <4Ω (d) >4Ω

6. 在电网输送功率一定的条件下，电网电压越高，则电网中电流（ ）。

(a) 越大 (b) 不变 (c) 不定 (d) 越小

7. 低压配电系统的接地形式中，TT 系统和 IT 系统的共同点是（ ）。

(a) 电源侧一点直接接地 (b) 用电设备外露金属部分直接接地

(c)电源侧一点经大电阻接地　　　　(d)用电设备外露金属部分经电源中性点接地

8. 在低压供电系统中，与电压损失有关的说法中正确的是(　　)。

(a)电压损失与导线的长度成正比　　(b)电压损失与导线的截面积成正比

(c)电压损失与负载端的电压成正比　(d)电压损失与输出功率成反比

参考答案：

1. a　**2.** b　**3.** c　**4.** d　**5.** c　**6.** d　**7.** b　**8.** a

三、填空题

1. 在低压供电系统中，为防止触电事故，一般采用__________或__________保护措施。

2. TN 系统是__________系统。

3. TT 系统是__________系统。

4. 触电对人体的伤害方式有__________和__________两种。

5. 电能从发电厂传输到电能用户，需要经过__________、__________、__________、__________等中间环节，这些中间环节称为电力网。

6. 电力系统由__________、__________和__________组成。

7. 低压供电系统的接线方式主要有__________和__________两种。

8. 导线截面一般根据__________、__________及机械强度等因素来选择。

9. TN 供电系统中，根据其保护零线是否与工作零线分开而分为__________、__________和__________等几种方式。

10. 触电一般分为__________、__________和跨步电压触电三种。

参考答案：

1. 接地，接零

2. 保护接零

3. 保护接地

4. 电伤，电击

5. 升压，传输，降压，分配

6. 发电厂，电力网，电能用户

7. 放射式，树干式

8. 发热条件、容许电压损失

9. TN-C，TN-S，TN-C-S

10. 单相触电，两相触电

四、简答题

1. 有些人将家用电器的外壳接到自来水管或暖气管上，这实际构成了 TT 系统。试问这样构成的 TT 系统能保证安全吗？为什么？

答　将家用电器的外壳接到自来水管或暖气管上，这样实际上构成了 TT 系统，由于不能保证用电设备的接地电阻远小于电源中性点的接地电阻，因而不能保证用电设备出现故障时短路保护或过电流保护装置动作以切除电源，所以不能保证安全。

2. 低压配电系统中 IT 系统、TT 系统是什么含义？

答　IT 系统是指电源变压器中性点不接地(或通过高阻抗接地)，而电气设备外壳采用保护接地的系统。

TT 系统是指电源变压器中性点接地，电气设备外壳采用保护接地的系统。

3. 低压配电系统中 TN-C、TN-S、TN-C-S 是什么含义？

答 TN 系统是指电源变压器中性点接地，设备外露金属部分与中性线相连的系统。具体又可分为 TN-C 系统、TN-S 系统和 TN-C-S 系统。

TN-C 指工作零线 N 与保护零线 PE 合并为一体的 TN 系统。

TN-S 指既有工作零线，又有保护零线的 TN 系统，工作零线 N 与保护零线 PE 是分开的。

TN-C-S 指在 TN 系统中，前一部分的工作零线 N 与保护零线 PE 合并为 PEN 同一根线，而后一部分将保护零线 PE 与工作零线 N 分开。

4. 保护接零和保护接地是不是同一概念？有何区别？

答 保护接零和保护接地不是同一概念。采用保护接地时，故障电流经过电气设备的接地电阻和电源变压器中性点的工作接地电阻，短路电流受到一定的限制；采用保护接零时，故障电流直接通过零线，没有其他电阻的限制，这是这两种保护方式的主要区别。

5. 什么是安全电压、对安全电压值有何规定？

答 人体直接接触时，对人体没有任何损害的电压称为安全电压。根据我国规定，安全电压值为 42V、36V、24V、12V 和 6V 等，应根据作业场所、操作条件、使用方式、供电方式、线路状况等因素选择具体的电压值。

6. 采用安全电压供电的系统就绝对安全吗？

答 安全电压只是电压在安全范围内，而是否安全还与触电电流、人体的阻抗值、工作环境和身体状况等因素有关，所以安全电压并不是绝对安全的。

7. 列举影响触电严重程度的 4 个主要因素？

答 影响触电严重程度的主要因素有：触电电流和人体电阻、触电的时间、电流的频率、电流的路径（触电的部位、环境因素）等。

8. IT、TN 系统防止间接接触触电的基本思想是什么？

答 IT 系统（保护接地）的基本思想是在用电设备出现漏电或一相碰壳时，由于用电设备的接地电阻很小，使用电设备外壳的对地电压接近于零，消除触电危险。

TN 系统（保护接零）的基本思想是在用电设备出现漏电或一相碰壳时，该相电压通过保护零线直接短路，电流很大，使得接于该相上的短路保护装置或过电流保护装置动作，切断电流，消除触电危险。

参 考 文 献

顾伟驷, 2015. 现代电工学. 3 版. 北京: 科学出版社.
姜三勇, 2011. 电工学(上册)学习辅导与习题解答. 7 版. 北京: 高等教育出版社.
刘明, 2013. 电工技术(电工学 I). 北京: 电子工业出版社.
刘润华, 2015. 电工电子学. 3 版. 北京: 高等教育出版社.
秦曾煌, 2009. 电工学(上册)电工技术. 7 版. 北京: 高等教育出版社.
唐介, 刘蕴红, 盛贤君, 等, 2014a. 电工学(少学时). 4 版. 北京: 高等教育出版社.
唐介, 刘蕴红, 盛贤君, 等, 2014b. 电工学(少学时)学习辅导与习题解答. 4 版. 北京: 高等教育出版社.
王艳红, 2013. 电工电子学. 西安: 西安电子科技大学出版社.
吴延荣, 王克河, 曲怀敬, 等, 2012. 电工学. 北京: 中国电力出版社.
叶挺秀, 张伯尧, 2014. 电工电子学. 4 版. 北京: 高等教育出版社.
张伯尧, 叶挺秀, 2004. 电工电子学学习辅导与习题选解. 北京: 高等教育出版社.